蒂图·安德雷斯库系列丛书(第一辑)

数学反思

(2016—2017)

Mathematical Reflections Two Wonderful Years (2016-2017)

[美] 蒂图·安德雷斯库(Titu Andreescu) 著

余应龙 译

哈爾濱工業大學出版社
HARBIN INSTITUTE OF TECHNOLOGY PRESS

黑版贸审字 08－2018－171 号

图书在版编目(CIP)数据

数学反思:2016－2017/(美)蒂图·安德雷斯库(Titu Andreescu)著;余应龙译.—哈尔滨:哈尔滨工业大学出版社,2021.3

书名原文:Mathematical Reflections Two Wonderful Years:2016－2017

ISBN 978-7-5603-9335-3

Ⅰ.①数…　Ⅱ.①蒂…②余…　Ⅲ.①数学－竞赛题－题解　Ⅳ.①O1－44

中国版本图书馆 CIP 数据核字(2021)第 014269 号

策划编辑　刘培杰　张永芹
责任编辑　刘家琳　张嘉芮
封面设计　孙茵艾
出版发行　哈尔滨工业大学出版社
社　　址　哈尔滨市南岗区复华四道街 10 号　邮编 150006
传　　真　0451-86414749
网　　址　http://hitpress.hit.edu.cn
印　　刷　哈尔滨市工大节能印刷厂
开　　本　787 mm×1 092 mm　1/16　印张 21.5　字数 360 千字
版　　次　2021 年 3 月第 1 版　2021 年 3 月第 1 次印刷
书　　号　ISBN 978-7-5603-9335-3
定　　价　58.00 元

(如因印装质量问题影响阅读,我社负责调换)

原来真理往往比思想简单

Richard Feynman

序言

得到了忠实读者的赏识和他们具有建设性反馈意见的鼓舞，在此我们呈现《数学反思》一书：本书编撰了同名网上杂志 2016 和 2017 卷的修订本. 该杂志每年出版六期，从 2006 年 1 月开始，它吸引了世界各国的读者和投稿人. 为了实现使数学变得更优雅，更激动人心这一个共同的目标，该杂志成功地鼓舞了具有不同文化背景的人们对数学的热情.

本书的读者对象是高中学生、数学竞赛的参与者、大学生，以及任何对数学拥有热情的人. 许多问题的提出和解答，以及文章都来自于热情洋溢的读者，他们渴望创造性、经验，以及提高对数学思想的领悟. 在出版本书时，我们特别注意对许多问题的解答和文章的校正与改进，以使读者能够享受到更多的学习乐趣.

这里的文章主要集中于主流课堂以外的令人感兴趣的问题. 学生们通过学习正规的数学课堂教育范围之外的材料才能开阔视野. 对于指导老师来讲，这些文章为其提供了一个超越传统课程内容范畴的机会，激起其对问题讨论的动力，通过极为珍贵的发现时刻指导学生. 所有这些富有特色的问题都是原创的. 为了让读者更容易接受这些材料，本书由具有解题能力的专家精心编撰. 初级部分呈现的是入门问题(尽管未必容易). 高级部分和奥林匹克部分是为国内和国际数学竞赛准备的，例如美国数学竞赛(USAMO)或者国际数学奥林匹克(IMO)竞赛. 最后，但并非不重要，大学部分为高等学校学生提供了解线性代数、微积分或图论等范围内非传统问题的绝无仅有的机会.

没有忠实的读者和网上杂志的合作，本书的出版是看不到希望的. 我们衷心感谢所有的读者，并对他们继续给予有力的支持表示感激之情. 我们真诚希望各位能沿着他们的足迹，接过他们的接力棒，使该杂志给热忱的数学爱好者提供更多的机会，以及在未来出版既有创新精神，又有趣的作品的这一使命得到实现.

特别感谢 Richard Stong 和 Alessandro Ventullo 先生对手稿的许多改进. 如果你有兴趣阅读该杂志，请登录：http://awesomemath.org/mathematical－reflections/. 读者也可以将撰写的文章、提出的问题或给出的解答发送到邮箱：reflections@awesomemath.org.

出售本书的收入，我们将用于维持未来几年杂志的运营. 让我们共同分享本书中的问题和文章吧！

Titu Andreescu 博士

Maxim Ignatiuc

目录

1 问　　题

1.1 初级问题

J361 求方程

$$\frac{x^2-y}{8x-y^2}=\frac{y}{x}$$

的正整数解.

J362 设 a,b,c,d 是实数,且 $abcd=1$. 证明以下不等式成立

$$ab+bc+cd+da\leqslant\frac{1}{a^2}+\frac{1}{b^2}+\frac{1}{c^2}+\frac{1}{d^2}$$

J363 求方程组

$$x^2+y^2-z(x+y)=10$$
$$y^2+z^2-x(y+z)=6$$
$$z^2+x^2-y(z+x)=-2$$

的整数解.

J364 考虑外接圆为 ω 的 $\triangle ABC$. 设点 O 是 ω 的圆心,D,E,F 分别是不包含 A,B,C 的$\overparen{BC},\overparen{CA},\overparen{AB}$ 的中点. 设 DO 交 ω 于另一点 A'. 类似定义点 B' 和 C'. 证明

$$\frac{[ABC]}{[A'B'C']}\leqslant 1$$

注意,记号$[X]$表示图形 X 的面积.

J365 设 $x_1,x_2,\cdots,x_n$ 是非负实数,且

$$x_1+x_2+\cdots+x_n=1$$

求

$$\sqrt{x_1+1}+\sqrt{2x_2+1}+\cdots+\sqrt{nx_n+1}$$

的可能的最小值.

J366 证明:在任意 $\triangle ABC$ 中

$$\sin\frac{A}{2}+\sin\frac{B}{2}+\sin\frac{C}{2}\leqslant\sqrt{6+\frac{r}{2R}}-1$$

J367 设 a 和 b 是正实数. 证明

$$\frac{1}{4a}+\frac{3}{a+b}+\frac{1}{4b}\geqslant\frac{4}{3a+b}+\frac{4}{a+3b}$$

J368 求最佳常数 α 和 β,对一切 $x,y\in(0,\infty)$,有

$$\alpha<\frac{x}{2x+y}+\frac{y}{x+2y}\leqslant\beta$$

J369 解方程

$$\sqrt{1+\frac{1}{x+1}}+\frac{1}{\sqrt{x+1}}=\sqrt{x}+\frac{1}{\sqrt{x}}$$

J370 $\triangle ABC$ 的边长为 $BC=a,CA=b,AB=c$.如果

$$(a^2+b^2+c^2)^2=4a^2b^2+b^2c^2+4c^2a^2$$

求 $\angle A$ 的一切可能的值.

J371 证明:对于一切正整数 n

$$\binom{n+3}{2}+6\binom{n+4}{4}+90\binom{n+5}{6}$$

是两个完全立方数的和.

J372 在 $\triangle ABC$ 中,$\frac{\pi}{7}<\angle A\leqslant\angle B\leqslant\angle C<\frac{5\pi}{7}$.证明

$$\sin\frac{7A}{4}-\sin\frac{7B}{4}+\sin\frac{7C}{4}>\cos\frac{7A}{4}-\cos\frac{7B}{4}+\cos\frac{7C}{4}$$

J373 设 a,b,c 是大于 -1 的实数.证明

$$(a^2+b^2+2)(b^2+c^2+2)(c^2+a^2+2)\geqslant(a+1)^2(b+1)^2(c+1)^2$$

J374 设 a,b,c 是正实数,且 $a+b+c\geqslant 3$.证明

$$abc+2\geqslant\frac{9}{a^3+b^3+c^3}$$

J375 求方程

$$\sqrt[3]{x}+\sqrt[3]{y}=\frac{1}{2}+\sqrt{x+y+\frac{1}{4}}$$

的实数解.

J376 设 α,β,γ 是三角形的内角.证明

$$\frac{1}{5-4\cos\alpha}+\frac{1}{5-4\cos\beta}+\frac{1}{5-4\cos\gamma}\geqslant 1$$

J377 在 $\triangle ABC$ 中,$\angle A\leqslant 90^\circ$.证明

$$\sin^2\frac{A}{2}\leqslant\frac{m_a}{2R}\leqslant\cos^2\frac{A}{2}$$

J378 设 P 是 $\triangle ABC$ 的内点,$\angle BAP=105^\circ$,D,E,F 分别是 BP,CP,DE 与 AC,AB,BC 的交点.假定点 B 在 C 和 F 之间,且 $\angle BAF=\angle CAP$.求 $\angle BAC$.

J379 证明:对于任何非负实数 a,b,c,以下不等式成立

$$(a-2b+4c)(-2a+4b+c)(4a+b-2c)\leqslant 27abc$$

J380 设 $x_1,x_2,\cdots,x_n$ 是非负实数,且 $x_1+x_2+\cdots+x_n=1$.

(a) 求

$$x_1\sqrt{1+x_1}+x_2\sqrt{1+x_2}+\cdots+x_n\sqrt{1+x_n}$$

的最小值.

(b) 求

$$\frac{x_1}{1+x_2}+\frac{x_2}{1+x_3}+\cdots+\frac{x_n}{1+x_1}$$

的最大值.

J381 设 x,y,z 是正实数,$x+y+z=3$. 证明

$$\frac{xy}{4-y}+\frac{yz}{4-z}+\frac{zx}{4-x}\leqslant 1$$

J382 设实数 $x,y,z>1$,求满足

$$(\frac{x}{2}+\frac{1}{x}-1)(\frac{y}{2}+\frac{1}{y}-1)(\frac{z}{2}+\frac{1}{z}-1)=(1-\frac{x}{yz})(1-\frac{y}{zx})(1-\frac{z}{xy})$$

的一切实数三元数组(x,y,z).

J383 在$\triangle ABC$中,$AB=AC$,$\angle BAC=72°$. 设 D 和 E 分别是 AB 和 AC 上的点,且$\angle ACD=12°$,$\angle ABE=30°$. 证明:$DE=CE$.

J384 在$\triangle ABC$中,$\angle A<\angle B<\angle C$. 证明

$$\cos\frac{A}{2}\csc\frac{B-C}{2}+\cos\frac{B}{2}\csc\frac{C-A}{2}+\cos\frac{C}{2}\csc\frac{A-B}{2}<0$$

J385 如果等式

$$2(a+b)-6c-3(d+e)=6$$
$$3(a+b)-2c+6(d+e)=2$$
$$6(a+b)+3c-2(d+e)=-3$$

同时成立,求

$$a^2-b^2+c^2-d^2+e^2$$

的值.

J386 求方程组

$$x+yzt=y+ztx=z+txy=t+xyz=2$$

的一切实数解.

J387 已知多位数$\overline{abc}$,$\overline{xyz}$ 和$\overline{abcxyz}$(首位非零)都是完全平方数,求所有的数字a,b,c,x,y,z.

J388 在圆内接四边形 $ABCD$ 中,$AB=AD$. 分别在边 CD 和 BC 上取点M 和 N,且

$DM + BN = MN$.证明:$\triangle AMN$ 的外心在线段 AC 上.

J389 求方程组

$$(x^2 - y + 1)(y^2 - x + 1) = 2[(x^2 - y)^2 + (y^2 - x)^2] = 4$$

的实数解.

J390 已知点 D 和 D' 在 $\triangle ABC$ 的边 BC 上,点 E 和 E' 在边 AC 上,点 F 和 F' 在边 AB 上,$AD = AD' = BE = BE' = CF = CF'$.证明:如果 AD,BE,CF 共点,那么 AD',BE',CF' 也共点.

J391 解方程

$$4x^3 + \frac{127}{x} = 2\,016$$

J392 证明:在任何三角形中,有

$$\frac{(a+b+c)^3}{3abc} \leqslant 1 + \frac{4R}{r}$$

J393 求 2 016 的最小的倍数,使其各位数字之和是 2 016.

J394 证明:在任意三角形中,有

$$am_a \leqslant \frac{bm_c + cm_b}{2}$$

J395 设 a 和 b 是实数,且 $4a^2 + 3ab + b^2 \leqslant 2\,016$.求 $a + b$ 的最大可能值.

J396 设 G 是 $\triangle ABC$ 的重心.直线 AG,BG,CG 与外接圆分别相交于点 A_1,B_1,C_1.证明:

(a)$AB_1 \cdot AC_1 \cdot BC_1 \cdot BA_1 \cdot CA_1 \cdot CB_1 \leqslant 4R^4 r^2$;

(b)$BA_1 \cdot CA_1 + CB_1 \cdot AB_1 + AC_1 \cdot BC_1 \leqslant 2R(2R - r)$.

J397 求一切正整数 n,使 $3^4 + 3^5 + 3^6 + 3^7 + 3^n$ 是完全平方数.

J398 设 a,b,c 是实数.证明

$$(a^2 + b^2 + c^2 - 2)(a + b + c)^2 + (1 + ab + bc + ca)^2 \geqslant 0$$

J399 如果两个九位数 m 和 n 满足以下条件:

(a) 它们的数字都相同,但顺序不同;

(b) 任何数字至多出现一次;

(c)m 整除 n 或 n 整除 m.

那么这两个九位数 m 和 n 称为很酷的.

证明:如果 m 和 n 很酷,那么它们都含有数字 8.

J400 证明:对于任何实数 a,b,c,以下不等式成立

$$\frac{|a|}{1+|b|+|c|} + \frac{|b|}{1+|c|+|a|} + \frac{|c|}{1+|a|+|b|} \geqslant \frac{|a+b+c|}{1+|a+b+c|}$$

等式何时成立?

J401 求一切整数 n,使 n^2+2^n 是完全平方数.

J402 考虑非等腰 $\triangle ABC$. 设 I 是内心,G 是重心. 证明:当且仅当 $AB+AC=3BC$ 时,$GI\perp BC$.

J403 在 $\triangle ABC$ 中,$\angle B=15^\circ$,$\angle C=30^\circ$. 设点 D 在边 BC 上,且 $BD=2AC$. 证明:$AD\perp AB$.

J404 设 a,b,x,y 是实数,且 $0<x<a$,$0<y<b$,以及

$$a^2+y^2=b^2+x^2=2(ax+by)$$

证明:$ab+xy=2(ay+bx)$.

J405 求方程

$$x^2+y^2+z^2=3xyz-4$$

的一组质数解.

J406 设 a,b,c 是正实数,且 $a+b+c=3$. 证明

$$a\sqrt{a+3}+b\sqrt{b+3}+c\sqrt{c+3}\geqslant 6$$

J407 求方程

$$\sqrt{x^4-4x}+\frac{1}{x^2}=1$$

的正实数解.

J408 设 a 和 b 是非负实数,且 $a+b=1$. 证明

$$\frac{289}{256}\leqslant(1+a^4)(1+b^4)\leqslant 2$$

J409 解方程

$$\log(1-2^x+5^x-20^x+50^x)=2x$$

这里 log 表示以 10 为底的对数.

J410 设 a,b,c,d 是实数,且 $a^2\leqslant 2b$,$c^2<2bd$. 证明:对于一切 $x\in\mathbf{R}$,有

$$x^4+ax^3+bx^2+cx+d>0$$

J411 求一切质数 p 和 q,使

$$\frac{p^3-2\ 017}{q^3-345}=q^3$$

J412 设 $a\geqslant b\geqslant c$ 是正实数. 证明

$$(a-b+c)\left(\frac{1}{a+b}-\frac{1}{b+c}+\frac{1}{c+a}\right)\leqslant\frac{1}{2}$$

J413 求方程组

$$\begin{cases}x^2y+y^2z+z^2x-3xyz=23\\xy^2+yz^2+zx^2-3xyz=25\end{cases}$$

的整数解.

J414 设 a,b,c 是正实数,且 $a+b+c=3$. 证明

$$\frac{a^3}{b^2}+\frac{b^3}{c^2}+\frac{c^3}{a^2}\geqslant a^2+b^2+c^2$$

J415 证明:对于一切实数 x,y,z,在

$$2^{3x-y}+2^{3x-z}-2^{y+z+1},2^{3y-z}+2^{3y-x}-2^{z+x+1},2^{3z-x}+2^{3z-y}-2^{x+y+1}$$

这三个数中至少有一个非负.

J416 求一切正实数 a,b,使

$$\frac{ab}{ab+1}+\frac{a^2b}{a^2+b}+\frac{ab^2}{a+b^2}=\frac{1}{2}(a+b+ab)$$

J417 求方程

$$\frac{x^2+y^2}{xy+1}=\sqrt{2-\frac{1}{xy}}$$

的正实数解.

J418 证明:对于一切 $a,b,c\in[0,1]$,有

$$a+b+c+3abc\geqslant 2(ab+bc+ca)$$

J419 设 a,b,c 是正实数,且 $abc=1$. 证明

$$\frac{1}{a^4+b+c^4}+\frac{1}{b^4+c+a^4}+\frac{1}{c^4+a+b^4}\leqslant\frac{3}{a+b+c}$$

J420 设 ABC 是三角形,A,B,C 是用弧度制表示的角的大小. 证明:如果 A,B,C 和 $\cos A,\cos B,\cos C$ 都成等比数列,那么这个三角形是等边三角形.

J421 设 a 和 b 是正实数. 证明:$\frac{6ab-b^2}{8a^2+b^2}<\sqrt{\frac{a}{b}}$.

J422 设 ABC 是锐角三角形,M 是 BC 的中点. 以 AM 为直径的圆分别交 BC,CA,AB 于点 X,Y,Z. 设 U 是边 AC 上的点,且 $MU=MC$. 直线 BU 和 AX 相交于点 T,直线 CT 和 AB 相交于点 R. 证明:$MB=MR$.

J423 (a) 证明:对于任何实数 a,b,c,有

$$a^2+(2-\sqrt{2})b^2+c^2\geqslant\sqrt{2}(ab-bc+ca)$$

(b) 求最小常数 k,对一切实数 a,b,c,有

$$a^2+kb^2+c^2\geqslant\sqrt{2}(ab+bc+ca)$$

J424 设 ABC 是三角形,点 D 是从点 A 出发的高的垂足,点 E,F 分别在线段 AD,BC 上,且

$$\frac{AE}{DE}=\frac{BF}{CF}$$

设点 G 是从点 B 出发到 AF 的垂线的垂足. 证明:EF 与 $\triangle CFG$ 的外接圆相切.

J425 证明:对于任何正实数 a,b,c,有

$$(\sqrt{3}-1)\sqrt{ab+bc+ca}+3\sqrt{\frac{abc}{a+b+c}}\leqslant a+b+c$$

J426 求满足方程

$$xyz+yzt+zxt+txy=xyzt+3$$

的一切正整数四元数组(x,y,z,t).

J427 求同时满足方程

$$x+y+z=1,x^3+y^3+z^3=1,x^2+2yz=4$$

的一切复数x,y,z.

J428 解方程

$$2x[x]+2\{x\}=2\ 017$$

这里$[a]$表示不大于a的最大整数,$\{a\}$表示a的小数部分.

J429 设x,y是正实数,且$x+y\leqslant 1$.证明

$$(1-\frac{1}{x^3})(1-\frac{1}{y^3})\geqslant 49$$

J430 在$\triangle ABC$中,$\angle C>90^\circ,3a+\sqrt{15ab}+5b=7c$.
证明:$\angle C\leqslant 120^\circ$.

J431 设a,b,c,d,e是区间$[1,2]$内的实数.证明

$$a^2+b^2+c^2+d^2+e^2-3abcde\leqslant 2$$

J432 设m和n是大于1的整数.证明

$$(m^3-1)(n^3-1)\geqslant 3m^2n^2+1$$

1.2　高级问题

S361 求一切正整数n,对于这样的n,存在整数a和b,使

$$(a+bi)^4=n+2\ 016i$$

S362 设$0<a,b,c,d\leqslant 1$.证明

$$\frac{1}{a+b+c+d}\geqslant\frac{1}{4}+\frac{64}{27}(1-a)(1-b)(1-c)(1-d)$$

S363 确定是否存在不同的正整数$n_1,n_2,\cdots,n_{k-1}$,使

$$[3n_1^2+4n_2^2+\cdots+(k+1)n_{k-1}^2]^3=2\ 016\ (n_1^3+n_2^3+\cdots+n_{k-1}^3)^2$$

S364 设a,b,c是非负实数,且$a\geqslant 1\geqslant b\geqslant c,a+b+c=3$.证明

$$\frac{a}{b+c}+\frac{b}{c+a}+\frac{c}{a+b}\geqslant\frac{2(a^2+b^2+c^2)}{3(ab+bc+ca)}+\frac{5}{6}$$

S365 设

$$a_k=\frac{(k^2+1)^2}{k^4+4},k=1,2,3,\cdots$$

证明:对于每一个正整数 n,有

$$a_1^n a_2^{n-1} a_3^{n-2}\cdots a_n=\frac{2^{n+1}}{n^2+2n+2}$$

S366 设 a,b,c,d 是正实数,且 $a+b+c+d=4$. 证明

$$9+\frac{1}{6}\left(\frac{1}{a}+\frac{1}{b}+\frac{1}{c}+\frac{1}{d}\right)^2\geqslant\frac{70}{ab+ac+ad+bc+bd+cd}$$

S367 求方程组

$$\begin{cases}(x^3+y^3)(y^3+z^3)(z^3+x^3)=8\\ \dfrac{x^2}{x+y}+\dfrac{y^2}{z+y}+\dfrac{z^2}{x+z}=\dfrac{3}{2}\end{cases}$$

的实数解.

S368 确定一切正整数 n,使 $\sigma(n)=n+55$,这里 $\sigma(n)$ 表示 n 的约数的和.

S369 给定多项式 $P(x)=x^n+a_1x^{n-1}+\cdots+a_{n-1}x+a_n$ 在区间$[0,1]$上有实数根(不必不同),证明

$$3a_1^2+2a_1-8a_2\leqslant 1$$

S370 证明:在任何三角形中

$$|3a^2-2b^2|m_a+|3b^2-2c^2|m_b+|3c^2-2a^2|m_c\geqslant\frac{8K^2}{R}$$

S371 设 ABC 是三角形,M 是$\overset{\frown}{BAC}$ 的中点. AL 是 $\angle A$ 的平分线,I 是 $\triangle ABC$ 的内心. 直线 MI 交 $\triangle ABC$ 的外接圆于点 K,直线 BC 交 $\triangle AKL$ 的外接圆于点 P. 如果 $PI\cap AK=\{X\}$,$KI\cap BC=\{Y\}$,证明:$XY /\!/ AL$.

S372 证明:在任何三角形中

$$\frac{2}{3}(m_am_b+m_bm_c+m_cm_a)\geqslant\frac{1}{4}(a^2+b^2+c^2)+\sqrt{3}K$$

S373 设 x,y,z 是正实数. 证明

$$\sum_{\text{cyc}}\frac{1}{xy+2z^2}\leqslant\frac{xy+yz+zx}{xyz(x+y+z)}$$

S374 设 a,b,c 是正实数. 证明:在

$$\frac{a+b}{a+b-c},\frac{b+c}{b+c-a},\frac{c+a}{c+a-b}$$

这三个数中至少有一个不在区间$(1,2)$内.

S375 设 a,b,c 是非负实数,且

$$ab+bc+ca=a+b+c>0$$

证明:$a^2+b^2+c^2+5abc\geqslant 8$.

S376 求方程 $x^5-2xy+y^5=2\,016$ 的整数解.

S377 如果 z 是复数,且 $|z|\geqslant 1$,证明

$$\frac{|2z-1|^5}{25\sqrt{5}}\geqslant\frac{|z-1|^4}{4}$$

S378 在三角形中,设 m_a,m_b,m_c 是中线的长,w_a,w_b,w_c 是角平分线的长,r 和 R 分别是内切圆的半径和外接圆的半径.证明

$$\frac{m_a}{w_a}+\frac{m_b}{w_b}+\frac{m_c}{w_c}\leqslant\left(\sqrt{\frac{R}{r}}+\sqrt{\frac{r}{R}}\right)^2$$

S379 证明:在任意 $\triangle ABC$ 中

$$\cos 3A+\cos 3B+\cos 3C+\cos(A-B)+\cos(B-C)+\cos(C-A)\geqslant 0$$

S380 设 a,b,c 是实数,且 $abc=1$.证明

$$\frac{a+ab+1}{(a+ab+1)^2+1}+\frac{b+bc+1}{(b+bc+1)^2+1}+\frac{c+ca+1}{(c+ca+1)^2+1}\leqslant\frac{9}{10}$$

S381 设 $ABCD$ 是圆内接四边形,M 和 N 分别是对角线 AC 和 BD 的中点.证明

$$MN\geqslant\frac{1}{2}|AC-BD|$$

S382 证明:在任意 $\triangle ABC$ 中,以下不等式成立

$$\frac{a}{b+c}+\frac{b}{c+a}+\frac{c}{a+b}+\frac{r}{R}\leqslant 2$$

S383 求方程

$$x^6-y^6=2\,016xy^2$$

的正整数解.

S384 设 $\triangle ABC$ 的外心为点 O,垂心为点 H.设点 D,E,F 分别是从点 A,B,C 出发的高的垂足.设 K 是 AO 与 BC 的交点,L 是 AO 与 EF 的交点.此外,设 T 是 AH 与 EF 的交点,S 是 KT 与 DL 的交点.证明:BC,EF,SH 共点.

S385 设 a,b,c 是正实数.证明

$$\frac{1}{a^3+8abc}+\frac{1}{b^3+8abc}+\frac{1}{c^3+8abc}\leqslant\frac{1}{3abc}$$

S386 求

$$\frac{\cos\frac{\pi}{4}}{2}+\frac{\cos\frac{2\pi}{4}}{2^2}+\cdots+\frac{\cos\frac{n\pi}{4}}{2^n}$$

的值.

S387 求一切非负实数 k,对于一切非负实数 a,b,c,有

$$\sum_{\text{cyc}}a(a-b)(a-kb)\leqslant 0$$

S388 设 a,b,c 是正实数,且 $a^2+b^2+c^2=3$. 证明

$$\frac{11a-6}{c}+\frac{11b-6}{a}+\frac{11c-6}{b}\leqslant\frac{15}{abc}$$

S389 设 n 是正整数. 证明:对于任何整数 $a_1,a_2,\cdots,a_{2n+1}$,存在一个排列 $b_1,b_2,\cdots,b_{2n+1}$,使 $2^n n!$ 整除

$$(b_1-b_2)(b_3-b_4)\cdots(b_{2n-1}-b_{2n})$$

S390 设 G 是 $\triangle ABC$ 的重心. 直线 AG,BG,CG 分别与 $\triangle ABC$ 的外接圆相交于点 A_1,B_1,C_1. 证明

$$\sqrt{a^2+b^2+c^2}\leqslant GA_1+GB_1+GC_1\leqslant 2R+\frac{1}{6}\left(\frac{a^2}{m_a}+\frac{b^2}{m_b}+\frac{c^2}{m_c}\right)$$

S391 证明:在任何 $\triangle ABC$ 中

$$\min(a,b,c)+2\max(m_a,m_b,m_c)\geqslant\max(a,b,c)+2\min(m_a,m_b,m_c)$$

S392 设 a,b,c 是正实数. 证明

$$\frac{1}{\sqrt{(a^2+b^2)(a^2+c^2)}}+\frac{1}{\sqrt{(b^2+c^2)(b^2+a^2)}}+\frac{1}{\sqrt{(c^2+a^2)(c^2+b^2)}}$$
$$\leqslant\frac{a+b+c}{2abc}$$

S393 如果 n 是正整数,且 n^2+11 是质数,证明:$n+4$ 不是完全立方数.

S394 证明:在内接于半径是 R 的圆的任何三角形中

$$\frac{a^2}{bc}+\frac{b^2}{ca}+\frac{c^2}{ab}\leqslant\left(\frac{R}{a}+\frac{R}{b}+\frac{R}{c}\right)^2$$

S395 设 a,b,c 是正整数,且

$$a^2b^2+b^2c^2+c^2a^2-69abc=2\ 016$$

求 $\min(a,b,c)$ 的最小的可能的值.

S396 设 $P(X)=a_nX^n+\cdots+a_1X+a_0$ 是复系数多项式. 证明:如果 $P(X)$ 的所有的根的模都是 1,那么

$$|a_0+a_1+\cdots+a_n|\leqslant\frac{2}{n}|a_1+2a_2+\cdots+na_n|$$

等式何时成立?

S397 设 a,b,c 是正实数. 证明

$$\frac{a^2}{a+b}+\frac{b^2}{b+c}+\frac{c^2}{c+a}+\frac{3(ab+bc+ca)}{2(a+b+c)}\geqslant a+b+c$$

S398 在单位正方体的内部有一个四面体 $ABCD$. 设 M 和 N 分别是棱 AB 和 CD 的中点. 证明

$$AB\cdot CD\cdot MN\leqslant 2$$

S399 设 a,b,c 是非负实数,且 $a^2+b^2+c^2=1$. 证明

$$\sqrt{2} \leqslant \sqrt{\frac{a+b}{2}} + \sqrt{\frac{b+c}{2}} + \sqrt{\frac{c+a}{2}} \leqslant \sqrt[4]{27}$$

等式何时成立?

S400 求一切 n, 使 $(n-4)! + \frac{1}{36n}(n+3)!$ 是完全平方数.

S401 设 a,b,c,d 是非负实数,且

$$ab+ac+ad+bc+bd+cd=6$$

证明

$$a+b+c+d+(3\sqrt{2}-4)abcd \geqslant 3\sqrt{2}$$

S402 证明

$$\sum_{k=1}^{31} \frac{k}{(k-1)^{\frac{4}{5}}+k^{\frac{4}{5}}+(k+1)^{\frac{4}{5}}} < \frac{3}{2} + \sum_{k=1}^{31}(k-1)^{\frac{1}{5}}$$

S403 求一切质数 p 和 q,使

$$\frac{2^{p^2-q^2}-1}{pq}$$

是两个质数的积.

S404 设 $ABCD$ 是正四面体,M,N 是空间内任意两点.证明

$$MA \cdot NA + MB \cdot NB + MC \cdot NC \geqslant MD \cdot ND$$

S405 求所有边长 a,b,c 为整数的三角形,使

$$a^2-3a+b+c, b^2-3b+c+a, c^2-3c+a+b$$

都是完全平方数.

S406 设 $\triangle ABC$ 的边长是 a,b,c,设

$$m^2 = \min\{(a-b)^2,(b-c)^2,(c-a)^2\}$$

(a) 证明

$$a(a-b)(a-c)+b(b-c)(b-a)+c(c-a)(c-b) \geqslant \frac{1}{2}m^2(a+b+c)$$

(b) 如果 $\triangle ABC$ 是锐角三角形,那么

$$a^2(a-b)(a-c)+b^2(b-c)(b-a)+c^2(c-a)(c-b) \geqslant \frac{1}{2}m^2(a^2+b^2+c^2)$$

S407 设 $f(x)=x^3+x^2-1$. 证明:对于满足

$$a+b+c+d > \frac{1}{a}+\frac{1}{b}+\frac{1}{c}+\frac{1}{d}$$

的任何正实数 a,b,c,d,在数 $af(b), bf(c), cf(d), df(a)$ 中至少有一个不等于 1.

S408 设 $\triangle ABC$ 的面积为 S,边长为 a,b,c. 证明

$$a\sqrt{bc}+b\sqrt{ca}+c\sqrt{ab} \geqslant 4S\sqrt{3(1+\frac{R-2r}{4R})}$$

S409 求方程

$$2\sqrt{x-x^2}-\sqrt{1-x^2}+2\sqrt{x+x^2}=2x+1$$

的实数解.

S410 设 $\triangle ABC$ 的垂心为 H,外心为 O. 记 $\angle AOH=\alpha$,$\angle BOH=\beta$,$\angle COH=\gamma$. 证明

$$(\sin^2\alpha+\sin^2\beta+\sin^2\gamma)^2=2(\sin^4\alpha+\sin^4\beta+\sin^4\gamma)$$

S411 求方程组

$$\begin{cases}\sqrt{x}-\sqrt{y}=45\\ \sqrt[3]{x-2\ 017}-\sqrt[3]{y}=2\end{cases}$$

的实数解.

S412 设 a,b,c 是正实数,且 $\frac{1}{\sqrt{a^3+1}}+\frac{1}{\sqrt{b^3+1}}+\frac{1}{\sqrt{c^3+1}}\leqslant 1$.

证明:$a^2+b^2+c^2\geqslant 12$.

S413 设 n 是合数. 已知 n 整除 $\binom{n}{2},\cdots,\binom{n}{k-1}$,但不整除 $\binom{n}{k}$.

证明:k 是质数.

S414 证明:对于任何正整数 a 和 b

$$(a^6-1)(b^6-1)+(3a^2b^2+1)(2ab-1)(ab+1)^2$$

是至少四个质数的积,这四个质数不必不同.

S415 设

$$f(x)=\frac{(2x-1)6^x}{2^{2x-1}+3^{2x-1}}$$

求

$$f\left(\frac{1}{2\ 018}\right)+f\left(\frac{3}{2\ 018}\right)+\cdots+f\left(\frac{2\ 017}{2\ 018}\right)$$

的值.

S416 设 $f:\mathbf{N}\to\{\pm 1\}$ 是一个函数,对一切 $m,n\in\mathbf{N}$,有 $f(mn)=f(m)f(n)$. 证明:存在无穷多个 n,使

$$f(n)=f(n+1)$$

S417 设 a,b,c 是非负实数,其中没有两个是 0. 证明

$$\frac{a^2}{a+b}+\frac{b^2}{b+c}+\frac{c^2}{c+a}\leqslant\frac{3(a^2+b^2+c^2)}{2(a+b+c)}$$

S418 设 a,b,c,d 是正实数,且 $abcd\geqslant 1$. 证明

$$\frac{a+b}{a+1}+\frac{b+c}{b+1}+\frac{c+d}{c+1}+\frac{d+a}{d+1}\geqslant a+b+c+d$$

S419 解方程组

$$x(x^4-5x^2+5)=y$$
$$y(y^4-5y^2+5)=z$$
$$z(z^4-5z^2+5)=x$$

S420 设 T 是 $\triangle ABC$ 的 Torricelli 点. 证明

$$(AT+BT+CT)^2\leqslant AB\cdot BC+BC\cdot CA+CA\cdot AB$$

S421 设 a,b,c 是正实数,且 $abc=1$. 证明

$$\frac{a^2}{\sqrt{1+a}}+\frac{b^2}{\sqrt{1+b}}+\frac{c^2}{\sqrt{1+c}}\geqslant 2$$

S422 求方程

$$u^2+v^2+x^2+y^2+z^2=uv+vx-xy+yz+zu+3$$

的正整数解.

S423 设 $0\leqslant a,b,c\leqslant 1$. 证明

$$(a+b+c+2)\left(\frac{1}{1+ab}+\frac{1}{1+bc}+\frac{1}{1+ca}\right)\leqslant 10$$

S424 设 p 和 q 是质数,且 p^2+pq+q^2 是完全平方数. 证明:p^2-pq+q^2 是质数.

S425 设 a,b,c 是正实数. 证明

$$\sqrt{a^2-ab+b^2}+\sqrt{b^2-bc+c^2}+\sqrt{c^2-ca+a^2}$$
$$\leqslant\sqrt{(a+b+c)\left(\frac{a^2}{b}+\frac{b^2}{c}+\frac{c^2}{a}\right)}$$

S426 证明:在任何 $\triangle ABC$ 中,以下不等式成立

$$\frac{r_a}{\sin\frac{A}{2}}+\frac{r_b}{\sin\frac{B}{2}}+\frac{r_c}{\sin\frac{C}{2}}\geqslant 2\sqrt{3}s$$

S427 求方程组

$$z+\frac{2\,017}{w}=4-\mathrm{i}$$
$$w+\frac{2\,018}{z}=4+\mathrm{i}$$

的复数解.

S428 设 a,b,c 是不全为 0 的非负实数,且

$$ab+bc+ca=a+b+c$$

证明

$$\frac{1}{a+1}+\frac{1}{b+1}+\frac{1}{c+1}\leqslant\frac{5}{3}$$

S429 设 M 是 $\triangle ABC$ 所在平面内一点. 证明:对于一切正实数 x,y,z,以下不等式

成立

$$xMA^2 + yMB^2 + zMC^2 > \frac{yz}{2(y+z)}a^2 + \frac{zx}{2(z+x)}b^2 + \frac{xy}{2(x+y)}c^2$$

S430 证明:对一切正整数 n,有

$$\sin\frac{\pi}{2n} \geqslant \frac{1}{n}$$

S431 设 a,b,c 是正数,且 $ab+bc+ca=3$,证明

$$\frac{1}{(1+a)^2} + \frac{1}{(1+b)^2} + \frac{1}{(1+c)^2} \geqslant \frac{3}{4}$$

S432 设 d 是直径为 AB 的开的半圆面,h 是直线 AB 和包含 d 确定的半平面.设 X 是 d 上一点,Y,Z 是直径分别为 AX 和 BX 的半圆上 h 内的点.证明

$$AY \cdot BZ + XY \cdot XZ = AX^2 - AX \cdot BX + BX^2$$

1.3 大学本科问题

U361 考虑一切可能的方法,我们能够将一个非负的概率分配1到10这10个数,使各个概率的和等于1.设 X 是所选的数.对一个给定的整数 $k \geqslant 2$,假定 $E[X]^k = E[X^k]$.求:分配这些概率的可能方法的种数.

U362 设

$$S_n = \sum_{1 \leqslant i < j < k \leqslant n} q^{i+j+k}$$

这里 $q \in (-1,0) \cup (0,1)$.求 $\lim\limits_{n\to\infty} S_n$ 的值.

U363 设 a 是正数.证明:存在一个数 $\vartheta = \vartheta(a)$,$1 < \vartheta < 2$,使

$$\sum_{j=0}^{\infty} \left| \binom{a}{j} \right| = 2^a + \vartheta \left| \binom{a-1}{\lfloor a \rfloor + 1} \right|$$

这里$\lfloor a \rfloor$ 表示 a 的整数部分.进而证明

$$\left| \binom{a-1}{\lfloor a \rfloor + 1} \right| \leqslant \frac{|\sin \pi a|}{\pi a}$$

U364 求不定积分

$$\int \frac{5x^2 - x - 4}{x^5 + x^4 + 1}\mathrm{d}x$$

U365 设 n 是正整数.求

(a) $\int_0^n \mathrm{e}^{\lfloor x \rfloor}\mathrm{d}x$

(b) $\int_0^n \lfloor \mathrm{e}^x \rfloor \mathrm{d}x$

的值,这里$\lfloor a \rfloor$表示a的整数部分.

U366 如果$f:[0,1]\to\mathbf{R}$是凸函数,是$f(0)=0$的可积函数,证明

$$\int_0^1 f(x)\mathrm{d}x \geqslant 4\int_0^{\frac{1}{2}} f(x)\mathrm{d}x$$

U367 设$\{a_n\}_{n\geqslant1}$是实数数列,$a_1=4,3a_{n+1}=(a_n+1)^3-5,n>1$.证明:对于一切$n$,$a_n$是正整数,并计算

$$\sum_{n=1}^{\infty}\frac{a_n-1}{a_n^2+a_n+1}$$

的值.

U368 设

$$x_n=\sqrt{2}+\sqrt[3]{\frac{3}{2}}+\cdots+\sqrt[n+1]{\frac{n+1}{n}},n=1,2,3,\cdots$$

求

$$\lim_{n\to\infty}\frac{x_n}{n}$$

的值.

U369 证明

$$\frac{648}{35}\sum_{k=1}^{\infty}\frac{1}{k^3(k+1)^3(k+2)^3(k+3)^3}=\pi^2-\frac{6\,217}{630}$$

U370 求

$$\lim_{x\to0}\frac{\sqrt{1+2x}\sqrt[3]{1+3x}\cdots\sqrt[n]{1+nx}-1}{x}$$

的值.

U371 设n是正整数,$\boldsymbol{A}_n=(a_{ij})$是$n\times n$矩阵,这里$a_{ij}=x^{(i+j-2)^2}$,$x$是变量.求$\boldsymbol{A}_n$的行列式的值.

U372 设$\alpha,\beta>0$是实数,$f:\mathbf{R}\to\mathbf{R}$是连续函数,且对于0的邻近$U$的一切$x$,有$f(x)\neq0$.求

$$\lim_{x\to0^+}\frac{\int_0^{\alpha x}t^{\alpha}f(t)\mathrm{d}t}{\int_0^{\beta x}t^{\beta}f(t)\mathrm{d}t}$$

的值.

U373 对一切正整数$n\geqslant2$,证明以下不等式

$$\left(1+\frac{1}{1+2}\right)\left(1+\frac{1}{1+2+3}\right)\cdots\left(1+\frac{1}{1+2+\cdots+n}\right)<3$$

U374 设p和q是复数,且多项式$x^3+3px^2+3qx+3pq=0$的零点a,b,c中的两

个相等.计算 $a^2b+b^2c+c^2a$ 的值.

U375 设

$$a_n=\sum_{k=1}^{n}\sqrt[k]{\frac{(k^2+1)^2}{k^4+k^2+1}},n=1,2,3,\cdots$$

求$\lfloor a_n\rfloor$ 和$\lim\limits_{n\to\infty}\frac{a_n}{n}$ 的值.

U376 求

$$\lim_{n\to\infty}(1+\sin\frac{1}{n+1})(1+\sin\frac{1}{n+2})\cdots(1+\sin\frac{1}{n+n})$$

的值.

U377 设 m 和 n 是正整数,设

$$f_k(x)=\underbrace{\sin(\sin(\cdots(\sin x)\cdots))}_{k\text{个}\sin}$$

求

$$\lim_{x\to 0}\frac{f_m(x)}{f_n(x)}$$

的值.

U378 设 $f:[0,1]\to\mathbf{R}$ 是连续函数.证明

$$\frac{(-1)^{n-1}}{(n-1)!}\int_0^1 f(x)\ln^{n-1}x\mathrm{d}x=\int_0^1\int_0^1\cdots\int_0^1 f(x_1x_2\cdots x_n)\mathrm{d}x_1\mathrm{d}x_2\cdots\mathrm{d}x_n$$

U379 设 a,b,c 是非负实数.证明

$$a^3+b^3+c^3-3abc\geqslant k[(a-b)(b-c)(c-a)]$$

这里 $k=\left(\frac{27}{4}\right)^{\frac{1}{4}}(1+\sqrt{3})$,$k$ 是可能的最佳常数.

U380 证明:对于一切正实数 a,b,c,以下不等式成立

$$\frac{1}{4a}+\frac{1}{4b}+\frac{1}{4c}+\frac{1}{2a+b+c}+\frac{1}{2b+c+a}+\frac{1}{2c+a+b}\geqslant\frac{1}{a+b}+\frac{1}{b+c}+\frac{1}{c+a}$$

U381 求一切正整数 n,使

$$\sigma(n)+d(n)=n+100$$

(我们用 $\sigma(n)$ 表示 n 的约数的和,$d(n)$ 表示约数 n 的个数)

U382 证明

$$\int_0^1\prod_{k=1}^{\infty}(1-x^k)\mathrm{d}x=\frac{4\pi\sqrt{3}}{\sqrt{23}}\cdot\frac{\sinh\frac{\pi\sqrt{23}}{3}}{\cosh\frac{\pi\sqrt{23}}{3}}$$

U383 设 $n\geqslant 2$ 是整数,$\boldsymbol{A}$ 和 $\boldsymbol{B}$ 是两个 $n\times n$ 的复数元素的矩阵,且 $\boldsymbol{A}^2=\boldsymbol{B}^2=\boldsymbol{0}$,$\boldsymbol{A}+$

$\boldsymbol{B}$ 可逆. 证明:n 是偶数,对于一切 $k \geqslant 1$,秩$(\boldsymbol{AB})^k = \dfrac{n}{2}$.

U384　设 m 和 n 是正整数. 求

$$\lim_{x \to 0} \frac{(1+x)\left(1+\frac{x}{2}\right)^2 \cdots \left(1+\frac{x}{m}\right)^m - 1}{(1+x)\sqrt{1+2x} \cdots \sqrt[n]{1+nx} - 1}$$

的值.

U385　求

$$\lim_{n \to \infty} \sqrt{n}\left(\sqrt{\frac{(n+1)^n}{n^{n-1}}} - \sqrt{\frac{n^{n-1}}{(n-1)^{n-2}}}\right)$$

的值.

U386　已知凸四边形 $ABCD$,S_A,S_B,S_C,S_D 分别是 $\triangle BCD$,$\triangle CDA$,$\triangle DAB$,$\triangle ABC$ 的面积. 在该四边形所在的平面内确定点 P,使

$$S_A \cdot \overrightarrow{PA} + S_B \cdot \overrightarrow{PB} + S_C \cdot \overrightarrow{PC} + S_D \cdot \overrightarrow{PD} = 0$$

U387　如果一个复系数多项式的所有的根都在单位圆上,那么这个多项式称为特殊多项式. 任何复系数多项式是否都是两个特殊多项式的和?

U388　求

$$\sum_{n=1}^{\infty} \frac{\sin^{2n}\vartheta + \cos^{2n}\vartheta}{n^2}$$

的值.

U389　设 P 是奇多项式,其零点 $x_1, x_2, \cdots, x_n$ 是实数. 证明:只要 $a < b < \min(x_1, x_2, \cdots, x_n)$,就有

$$\exp\left(\int_a^b \frac{P'''(x)P'(x)}{[P'(x)]^2} \mathrm{d}x\right) < \left| \frac{P(a)^2 P'(b)^3}{P'(a)^3 P(b)^2} \right|$$

U390　证明:存在形如

$$\sin \pi z = \sum_{k=1}^{\infty} a_k z^k (1-z)^k$$

的 $\sin \pi z$ 的唯一的展开式,对于一切复数 z 收敛,这里实系数 a_k 对于某个绝对常数 c,满足

$$|a_k| \leqslant c \cdot \frac{\pi^{2k}}{(2k)!}$$

U391　求一切正整数 n,使 $\varphi(n)^3 \leqslant n^2$.

U392　设 $f(x) = x^4 + 3x^3 + ax^2 + bx + c$ 是实系数多项式,在区间 $(-1,1)$ 内有四个实数根. 证明

$$(1-a+c)^2 + (3-b)^2 \geqslant \left(\frac{5}{4}\right)^8$$

U393　求

$$\lim_{x\to 0}\frac{\cos x\sqrt{\cos 2x}\cdots\sqrt[n]{\cos nx}-1}{\cos x\cos 2x\cdots\cos nx-1}$$

的值.

U394 设 $x_0>1$ 是整数,定义 $x_{n+1}=d^2(x_n)$,这里 $d(k)$ 表示 k 的正约数的个数.证明

$$\lim_{n\to\infty}x_n=9$$

U395 求$\int\frac{x^2+6}{(x\cos x-3\sin x)^2}\mathrm{d}x$ 的值.

U396 设 S_8 是由8个元素的集合的排列组成的对称群,k 是其16阶阿贝尔子群的个数.证明:$k\geqslant 1\ 050$.

U397 设 T_n 是第 n 个三角形数.求

$$\sum_{n\geqslant 1}\frac{1}{(8T_n-3)(8T_{n+1}-3)}$$

的值.

U398 设 a,b,c 是正实数.证明

$$\frac{1}{4a}+\frac{1}{4b}+\frac{1}{4c}+\frac{1}{a+b}+\frac{1}{b+c}+\frac{1}{c+a}\geqslant 3\left(\frac{1}{3a+b}+\frac{1}{3b+c}+\frac{1}{3c+a}\right)$$

U399 考虑函数方程 $f(f(x))=f(x)^2$,这里 $f:\mathbf{R}\to\mathbf{R}$.

(a) 求该方程的一切实数解析解.

(b) 证明:该方程存在无穷多次可微的解.

(c) 是否存在只有有限个无穷多次可微的解.

U400 设 $\boldsymbol{A}$ 和 $\boldsymbol{B}$ 是整数元素的 3×3 的矩阵,且 $\boldsymbol{AB}=\boldsymbol{BA}$,$\det(\boldsymbol{B})=0$,和 $\det(\boldsymbol{A}^3+\boldsymbol{B}^3)=1$.求一切可能的多项式

$$f(x)=\det(\boldsymbol{A}+x\boldsymbol{B})$$

U401 设 P 是 n 次多项式,且对 $k=1,2,\cdots,n+1$ 这一切数,有

$$P(k)=\frac{1}{k^2}$$

确定 $P(n+2)$ 的值.

U402 设 n 是正整数,$P(x)$ 至多是 n 次多项式,且对于一切 $x\in[0,n]$,有 $|P(x)|\leqslant x+1$.证明

$$|P(n+1)|+|P(-1)|\leqslant(n+2)(2^{n+1}-1)$$

U403 求一切至多3次的多项式 $P(x)\in\mathbf{R}[x]$,使得对于一切 $x\in\mathbf{R}$,有

$$P\left(1-\frac{x(3x+1)}{2}\right)-P(x)^2+P\left(\frac{x(3x-1)}{2}-1\right)=1$$

U404 求以下乘积形式的多项式

$$(1+x)(1+2x)^2\cdots(1+nx)^n$$

展开后 x^2 项的系数.

U405　设 $a_1=1$,对一切 $n>1$,有

$$a_n=1+\frac{1}{a_1}+\frac{1}{a_2}+\cdots+\frac{1}{a_{n-1}}$$

求:$\lim\limits_{n\to\infty}(a_n-\sqrt{2n})$.

U406　求

$$\lim_{x\to 0}\frac{\cos(n+1)x\cdot\sin nx-n\sin x}{x^3}$$

的值.

U407　证明:对每一个 $\varepsilon>0$,有

$$\int_2^{2+\varepsilon}\mathrm{e}^{2x-x^2}\mathrm{d}x<\frac{\varepsilon}{1+\varepsilon}$$

U408　证明:如果 $\boldsymbol{A}$ 和 $\boldsymbol{B}$ 是满足

$$\boldsymbol{A}=\boldsymbol{AB}-\boldsymbol{BA}+\boldsymbol{ABA}-\boldsymbol{BA}^2+\boldsymbol{A}^2\boldsymbol{BA}-\boldsymbol{ABA}^2$$

的方阵,那么 $\det(\boldsymbol{A})=0$.

U409　求

$$\lim_{x\to 0}\frac{2\sqrt{1+x}+2\sqrt{2^2+x}+\cdots+2\sqrt{n^2+x}-n(n+1)}{x}$$

的值.

U410　设 a,b,c 是实数,$a+b+c=5$.证明

$$(a^2+3)(b^2+3)(c^2+3)\geqslant 192$$

U411　设 e 是正整数.对于任何正整数 m,用 $\omega(m)$ 表示 m 的不同的质约数的个数.如果 m 有 $\omega(m)^e$ 个十进制数字,那么我们可以说 m 是"好"数.对于怎么样的数 e,只存在有限多个"好"数?

U412　设 $P(x)$ 是首项系数是 1 的实系数 n 次多项式,有 n 个实根.证明:如果 $a>0$,且

$$P(c)\leqslant\left(\frac{b^2}{a}\right)^n$$

那么 $P(ax^2+2bx+c)$ 至少有一个实根.

U413　设 $\triangle ABC$ 的三边 BC,CA,AB 的长分别是 a,b,c.内切圆与边 BC,CA,AB 的切点分别是 A',B',C'.

(a) 证明:长为 $AA'\sin A,BB'\sin B,CC'\sin C$ 的线段可组成三角形的边.

(b) 如果 $A_1B_1C_1$ 是这样一个三角形,用 a,b,c 表示的面积比 $\dfrac{K[A_1B_1C_1]}{K[ABC]}$.

U414 设 $p<q<1$ 是正实数.求所有的函数 $f:\mathbf{R}\to\mathbf{R}$,且满足条件:

(i) 对一切实数 x,有 $f(px+f(x))=qf(x)$,

(ii) $\lim\limits_{x\to 0}\dfrac{f(x)}{x}$ 存在且有限.

U415 证明:多项式 $P(X)=X^4+\mathrm{i}X^2-1$ 在高斯整数范围内的多项式环中不可约.

U416 对于多项式 $X^4+\mathrm{i}X^2-1$ 的任何根 $z\in\mathbf{C}$,我们记 $w_z=z+\dfrac{2}{z}$.设 $f(x)=x^2-3$.证明:$|[f(w_z)-1]f(w_z-1)f(w_z+1)|$ 是不依赖 z 的整数.

U417 证明:对于任何 $n\geqslant 14$ 和任何实数 x,$0<x<\dfrac{\pi}{2n}$,以下不等式成立

$$\frac{\sin 2x}{\sin x}+\frac{\sin 3x}{\sin 2x}+\cdots+\frac{\sin(n+1)x}{\sin nx}<2\cot x$$

U418 设 a,b,c 是正实数,且 $abc=1$.证明

$$\sqrt{16a^2+9}+\sqrt{16b^2+9}+\sqrt{16c^2+9}\leqslant 1+\frac{14}{3}(a+b+c)$$

U419 设 $p>1$ 是自然数.

证明

$$\lim_{n\to\infty}\left(\sum_{k=1}^{n}\frac{1}{\sqrt[p]{k}}-\frac{p}{p-1}(n^{\frac{p-1}{p}}-1)\right)\in(0,1)$$

U420 求端点分别在双曲线 $xy=5$ 和椭圆 $\dfrac{x^2}{4}+4y^2=2$ 上的线段的最小长度.

U421 求一切不同的正整数数对 a,b,存在整系数多项式 P,使

$$P(a^3)+7(a+b^2)=P(b^3)+7(b+a^2)$$

U422 设 a 和 b 是复数,$(a_n)_{n\geqslant 0}$ 是由 $a_0=2,a_1=1$,当 $n\geqslant 2$ 时

$$a_n=aa_{n-1}+ba_{n-2}$$

定义的数列.

将 a_n 写成 a 和 b 的多项式.

U423 求

$$f(x)=\sqrt{\sin^4 x+\cos^2 x+1}+\sqrt{\cos^4 x+\sin^2 x+1}$$

的最大值和最小值.

U424 设 a 是实数,$|a|>2$.证明:如果 a^4-4a^2+2 和 a^5-5a^3+5a 都是有理数,那么 a 也是有理数.

U425 设 p 是质数,G 是 p^3 阶群.定义 $\Gamma(G)$ 是顶点在 G 的非中心共轭类的图,当且仅当连通的共轭类的大小不互质时,两个顶点相连.确定 $\Gamma(G)$ 的结构.

U426 设 $f:[0,1]\to\mathbf{R}$ 是连续函数,设 $(x_n)_{n\geqslant 1}$ 是由

$$x_n=\sum_{k=0}^{n}\cos\left[\frac{1}{\sqrt{n}}f\left(\frac{k}{n}\right)\right]-\alpha n^{\beta}$$

定义的数列,其中 α 和 β 是实数.求 $\lim\limits_{n\to\infty}x_n$ 的值.

U427 设 $f:\mathbf{R}^2\to\mathbf{R}$ 是由

$$f(x,y)=\mathbf{1}_{(0,\frac{1}{y})}(x)\cdot\mathbf{1}_{(0,1)}(y)\cdot y$$

定义的函数,这里 **1** 是特征函数.求

$$\int_{\mathbf{R}^2}(x,y)\mathrm{d}x\mathrm{d}y$$

的值.

U428 设 a,b,c 是正实数,且 $a+b+c=1$.证明

$$(1+a^2b^2)^c(1+b^2c^2)^a(1+c^2a^2)^b\geqslant 1+9a^2b^2c^2$$

U429 设 $n\geqslant 2$ 是整数,$\boldsymbol{A}$ 是恰有 $(n-1)^2$ 个元素是 0 的 $n\times n$ 实矩阵.证明:如果 $\boldsymbol{B}$ 是所有元素都是非 0 元素的 $n\times n$ 的矩阵,那么 $\boldsymbol{BA}$ 不可能是非奇异对角矩阵.

U430 设 $\boldsymbol{A}$ 和 $\boldsymbol{B}$ 是复数元素的 3×3 矩阵,且

$$(\boldsymbol{AB}-\boldsymbol{BA})^2=\boldsymbol{AB}-\boldsymbol{BA}$$

证明:$\boldsymbol{AB}=\boldsymbol{BA}$.

U431 求

$$\lim_{t\to 0}\frac{1}{t}\int_0^t\sqrt{1+\mathrm{e}^x}\,\mathrm{d}x \text{ 和 } \lim_{t\to 0}\frac{1}{t}\int_0^t\mathrm{e}^{\mathrm{e}^x}\,\mathrm{d}x$$

的值.

U432 对于单位球上每一点 $P(x,y,z)$,考虑点 $Q(y,z,x)$ 和 $R(z,x,y)$.对于球上每一点 A,定义

$$\angle AOP=p,\angle AOQ=q \text{ 和 } \angle AOR=r$$

证明

$$|\cos q-\cos r|\leqslant 2\sqrt{3}\sin\frac{p}{2}$$

1.4 奥林匹克问题

O361 确定最小整数 $n>2$,存在 n 个连续整数,它们的和是完全平方数.

O362 设 $F_n,n\geqslant 0$,有 $F_0=0,F_1=1$,对一切 $n\geqslant 1,F_{n+1}=F_n+F_{n-1}$.证明:当 $n\geqslant 1$ 时,以下恒等式成立

(a) $\dfrac{F_{3n}}{F_n}=2(F_{n-1}^2+F_{n+1}^2)-F_{n-1}F_{n+1}$.

(b) $\binom{2n+1}{0}F_{2n+1}+\binom{2n+1}{1}F_{2n-1}+\binom{2n+1}{2}F_{2n-3}+\cdots+\binom{2n+1}{n}F_1=5^n$.

O363 求方程组

$$x^2+y^2+z^2+\frac{xyz}{3}=2\left(xy+yz+zx+\frac{xyz}{3}\right)=2\ 016$$

的整数解.

O364 (a) 如果 $n=p_1^{e_1}p_2^{e_2}\cdots p_k^{e_k}$,其中 p_i 是不同的质数,求:作为$\{p_i\}$ 和$\{e_i\}$ 的函数

$$\sum_{d\mid n}\frac{n\varphi(d)}{d}$$

的值.

(b) 求

$$x^x\equiv 1(\bmod 97),1\leqslant x\leqslant 9\ 312$$

的整数解的个数.

O365 证明或否定以下命题:存在整系数的非零多项式 $P(x,y,z)$,只要 $u+v+w=\frac{\pi}{3}$,就有

$$P(\sin u,\sin v,\sin w)=0$$

O366 在$\triangle ABC$中,设A_1,A_2是BC上的任意两个等截点.类似地定义B_1,$B_2\in CA$和C_1,$C_2\in AB$.设l_a是经过线段B_1C_2和B_2C_1的中点的直线.类似地定义l_b和l_c.证明:所有这三条直线共点.

O367 证明:对于任何正整数 $a>81$,存在正整数 x,y,z,使

$$a=\frac{x^3+y^3}{z^3+a^3}$$

O368 设 a,b,c,d,e,f 是实数,且 $a+b+c+d+e+f=15$ 和 $a^2+b^2+c^2+d^2+e^2+f^2=45$.证明:$abcdef\leqslant 160$.

O369 设 $a,b,c>0$.证明

$$\frac{a^2+bc}{b+c}+\frac{b^2+ca}{c+a}+\frac{c^2+ab}{a+b}\geqslant\sqrt{3(a^2+b^2+c^2)}$$

O370 对于任何正整数n,用$S(n)$表示n的各位数字的和.证明:对于使 $\gcd(3,n)=1$ 的任何正整数 n,使 $k>S(n)^2+7S(n)+9$ 的任意整数 k,存在整数 m,使 $n\mid m$,且 $S(m)=k$.

O371 设 ABC 是三角形($AB\neq BC$),点 D 和 E 分别是点 B 和 C 出发的高的垂足.用 M,N,P 分别表示 BC,MD,ME 的中点.如果$\{S\}=NP\cap BC$,T 是 DE 与过点 A,且平行于 BC 的直线的交点.证明:ST 是$\triangle ADE$ 的外接圆的切线.

O372 在边长为 a 的正 n 边形 Γ_a 的内部画一个边长为 b 的正 n 边形 Γ_b,使 Γ_a 的外

接圆的圆心不在 Γ_b 内. 证明

$$b < \frac{a}{2\cos^2\frac{\pi}{2n}}$$

O373 设 $n \geqslant 3$ 是自然数. 我们在 $n \times n$ 的表格上实施以下操作:选取一个$(n-1) \times (n-1)$ 的方块,将每一个元素加 1 或减 1. 开始时,表格中的所有元素都是 0. 在有限次这样的操作后是否能使表格中得到 1 到 n^2 的所有的数?

O374 证明:在任意三角形中

$$\max\{|\angle A - \angle B|, |\angle B - \angle C|, |\angle C - \angle A|\} \leqslant \arccos(\frac{4r}{R} - 1)$$

O375 设 a,b,c,d,e,f 是实数,且 $ad - bc = 1, e, f \geqslant \frac{1}{2}$. 证明

$$\sqrt{e^2(a^2+b^2+c^2+d^2)+e(ac+bd)}+\sqrt{f^2(a^2+b^2+c^2+d^2)-f(ac+bd)} \geqslant (e+f)\sqrt{2}$$

O376 设 $a_1, a_2, \cdots, a_{100}$ 是数 $1,2,\cdots,100$ 的一个排列. 设 $S_1 = a_1, S_2 = a_1 + a_2, \cdots, S_{100} = a_1 + a_2 + \cdots + a_{100}$. 求数 $S_1, S_2, \cdots, S_{100}$ 中完全平方数的最大的可能的个数.

O377 设 $a_1, a_2, \cdots, a_n, b_1, b_2, \cdots, b_n$ 是正实数,且对一切 $i \in \{1,2,\cdots,n\}$,有 $a_i b_i > 1$. 设

$$a = \frac{a_1 + a_2 + \cdots + a_n}{n} \text{ 和 } b = \frac{b_1 + b_2 + \cdots + b_n}{n}$$

证明:$\frac{1}{\sqrt{a_1 b_1 - 1}} + \frac{1}{\sqrt{a_2 b_2 - 1}} + \cdots + \frac{1}{\sqrt{a_n b_n - 1}} \geqslant \frac{n}{\sqrt{ab - 1}}$.

O378 考虑凸六边形 $ABCDEF$,其中 $AB \parallel DE, BC \parallel EF, CD \parallel FA$. 设 M, N, K 分别是直线 BD 和 AE, AC 和 DF, CE 和 BF 的交点. 证明:分别过 M, N, K,且与 AB, CD, EF 垂直的直线共点.

O379 设 a,b,c,d 是实数,且 $a^2 + b^2 + c^2 + d^2 = 4$. 证明

$$\frac{2}{3}(ab + bc + cd + da + ac + bd) \leqslant (3 - \sqrt{3})abcd + 1 + \sqrt{3}$$

O380 设点 H 是 $\triangle ABC$ 的垂心. 设 X 和 Y 是 BC 上的点,且 $\angle BAX = \angle CAY$. 设点 E 和 F 分别是过点 B 和 C 的高的垂足. 设 T 和 S 分别是 EF 与 AX 和 AY 的交点. 证明: X, Y, S, T 四点共圆. 进而证明:点 H 在点 A 关于这个圆的极线上.

O381 设 a,b,c 是正实数. 证明

$$\frac{a^3 + b^3 + c^3}{3} \geqslant \frac{a^2 + bc}{b + c} \cdot \frac{b^2 + ca}{c + a} \cdot \frac{c^2 + ab}{a + b} \geqslant abc$$

O382 证明:在任何 $\triangle ABC$ 中

$$\left(\frac{m_a+m_b+m_c}{3}\right)^2-\frac{m_am_bm_c}{m_a+m_b+m_c}\leqslant\frac{a^2+b^2+c^2}{6}$$

O383 设 a,b,c 是正实数. 证明

$$\frac{a+b}{6c}+\frac{b+c}{6a}+\frac{c+a}{6b}+2\geqslant\sqrt{\frac{a+b}{2c}}+\sqrt{\frac{b+c}{2a}}+\sqrt{\frac{c+a}{2b}}$$

O384 设 ω_1 和 ω_2 两圆相交于 A,B 两点. 设 CD 是两圆的公切线,点 C,D 分别在 ω_1 和 ω_2 上;点 A 离 CD 较点 B 近. 设 CA 和 CB 分别交 ω_2 于点 A,E 和 B,F. 直线 DA 和 DB 分别交 ω_1 于点 A,G 和点 B,H. 设 P 是 CG 和 DE 的交点,Q 是 EG 和 FH 的交点. 证明:点 A,P,Q 在同一直线上.

O385 设 $f(x,y)=\frac{x^3-y^3}{6}+3xy+48$. 设 m 和 n 是奇数,且

$$|f(m,n)|\leqslant mn+37$$

求 $f(m,n)$ 的值.

O386 求一切正整数对(m,n),使 3^m-2^n 是完全平方数.

O387 是否存在整数 n,使 $3^{6n-3}+3^{3n-1}+1$ 是完全立方数?

O388 证明:在面积为 S 的任何 $\triangle ABC$ 中

$$\frac{m_am_bm_c(m_a+m_b+m_c)}{\sqrt{m_a^2m_b^2+m_b^2m_c^2+m_c^2m_a^2}}\geqslant 2S$$

O389 设 a,b,c 是正实数,且 $abc=1$. 证明

$$\frac{a^2(b+c)}{b^2+c^2}+\frac{b^2(c+a)}{c^2+a^2}+\frac{c^2(a+b)}{a^2+b^2}\geqslant\sqrt{3(a+b+c)}$$

O390 设 $p>2$ 是质数. 求集合$\{1,2,\cdots,6p\}$有 $4p$ 个元素,且元素的和能被 $2p$ 整除的子集的个数.

O391 求一切正整数四数组(x,y,z,w),使

$$(xy)^3+(yz)^3+(zw)^3-252yz=2\ 016$$

O392 设 $\triangle ABC$ 的面积为 Δ. 证明

$$\frac{1}{3r^2}\geqslant\frac{1}{r_ah_a}+\frac{1}{r_bh_b}+\frac{1}{r_ch_c}\geqslant\frac{\sqrt{3}}{\Delta}$$

O393 设 a,b,c,d 是非负实数,且 $a^2+b^2+c^2+d^2=4$. 证明

$$\frac{1}{5-\sqrt{ab}}+\frac{1}{5-\sqrt{bc}}+\frac{1}{5-\sqrt{cd}}+\frac{1}{5-\sqrt{da}}\leqslant 1$$

O394 设 a,b,c 是正实数,$a+b+c=3$. 证明

$$\frac{1}{(b+2c)^a}+\frac{1}{(c+2a)^b}+\frac{1}{(a+2b)^c}\geqslant 1$$

O395 设 a,b,c,d 是非负实数,且

$$ab+bc+cd+da+ac+bd=6$$

证明

$$a^4+b^4+c^4+d^4+8abcd\geqslant 12$$

O396 求一切具有以下性质的正整数系数的多项式 $P(X)$ 对于任何正整数 n 和每一个质数 p,使 n 是模 p 的二次剩余.

O397 求方程

$$(x^3-1)(y^3-1)=3(x^2y^2+2)$$

的整数解.

O398 设 a,b,c,d 是正实数,且 $abcd\geqslant 1$. 证明

$$\frac{1}{a+b^5+c^5+d^5}+\frac{1}{b+c^5+d^5+a^5}+\frac{1}{c+d^5+a^5+b^5}+\frac{1}{d+a^5+b^5+c^5}\leqslant 1$$

O399 设 a,b,c 是正实数. 证明

$$\frac{a^5+b^5+c^5}{a^2+b^2+c^2}\geqslant\frac{1}{2}(a^3+b^3+c^3-abc)$$

O400 设 BD 是 $\triangle ABC$ 的 $\angle ABC$ 的平分线. $\triangle BCD$ 的外接圆与边 AB 交于点 E,使点 E 在点 A 和 B 之间. $\triangle ABC$ 的外接圆交直线 CE 于点 F. 证明:$\frac{BC}{BD}+\frac{BF}{BA}=\frac{CE}{CD}$.

O401 设 a,b,c 是正实数. 证明

$$\sqrt{\frac{9a+b}{9b+a}}+\sqrt{\frac{9b+c}{9c+b}}+\sqrt{\frac{9c+a}{9a+c}}\geqslant 3$$

O402 证明:在任何 $\triangle ABC$ 中,以下不等式成立

$$\sin^2 2A+\sin^2 2B+\sin^2 2C\geqslant 2\sqrt{3}\cdot\sin 2A\cdot\sin 2B\cdot\sin 2C$$

O403 设 a,b,c 是正实数,且 $a+b+c>0$. 证明

$$\frac{a^2+b^2+c^2-2ab-2bc-2ca}{a+b+c}+\frac{6abc}{a^2+b^2+c^2+ab+bc+ca}\geqslant 0$$

O404 设 a,b,c 是正实数,且 $abc=1$. 证明

$$(a+b+c)^2\left(\frac{1}{a^2+2}+\frac{1}{b^2+2}+\frac{1}{c^2+2}\right)\geqslant 9$$

O405 证明:对于每一个正整数 n,存在整数 m,使 11^n 整除 3^m+5^m-1.

O406 求方程

$$x^3-y^3-z^3+w^3+\frac{yz}{2}(2xw+1)^2=2\ 017$$

的质数解,这里 $z<4w$.

O407 设 ABC 是三角形,O 是该平面内一点,ω 是过点 B,C,圆心为 O 的圆. ω 交 AC 于点 D,交 AB 于点 E. 设 H 是 BD 和 CE 的交点,D_1 和 E_1 分别是 ω 的切于点 C,B 的切

线与 BD 和 CE 的交点.证明:AH 和分别过点 B 和 C 与 OE_1 与 OD_1 垂直的直线共点.

O408 证明:在任何 $\triangle ABC$ 中

$$\frac{a}{m_a}+\frac{b}{m_b}+\frac{c}{m_c}\geqslant 2\sqrt{3}$$

O409 求一切正整数 n,存在各位数字不必不同的十进制 $n+1$ 位数,使这些数字的至少 $2n$ 个排列产生 $n+1$ 位的完全平方数,首位数不允许是 0.注意,由于这些数字有重复,即使两个不同的排列导致同样的数字串,也认为是两个排列不同.

O410 在一张棋盘上的每一个格子上写出棋盘上包含这一格子的矩形的个数.求所有这些数的和.

O411 设 n 是正整数,$S(n)$ 表示 n 的所有质因数的和.(例如,$S(1)=0$,$S(2)=2$,$S(45)=8$.)求:使 $S(n)=S(2^n+1)$ 的一切正整数 n.

O412 设 $ABCDE$ 是凸五边形,且 $AC=AD=AB+AE$ 和 $BC+CD+DE=BD+CE$.直线 AB 和 AE 分别交 CD 于点 F 和 G.证明

$$\frac{1}{AF}+\frac{1}{AG}=\frac{1}{AC}$$

O413 设 ABC 是锐角三角形.证明:

(a) $\dfrac{a}{m_a}+\dfrac{b}{m_b}+\dfrac{c}{m_c}\geqslant\dfrac{a+b+c}{R+r}$;

(b) $\dfrac{b+c}{m_a}+\dfrac{c+a}{m_b}+\dfrac{a+b}{m_c}\geqslant\dfrac{4(a+b+c)}{3R}$.

O414 求具有以下性质的所有正整数 n:对于 n 的任何两个互质的因子 $a<b$,$b-a+1$ 也是 n 的因子.

O415 设 $n>2$ 是整数.一个 $n\times n$ 的正方形被分割成 n^2 个小正方形.求能以这样一种方法涂色的单位正方形的最大个数:使每一个 1×3 或 3×1 的长方形至少包含一个未涂色的单位正方形.

O416 设 a,b,c 是实数,且 $a^2+b^2+c^2-abc=4$.求:$(ab-c)(bc-a)(ca-b)$ 的最小值,以及达到最小值的一切三数组 (a,b,c).

O417 设 $x_1,x_2,\cdots,x_n$ 是实数,且 $x_1^2+x_2^2+\cdots+x_n^2\leqslant 1$.证明

$$|x_1|+|x_2|+\cdots+|x_n|\leqslant\sqrt{n}\left(1+\frac{1}{n}\right)+n^{\frac{n-1}{2}}x_1x_2\cdots x_n$$

等式何时成立?

O418 设 a,b,c 是正实数,且 $a^2+b^2+c^2=3$.证明

$$\frac{a^5}{c^3+1}+\frac{b^5}{a^3+1}+\frac{c^5}{b^3+1}\geqslant\frac{3}{2}$$

O419 设 $x_1,x_2,\cdots,x_n$ 是区间 $(0,\frac{\pi}{2})$ 内的实数.证明

$$\frac{1}{n^2}\left(\frac{\tan x_1}{x_1}+\frac{\tan x_2}{x_2}+\cdots+\frac{\tan x_n}{x_n}\right)^2\leqslant\frac{\tan^2 x_1+\tan^2 x_2+\cdots+\tan^2 x_n}{x_1^2+x_2^2+\cdots+x_n^2}$$

O420 设 $n\geqslant 2$,设 $A=\{1,4,\cdots,n^2\}$ 是前 n 个非零完全平方数的集合. B 是 A 的一个子集,如果对于 $a,b,c,d\in B,a+b=c+d$,有 $(a,b)=(c,d)$,那么 A 的子集 B 称为 Sidon 子集. 证明:对于某个绝对常数 $C>0$,A 有大小至少为 $Cn^{\frac{1}{2}}$ 的 Sidon 子集. 指数 $\frac{1}{2}$ 能否改进?

O421 证明:对于任意实数 a,b,c,d,有

$$a^2+b^2+c^2+d^2+\sqrt{5}\min\{a^2,b^2,c^2,d^2\}\geqslant(\sqrt{5}-1)(ab+bc+cd+da)$$

O422 设 $P(x)$ 是有一个非零整数根的整系数多项式. 证明:如果 p 和 q 是不同的奇质数,且

$$P(p)=p<2q-1 \text{ 和 } P(q)=q<2p-1$$

那么 p 和 q 是孪生质数.

O423 证明:在高为 h_a,h_b,h_c,旁切圆的半径为 r_a,r_b,r_c 的 $\triangle ABC$ 中

$$\sqrt{\frac{1}{r_b^2}+\frac{1}{r_c}+1}+\sqrt{\frac{1}{r_c^2}+\frac{1}{r_b}+1}\geqslant 2\sqrt{\frac{1}{h_a^2}+\frac{1}{h_a}+1}$$

O424 对于一个正整数 n,我们定义 $f(n)$ 是在写十进制数 $1,2,\cdots,n$ 时,2 出现的次数. 例如,$f(22)=6$,因为 2 在数 2,12,20,21 中各出现 1 次,在数 22 中出现 2 次. 证明:存在无穷多个数 n,使 $f(n)=n$.

O425 设 a,b,c 是正实数,且 $a^2+b^2+c^2+abc=4$. 设 k 是非负实数. 证明

$$a+b+c+\sqrt{k\left(k-1+\frac{a^2+b^2+c^2}{3}\right)}\leqslant k+3$$

O426 设 a,b,c 是正实数,且

$$\frac{1}{a+2}+\frac{1}{b+2}+\frac{1}{c+2}=1$$

证明

$$\frac{1}{a+b}+\frac{1}{b+c}+\frac{1}{c+a}\leqslant\frac{a+b+c}{2}$$

O427 设 ABC 是三角形,m_a,m_b,m_c 是中线的长. 证明

$$\sqrt{3}(am_a+bm_b+cm_c)\leqslant 2s^2$$

O428 确定一切正整数 n,使方程

$$x^2+y^2=n(x-y)$$

有正整数解. 并解方程

$$x^2+y^2=2\,017(x-y)$$

O429 设 ABC 是非钝角三角形. 证明

$$m_a m_b + m_b m_c + m_c m_a \leqslant (a^2+b^2+c^2)\left(\frac{5}{8}+\frac{r}{4R}\right)$$

O430 求使 5 整除 $\binom{2n}{n}$ 的正整数 $n \leqslant 10^6$ 的个数.

O431 设 a,b,c,d 是正实数,且 $a+b+c+d=3$. 证明

$$a^2+b^2+c^2+d^2+\frac{64}{27}abcd \geqslant 3$$

O432 设 $ABCDEF$ 是一个包含一个内切圆的圆内接六边形. $\omega_A,\omega_B,\omega_C,\omega_D,\omega_E$ 和 ω_F 分别是 $\triangle FAB,\triangle ABC,\triangle BCD,\triangle CDE,\triangle DEF$ 和 $\triangle EFA$ 的内切圆. 设 l_{AB} 是 ω_A 和 ω_B 的不同于 AB 的外公切线. 类似地定义直线 $l_{BC},l_{CD},l_{DE},l_{EF}$ 和 l_{FA}. 设 A_1 是直线 l_{FA} 和 l_{AB} 的交点, B_1 是直线 l_{AB} 和 l_{BC} 的交点. 类似地定义点 C_1,D_1,E_1 和 F_1. 假定 $A_1B_1C_1D_1E_1F_1$ 是凸六边形. 证明:它的对角线 A_1D_1,B_1E_1,C_1F_1 共点.

2 解 答

2.1 初级问题的解答

J361 求方程

$$\frac{x^2-y}{8x-y^2}=\frac{y}{x}$$

的正整数解.

解 设 $\gcd(x,y)=g$，$x=ga$，$y=gb$，这里 $\gcd(a,b)=1$，代入原方程，化简为 $ga^3+gb^3=9ab$. 因此 $a\mid gb^3$，且因为 a,b 互质，所以必有 $a\mid g$. 由对称性，我们有 $b\mid g$. 所以我们可以对某个正整数 k，写成 $g=kab$. 于是我们有

$$kab(a^3+b^3)=9ab\Rightarrow k(a^3+b^3)=9$$

注意到 $a^3+b^3\geqslant 2$，所以 a^3+b^3 只能是 3 或 9. 显然 $a^3+b^3=3$ 无解，所以 $a^3+b^3=9\Rightarrow a=2,b=1$ 或 $a=1,b=2$. 此时 $k=1$，$g=2$. 所以我们有解 $(x,y)=(4,2)$ 或 $(2,4)$. 但是因为 $8x-y^2\neq 0$，所以第二对有序数组舍去. 于是，唯一解是 $(x,y)=(4,2)$.

J362 设 a,b,c,d 是实数，且 $abcd=1$. 证明以下不等式成立

$$ab+bc+cd+da\leqslant\frac{1}{a^2}+\frac{1}{b^2}+\frac{1}{c^2}+\frac{1}{d^2}$$

证明 我们利用 Cauchy-Schwarz 不等式看出

$$\begin{aligned}ab+bc+cd+da&=\sum_{\text{cyc}}ab=\sum_{\text{cyc}}\frac{abcd}{cd}=\sum_{\text{cyc}}\frac{1}{c}\cdot\frac{1}{d}\\&\leqslant\Big(\sum_{\text{cyc}}\frac{1}{c^2}\Big)^{\frac{1}{2}}\Big(\sum_{\text{cyc}}\frac{1}{d^2}\Big)^{\frac{1}{2}}\\&=\sum_{\text{cyc}}\frac{1}{c^2}=\frac{1}{a^2}+\frac{1}{b^2}+\frac{1}{c^2}+\frac{1}{d^2}\end{aligned}$$

当且仅当 $a=b=c=d=1$ 时，等式成立.

J363 求方程组

$$\begin{aligned}x^2+y^2-z(x+y)&=10\\y^2+z^2-x(y+z)&=6\\z^2+x^2-y(z+x)&=-2\end{aligned}$$

的整数解.

解 将这三个方程相加,得到

$$2x^2+2y^2+2z^2-2xy-2yz-2zx=14\Rightarrow(x-y)^2+(y-z)^2+(z-x)^2=14$$

于是,$|x-y|\leqslant 3$,$|y-z|\leqslant 3$,$|z-x|\leqslant 3$.现在将第一个方程减去第二个方程,得到

$$x^2-z^2-yz+xy=4\Rightarrow(x-z)(x+y+z)=4$$

将第二个方程减去第三个方程,得到

$$y^2-x^2-xz+yz=8\Rightarrow(y-x)(x+y+z)=8$$

于是,$y-x=2(x-z)$,$(y-x)\mid 8$,$(x-z)\mid 4$ 与 $|y-x|\leqslant 3$,$|z-x|\leqslant 3$ 这一事实相结合,就必有 $(y-x,x-z)=(2,1)$ 或 $(-2,-1)$.

如果 $(y-x,x-z)=(2,1)$,那么 $x+y+z=4$,解这一方程组得到 $(x,y,z)=(1,3,0)$,满足方程组.

如果 $(y-x,x-z)=(-2,-1)$,那么 $x+y+z=-4$,解这一方程组得到 $(x,y,z)=(-1,-3,0)$,满足方程组.因此两组解是 $(x,y,z)=(1,3,0)$ 和 $(x,y,z)=(-1,-3,0)$.

J364 考虑外接圆为 ω 的 $\triangle ABC$.设点 O 是 ω 的圆心,D,E,F 分别是不包含 A,B,C 的 $\overset{\frown}{BC}$,$\overset{\frown}{CA}$,$\overset{\frown}{AB}$ 的中点.设 DO 交 ω 于另一点 A'.类似定义点 B' 和 C'.证明

$$\frac{[ABC]}{[A'B'C']}\leqslant 1$$

注意,记号 $[X]$ 表示图形 X 的面积.

证明 注意到 $\triangle A'B'C'$ 和 $\triangle DEF$ 是关于 O 的反射,因此它们的面积相等.又注意到容易看出 $\angle D=\frac{1}{2}(\angle B+\angle C)$,由对称性可得到其他类似的等式.设 R 是 $\triangle ABC$ 和 $\triangle DEF$ 的外接圆的半径,我们得到

$$[ABC]=\frac{1}{2}ab\sin C=2R^2\sin A\sin B\sin C$$

类似地,对 $\triangle DEF$ 有类似的公式

$$[DEF]=2R^2\sin\frac{1}{2}(B+C)\sin\frac{1}{2}(C+A)\sin\frac{1}{2}(A+B)$$

容易计算

$$\sin^2\frac{1}{2}(B+C)=\sin B\sin C+\sin^2\frac{1}{2}(B-C)\geqslant\sin B\sin C$$

将这一不等式乘以类似的对称不等式,我们看出

$$\sin\frac{1}{2}(B+C)\sin\frac{1}{2}(C+A)\sin\frac{1}{2}(A+B)\geqslant\sin A\sin B\sin C$$

于是 $[A'B'C']=[DEF]\geqslant[ABC]$.当且仅当 $\angle A=\angle B=\angle C$,即 $\triangle ABC$ 是等边三角形时,等式成立.

J365 设 $x_1, x_2, \cdots, x_n$ 是非负实数，且

$$x_1 + x_2 + \cdots + x_n = 1$$

求

$$\sqrt{x_1 + 1} + \sqrt{2x_2 + 1} + \cdots + \sqrt{nx_n + 1}$$

的可能的最小值.

解 断言：设 $u, v \geqslant 0$，$k \geqslant 2$ 是一个正整数. 那么

$$\sqrt{u+1} + \sqrt{kv+1} \geqslant \sqrt{u+v+1} + 1$$

当且仅当 $v = 0$ 时，等式成立.

证明：原式两边平方后得到等价的不等式

$$(k-1)v + 2\sqrt{(u+1)(kv+1)} \geqslant 2\sqrt{u+v+1}$$

现在，$(u+1)(kv+1) - u - v - 1 = (ku + k - 1)v \geqslant 0$，当且仅当 $v = 0$ 时，等式成立，且显然 $(k-1)v \geqslant 0$，当且仅当 $v = 0$ 时，等式成立. 推出断言.

对 n 进行一般的归纳，我们现在可以证明

$$\sqrt{x_1 + 1} + \sqrt{2x_2 + 1} + \cdots + \sqrt{nx_n + 1} \geqslant \sqrt{2} + n - 1$$

当且仅当 $x_1 = 1, x_2 = \cdots = x_n = 0$ 时，等式成立. 事实上，由断言中取 $k = 2$ 可知，这一结果对 $n = 2$ 成立. 假定结果对 $n - 1$ 成立，当 $k = n$ 时，我们有

$$\sqrt{x_1 + 1} + \sqrt{nx_n + 1} \geqslant \sqrt{(x_1 + x_n) + 1} + 1$$

当且仅当 $x_n = 0$ 时，等式成立. 对 $x_1 + x_n$ 重命名为 x_1，再利用归纳假定，推出结论.

J366 证明：在任意 $\triangle ABC$ 中

$$\sin\frac{A}{2} + \sin\frac{B}{2} + \sin\frac{C}{2} \leqslant \sqrt{6 + \frac{r}{2R}} - 1$$

证明 两边平方后，我们看到原不等式等价于

$$6 + \frac{r}{2R} \geqslant 1 + \sum_{\text{cyc}} \sin^2\frac{A}{2} + 2\sum_{\text{cyc}} \sin\frac{A}{2} + 2\sum_{\text{cyc}} \sin\frac{A}{2}\sin\frac{B}{2}$$

设 $x = s - a, y = s - b, z = s - c$. 那么众所周知

$$\frac{r}{2R} = 1 - \sum_{\text{cyc}} \sin^2\frac{A}{2}$$

$$\sin\frac{A}{2} = \sqrt{\frac{(s-b)(s-c)}{bc}} = \sqrt{\frac{yz}{(z+x)(x+y)}}$$

于是，只要证明

$$3 \geqslant \sum_{\text{cyc}} \frac{yz}{(z+x)(x+y)} + \sum_{\text{cyc}} \sqrt{\frac{yz}{(z+x)(x+y)}} + \sum_{\text{cyc}} \frac{z}{x+y}\sqrt{\frac{xy}{(y+z)(z+x)}}$$

两边乘以$(x+y)(y+z)(z+x)$,上式变为

$$3(x+y)(y+z)(z+x)\geqslant\sum_{cyc}yz(y+z)+(x+y+z)\sum_{cyc}\sqrt{xy(y+z)(z+x)}$$

现在

$$3(x+y)(y+z)(z+x)-\sum_{cyc}yz(y+z)=2(x+y+z)(xy+yz+zx)$$

以及

$$\sum_{cyc}\sqrt{xy(y+z)(z+x)}\leqslant\sqrt{3\sum_{cyc}xy(y+z)(z+x)}\leqslant 2(xy+yz+zx)$$

这里最后一个不等式是由

$$4(xy+yz+zx)^2-3\sum_{cyc}xy(y+z)(z+x)$$
$$=\frac{1}{2}[(xy-yz)^2+(yz-zx)^2+(zx-xy)^2]\geqslant 0$$

推得的. 证明完毕.

J367 设a和b是正实数. 证明

$$\frac{1}{4a}+\frac{3}{a+b}+\frac{1}{4b}\geqslant\frac{4}{3a+b}+\frac{4}{a+3b}$$

证明 我们可以将原不等式改写为

$$\frac{a+b}{4ab}+\frac{3}{a+b}\geqslant\frac{16(a+b)}{4ab+3(a+b)^2}$$
$$\Leftrightarrow[4ab+3(a+b)^2]\left(\frac{a+b}{4ab}+\frac{3}{a+b}\right)\geqslant 16(a+b)$$

利用 Cauchy-Schwarz 不等式,我们有

$$[4ab+3(a+b)^2]\left(\frac{a+b}{4ab}+\frac{3}{a+b}\right)\geqslant(\sqrt{a+b}+3\sqrt{a+b})^2=16(a+b)$$

当且仅当$a=b$时,等式成立.

J368 求最佳常数α和β,对一切$x,y\in(0,\infty)$,有

$$\alpha<\frac{x}{2x+y}+\frac{y}{x+2y}\leqslant\beta$$

解 利用 AM-GM 不等式,我们有

$$\frac{x}{2x+y}+\frac{y}{x+2y}=\frac{1}{2}+\frac{3}{2}\cdot\frac{xy}{2x^2+2y^2+5xy}$$
$$\leqslant\frac{1}{2}+\frac{3}{2}\cdot\frac{xy}{4xy+5xy}=\frac{2}{3}$$

当且仅当$x=y$时,等式成立,于是我们有$\beta=\frac{2}{3}$.

我们有$x,y>0$,于是$\frac{x}{2x+y}+\frac{y}{x+2y}>\frac{1}{2}$.

$$\lim_{x\to 0}\left(\frac{x}{2x+y}+\frac{y}{x+2y}\right)=\lim_{x\to 0}\left(\frac{1}{2}+\frac{3}{2}\cdot\frac{xy}{2x^2+2y^2+5xy}\right)=\frac{1}{2}$$

于是推得 $\alpha=\frac{1}{2}$.

J369 解方程

$$\sqrt{1+\frac{1}{x+1}}+\frac{1}{\sqrt{x+1}}=\sqrt{x}+\frac{1}{\sqrt{x}}$$

解 显然,$x>0$.原方程可改写为

$$\frac{\sqrt{x+2}}{\sqrt{x+1}}+\frac{1}{\sqrt{x+1}}=\frac{x+1}{\sqrt{x}}$$

即$\sqrt{x^2+2x}+\sqrt{x}=(x+1)\sqrt{x+1}$.

最后一个等式可写成

$$\frac{\sqrt{x}}{\sqrt{x+2}-1}=\sqrt{x+1}$$

这给出

$$\sqrt{x}+\sqrt{x+1}=\sqrt{(x+2)(x+1)}$$

两边平方,整理后得到

$$x^2+x+1=2\sqrt{x^2+x}$$

即

$$(\sqrt{x^2+x}-1)^2=0$$

最后一个等式等价于 $x^2+x-1=0$,由 $x>0$,解得 $x=\frac{-1+\sqrt{5}}{2}$.

J370 $\triangle ABC$ 的边长为 $BC=a,CA=b,AB=c$.如果

$$(a^2+b^2+c^2)^2=4a^2b^2+b^2c^2+4c^2a^2$$

求 $\angle A$ 的一切可能的值.

解 将原式左边展开,进行一些运算后,得到

$$a^4-2a^2b^2+b^4+b^2c^2+c^4-2c^2a^2=0$$

两边加上 b^2c^2,得到

$$(c^2+b^2-a^2)^2=b^2c^2$$

$$\Leftrightarrow(b^2+bc+c^2-a^2)(b^2-bc+c^2-a^2)=0$$

因此,$b^2+bc+c^2=a^2$ 或者 $b^2-bc+c^2=a^2$.

但是由余弦定理,我们知道

$$a^2=b^2+c^2-2bc\cos A$$

与上面两个等式相结合,表明

$$bc(1+2\cos A)=0$$

那么 $\cos A=-\frac{1}{2}\Leftrightarrow\angle A=120^\circ$,这是因为 $0^\circ<\angle A<180^\circ$.

或者

$$bc(1-2\cos A)=0$$

那么 $\cos A=\frac{1}{2}\Leftrightarrow\angle A=60^\circ$,这是因为 $0^\circ<\angle A<180^\circ$.

于是,$\angle A$ 的一切可能的值是 60° 或 120°.

J371 证明:对于一切正整数 n

$$\binom{n+3}{2}+6\binom{n+4}{4}+90\binom{n+5}{6}$$

是两个完全立方数的和.

证明 设 $t=n^2+5n$. 注意到

$$(n+3)(n+2)=t+6,(n+4)(n+1)=t+4,(n+5)n=t$$

推出给定的表达式等于

$$\begin{aligned}
&\binom{n+3}{2}+6\binom{n+4}{4}+90\binom{n+5}{6}\\
&=\frac{t+6}{2}+\frac{(t+6)(t+4)}{4}+\frac{(t+6)(t+4)t}{8}\\
&=1+[\frac{t+4}{2}+\frac{(t+6)(t+4)}{4}]+\frac{(t+6)(t+4)t}{8}\\
&=1+[\frac{(t+8)(t+4)}{4}+\frac{(t+6)(t+4)t}{8}]\\
&=1+\frac{(t+4)[t^2+6t+2(t+8)]}{8}\\
&=1^3+(\frac{t+4}{2})^3
\end{aligned}$$

因为 $t=(n+5)n$ 是奇偶性不同的两个整数的积,所以它是偶数. 于是,$\frac{t+4}{2}$ 是整数,证毕.

J372 在 $\triangle ABC$ 中,$\frac{\pi}{7}<\angle A\leqslant\angle B\leqslant\angle C<\frac{5\pi}{7}$. 证明

$$\sin\frac{7A}{4}-\sin\frac{7B}{4}+\sin\frac{7C}{4}>\cos\frac{7A}{4}-\cos\frac{7B}{4}+\cos\frac{7C}{4}$$

证明 设 $\angle X=\frac{7\angle A}{4},\angle Y=\frac{7\angle B}{4},\angle Z=\frac{7\angle C}{4}$. 我们有

$$\frac{\pi}{4}<\angle X\leqslant\angle Y\leqslant\angle Z<\frac{5\pi}{4}$$

将原不等式重新排列为

$$(\sin X-\cos X)-(\sin Y-\cos Y)+(\sin Z-\cos Z)>0$$

$$\frac{\sqrt{2}}{2}(\sin X-\cos X)-\frac{\sqrt{2}}{2}(\sin Y-\cos Y)+\frac{\sqrt{2}}{2}(\sin Z-\cos Z)>0$$

$$\sin\left(X-\frac{\pi}{4}\right)-\sin\left(Y-\frac{\pi}{4}\right)+\sin\left(Z-\frac{\pi}{4}\right)>0$$

令

$$\angle U=\angle X-\frac{\pi}{4},\angle V=\angle Y-\frac{\pi}{4},\angle W=\angle Z-\frac{\pi}{4}$$

我们有$\angle U+\angle V+\angle W=\pi,0<\angle U\leqslant\angle V\leqslant\angle W\leqslant\pi$. 所以,存在三个角为$\angle U,\angle V,\angle W$的三角形. 设该三角形的外接圆的半径为$R$,$\angle U,\angle V,\angle W$的对边分别是$u,v,w$. 只要证明

$$\sin U-\sin V+\sin W>0$$

事实上

$$\sin U-\sin V+\sin W>0$$
$$\Leftrightarrow 2R(\sin U-\sin V+\sin W)>0\Leftrightarrow u-v+w>0$$

这恰好是三角形不等式.

J373 设a,b,c是大于-1的实数. 证明

$$(a^2+b^2+2)(b^2+c^2+2)(c^2+a^2+2)\geqslant(a+1)^2(b+1)^2(c+1)^2$$

证明 由 Cauchy-Schwarz 不等式,我们知道

$$a^2+b^2+2=a^2+1+b^2+1\geqslant\frac{(a+1)^2}{2}+\frac{(b+1)^2}{2}$$

由 AM-GM 不等式,上式的右边至少是$(a+1)(b+1)$. 于是

$$\prod_{\text{cyc}}(a^2+b^2+2)\geqslant\prod_{\text{cyc}}(a+1)(b+1)=(a+1)^2(b+1)^2(c+1)^2$$

当且仅当$a=b=c=1$时,等式成立.

J374 设a,b,c是正实数,且$a+b+c\geqslant 3$. 证明

$$abc+2\geqslant\frac{9}{a^3+b^3+c^3}$$

证明 因为$a+b+c\geqslant 3$,由 Cauchy-Schwarz 不等式,我们有

$$a^2+b^2+c^2\geqslant\frac{(a+b+c)^2}{3}\geqslant 3$$

以及

$$a^3+b^3+c^3\geqslant\frac{(a^2+b^2+c^2)^2}{a+b+c}\geqslant\frac{(a+b+c)^3}{9}\geqslant 3$$

现在回忆一下三次 Schur 不等式

$$a^3+b^3+c^3+3abc\geqslant a^2(b+c)+b^2(c+a)+c^2(a+b)$$

或等价的

$$2(a^3+b^3+c^3)+3abc\geqslant (a+b+c)(a^2+b^2+c^2)$$

要证明的不等式是

$$abc(a^3+b^3+c^3)+2(a^3+b^3+c^3)\geqslant 9$$

或等价的

$$abc(a^3+b^3+c^3-3)+2(a^3+b^3+c^3)+3abc\geqslant 9$$

注意到

$$\begin{aligned}abc(a^3+b^3+c^3-3)+2(a^3+b^3+c^3)+3abc&\geqslant 2(a^3+b^3+c^3)+3abc\\&\geqslant (a+b+c)(a^2+b^2+c^2)\\&\geqslant 9\end{aligned}$$

当且仅当 $a=b=c=1$ 时,等式成立.

J375 求方程

$$\sqrt[3]{x}+\sqrt[3]{y}=\frac{1}{2}+\sqrt{x+y+\frac{1}{4}}$$

的实数解.

解 设 $\sqrt[3]{x}=a$,$\sqrt[3]{y}=b$. 将原式的 $\frac{1}{2}$ 移到左边,再两边平方,得到

$$a^3+b^3=a^2+b^2+2ab-a-b$$

但是这等价于 $(a+b)(a^2+b^2+1-a-b-ab)=0$,所以必有一个因子是0. 如果 $a+b=0$,那么原方程的左边是0,右边是正数,这是一个矛盾. 于是 $a^2+b^2+1=a+b+ab$. 这可以巧妙地改写成 $(a-1)^2+(b-1)^2+(a-b)^2=0$,由此我们可以看出唯一解 $(a,b)=(1,1)$. 于是,$(x,y)=(1,1)$.

J376 设 α,β,γ 是三角形的内角. 证明

$$\frac{1}{5-4\cos\alpha}+\frac{1}{5-4\cos\beta}+\frac{1}{5-4\cos\gamma}\geqslant 1$$

证明 设 $x=s-a$,$y=s-b$,$z=s-c$. 那么由余弦定理

$$\begin{aligned}\frac{1}{5-4\cos\alpha}&=\frac{bc}{5bc-2(b^2+c^2-a^2)}=\frac{bc}{bc+8(s-b)(s-c)}\\&=\frac{(z+x)(x+y)}{(z+x)(x+y)+8yz}\end{aligned}$$

由 AM-GM 不等式,得到

$$\begin{aligned}&(x+y+z)(z+x)(x+y)-x[(z+x)(x+y)+8yz]\\&=(x+y)(y+z)(z+x)-8xyz\geqslant 0\end{aligned}$$

所以

$$\frac{1}{5-4\cos\alpha}\geqslant\frac{x}{x+y+z}$$

与另外两个类似的不等式相加，给出所要求的结果. 当且仅当 $x=y=z$，或 $\alpha=\beta=\gamma$ 时，等式成立.

J377　在 $\triangle ABC$ 中，$\angle A\leqslant 90^\circ$. 证明

$$\sin^2\frac{A}{2}\leqslant\frac{m_a}{2R}\leqslant\cos^2\frac{A}{2}$$

证明　设 d_a 是 $\triangle ABC$ 的外心到 a 边的距离. 那么

$$d_a=R\cos A$$

利用三角形不等式，我们有

$$R-d_a\leqslant m_a\leqslant R+d_a$$

$$\Leftrightarrow R(1-\cos A)\leqslant m_a\leqslant R(1+\cos A)$$

$$\Leftrightarrow\frac{1-\cos A}{2}\leqslant\frac{m_a}{2R}\leqslant\frac{1+\cos A}{2}$$

$$\Leftrightarrow\sin^2\frac{A}{2}\leqslant\frac{m_a}{2R}\leqslant\cos^2\frac{A}{2}$$

当且仅当 $b=c$，或 $\angle A=\frac{\pi}{2}$ 时，右边的等式成立. 当且仅当 $\angle A=\frac{\pi}{2}$ 时，左边的等式成立.

J378　设 P 是 $\triangle ABC$ 的内点，$\angle BAP=105^\circ$，D,E,F 分别是 BP,CP,DE 与 AC，AB,BC 的交点. 假定点 B 在 C 和 F 之间，且 $\angle BAF=\angle CAP$. 求 $\angle BAC$.

解　假定 AP 与 BC 相交于点 Q，由 Ceva 定理和 Menelaus 定理

$$\frac{AE}{EB}\cdot\frac{BQ}{QC}\cdot\frac{CD}{DA}=1=\frac{AE}{EB}\cdot\frac{FB}{FC}\cdot\frac{CD}{DA}$$

于是

$$FB\cdot QC=BQ\cdot FC=FQ\cdot FC-FB(FQ+QC)=FQ\cdot BC-FB\cdot QC$$

所以

$$2FB\cdot QC=FQ\cdot BC$$

设 $x=\angle BAF=\angle CAP$. 由正弦定理

$$\frac{FB}{\sin x}=\frac{AB}{\sin F},\frac{QC}{\sin x}=\frac{AQ}{\sin C}$$

$$\frac{FQ}{\sin(x+105^\circ)}=\frac{AQ}{\sin F},\frac{BC}{\sin(x+105^\circ)}=\frac{AB}{\sin C}$$

于是

$$\sqrt{2}\sin x=\sin(x+105^\circ)=\frac{\sqrt{2}-\sqrt{6}}{4}\sin x+\frac{\sqrt{6}+\sqrt{2}}{4}\cos x$$

即

$$\tan x=\frac{\sqrt{6}+\sqrt{2}}{3\sqrt{2}+\sqrt{6}}=\frac{1}{\sqrt{3}},x=30^\circ$$

于是,$\angle BAC=105^\circ+30^\circ=135^\circ$.

J379 证明:对于任何非负实数 a,b,c,以下不等式成立

$$(a-2b+4c)(-2a+4b+c)(4a+b-2c)\leqslant 27abc$$

证明 设变量 x,y,z 使

$$a-2b+4c=x$$
$$-2a+4b+c=y$$
$$4a+b-2c=z$$

注意到 $a=\frac{2z+x}{9},b=\frac{2y+z}{9},c=\frac{2x+y}{9}$. 于是原不等式转化为

$$(2x+y)(2y+z)(2z+x)\geqslant 27xyz \tag{*}$$

现在观察到因为 a,b,c 是非负实数,所以式(*)的左边恒非负. 如果 $xyz\leqslant 0$,那么不等式显然成立. 如果 $xyz>0$,那么 x,y,z 中恰有两个负数或没有负数. 如果有两个负数,比如说,$x<0,y<0,z>0$,那么 $c=\frac{2x+y}{9}<0$,这是一个矛盾. 于是 x,y,z 都是正数,由AM-GM不等式

$$(2x+y)(2y+z)(2z+x)\geqslant 3\sqrt[3]{x^2y}\cdot 3\sqrt[3]{y^2z}\cdot 3\sqrt[3]{z^2x}=27xyz$$

当且仅当 $x=y=z$,或 $a=b=c$ 时,等式成立.

J380 设 $x_1,x_2,\cdots,x_n$ 是非负实数,且 $x_1+x_2+\cdots+x_n=1$.

(a) 求

$$x_1\sqrt{1+x_1}+x_2\sqrt{1+x_2}+\cdots+x_n\sqrt{1+x_n}$$

的最小值.

(b) 求

$$\frac{x_1}{1+x_2}+\frac{x_2}{1+x_3}+\cdots+\frac{x_n}{1+x_1}$$

的最大值.

解 (a) 考虑定义域为$[0,1]$的函数 $f(x)=x\sqrt{1+x}$. 因为对一切 $x\in[0,1]$,有

$$f''(x)=(x+1)^{-\frac{1}{2}}\left(\frac{3x+4}{4x+4}\right)>0$$

显然 $f(x)$ 在定义域上是凸函数. 由Jensen不等式

$$x_1\sqrt{1+x_1}+x_2\sqrt{1+x_2}+\cdots+x_n\sqrt{1+x_n}\geqslant nf\left(\frac{1}{n}\right)=\sqrt{1+\frac{1}{n}}$$

对一切 $1\leqslant i\leqslant n$,当 $x_i=\frac{1}{n}$ 时,这个值的确能达到.

(b) 因为$\frac{x_k}{1+x_{k+1}} \leqslant x_k$,所以

$$\frac{x_1}{1+x_2}+\frac{x_2}{1+x_3}+\cdots+\frac{x_n}{1+x_1} \leqslant x_1+x_2+\cdots+x_n=1$$

当 $x_1=1$,对一切 $2 \leqslant i \leqslant n, x_i=0$ 时,这个值的确能达到.

J381 设 x,y,z 是正实数,$x+y+z=3$. 证明

$$\frac{xy}{4-y}+\frac{yz}{4-z}+\frac{zx}{4-x} \leqslant 1$$

证明 原不等式的齐次形式为

$$\frac{9xy}{4x+y+4z}+\frac{9yz}{4x+4y+z}+\frac{9zx}{x+4y+4z} \leqslant x+y+z$$

由 Cauchy-Schwarz 不等式,我们知道

$$\frac{9}{4x+y+4z} \leqslant \frac{2}{2x+z}+\frac{1}{2z+y}$$

所以

$$\begin{aligned}\sum_{\text{cyc}} \frac{9xy}{4x+y+4z} &\leqslant \sum_{\text{cyc}} \frac{2xy}{2x+z}+\sum_{\text{cyc}} \frac{xy}{2z+y}=\sum_{\text{cyc}} \frac{2xy}{2x+z}+\sum_{\text{cyc}} \frac{yz}{2x+z} \\ &=\sum_{\text{cyc}} \frac{2xy+yz}{2x+z}=x+y+z\end{aligned}$$

证毕.

J382 设实数 $x,y,z>1$,求满足

$$\left(\frac{x}{2}+\frac{1}{x}-1\right)\left(\frac{y}{2}+\frac{1}{y}-1\right)\left(\frac{z}{2}+\frac{1}{z}-1\right)=\left(1-\frac{x}{yz}\right)\left(1-\frac{y}{zx}\right)\left(1-\frac{z}{xy}\right)$$

的一切实数三元数组(x,y,z).

解 首先,如果 $1-\frac{x}{yz}<0$,那么 $x>yz$,所以 $1-\frac{y}{zx}>1-\frac{1}{z^2}>0, 1-\frac{z}{xy}>1-\frac{1}{y^2}>0$. 但是$\frac{x}{2}+\frac{1}{x}-1=\frac{(x-1)^2+1}{2x}>0$,所以原等式不能成立,这是因为左边为正,右边为负. 因此,我们必有 $1-\frac{x}{yz} \geqslant 0, 1-\frac{y}{zx} \geqslant 0$,以及 $1-\frac{z}{xy} \geqslant 0$. 但是由 AM-GM 不等式,$\frac{x}{yz}+\frac{y}{zx} \geqslant \frac{2}{z}$,所以

$$\begin{aligned}\left(1-\frac{x}{yz}\right)\left(1-\frac{y}{zx}\right) &=1-\left(\frac{x}{yz}+\frac{y}{zx}\right)+\frac{1}{z^2} \leqslant 1-\frac{2}{z}+\frac{1}{z^2} \\ &\leqslant 1-\frac{2}{z}+\frac{1}{z^2}+\left(\frac{z}{2}-1\right)^2 \leqslant \left(\frac{z}{2}+\frac{1}{z}-1\right)^2\end{aligned}$$

当且仅当 $z=2, x=y$ 时,等式成立. 对 x 和 y 的同样的不等式重复这一过程,我们看到

$$\left(\frac{x}{2}+\frac{1}{x}-1\right)\left(\frac{y}{2}+\frac{1}{y}-1\right)\left(\frac{z}{2}+\frac{1}{z}-1\right) \geqslant \left(1-\frac{x}{yz}\right)\left(1-\frac{y}{zx}\right)\left(1-\frac{z}{xy}\right)$$

当且仅当 $x=y=z=2$ 时,等式成立.

J383 在 $\triangle ABC$ 中,$AB=AC$,$\angle BAC=72°$.设 D 和 E 分别是 AB 和 AC 上的点,且 $\angle ACD=12°$,$\angle ABE=30°$.证明:$DE=CE$.

证明 如图1所示,在 CD 上取一点 F,使 $FA=FC$,在 AB 上取一点 G,使 $AG=AF$.

因为 $\angle GAF=60°$,所以 $\triangle AGF$ 是等边三角形.

于是,$GF=FA=FC$,$\angle DFG=60°-\angle AFD=36°$.

所以,$\angle GCB=54°-12°-18°=24°=\angle CBE$.

因此,$BG=CE$,于是 $AE=AG=AF$.

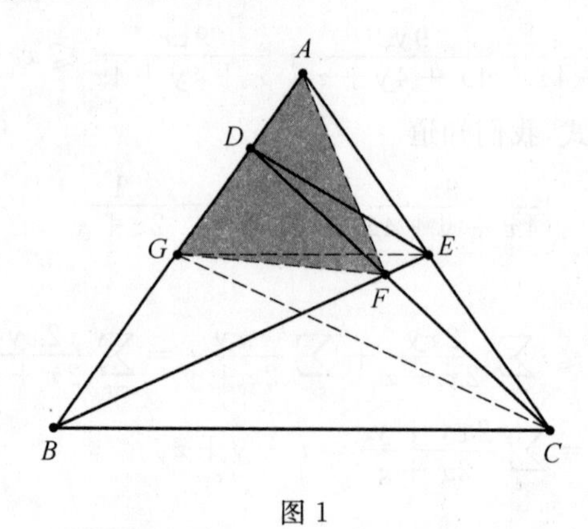

图1

因此,$\angle AEF=\angle EFA=84°=\angle BDC$,这表明 A,D,F,E 四点共圆.于是,$\angle FDE=\angle FAE=12°=\angle ACD$,由此推出 $DE=CE$.

J384 在 $\triangle ABC$ 中,$\angle A<\angle B<\angle C$.证明

$$\cos\frac{A}{2}\csc\frac{B-C}{2}+\cos\frac{B}{2}\csc\frac{C-A}{2}+\cos\frac{C}{2}\csc\frac{A-B}{2}<0$$

证明 注意到

$$\cos\frac{A}{2}\csc\frac{B-C}{2}=\frac{2\sin\frac{A}{2}\cos\frac{A}{2}}{2\sin\frac{A}{2}\sin\frac{B-C}{2}}=\frac{\sin A}{2\cos\frac{B+C}{2}\sin\frac{B-C}{2}}$$

$$=\frac{\sin A}{\sin B-\sin C}=\frac{a}{b-c}$$

于是,该不等式等价于 $\sum_{\text{cyc}}\frac{a}{b-c}<0$.因为 $\angle A<\angle B<\angle C$,我们知道 $a<b<c$,所以

$$\frac{a}{b-c}+\frac{b}{c-a}+\frac{c}{a-b}=\frac{b}{c-a}-\frac{c}{b-a}-\frac{a}{c-b}$$

$$=(\frac{b}{c-a}-\frac{a}{c-b})-\frac{c}{b-a}$$

$$=-\frac{(b-a)(a+b-c)}{(c-b)(c-a)}-\frac{c}{b-a}<0$$

J385 如果等式

$$2(a+b)-6c-3(d+e)=6$$
$$3(a+b)-2c+6(d+e)=2$$
$$6(a+b)+3c-2(d+e)=-3$$

同时成立,求

$$a^2-b^2+c^2-d^2+e^2$$

的值.

解 用(Ⅰ)(Ⅱ)和(Ⅲ)分别表示上述方程,我们有

$$2(\text{Ⅰ})+3(\text{Ⅱ})+6(\text{Ⅲ})\text{ 是 }49(a+b)=0\Rightarrow a^2-b^2=0$$
$$-6(\text{Ⅰ})-2(\text{Ⅱ})+3(\text{Ⅲ})\text{ 是 }49c=-49\Rightarrow c^2=1$$
$$-3(\text{Ⅰ})+6(\text{Ⅱ})-2(\text{Ⅲ})\text{ 是 }49(d+e)=0\Rightarrow -d^2+e^2=0$$

于是 $a^2-b^2+c^2-d^2+e^2=1$.

J386 求方程组

$$x+yzt=y+ztx=z+txy=t+xyz=2$$

的一切实数解.

解 第一个方程减去第二个方程,第二个方程减去第三个方程,第三个方程减去第四个方程,第四个方程减去第一个方程,得到

$$(x-y)(1-zt)=0$$
$$(y-z)(1-tx)=0$$
$$(z-t)(1-xy)=0$$
$$(t-x)(1-yz)=0$$

我们有四种情况.

(i)$x-y=0$ 和 $z-t=0$,即 $x=y$ 和 $z=t$.将这些值代入第二个方程和第四个方程,得到$(x-z)(1-zx)=0$.如果 $x=z$,那么 $x+x^3=2$,给出 $x=y=z=t=1$.如果 $zx=1$,那么 $y+t=2$,即 $x+z=2$,给出 $x=1,z=1$,所以 $x=y=z=t=1$.

(ii)$x-y=0$ 和 $1-xy=0$,即 $x=y$ 和 $xy=1$.我们得到 $x=y=\pm 1$.如果 $x=y=1$,那么 $zt=1$ 和 $z+t=2$,给出 $z=t=1$.如果 $x=y=-1$,那么 $zt=-3$ 和 $z+t=2$,给出 $z=3,t=-1$ 或 $z=-1,t=3$.

(iii)$1-zt=0$ 和 $z-t=0$,即 $z=t$ 和 $zt=1$.我们得到 $z=t=\pm 1$.如果 $z=t=1$,那么 $xy=1$ 和 $x+y=2$,给出 $x=y=1$.如果 $z=t=-1$,那么 $xy=-3$ 和 $x+y=2$,给出 $x=3,y=-1$ 或 $x=-1,y=3$.

(iv)$1-zt=0$ 和 $1-xy=0$,即 $zt=1$ 和 $xy=1$.我们得到 $x+y=2$ 和 $z+t=2$,给

出 $x=y=z=t=1$.

结论:原方程组的实数解是

$$(x,y,z,t)\in\{(1,1,1,1),(-1,-1,3,-1),(-1,-1,-1,3),\\(3,-1,-1,-1),(-1,3,-1,-1)\}$$

J387 已知多位数$\overline{abc}$,$\overline{xyz}$和$\overline{abcxyz}$(首位非零)都是完全平方数,求所有的数字a,b,c,x,y,z.

解 设$m^2=\overline{abc}$,$n^2=\overline{xyz}$,$k^2=\overline{abcxyz}$.那么$1\,000m^2+n^2=k^2$,$10\leqslant m,n\leqslant 31$,$317\leqslant k\leqslant 999$.

有三种情况.

情况1:假定n和k都不能被5整除.因为$5^3\mid(k^2-n^2)$,所以必有$5^3\mid(k-n)$或$5^3\mid(k+n)$.于是$k=125q\pm n$,这里$3\leqslant q\leqslant 8$.那么$8m^2=125q^2\pm 2qn$,所以q必是偶数,即$q\in\{4,6,8\}$.

如果$q=4$,那么$m^2=250\pm n$.但是$250+n\in[261,281]$,其中不包含完全平方数,$250-n\in[219,239]\setminus\{225\}$,也不包含完全平方数.

如果$q=6$,那么$2m^2=125\cdot 9\pm 3n$.所以$m=3b$,$n=3a$,$2b^2=125\pm a$.但是$\frac{125+a}{2}\in[65,67]$,其中不包含完全平方数,$\frac{125-a}{2}\in[58,60]$,其中也不包含完全平方数.

如果$q=8$,那么$m^2=1\,000-2n$.所以$m=2d$,$n=2c$,$d^2=250-c\in[236,244]$,其中不包含完全平方数.

情况2:假定$5\mid n$,但是n不能被25整除.那么$5\mid k$,但是k不能被25整除.设$n=5a$,$k=5b$,其中$a\in\{2,3,4,6\}$.于是$40m^2+a^2=b^2$.

如果$a=2$,那么$b=2c$,$c^2-10m^2=1$.这个Pell方程的基本解是$(c_1,m_1)=(19,6)$,一切解由$(c_i+m_i\sqrt{10})=(19+6\sqrt{10})^i$给出,因此没有这样的$m_i\in[10,31]$.

如果$a=3$,那么$b^2-10(2m)^2=9$.这个Pell方程的一切解由三组不同的基本解生成:$(b,2m)=(7,2)$,$(13,4)$和$(57,18)$.因为$(7+2\sqrt{10})(19+6\sqrt{10})=253+80\sqrt{10}$,所以我们有$2m\leqslant 18$或$2m\geqslant 80$,因此没有解$m\in[10,31]$.

如果$a=4$,那么$b=4d$,$m=2e$.所以$d^2-10e^2=1$,于是$(d,e)=(19,6)$,$(m,n,k)=(12,20,380)$.

如果$a=6$,那么$b=2f$,$f^2-10m^2=9$.所以$(f,m)=(57,18)$,$(m,n,k)=(18,30,570)$.

情况3:最后考虑$25\mid n$.那么$n=25$,$k=25a$,$m=5b$.所以$a^2-10(2b)^2=1$.于是$(a,2b)=(19,6)$,$(m,n,k)=(15,25,475)$.于是有三组解:144 400,324 900,225 625,这就是结论.

J388 在圆内接四边形 $ABCD$ 中，$AB=AD$. 分别在边 CD 和 BC 上取点 M 和 N，且 $DM+BN=MN$. 证明：$\triangle AMN$ 的外心在线段 AC 上.

证明 如图 2 所示，在 MN 上取点 E，使 $EM=MD$. 于是 $BN=NE$.

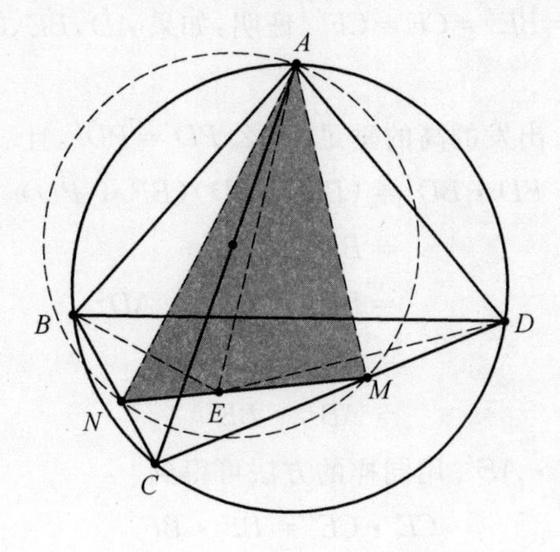

图 2

所以 $\angle ABE+\angle ADE=\angle AEB+\angle AED$. 如果 $\angle ABE>\angle AEB$，那么 $\angle ADE<\angle AED$，这表明 $AB<AE<AD$，这是一个矛盾. 同样，我们不能有 $\angle ABE<\angle AEB$. 因此 $AB=AE=AD$，于是 $\triangle ABN\cong\triangle AEN$ 和 $\triangle AEM\cong\triangle ADM$. 因此

$$\begin{aligned}\angle ANM=\angle ANB&=\pi-\angle ABN-\angle BAN\\&=\pi-\angle ABD-\angle CAD-\angle BAN\\&=\frac{\pi}{2}+\frac{1}{2}\angle BAD-\angle CAM-\angle MAD-\angle BAN\\&=\frac{\pi}{2}-\angle CAM\end{aligned}$$

由此推出结论.

J389 求方程组

$$(x^2-y+1)(y^2-x+1)=2[(x^2-y)^2+(y^2-x)^2]=4$$

的实数解.

解 设 $x^2-y=a$，$y^2-x=b$. 那么原方程组变为

$$(a+1)(b+1)=2(a^2+b^2)=4$$

或等价的 $(a+1)(b+1)=4$ 和 $a^2+b^2=2$. 因为

$$4=(a+1)(b+1)=ab+a+b+1\leqslant\frac{a^2+b^2}{2}+\sqrt{2(a^2+b^2)}+1=1+2+1=4$$

必须所有等式全部成立. 于是 $a=b=1$. 这给出 $y=x^2-1$，因此 $(x^2-1)^2-x=1$.

最后一个方程可分解为 $x(x+1)(x^2-x-1)=0$.

于是 $x=0,-1$ 或 $\frac{1\pm\sqrt{5}}{2}$,原方程组的解 (x,y) 是 $\left(\frac{1\pm\sqrt{5}}{2},\frac{1\pm\sqrt{5}}{2}\right),(0,-1),(-1,0)$.

J390 已知点 D 和 D' 在 $\triangle ABC$ 的边 BC 上,点 E 和 E' 在边 AC 上,点 F 和 F' 在边 AB 上,$AD=AD'=BE=BE'=CF=CF'$.证明:如果 AD,BE,CF 共点,那么 AD',BE',CF' 也共点.

证明 设 P 是从 A 出发的高的垂足,那么 $PD=PD'$,且

$$\begin{aligned}BD\cdot BD'&=(BP-PD)(BP+PD)\\&=BP^2-PD^2\\&=BP^2+AP^2-AD^2\\&=AB^2-AD^2\\&=AB^2-BE^2\end{aligned}$$

同样有 $AB^2-BE^2=AE\cdot AE'$.用同样的方法可得到

$$CE\cdot CE'=BF\cdot BF'$$

$$AF\cdot AF'=CD\cdot CD'$$

于是

$$\frac{BD}{DC}\cdot\frac{CE}{EA}\cdot\frac{AF}{FB}\cdot\frac{BD'}{D'C}\cdot\frac{CE'}{E'A}\cdot\frac{AF'}{F'B}=\frac{BD\cdot BD'}{AE\cdot AE'}\cdot\frac{CE\cdot CE'}{BF\cdot BF'}\cdot\frac{AF\cdot AF'}{CD\cdot CD'}=1$$

结果是

$$\frac{BD}{DC}\cdot\frac{CE}{EA}\cdot\frac{AF}{FB}=1\Leftrightarrow\frac{BD'}{D'C}\cdot\frac{CE'}{E'A}\cdot\frac{AF'}{F'B}=1$$

于是由 Ceva 定理推出结果.

J391 解方程

$$4x^3+\frac{127}{x}=2\ 016$$

解 原方程等价于

$$4x^4-2\ 016x+127=0$$

观察到

$$\begin{aligned}4x^4-2\ 016x+127&=4x^4-256x^2+2x^2+16x+127(2x^2-16x)+127\\&=(2x^2-16x+1)(2x^2+16x)+127(2x^2-16x+1)\\&=(2x^2-16x+1)(2x^2+16x+127)\end{aligned}$$

所以,原方程变为

$$(2x^2-16x+1)(2x^2+16x+127)=0$$

得到

$$x=\frac{8\pm\sqrt{62}}{2},x=\frac{-8\pm\mathrm{i}\sqrt{190}}{2}$$

J392 证明:在任何三角形中,有

$$\frac{(a+b+c)^3}{3abc} \leqslant 1+\frac{4R}{r}$$

第一种证法 设 s,R,r 分别是该三角形的半周长、外接圆半径和内切圆半径.那么

$$\frac{(a+b+c)^3}{3abc} \leqslant 1+\frac{4R}{r} \Leftrightarrow \frac{8s^3}{3\cdot 4Rrs} \leqslant 1+\frac{4R}{r} \Leftrightarrow 2s^2 \leqslant 12R^2+3rR$$

因为 $s^2 \leqslant 4R^2+4Rr+3r^2$(Gerretsen 不等式)和 $R \geqslant 2r$

$$\begin{aligned} 12R^2+3rR-2s^2 &= 12R^2+3rR-2(4R^2+4Rr+3r^2)+2(4R^2+4Rr+3r^2-s^2) \\ &= (R-2r)(4R+3r)+2(4R^2+4Rr+3r^2-s^2) \geqslant 0 \end{aligned}$$

第二种证法 设 $x:=s-a, y:=s-b, z:=s-c$

$$p:=xy+yz+zx, q:=xyz$$

由于原不等式是齐次式,所以我们可以假定 $s=1$.于是

$$a=1-x, b=1-y, c=1-z$$

$$x,y,z>0, x+y+z=1, a+b+c=2, abc=p-q$$

$$r=\sqrt{\frac{(s-a)(s-b)(s-c)}{s}}=\sqrt{q}$$

$$R=\frac{abc}{4sr}=\frac{p-q}{4\sqrt{q}}$$

原不等式变为

$$\frac{8}{3(p-q)} \leqslant 1+\frac{p-q}{q} \Leftrightarrow 8 \leqslant 3\left(\frac{p^2}{q}-p\right) \tag{1}$$

注意到

$$p=xy+yz+zx \leqslant \frac{(x+y+z)^2}{3}=\frac{1}{3}$$

和

$$p^2=(xy+yz+zx)^2 \geqslant 3xyz(x+y+z)=3q$$

于是

$$\frac{p^2}{q}-p \geqslant 3-\frac{1}{3}=\frac{8}{3}$$

这就证明了不等式(1).

J393 求 2 016 的最小的倍数,使其各位数字之和是 2 016.

解 这个数是 $598\underbrace{999\cdots 99}_{217个9}989888$.

显然这个数有多于 224 位数字,因为 $2\,016\div 9=224$,2 016 的倍数必是偶数,所以个位数不能是 9.现在要使这个数最小,我们必须看 225 位数中的 2 016 的倍数.设

$$N=\overline{a_{224}a_{223}\cdots a_4a_3a_2a_1a_0}$$

因为 $2\ 016=2^5\cdot 3^2\cdot 7$,所以 2 016 整除 N 的充要条件是数 $k=\overline{a_4a_3a_2a_1a_0}$ 是 32 的倍数,数 N 是 7 的倍数,以及

$$s(N)=\sum_{i=0}^{224}a_i=2\ 016$$

是 9 的倍数.

首先,我们将分析我们能够使 $s(k)=a_4+a_3+a_2+a_1+a_0$ 有多大.我们将会看到 $s(k)\leqslant 41$,只有当 $k=99\ 968$ 和 89 888 时,$s(k)=41$.假定 k 是 32 的倍数,且 $s(k)\geqslant 41$.因为 k 是偶数,所以 a_0 是偶数.因为 $41\leqslant s(k)\leqslant 4\cdot 9+a_0$,所以 $a_0\geqslant 5$.于是 $a_0=6$ 或 8.如果 $a_0=6$,那么总数至少是 41,a_1,a_2,a_3,a_4 必是 8 或 9,至多有一个是 8.要使 k 是 4 的倍数,a_1 必须是奇数,于是 $a_1=9$.但是下面我们看到 k 是 8 的倍数,所以 a_2 是偶数,于是 $a_2=8$.现在只有一种可能,即 99 896,它不是 16 的倍数.于是我们必有 $a_0=8$.要使 k 是 4 的倍数,a_1 必须是偶数,如上所说,$a_1\geqslant 6$.如果 $a_1=6$,我们求得解 $k=99\ 968$.如果 $a_1=8$,那么取模 8,我们看到 a_2 必定也是偶数,可以检验 $a_2\geqslant 7$,于是 $a_2=8$.取模 16,我们得到 a_3 是奇数,可以检验 $a_3\geqslant 8$,于是 $a_3=9$.最后,我们发现取模 32 时,a_4 是偶数,于是 $k=89\ 888$ 是另一种可能.注意到 $99\ 968-89\ 888=10\ 080=5\cdot 2\ 016$.于是,如果我们找到一个 $k=99\ 968$ 的例子,并用 89 888 取代最低位数,将得到一个更小的例子.于是,如果 $s(k)=41$,我们可以假定 $k=89\ 888$.

如果 $a_{224}\leqslant 3$,那么

$$\sum_{i=0}^{224}a_i\leqslant 3+219\cdot 9+(a_4+a_3+a_2+a_1+a_0)=1\ 974+s(k)$$

那么 $s(k)\geqslant 42$.

这是一个矛盾,因为我们刚才看到 $s(k)\leqslant 41$.

如果 $a_{224}=4$,那么

$$2\ 016=\sum_{i=0}^{224}a_i\leqslant 4+219\cdot 9+s(k)=1\ 975+s(k)$$

给出 $s(k)\geqslant 41$.但是这只能是 $s(k)=41$,正如上面所述,我们可以假定 $k-89\ 888\equiv 1(\mathrm{mod}\ 7)$.这没有用,因为我们计算

$$N=4\underbrace{999\cdots 99}_{219个9}89888=4\cdot 10^{224}+(10^{219}-1)\cdot 10^5+89\ 888$$

$$\equiv 4\cdot 2+(6-1)\cdot 5+1\equiv 6\not\equiv 0(\mathrm{mod}\ 7)$$

如果 $a_{224}=5$,且 $a_{223},\cdots,a_5$ 不都是 9,那么

$$2\ 016=\sum_{i=0}^{224}a_i\leqslant 5+8+218\cdot 9+s(k)=1\ 975+s(k)$$

所以 $s(k)\geqslant 41$.于是我们又可假定 $k=89\ 888$,以及

$$N=5\underbrace{999\cdots 8\cdots 99}_{218个9}89888=5\cdot 10^{224}+(10^{219}-1)\cdot 10^5-10^m+89\ 888$$

这里 $5 \leqslant m \leqslant 223$，有

$$N \equiv 5 \cdot 2 + (6-1) \cdot 5 - 10^m + 1 \equiv 1 - 10^m \equiv 0 \pmod 7$$

于是 $10^m \equiv 1 \pmod 7 \Leftrightarrow m \equiv 0 \pmod 6$. 为了使 N 最小，我们选取 m 的最大值是 $m = 222$. 这给出上面所述的例子.

J394 证明：在任意三角形中，有

$$am_a \leqslant \frac{bm_c + cm_b}{2}$$

证明 设 L, M, N 分别是 BC, CA, AB 的中点. 如图 3 所示，取点 P，使 $ALPM$ 是平行四边形. 于是 $CMLP$ 是平行四边形（因为 $PL \underline{\parallel} MA \underline{\parallel} CM$，这里 $\underline{\parallel}$ 表示 $\parallel$ 和 $=$），所以 $BPCN$ 也是平行四边形（因为 $CP \underline{\parallel} ML \underline{\parallel} NB$）.

在 $BPCM$ 中应用 Ptolemy 不等式，我们有

$$am_a = BC \cdot PM \leqslant CM \cdot BP + CP \cdot BM = \frac{bm_c}{2} + \frac{cm_b}{2}$$

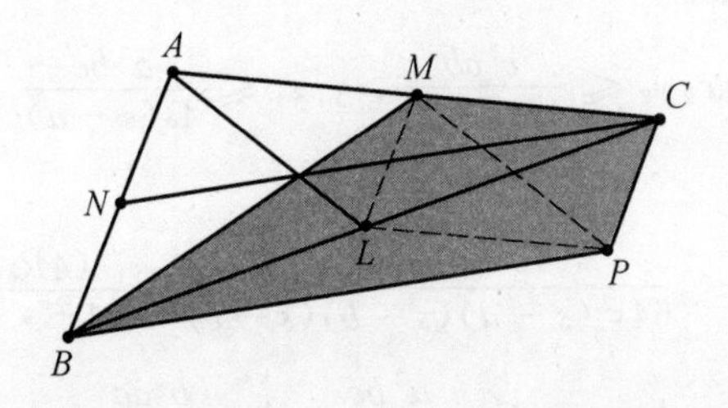

图 3

J395 设 a 和 b 是实数，且 $4a^2 + 3ab + b^2 \leqslant 2\ 016$. 求 $a + b$ 的最大可能值.

解 注意到

$$8 \cdot 2\ 016 \geqslant 32a^2 + 24ab + 8b^2 = (5a+b)^2 + 7(a+b)^2 \geqslant 7(a+b)^2$$

当且仅当 $5a + b = 0$ 和 $4a^2 + 3ab + b^2 = 2\ 016$ 时，等式成立. 于是

$$a + b \leqslant |a+b| = \sqrt{(a+b)^2} \leqslant \sqrt{\frac{8 \cdot 2\ 016}{7}} = 48$$

当且仅当 a, b 是方程组 $a + b = 48$ 和 $5a + b = 0$ 的解时，等式成立，即 $a = -12, b = 60$，该结果的确是 $a + b = 48$ 和 $4a^2 + 3ab + b^2 = 576 - 2\ 160 + 3\ 600 = 2\ 016$.

J396 设 G 是 $\triangle ABC$ 的重心. 直线 AG, BG, CG 与外接圆分别相交于点 A_1, B_1, C_1. 证明：

(a) $AB_1 \cdot AC_1 \cdot BC_1 \cdot BA_1 \cdot CA_1 \cdot CB_1 \leqslant 4R^4 r^2$；

(b) $BA_1 \cdot CA_1 + CB_1 \cdot AB_1 + AC_1 \cdot BC_1 \leqslant 2R(2R - r)$.

证明 设 $\angle BAC = \alpha, \angle ABC = \beta, \angle BCA = \gamma, AB_1 = x_1, AC_1 = x_2, BA_1 = y_1, BC_1 = y_2, CA_1 = z_1, CB_1 = z_2$.

对 $\triangle AB_1C$ 应用余弦定理，我们有

$$b^2=x_1^2+z_2^2-2x_1z_2\cos(\pi-\beta)=x_1^2+z_2^2+2x_1z_2\cos\beta$$

利用不等式

$$x_1^2+z_2^2\geqslant 2x_1z_2$$

得到

$$2x_1z_2(1+\cos\beta)\leqslant b^2\Leftrightarrow x_1z_2\leqslant\frac{b^2}{2(1+\cos\beta)}$$

另外

$$\cos\beta=\frac{c^2+a^2-b^2}{2ac}$$

于是我们有

$$x_1z_2\leqslant\frac{b^2}{2(1+\frac{c^2+a^2-b^2}{2ac})}=\frac{b^2ac}{(c+a)^2-b^2}=\frac{b^2ac}{4s(s-b)}$$

这里 s 是半周长.同理,得到

$$x_2y_2\leqslant\frac{c^2ab}{4s(s-c)},\ y_1z_1\leqslant\frac{a^2bc}{4s(s-a)}$$

于是我们有

$$x_1x_2y_1y_2z_1z_2\leqslant\frac{(abc)^4}{64s^3(s-a)(s-b)(s-c)}=\frac{(4Rsr)^4}{64s^2\cdot(sr)^2}=4R^4r^2$$

$$\begin{aligned}y_1z_1+z_2x_1+x_2y_2&\leqslant\frac{a^2bc}{4s(s-a)}+\frac{b^2ac}{4s(s-b)}+\frac{c^2ab}{4s(s-c)}\\&=abc\left[\frac{a(s-b)(s-c)+b(s-c)(s-a)}{4s(s-a)(s-b)(s-c)}+\frac{c(s-a)(s-b)}{4s(s-a)(s-b)(s-c)}\right]\\&=\frac{abc[abc-2(s-a)(s-b)(s-c)]}{4s(s-a)(s-b)(s-c)}\\&=\frac{R}{sr}(4Rsr-2sr^2)=2R(2R-r)\end{aligned}$$

J397 求一切正整数 n,使 $3^4+3^5+3^6+3^7+3^n$ 是完全平方数.

解 如果 $n<4$,那么唯一解是 $n=2$.

假定 $n\geqslant 4$.那么我们要寻找一切 n,k,使

$$3^4(1+3+3^2+3^3+3^{n-4})=k^2$$

这就使 k 必是 9 的倍数,设 $k=9s$,得到

$$1+3+3^2+3^3+3^{n-4}=s^2\Rightarrow 40+3^{n-4}=s^2$$

取模 8,可看出 s 是奇数,于是 $s^2\equiv 1(\bmod 8)$,给出 $3^{n-4}\equiv 1(\bmod 8)$,于是 $n-4$ 是偶数.设 $n-4=2m$,得到 $(s-3^m)(s+3^m)=40$,于是 $(s,m)=(7,1)$ 或 $(11,2)$.于是,只有当 $n=$

6 和 $n=8$ 时,可得到解.

因此,只有解 $n=2,6,8$.

J398 设 a,b,c 是实数.证明

$$(a^2+b^2+c^2-2)(a+b+c)^2+(1+ab+bc+ca)^2\geqslant 0$$

证明 我们必须证明

$$(a^2+b^2+c^2-2)(a+b+c)^2+(1+ab+bc+ca)^2\geqslant 0$$

我们知道

$$a^2+b^2+c^2-2=(a+b+c)^2-2(ab+bc+ca)-2$$

现在设 $a+b+c=x,ab+bc+ca=y$.

原不等式变为

$$(x^2-2y-2)x^2+(y+1)^2\geqslant 0$$

或

$$x^4-2(y+1)x^2+(y+1)^2\geqslant 0$$

最后,上面的表达式就是

$$[x^2-(y+1)]^2\geqslant 0$$

J399 如果两个九位数 m 和 n 满足以下条件:

(a) 它们的数字都相同,但顺序不同;

(b) 任何数字至多出现一次;

(c)m 整除 n 或 n 整除 m.

那么这两个九位数 m 和 n 称为很酷的.

证明:如果 m 和 n 很酷,那么它们都含有数字 8.

证明 用反证法.假定存在两个很酷的数 m 和 n 不含有数字 8.那么 m 和 n 中的数字 0,1,2,3,4,5,6,7,9 恰好都出现一次.因为它们的各位数字的和是 37,于是 $m,n\equiv 1\pmod 9$.不失一般性,设 m 整除 n.则 $n=mk$,这里 k 是自然数.因此,$n-m=m(k-1)$.将这一等式模 9,得到 $k-1\equiv 0\pmod 9$,即 $k-1$ 能被 9 整除.因为 m 和 n 的数字都相同,但顺序不同,所以 $m\neq n$,这说明 $k\neq 1$.所以,$k\geqslant 10$.但是 $n\geqslant 10m$,即 n 的位数大于 m 的位数,这是一个矛盾.

这一证明显示,问题中的数字 8 可以用任何不能被 3 整除的数代替.也就是说,很酷的数是大量存在的.例如,$m=123\ 456\ 789$ 和 $n=987\ 654\ 312$.

J400 证明:对于任何实数 a,b,c,以下不等式成立

$$\frac{|a|}{1+|b|+|c|}+\frac{|b|}{1+|c|+|a|}+\frac{|c|}{1+|a|+|b|}\geqslant\frac{|a+b+c|}{1+|a+b+c|}$$

等式何时成立?

证明 注意到$\frac{|a|}{1+|b|+|c|}\geqslant\frac{|a|}{1+|a|+|b|+|c|}$,当且仅当 $a=0$ 时,等式成立.

于是

$$\frac{|a|}{1+|b|+|c|}+\frac{|b|}{1+|c|+|a|}+\frac{|c|}{1+|a|+|b|}\geqslant\frac{|a|+|b|+|c|}{1+|a|+|b|+|c|}$$

当且仅当 $a=b=c=0$ 时,等式成立.其次,当 $x\geqslant 0$ 时,$\frac{x}{1+x}$ 是增函数,且 $|a|+|b|+|c|\geqslant|a+b+c|$,当且仅当 a,b,c 中没有异号时,等式成立.于是

$$\frac{|a|+|b|+|c|}{1+|a|+|b|+|c|}\geqslant\frac{|a+b+c|}{1+|a+b+c|}$$

当且仅当 $a=b=c=0$ 时,原不等式中的等式成立.

J401 求一切整数 n,使 n^2+2^n 是完全平方数.

解 显然 $n\geqslant 0$.如果 $n=0$,那么得到 $n^2+2^n=1$ 是完全平方数.

设 $n>0$.如果 n 是偶数,那么对于某个 $k\in\mathbf{N}^*$,有 $n=2k$.如果 $k\geqslant 7$,那么

$$(2^k)^2=2^{2k}<4k^2+2^{2k}<2^{2k}+2^{k+1}+1=(2^k+1)^2$$

所以当 n 是偶数,且 $n\geqslant 14$ 时,n^2+2^n 不是完全平方数.于是 $n\in\{2,4,6,8,10,12\}$.容易验证,唯一解是 $n=6$.

如果 n 是奇数,那么对于某个 $k\in\mathbf{N}$,有 $n=2k+1$.如果 $k=0$,我们得到无解,所以假定 $k\geqslant 1$.设 $m\in\mathbf{N}^*$,有

$$(2k+1)^2+2^{2k+1}=m^2$$

那么

$$(m-2k-1)(m+2k+1)=2^{2k+1}$$

因为 $m-2k-1<m+2k+1$,而且这两个因子的奇偶性相同,于是

$$m-2k-1=2^a$$

$$m+2k+1=2^b$$

这里 $a,b\in\mathbf{N},1\leqslant a\leqslant b\leqslant 2k,a+b=2k+1$.

以上两式相减后,得到

$$2(2k+1)=2^b-2^a=2^a(2^{b-a}-1)$$

即

$$2k+1=2^{a-1}(2^{b-a}-1)$$

由 $a=1,b=2k$ 得

$$2k+1=2^{2k-1}-1$$

即

$$k=2^{2k-2}-1$$

如果 $k\geqslant 2$,那么 $k<2^{2k-2}-1$,所以必有 $k=1$.但是如果 $k=1$,那么得到无解.所以,当 n 是奇数时,无解.于是推得 $n\in\{0,6\}$.

J402 考虑非等腰 $\triangle ABC$.设 I 是内心,G 是重心.证明:当且仅当 $AB+AC=3BC$

时，$GI \perp BC$.

证明 设 M 是 BC 的中点，D 和 E 分别是 A，G 在 BC 上的射影. 那么

$$\frac{MD}{ME}=\frac{MA}{MG}=3$$

此外

$$MD=BD-BM=c\cos B-\frac{a}{2}=\frac{c^2-b^2}{2a}=\frac{(c-b)(c+b)}{2a}$$

于是

$$GI \perp BC \Leftrightarrow BE=s-b \Leftrightarrow ME=s-b-\frac{a}{2}=\frac{c-b}{2} \Leftrightarrow \frac{c+b}{a}=3$$

证毕.

编者在编辑这一问题时采取了芝加哥大学 Daniel Campos 的建议，用另一种证明方法. 我们有

$$BG^2-CG^2=\frac{4}{9}\left[\frac{1}{4}(2a^2+2c^2-b^2)-\frac{1}{4}(2a^2+2b^2-c^2)\right]=\frac{c^2-b^2}{3}$$

$$BI^2-CI^2=(s-b)^2-(s-c)^2=a(c-b)$$

所以，当且仅当 $b+c=3a$ 时，$GI \perp BC$.

J403 在 $\triangle ABC$ 中，$\angle B=15^\circ$，$\angle C=30^\circ$. 设点 D 在边 BC 上，且 $BD=2AC$. 证明：$AD \perp AB$.

第一种证法 如图 4，设 E 在 AB 上，且 $DE \parallel CA$，F 是 B 在 DE 上的射影. 我们可以假定 $AC=1$. 于是 $BD=2$. 由角之间的关系，容易证明 $\triangle BEF$ 是等腰直角三角形，$\triangle DBF$ 是 $30^\circ-60^\circ-90^\circ$ 三角形，我们看到 $EF=BF=1$. 于是，$AFEC$ 是平行四边形，在 $\triangle BED$ 中应用正弦定理，我们有

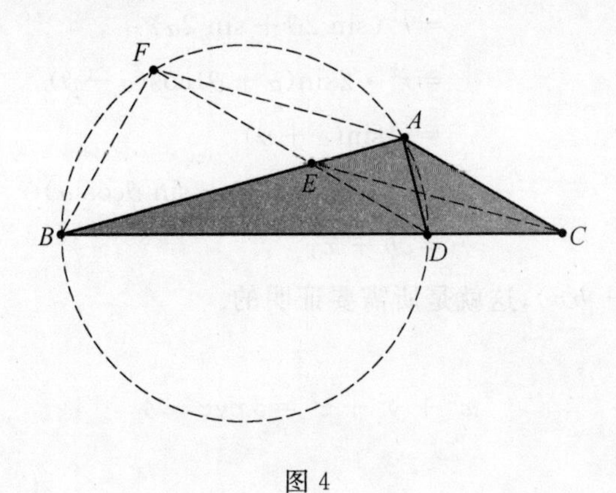

图 4

$$\frac{BC}{2}=\frac{BC}{BD}=\frac{AC}{ED}=\frac{1}{\sqrt{3}-1}=\frac{\sqrt{3}+1}{2}$$

因此

$$DC=BC-BD=\sqrt{3}-1=DE$$

于是,$\angle AFD=\angle CED=15°=\angle ABD$,这表明 A,F,B,D 共圆.于是 $AD\perp AB$.

第二种证法 设 D' 在 BC 上,且 $\angle BAD'$ 是直角.于是在 $\triangle ACD'$ 和 $\mathrm{Rt}\triangle BAD'$ 中应用正弦定理,我们计算出

$$AC=\frac{\sin 75°}{\sin 30°}AD'=\frac{\cos 15°}{2\sin 15°\cos 15°}AD'=\frac{1}{2\sin 15°}AD'=\frac{1}{2}BD'$$

于是 $D=D'$,$\angle BAD$ 是直角.

J404 设 a,b,x,y 是实数,且 $0<x<a,0<y<b$,以及

$$a^2+y^2=b^2+x^2=2(ax+by)$$

证明:$ab+xy=2(ay+bx)$.

证明 对于某个 $r>0$,设 $a^2+y^2=b^2+x^2=2(ax+by)=r^2$.因为 $0<x<a$,$0<y<b$,所以存在 $0<\vartheta<\alpha\leqslant\frac{\pi}{2}$,使

$$a=r\cos\vartheta,y=r\sin\vartheta,b=r\sin\alpha,x=r\cos\alpha$$

给出

$$ax+by=r^2(\cos\alpha\cos\vartheta+\sin\alpha\sin\vartheta)=r^2\cos(\alpha-\vartheta)$$

所以

$$\cos(\alpha-\vartheta)=\frac{1}{2}$$

于是,由和差化积公式得到

$$\begin{aligned}2(ay+bx)&=r^2(2\cos\vartheta\sin\vartheta+2\sin\alpha\cos\alpha)\\&=r^2(\sin 2\vartheta+\sin 2\alpha)\\&=r^2\cdot 2\sin(\alpha+\vartheta)\cos(\alpha-\vartheta)\\&=r^2\sin(\alpha+\vartheta)\\&=r^2(\sin\alpha\cos\vartheta+\sin\vartheta\cos\alpha)\\&=ab+xy\end{aligned}$$

于是 $ab+xy=2(ay+bx)$,这就是所需要证明的.

J405 求方程

$$x^2+y^2+z^2=3xyz-4$$

的一组质数解.

解 将原方程改写为

$$x^2+y^2+z^2+2^2=3xyz$$

所以 3 是质数的平方和的一个因子.

如果 x 是不同于 3 的质数,那么

$$x \equiv 1 \text{ 或 } 2 \pmod 3, x^2 \equiv 1 \pmod 3$$

于是,如果 x,y,z 都是不同于 3 的质数,那么

$$x^2 + y^2 + z^2 + 2^2 \equiv 1 \pmod 3$$

这表明这些质数中恰有一个是 3.利用这一事实,很快得到

$$3^2 + 2^2 + 17^2 + 4 = 306 = 3 \cdot 3 \cdot 2 \cdot 17$$

这组解并不是唯一的,其他的解是

$$3^2 + 17^2 + 151^2 + 4 = 23\ 103 = 3 \cdot 3 \cdot 17 \cdot 151$$

J406　设 a,b,c 是正实数,且 $a+b+c=3$.证明

$$a\sqrt{a+3} + b\sqrt{b+3} + c\sqrt{c+3} \geqslant 6$$

第一种证法　对于 $x>0$,设 $f(x) = x\sqrt{x+3}$.那么

$$f''(x) = \frac{3(x+4)}{4(x+3)^{\frac{3}{2}}} > 0$$

由 Jensen 不等式

$$f(a) + f(b) + f(c) \geqslant 3f\left(\frac{a+b+c}{3}\right) = 3f(1) = 6$$

证毕.

第二种证法　利用 AM-GM 不等式,我们有

$$\sqrt{\frac{a+1+1+1}{4}} \geqslant \frac{\sqrt{a}+1+1+1}{4}, \sqrt{a+3} \geqslant \frac{\sqrt{a}+3}{2}$$

当且仅当 $a=1$ 时,等式成立.对于 b,c 的情况类似.于是只要证明

$$\frac{a\sqrt{a} + b\sqrt{b} + c\sqrt{c}}{2} \geqslant 6 - \frac{3(a+b+c)}{2} = \frac{3}{2}$$

上式等价于

$$\left(\frac{a\sqrt{a} + b\sqrt{b} + c\sqrt{c}}{3}\right)^{\frac{2}{3}} \geqslant 1 = \frac{a+b+c}{3}$$

只要利用幂平均不等式,这原来是显然的,当且仅当 $a=b=c$ 时,等式成立.于是推出结论,当且仅当 $a=b=c=1$ 时,等式成立.

J407　求方程

$$\sqrt{x^4 - 4x} + \frac{1}{x^2} = 1$$

的正实数解.

解　原方程等价于

$$x\sqrt{x^4 - 4x} = x - \frac{1}{x}$$

两边平方后，得到

$$x^6-4x^3=x^2-2+\frac{1}{x^2}$$

因此

$$(x^3-2)^2=(x+\frac{1}{x})^2$$

因为 $x^3>4$，所以有 $x^3-2=x+\frac{1}{x}$. 所以，$x^4-2x=x^2+1$，这就给出

$$x^4=(x+1)^2, \text{即 } x^2=x+1$$

所以，$x=\frac{\sqrt{5}+1}{2}$.

J408 设 a 和 b 是非负实数，且 $a+b=1$. 证明

$$\frac{289}{256}\leqslant(1+a^4)(1+b^4)\leqslant 2$$

第一种证法 多次利用 Cauchy-Schwarz 不等式，得到

$$(1+a^4)(1+b^4)=\Big(\underbrace{\frac{1}{2^4}+\cdots+\frac{1}{2^4}}_{15\text{个}}+(a^2)^2+\frac{1}{2^4}\Big)\Big(\underbrace{\frac{1}{2^4}+\cdots+\frac{1}{2^4}}_{15\text{个}}+\frac{1}{2^4}+(b^2)^2\Big)$$

$$\geqslant\Big(\underbrace{\frac{1}{2^4}+\cdots+\frac{1}{2^4}}_{15\text{个}}+\frac{1}{2^2}\cdot a^2+\frac{1}{2^2}\cdot b^2\Big)^2$$

$$=[\frac{15}{16}+\frac{1}{4}(a^2+b^2)]^2$$

$$\geqslant[\frac{15}{16}+\frac{(a+b)^2}{8}]^2=\frac{289}{256}$$

不等式的左边部分得证.

当且仅当 $a=b=\frac{1}{2}$ 时，等式成立.

现在要证明原不等式的右边部分. 由已知条件得到

$$ab\leqslant\frac{1}{4} \tag{1}$$

利用式(1) 和 AM-GM 不等式，得到

$$(1+a^4)(1+b^4)=1+a^4b^4+a^4+b^4=1+a^4+b^4+(ab)^2(a^2b^2)$$

$$\leqslant 1+a^4+b^4+\frac{1}{16}(a^2b^2)\leqslant 1+(a+b)^4=2$$

所以右边的不等式得证.

当且仅当 $\{a,b\}=\{0,1\}$ 时，等式成立.

第二种证法 首先

$$(1+a^4)(1+b^4)=1+a^4b^4+a^4+b^4\leqslant 1+(a+b)^4=2$$

(最后一个不等式成立是因为它等价于

$$a^4b^4\leqslant 4ab(a^2+b^2)+6a^2b^2$$

上式等价于

$$4ab(a^2+b^2)+a^2b^2(6-a^2b^2)\geqslant 0$$

该式成立是因为 $a+b=1$,于是由 AM-GM 不等式,得到 $ab\leqslant\frac{1}{4}$.)当且仅当 $a=1,b=0$ 或 $a=0,b=1$ 时,等式成立.此外,设 $f(x)=\ln(1+x^4)$.那么

$$f''(x)=\frac{4x^2(3-x^4)}{(1+x^4)^2}\geqslant 0$$

由 Jensen 不等式

$$(1+a^4)(1+b^4)=\mathrm{e}^{f(a)+f(b)}\geqslant \mathrm{e}^{2f(\frac{a+b}{2})}=\left[1+\left(\frac{a+b}{2}\right)^4\right]^2=\frac{289}{256}$$

当且仅当 $a=b=\frac{1}{2}$ 时,等式成立.

J409 解方程

$$\log(1-2^x+5^x-20^x+50^x)=2x$$

这里 log 表示以 10 为底的对数.

解 设 $u:=2^x,v:=5^x$.那么 $u,v>0$,且

$$\begin{aligned}
&\log(1-2^x+5^x-20^x+50^x)=2x\\
\Leftrightarrow &1-2^x+5^x-20^x+50^x=10^{2x}\\
\Leftrightarrow &1-u+v-u^2v+uv^2=u^2v^2\\
\Leftrightarrow &1-u+v-u^2v+uv^2-u^2v^2=0\\
\Leftrightarrow &(1-uv)(1+uv)-(u-v)(1+uv)=0\\
\Leftrightarrow &(1+uv)(1-uv-u+v)=0\\
\Leftrightarrow &(1+uv)(1+v)(1-u)=0\Leftrightarrow u=1
\end{aligned}$$

这是因为 $1+uv,1+v>0$.

因此 $2^x=1\Leftrightarrow x=0$.于是,$x=0$ 是唯一解.

J410 设 a,b,c,d 是实数,且 $a^2\leqslant 2b,c^2<2bd$.证明:对于一切 $x\in\mathbf{R}$,有

$$x^4+ax^3+bx^2+cx+d>0$$

第一种证法 注意到 $2b\geqslant a^2\geqslant 0$ 和 $2bd>c^2\geqslant 0$.所以 $b>0$.设

$$P(x)=x^2+ax+\frac{b}{2}$$

$$Q(x)=\frac{b}{2}x^2+cx+d$$

$P(x)$ 的判别式非正. 因此,$P(x)\geqslant 0\Rightarrow P(x)\cdot x^2\geqslant 0$. $Q(x)$ 的判别式为负,所以 $Q(x)>0$. 将前面 $P(x)\cdot x^2$ 和 $Q(x)$ 两个结果相加,得到所求的结论.

第二种证法 注意到 $2b\geqslant a^2\geqslant 0$ 和 $2bd>c^2\geqslant 0$. 所以 $b>0$. 对于一切 $x\in\mathbf{R}$,有

$$x^4+ax^3+bx^2+cx+d=x^2\left[\left(x+\frac{a}{2}\right)^2+\frac{2b-a^2}{4}\right]+\frac{b}{2}\left(x+\frac{c}{b}\right)^2+\frac{2bd-c^2}{2b}>0$$

J411 求一切质数 p 和 q,使

$$\frac{p^3-2\ 017}{q^3-345}=q^3$$

解 原方程等价于

$$p^3-2\ 017=q^6-345q^3$$

模 7 后,得到

$$p^3-1\equiv q^6-2q^3\pmod 7\Leftrightarrow p^3\equiv(q^3-1)^2\pmod 7$$

因为 $q^3\equiv 0,1,6\pmod 7$,所以 $(q^3-1)^2\equiv 0,1,4\pmod 7$.

由 $p^3\equiv 0,1,6\pmod 7$,得到 $(q^3-1)^2\equiv 0,1\pmod 7$.

如果 $(q^3-1)^2\equiv 0\pmod 7$,那么 $p^3\equiv 0\pmod 7$,得到 $p=7$.

但是,方程 $q^6-345q^3+1\ 674=0$ 没有整数解.

如果 $(q^3-1)^2\equiv 1\pmod 7$,那么 $q^3\equiv 0\pmod 7$,得到 $q=7$.

所以,$p^3-2\ 017=-686$,即 $p^3=1\ 331$,$p=11$.

于是,$p=11$,$q=7$ 是唯一解.

J412 设 $a\geqslant b\geqslant c$ 是正实数. 证明

$$(a-b+c)\left(\frac{1}{a+b}-\frac{1}{b+c}+\frac{1}{c+a}\right)\leqslant\frac{1}{2}$$

证明 我们有

$$(a-b+c)\left(\frac{1}{a+b}-\frac{1}{b+c}+\frac{1}{c+a}\right)\leqslant\frac{1}{2}$$

$$\Leftrightarrow\frac{1}{a+b}-\frac{1}{b+c}+\frac{1}{c+a}\leqslant\frac{1}{2(a-b+c)}$$

$$\Leftrightarrow\frac{1}{c+a}-\frac{1}{2(a-b+c)}\leqslant\frac{1}{b+c}-\frac{1}{a+b}$$

$$\Leftrightarrow\frac{a+c-2b}{2(c+a)(a-b+c)}\leqslant\frac{a-c}{(b+c)(a+b)}$$

如果 $a+c\leqslant 2b$,那么不等式显然成立. 所以,设 $b\leqslant\frac{a+c}{2}$. 因为 $a+c-2b\leqslant a-c$,

所以只要证明

$$\frac{1}{2(c+a)(a-b+c)} \leqslant \frac{1}{(b+c)(a+b)}$$

设 $P(b)=2(a+c)(a-b+c)-(b+c)(b+a)$. 那么我们只需证明对一切 $0<b \leqslant \frac{a+c}{2}$,有 $P(b) \geqslant 0$. 因为 $P(b)$ 在 $(0,\frac{a+c}{2}]$ 上递减,所以

$$P(b) \geqslant P(\frac{a+c}{2})=\frac{(a-c)^2}{4} \geqslant 0$$

证毕.

J413 求方程组

$$\begin{cases}x^2y+y^2z+z^2x-3xyz=23 \\ xy^2+yz^2+zx^2-3xyz=25\end{cases}$$

的整数解.

解 将第二个方程减去第一个方程得

$$(xy^2+yz^2+zx^2)-(x^2y+y^2z+z^2x)=2$$

利用恒等式

$$(xy^2+yz^2+zx^2)-(x^2y+y^2z+z^2x)=(x-y)(y-z)(z-x)$$

可以改写为

$$(x-y)(y-z)(z-x)=2$$

考虑到 $x-y,y-z,z-x$ 的积与和分别是 2 与 0,我们可以推得这三个整数分别是 $2,-1,-1$ 的某个顺序.

由循环对称,我们可以假定 $x-y=2,y-z=-1,z-x=-1$. 因为第二个方程的左边可表示为

$$z(x-y)^2+y(x-z)(y-z)$$

所以第二个方程变为 $4z-y=25$,于是有解 $(x,y,z)=(9,7,8)$.

回到一般的情况,我们得到方程组的整数解是

$$(x,y,z)=\{(9,7,8),(8,9,7),(7,8,9)\}$$

J414 设 a,b,c 是正实数,且 $a+b+c=3$. 证明

$$\frac{a^3}{b^2}+\frac{b^3}{c^2}+\frac{c^3}{a^2} \geqslant a^2+b^2+c^2$$

第一种证法 因为 $a+b+c=3$,所以

$$\begin{aligned}&3(a^2+b^2+c^2)-3(ab^2+bc^2+ca^2)\\ &=(a+b+c)(a^2+b^2+c^2)-3(ab^2+bc^2+ca^2)\\ &=a(a-c)^2+b(b-a)^2+c(c-b)^2 \geqslant 0\end{aligned}$$

对递减的凸函数 $f(x)=\frac{1}{x},x>0$ 利用Jensen不等式,得到

$$\frac{a^3}{b^2}+\frac{b^3}{c^2}+\frac{c^3}{a^2}=a^2\ f(\frac{b^2}{a})+b^2\ f(\frac{c^2}{b})+c^2\ f(\frac{a^2}{c})$$

$$\geqslant(a^2+b^2+c^2)f(\frac{ab^2+bc^2+ca^2}{a^2+b^2+c^2})$$

$$\geqslant(a^2+b^2+c^2)f(1)=a^2+b^2+c^2$$

第二种证法 由Engel形式的Cauchy-Schwarz不等式与Chebyshev的和不等式,推得不等式

$$\frac{a^3}{b^2}+\frac{b^3}{c^2}+\frac{c^3}{a^2}=\frac{a^4}{ab^2}+\frac{b^4}{bc^2}+\frac{c^4}{ca^2}$$

$$\geqslant\frac{(a^2+b^2+c^2)^2}{ab^2+bc^2+ca^2}$$

$$\geqslant\frac{(a^2+b^2+c^2)^2}{\frac{a+b+c}{3}(a^2+b^2+c^2)}$$

$$=a^2+b^2+c^2$$

第三种证法 利用Hölder不等式得到

$$(\sum_{cyc}a)(\sum_{cyc}a^2b^2)(\sum_{cyc}\frac{a^3}{b^2})\geqslant(\sum_{cyc}a^2)^3$$

因为 $a+b+c=3$,所以得到

$$\sum_{cyc}\frac{a^3}{b^2}\geqslant\frac{(\sum_{cyc}a^2)^3}{3\sum_{cyc}a^2b^2}$$

此外

$$(\sum_{cyc}a^2)^2\geqslant3\sum_{cyc}a^2b^2$$

因此

$$\sum_{cyc}\frac{a^3}{b^2}\geqslant a^2+b^2+c^2$$

这就是要求的结果.

J415 证明:对于一切实数 x,y,z,在

$$2^{3x-y}+2^{3x-z}-2^{y+z+1},2^{3y-z}+2^{3y-x}-2^{z+x+1},2^{3z-x}+2^{3z-y}-2^{x+y+1}$$

这三个数中至少有一个非负.

证明 不失一般性,设 $x=\max\{x,y,z\}$,所以 $2x\geqslant y+z$. 由AM-GM不等式

$$2^{3x-y}+2^{3x-z}\geqslant2\cdot2^{\frac{3x-y+3x-z}{2}}\geqslant2^{y+z+1}$$

于是这三个数中第一个非负.

J416 求一切正实数 a,b,使

$$\frac{ab}{ab+1}+\frac{a^2b}{a^2+b}+\frac{ab^2}{a+b^2}=\frac{1}{2}(a+b+ab)$$

解 由 AM-GM 不等式

$$ab+1\geqslant 2\sqrt{ab},a^2+b\geqslant 2a\sqrt{b},a+b^2\geqslant 2b\sqrt{a}$$

于是

$$2(a+b+ab)-4(\frac{ab}{ab+1}+\frac{a^2b}{a^2+b}+\frac{ab^2}{a+b^2})$$

$$\geqslant 2(a+b+ab)-2(\sqrt{ab}+a\sqrt{b}+b\sqrt{a})$$

$$=(\sqrt{a}-\sqrt{b})^2+(\sqrt{a}-\sqrt{ab})^2+(\sqrt{b}-\sqrt{ab})^2\geqslant 0$$

当且仅当 $a=b=1$ 时,等式成立.

J417 求方程

$$\frac{x^2+y^2}{xy+1}=\sqrt{2-\frac{1}{xy}}$$

的正实数解.

解 原方程两边平方得到

$$\frac{(x^2+y^2)^2}{(1+xy)^2}=\frac{2xy-1}{xy}$$

化简后得到

$$xy(x^4+y^4)+1=3x^2y^2$$

因为 x,y 是正实数,由 AM-GM 不等式,我们有

$$x^5y+y^5x+1\geqslant 3\sqrt[3]{x^6y^6}=3x^2y^2$$

只有当等式成立的情况下,这一方程有解.于是,当且仅当 $x^5y=y^5x=1$ 时,原方程有解.如果 $x^5y=y^5x$,那么

$$xy(x-y)(x+y)(x^2+y^2)=0$$

显然 $x,y\neq 0$.因为 x,y 是正实数,这就必有 $x=y$,代回后得到 $x=1$.

所以,我们推得 $(x,y)=(1,1)$ 是唯一解.

J418 证明:对于一切 $a,b,c\in[0,1]$,有

$$a+b+c+3abc\geqslant 2(ab+bc+ca)$$

证明 注意到原不等式等价于

$$a(1-b)(1-c)+b(1-c)(1-a)+c(1-a)(1-b)\geqslant 0$$

因为各项的所有因子都非负,所以该不等式显然成立.当 a,b,c 中的任何两个等于1时,等式显然成立.否则,不失一般性,可以假定 $b,c<1$.那么观察第一项,我们发现 $a=0$,于是观察所有这三项,得到 $a=b=c=0$.我们推得当且仅当 $(a,b,c)=(0,0,0)$ 或者 (a,b,c)

是$(1,1,k)$的一个排列时,等式成立,这里k是$[0,1]$中的任何实数.

J419 设a,b,c是正实数,且$abc=1$.证明

$$\frac{1}{a^4+b+c^4}+\frac{1}{b^4+c+a^4}+\frac{1}{c^4+a+b^4}\leqslant\frac{3}{a+b+c}$$

证明 原不等式的齐次形式为

$$\sum_{\text{cyc}}\frac{abc}{a^4+ab^2c+c^4}\leqslant\frac{3}{a+b+c}$$

写成

$$\frac{abc}{a^4+ab^2c+c^4}=\frac{b}{\frac{a^3}{c}+b^2+\frac{c^3}{a}}$$

并注意到

$$\frac{a^3}{c}+\frac{c^3}{a}\geqslant a^2+c^2$$

因为上式可写成

$$a^4+c^4\geqslant a^3c+ac^3\Leftrightarrow(a^2+ac+c^2)(a-c)^2\geqslant 0$$

所以

$$\frac{b}{\frac{a^3}{c}+b^2+\frac{c^3}{a}}\leqslant\frac{b}{a^2+b^2+c^2}$$

$$\sum_{\text{cyc}}\frac{abc}{a^4+ab^2c+c^4}\leqslant\sum_{\text{cyc}}\frac{b}{a^2+b^2+c^2}=\frac{a+b+c}{a^2+b^2+c^2}$$

所以我们有

$$\frac{a+b+c}{a^2+b^2+c^2}\leqslant\frac{3}{a+b+c}\Leftrightarrow(a+b+c)^2\leqslant 3(a^2+b^2+c^2)$$

$$\Leftrightarrow(a-b)^2+(b-c)^2+(c-a)^2\geqslant 0$$

证毕.

J420 设ABC是三角形,A,B,C是用弧度制表示的角的大小.证明:如果A,B,C和$\cos A,\cos B,\cos C$都成等比数列,那么这个三角形是等边三角形.

证明 假定$B^2=AC$,$\cos^2 B=\cos A\cos C$.那么B必是锐角.由AM-GM不等式以及当$x\in(0,\frac{\pi}{2})$时,$\cos x$是凹函数且递减这一事实

$$\cos A\cos C\leqslant\left(\frac{\cos A+\cos C}{2}\right)^2\leqslant\cos^2\frac{A+C}{2}\leqslant\cos^2\sqrt{AC}=\cos^2 B$$

当且仅当$A=C$时,等式成立.于是$B=A=C$.

J421 设a和b是正实数.证明:$\frac{6ab-b^2}{8a^2+b^2}<\sqrt{\frac{a}{b}}$.

证明 由 AM-GM 不等式

$$8a^2\sqrt{a}+b^2\sqrt{a}+b^2\sqrt{b}\geqslant 3(8a^2\sqrt{a}\cdot b^2\cdot\sqrt{a}\cdot b^2\sqrt{b})^{\frac{1}{3}}=6ab\sqrt{b}$$

当且仅当

$$8a^2\sqrt{a}=b^2\sqrt{a}=b^2\sqrt{b}$$

时，等式成立，这表明 $a=b$. 因此，对于 $a,b>0$，有

$$(8a^2+b^2)\sqrt{a}>(6ab-b^2)\sqrt{b}$$

证毕.

J422 设 ABC 是锐角三角形，M 是 BC 的中点. 以 AM 为直径的圆分别交 BC，CA，AB 于点 X，Y，Z. 设 U 是边 AC 上的点，且 $MU=MC$. 直线 BU 和 AX 相交于点 T，直线 CT 和 AB 相交于点 R. 证明：$MB=MR$.

证明 因为 AM 是直径，所以 $\angle AXM=90^\circ$，X 是从 A 出发到 BC 的高的垂足. 因为 M 是 BC 的中点，所以 U 在以 BC 为直径的圆上，或 $\angle BUC=90^\circ$，U 是从 B 出发到 CA 的高的垂足. 因为 T 是 BU 和 AX 的交点，所以 T 是 $\triangle ABC$ 的垂心. 于是 $\angle BRC=90^\circ$，R 在以 BC 为直径，M 为圆心的圆上. 推出结论.

J423 (a) 证明：对于任何实数 a,b,c，有

$$a^2+(2-\sqrt{2})b^2+c^2\geqslant\sqrt{2}(ab-bc+ca)$$

(b) 求最小常数 k，对一切实数 a,b,c，有

$$a^2+kb^2+c^2\geqslant\sqrt{2}(ab+bc+ca)$$

解 (a) 原不等式就是

$$(2-\sqrt{2})b^2-\sqrt{2}(a-c)b+a^2+c^2-\sqrt{2}ca\geqslant 0$$

左边可以看作是 b 的二次函数. 显然，首项系数为正，所以只需证明判别式 Δ 非正.

$$\begin{aligned}&\Delta=2(a-c)^2-4(2-\sqrt{2})(a^2+c^2-\sqrt{2}ac)\leqslant 0\\&\Leftrightarrow(6-4\sqrt{2})a^2+(6-4\sqrt{2})c^2+(12-8\sqrt{2})ac\geqslant 0\\&\Leftrightarrow(a+c)^2\geqslant 0\end{aligned}$$

(b) $k=2+\sqrt{2}$. 利用平方和证明. 要证明的不等式等价于

$$\frac{\sqrt{2}}{2}(a-c)^2+\frac{\sqrt{2}-1}{\sqrt{2}}[a-(1+\sqrt{2})b]^2+\frac{\sqrt{2}-1}{\sqrt{2}}[c-(1+\sqrt{2})b]^2+$$

$$[k-(2+\sqrt{2})]b^2\geqslant 0$$

这显然成立. 考虑到 $b=1$ 和 $a=c=1+\sqrt{2}$，选择常数 $k=2+\sqrt{2}$.

J424 设 ABC 是三角形，点 D 是从点 A 出发的高的垂足，点 E，F 分别在线段 AD，BC 上，且

$$\frac{AE}{DE}=\frac{BF}{CF}$$

设点 G 是从点 B 出发到 AF 的垂线的垂足.证明:EF 与 $\triangle CFG$ 的外接圆相切.

证明 如图 5,在 AC 上取一点 H,使 $EH \parallel BC$.于是

$$\frac{BF}{CF}=\frac{AE}{DE}=\frac{AH}{HC}$$

所以 $HF \parallel AB$.延长 AD 交 BG 于 I.因为 F 是 $\triangle ABI$ 的垂心,所以 $IF \perp HF$.假定过点 C 的直线平行于 AD,分别交 BI 和 FI 于 J 和 K.

那么 $\angle JKI=\angle EHF=\angle FBA$.还有,$\angle KIJ=\angle FIB=\angle BAF$,于是 $\triangle IKJ \backsim \triangle ABF$.因此

$$\begin{aligned}\frac{FK}{JK}&=\frac{FK}{IK}\cdot\frac{IK}{JK}=\frac{FC}{DC}\cdot\frac{AB}{FB}\\&=\frac{FC}{DC}\cdot\frac{BA}{FH}\cdot\frac{FH}{BF}\\&=\frac{FC}{DC}\cdot\frac{BC}{FC}\cdot\frac{FH}{BF}=\frac{FH}{DC}\cdot\frac{AC}{AH}\\&=\frac{FH}{DC}\cdot\frac{DC}{EH}=\frac{FH}{EH}\end{aligned}$$

于是,$\triangle FKJ \backsim \triangle FHE$.由此,$\angle KFJ=\angle HFE$,所以 $JF \perp EF$.因为 $\triangle CFG$ 的外心就是 FJ 的中点,所以这就完成了证明.

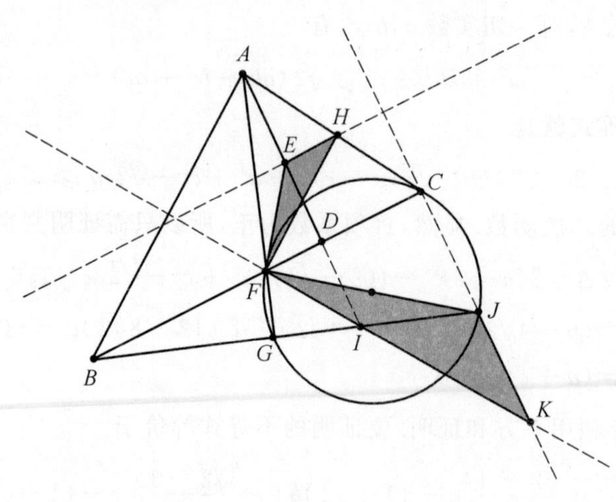

图 5

J425 证明:对于任何正实数 a,b,c,有

$$(\sqrt{3}-1)\sqrt{ab+bc+ca}+3\sqrt{\frac{abc}{a+b+c}}\leqslant a+b+c$$

证明 利用 AM-GM 不等式,得到

$$\sqrt{3(ab+bc+ca)}\leqslant\sqrt{2(ab+bc+ca)+\frac{a^2+b^2}{2}+\frac{b^2+c^2}{2}+\frac{c^2+a^2}{2}}$$

$$=\sqrt{(a+b+c)^2}=a+b+c$$

$$(a+b+c)(ab+bc+ca)\geqslant 3\sqrt[3]{abc}\cdot 3\sqrt[3]{(abc)^2}=9abc$$

$$\Leftrightarrow \frac{9abc}{a+b+c}\leqslant ab+bc+ca$$

$$\Leftrightarrow 3\sqrt{\frac{abc}{a+b+c}}\leqslant \sqrt{ab+bc+ca}$$

$$\Leftrightarrow 3\sqrt{\frac{abc}{a+b+c}}-\sqrt{ab+bc+ca}\leqslant 0$$

即得结论.

J426 求满足方程

$$xyz+yzt+zxt+txy=xyzt+3$$

的一切正整数四元数组(x,y,z,t).

解 假定$x\geqslant y\geqslant z\geqslant t\geqslant 1$.那么$xyzt+3\leqslant 4xyz$,于是$t\in\{1,2,3\}$.

如果$t=1$,那么$3=xy+yz+zx$, $x=y=z=1$.

下面考虑$t=2$.

此时$xyz+3=2(xy+yz+zx)\leqslant 6xy$,所以$z\in\{2,3,4,5\}$.

如果$z=2$,那么$3=4(x+y)$,这不可能.

如果$z=3$,那么$xy+3=6(x+y)$,此时可以写成$(x-6)(y-6)=33$.由33的因子,得到$(y,x)=(7,39)$和$(9,17)$.

如果$z=4$,那么$2xy+3=8(x+y)$,因为3是奇数,所以这不可能.

如果$z=5$,那么$3xy+3=10(x+y)$,此时可以写成$(3x-10)(3y-10)=91$.因为$91=7\times 13$没有 mod 3 余 2 的因子,所以没有整数解.

最后,考虑$t=3$.此时$2xyz+3=3(xy+yz+zx)\leqslant 9xy$,所以$z\in\{3,4\}$.

如果$z=3$,那么$xy+1=3(x+y)$,可以写成$(x-3)(y-3)=8$.这样推得解$(y,x)=(4,11)$和$(5,7)$.

如果$z=4$,那么$5xy+3=12(x+y)\leqslant 24xy$,所以$y=4$,这推得方程无整数解.

总之,(x,y,z,t)的解是$(1,1,1,1)$,$(2,3,7,39)$,$(2,3,9,17)$,$(3,3,4,11)$和$(3,3,5,7)$的一切排列.

J427 求同时满足方程

$$x+y+z=1,x^3+y^3+z^3=1,x^2+2yz=4$$

的一切复数x,y,z.

解 用第一个方程消去第二个方程中的z,得到$x^3+y^3+(1-x-y)^3=1$,分解因式为

$$(x+y)(1-x)(1-y)=0$$

如果 $y=-x$,那么有 $z=1$,由第三个方程得到

$$x^2-2x-4=0\Leftrightarrow x=1\pm\sqrt{5}$$

所以我们找到解

$$(x,y,z)=(1-\sqrt{5},-1+\sqrt{5},1),(1+\sqrt{5},-1-\sqrt{5},1)$$

如果 $y=1$,那么得到 $x=-z$,由第三个方程,我们有

$$x^2-2x=4\Leftrightarrow x=1\pm\sqrt{5}$$

所以我们得到的解是

$$(x,y,z)=(1+\sqrt{5},1,-1-\sqrt{5}),(1-\sqrt{5},1,-1+\sqrt{5})$$

如果 $x=1$,那么得到 $y=-z$,由第三个方程,我们有

$$1-2y^2=4\Leftrightarrow y=\pm\mathrm{i}\sqrt{\frac{3}{2}}$$

所以解是

$$(x,y,z)=\left(1,\mathrm{i}\sqrt{\frac{3}{2}},-\mathrm{i}\sqrt{\frac{3}{2}}\right),\left(1,-\mathrm{i}\sqrt{\frac{3}{2}},\mathrm{i}\sqrt{\frac{3}{2}}\right).$$

J428 解方程

$$2x[x]+2\{x\}=2\ 017$$

这里$[a]$表示不大于 a 的最大整数,$\{a\}$表示 a 的小数部分.

第一种解法 容易验证 $x=-31.5$ 是方程的一个解,下面证明这是唯一解.

显然 $x\neq 0$. 首先假定 $x>0$. 因为 $0\leqslant\{x\}=x-[x]<1$,所以

$$2[x]^2\leqslant 2x[x]+2\{x\}<2x^2+2$$

于是$[x]\leqslant\sqrt{\frac{2\ 017}{2}}<32$ 以及 $x>\sqrt{\frac{2\ 015}{2}}>31$. 于是我们必有$[x]=31$. 此时 $2\ 017=2(31+\{x\})\cdot 31+2\{x\}$,所以$\{x\}=\frac{95}{64}>1$,这不可能.

现在考虑 $x<0$. 此时 $2x^2\leqslant 2x[x]+2\{x\}<2[x]^2+2$. 于是 $x\geqslant-\sqrt{\frac{2\ 017}{2}}>-32$ 以及$[x]<-\sqrt{\frac{2\ 015}{2}}<-31$. 于是我们必有$[x]=-32$. 此时 $2\ 017=2(-32+\{x\})\cdot(-32)+2\{x\}$,所以$\{x\}=\frac{31}{62}=0.5$,证毕.

第二种解法 原方程等价于$[x](2x-2)=2\ 017-2x$.

注意到 $x\neq 1$. 设 $\frac{2\ 017-2x}{2x-2}=k$. 我们有

$$[x]=k$$

这里 k 是整数. 因为 $k\neq-1$,所以推出

$$x=\frac{2\ 017+2k}{2k+2}$$

现在

$$\left[\frac{2k+2\ 017}{2k+2}\right]=k\Leftrightarrow\left[\frac{2\ 015}{2k+2}\right]=k-1$$

$$\Leftrightarrow k-1\leqslant\frac{2\ 015}{2k+2}\leqslant k\Leftrightarrow k=-32$$

推出 $x=-\frac{63}{2}$.

J429 设 x,y 是正实数,且 $x+y\leqslant 1$. 证明

$$(1-\frac{1}{x^3})(1-\frac{1}{y^3})\geqslant 49$$

证明 利用已知条件和 AM-GM 不等式,得到

$$\begin{aligned}(x+y)^3&=x^3+y^3+3xy(x+y)\cdot 1\\&\geqslant x^3+y^3+3xy(x+y)^4\\&\geqslant x^3+y^3+3xy(2\sqrt{xy})^4\\&=x^3+y^3+48x^3y^3\end{aligned}$$

于是

$$(1-x^3)(1-y^3)\geqslant 49x^3y^3$$

当且仅当 $x=y=\frac{1}{2}$ 时,等式成立.证毕.

J430 在 $\triangle ABC$ 中,$\angle C>90^\circ$,$3a+\sqrt{15ab}+5b=7c$.

证明:$\angle C\leqslant 120^\circ$.

证明 由 Cauchy-Schwarz 不等式

$$a^2+ab+b^2=(\frac{9}{49}+\frac{15}{49}+\frac{25}{49})(a^2+b^2+ab)$$

$$\geqslant\left(\frac{3a}{7}+\frac{\sqrt{15ab}}{7}+\frac{5b}{7}\right)^2=c^2$$

于是 $\cos C=\frac{a^2+b^2-c^2}{2ab}\geqslant-\frac{1}{2}$,所以 $\angle C\leqslant 120^\circ$.

J431 设 a,b,c,d,e 是区间$[1,2]$内的实数.证明

$$a^2+b^2+c^2+d^2+e^2-3abcde\leqslant 2$$

第一种证法 事实上

$$a^2-1-3a+3=(a-1)(a+1-3)\leqslant 0$$

$$b^2-1-3ab+3a=(b-1)(b+1-3a)\leqslant 0$$

$$c^2-1-3abc+3ab=(c-1)(c+1-3ab)\leqslant 0$$

$$d^2-1-3abcd+3abc=(d-1)(d+1-3abc)\leqslant 0$$
$$e^2-1-3abcde+3abcd=(e-1)(e+1-3abcd)\leqslant 0$$

将以上各式相加,就完成了证明.

第二种证法 函数 $f(a,b,c,d,e)=a^2+b^2+c^2+d^2+e^2-3abcde$ 是这五个变量中的每一个的凸函数,所以最大值必在 $a,b,c,d,e\in\{1,2\}$ 处达到.

所以我们必须检验 $2^5=32$ 个值.但是考虑到不等式是对称的,所以只要检验以下六个值

$$f(2,2,2,2,2),f(1,2,2,2,2),f(1,1,2,2,2)$$
$$f(1,1,1,2,2),f(1,1,1,1,2),f(1,1,1,1,1)$$

于是

$$\begin{aligned}\max\{f(a,b,c,d,e)\}&=\max\{f(2,2,2,2,2),f(1,2,2,2,2),f(1,1,2,2,2),\\&\qquad f(1,1,1,2,2),f(1,1,1,1,2),f(1,1,1,1,1)\}\\&=\max\{-76,-31,-10,-1,2,2\}=2\end{aligned}$$

当且仅当

$$(a,b,c,d,e)=(1,1,1,1,1)\text{ 或 }(a,b,c,d,e)=(1,1,1,1,2)$$

及其排列时,等式成立.

J432 设 m 和 n 是大于 1 的整数.证明

$$(m^3-1)(n^3-1)\geqslant 3m^2n^2+1$$

证明 将原不等式展开,得到

$$m^3n^3\geqslant m^3+n^3+3m^2n^2$$

乘以 4 以后,可写成

$$3(mn-4)m^2n^2+(m^3-4)(n^3-4)\geqslant 16$$

因为 m,n 是大于 1 的整数,所以我们有 $mn\geqslant 4,m^3,n^3\geqslant 8$,所以最后一个不等式显然成立.

2.2 高级问题的解答

S361 求一切正整数 n,对于这样的 n,存在整数 a 和 b,使

$$(a+b\mathrm{i})^4=n+2\,016\mathrm{i}$$

解 注意到通过使实数部分和虚数部分分别相等,得到

$$a^4+b^4-6a^2b^2=n$$

和

$$4a^3b-4ab^3=4ab(a+b)(a-b)=2\,016$$

所以,我们需要使整数对 (a,b) 满足 $ab(a+b)(a-b)=504$.注意到如果 (a,b) 是一组解,

那么$(-a,-b)$,$(b,-a)$,$(-b,a)$也是解.所以,不失一般性,我们将假定$a>b>0$.设$d=a-b$.那么$db(d+b)(d+2b)=504$.注意到504的三个除数的最高次幂是3^2.如果任何两个因子都能被3整除,那么所有四个因子都能被3整除,这不可能.于是,四个因子中恰有一个必能被9整除.观察$db(d+b)(d+2b)=504<546=1\cdot 6\cdot(1+6)\cdot(1+12)$.于是$b\leqslant 5$.类似地,$db(d+b)(d+2b)=504=7\cdot 1\cdot(7+1)\cdot(7+2)$.于是$d\leqslant 7$.显然$d$和$b$都不能是9的倍数.所以,$d+b=9$或者$d+2b=9$(因为$d+2b\leqslant 7+2\cdot 5=17<18$).首先,当$d+b=9$时,$(d,b)$的可能的数对是$(7,2)$,$(5,4)$,$(4,5)$.但是,$5\nmid 504$,所以我们舍去最后两对.可以看出,$(d,b)=(7,2)$,$d-b=5$,但是显然有$5\nmid 504$.所以对于$d+b=9$的情况无解.其次,当$d+2b=9$时,我们有以下可能的数对:$(7,1)$,$(5,2)$,$(1,4)$.因为$5\nmid 504$,所以我们舍去中间的数对,而对于$(d,b)=(1,4)$,有$d+b=5$,因为$5\nmid 504$,所以舍去最后一个数对.显然第一个数对$(7,1)$满足方程.这给出$(a,b)=(8,1)$,所以归纳可能的解是$(a,b)=(8,1)$,$(-8,-1)$,$(-1,8)$,$(1,-8)$.因此$n$的仅有的可能的值是$n=8^4+1^4-6(8\cdot 1)^2=3\ 713$.

S362 设$0<a,b,c,d\leqslant 1$.证明

$$\frac{1}{a+b+c+d}\geqslant\frac{1}{4}+\frac{64}{27}(1-a)(1-b)(1-c)(1-d)$$

证明 设$a+b+c+d=t$.那么$t\leqslant 4$,由已知条件和AM-GM不等式,我们有

$$(1-a)(1-b)(1-c)(1-d)\leqslant\left(\frac{4-t}{4}\right)^4$$

所以,只要证明

$$\frac{1}{t}\geqslant\frac{1}{4}+\frac{(4-t)^4}{108}$$

这等价于

$$\frac{(4-t)^4}{108}\leqslant\frac{4-t}{4t}\Leftrightarrow\frac{4-t}{t}-\frac{(4-t)^4}{27}\geqslant 0\Leftrightarrow(4-t)[27-t(4-t)^3]\geqslant 0$$

该式是成立的,因为由AM-GM不等式

$$3t(4-t)^3\leqslant\left[\frac{3t+3(4-t)}{4}\right]^4=81$$

当且仅当a,b,c,d都等于1或$\frac{1}{4}$时,等式成立.

S363 确定是否存在不同的正整数$n_1,n_2,\cdots,n_{k-1}$,使

$$[3n_1^2+4n_2^2+\cdots+(k+1)n_{k-1}^2]^3=2\ 016\ (n_1^3+n_2^3+\cdots+n_{k-1}^3)^2$$

解 利用Hölder不等式,我们有

$$[3^3+4^3+\cdots+(k+1)^3](n_1^3+n_2^3+\cdots+n_{k-1}^3)^2$$
$$\geqslant[3n_1^2+4n_2^2+\cdots+(k+1)n_{k-1}^2]^3=2\ 016\ (n_1^3+n_2^3+\cdots+n_{k-1}^3)^2$$

$$\Rightarrow 3^3+4^3+\cdots+(k+1)^3\geqslant 2\,016\Leftrightarrow 1^3+2^3+\cdots+(k+1)^3\geqslant 2\,025$$

$$\Leftrightarrow\left[\frac{(k+1)(k+2)}{2}\right]^2\geqslant 2\,025\Leftrightarrow\frac{(k+1)(k+2)}{2}\geqslant 45\Rightarrow k\geqslant 8$$

当且仅当 $k=8,n_1=3,n_2=4,\cdots,n_7=9$ 时,等式成立.

S364 设 a,b,c 是非负实数,且 $a\geqslant 1\geqslant b\geqslant c,a+b+c=3$. 证明

$$\frac{a}{b+c}+\frac{b}{c+a}+\frac{c}{a+b}\geqslant\frac{2(a^2+b^2+c^2)}{3ab+bc+ca}+\frac{5}{6}$$

证明 分配变量 $s=ab+bc+ca,p=abc$. 所以,我们必须证明不等式

$$\frac{3p-2(a+b+c)s+(a+b+c)^3}{(a+b+c)s-p}\geqslant\frac{2(a+b+c)^2-4s}{3s}+\frac{5}{6}$$

它等价于

$$\frac{3p-6s+27}{3s-p}\geqslant\frac{18-4s}{3s}+\frac{5}{6}$$

化简后,这一不等式变为 $p\geqslant\frac{9s(s-2)}{5s+12}$.

因为 $a\geqslant 1\geqslant b\geqslant c$,所以我们有 $(a-1)(1-b)(1-c)\geqslant 0$.

这表明 $a+b+c-1-ab-bc-ca+abc\geqslant 0\Leftrightarrow p\geqslant s-2$.

如果 $s<2$,那么结果显然成立. 否则

$$3s=3(ab+bc+ca)\leqslant(a+b+c)^2=9$$

于是 $s\leqslant 3\Rightarrow 5s+12\geqslant 9s$,所以 $p\geqslant s-2\geqslant\frac{9s(s-2)}{5s+12}$.

S365 设

$$a_k=\frac{(k^2+1)^2}{k^4+4},k=1,2,3,\cdots$$

证明:对于每一个正整数 n,有

$$a_1^n a_2^{n-1} a_3^{n-2}\cdots a_n=\frac{2^{n+1}}{n^2+2n+2}$$

证明 对于任何正整数 $k\in\mathbf{N}^*$,我们有

$$\begin{aligned}a_k&=\frac{(k^2+1)^2}{(k^2+2)^2-4k^2}\\&=\frac{(k^2+1)^2}{(k^2-2k+2)(k^2+2k+2)}\\&=\frac{k^2+1}{(k-1)^2+1}\cdot\frac{k^2+1}{(k+1)^2+1}\end{aligned}$$

设 $P_j=\prod_{k=1}^{j}a_k$,这里 $j\in\mathbf{N}^*$. 那么

$$P_j=\prod_{k=1}^{j}\frac{k^2+1}{(k-1)^2+1}\prod_{k=1}^{j}\frac{k^2+1}{(k+1)^2+1}=(j^2+1)\cdot\frac{2}{(j+1)^2+1}$$

于是,我们有

$$a_1^n a_2^{n-1} a_3^{n-2} \cdots a_n = \prod_{j=1}^{n} P_j = \prod_{j=1}^{n} \frac{2(j^2+1)}{(j+1)^2+1} = 2^n \prod_{j=1}^{n} \frac{j^2+1}{(j+1)^2+1}$$

$$= 2^n \cdot \frac{2}{(n+1)^2+1} = \frac{2^{n+1}}{n^2+2n+2}$$

S366 设 a,b,c,d 是正实数,且 $a+b+c+d=4$. 证明

$$9+\frac{1}{6}\left(\frac{1}{a}+\frac{1}{b}+\frac{1}{c}+\frac{1}{d}\right)^2 \geqslant \frac{70}{ab+ac+ad+bc+bd+cd}$$

证明 设 $a+b+c+d=4p, ab+ac+ad+bc+bd+cd=6q^2, abc+acd+bcd+cda=4r^3, abcd=s^4$. 那么将不等式

$$9+\frac{1}{6}\left(\frac{1}{a}+\frac{1}{b}+\frac{1}{c}+\frac{1}{d}\right)^2 \geqslant \frac{70}{ab+ac+ad+bc+bd+cd}$$

齐次化后变为

$$9+\frac{1}{6}\cdot p^2\cdot\left(\frac{4r^3}{s^4}\right)^2 \geqslant \frac{70p^2}{6q^2} \Leftrightarrow 27q^2s^8+8p^2q^2r^6 \geqslant 35p^2s^8$$

利用 Newton 不等式,我们有

$$q^2 \geqslant pr, r^2 \geqslant qs \Rightarrow q^4 \geqslant p^2r^2 \geqslant p^2qs \Rightarrow q^3 \geqslant p^2s \Rightarrow q \geqslant p^{\frac{2}{3}}\cdot s^{\frac{1}{3}}$$

$$r^2 \geqslant qs \geqslant p^{\frac{2}{3}}\cdot s^{\frac{4}{3}} \Rightarrow r \geqslant p^{\frac{1}{3}}\cdot s^{\frac{2}{3}}$$

利用这两个式子,得到

$$27q^2s^8+8p^2q^2r^6 \geqslant 27p^{\frac{4}{3}}\cdot s^{\frac{26}{3}}+8p^{\frac{16}{3}}\cdot s^{\frac{14}{3}}$$

因此只要证明

$$27p^{\frac{4}{3}}\cdot s^{\frac{26}{3}}+8p^{\frac{16}{3}}\cdot s^{\frac{14}{3}} \geqslant 35p^2s^8$$

利用 AM-GM 不等式,我们有

$$27p^{\frac{4}{3}}\cdot s^{\frac{26}{3}}+8p^{\frac{16}{3}}\cdot s^{\frac{14}{3}} \geqslant 35\sqrt[35]{p^{\frac{236}{3}}\cdot s^{\frac{814}{3}}}$$

因此只要证明

$$35\sqrt[35]{p^{\frac{236}{3}}\cdot s^{\frac{814}{3}}} \geqslant 35p^2s^8 \Leftrightarrow p^{26} \geqslant s^{26}$$

这是由 AM-GM 不等式直接推出的.

当且仅当 $a=b=c=d=1$ 时,等式成立.

S367 求方程组

$$\begin{cases}(x^3+y^3)(y^3+z^3)(z^3+x^3)=8\\ \dfrac{x^2}{x+y}+\dfrac{y^2}{z+y}+\dfrac{z^2}{x+z}=\dfrac{3}{2}\end{cases}$$

的实数解.

解 首先,注意到 $\sum_{\text{cyc}}\frac{x^2}{x+y}=\sum_{\text{cyc}}\frac{y^2}{x+y}$,因为它们的差是

$$\sum_{\text{cyc}} \frac{x^2-y^2}{x+y}=\sum_{\text{cyc}}(x-y)=0$$

推出第二个条件等价于

$$\sum_{\text{cyc}} \frac{x^2+y^2}{x+y}=3$$

现在我们断言对正实数 a,b,不等式

$$\frac{a^3+b^3}{2} \leqslant \left(\frac{a^2+b^2}{a+b}\right)^3$$

成立,当且仅当 $a=b$ 时,等式成立.事实上这可从

$$2(a^2+b^2)^3-(a+b)^3(a^3+b^3)=(a-b)^4(a^2+b^2+ab)$$

推出.利用这一点,我们看到,例如对于满足方程组的任何 x,y,z,由这一断言和 AM-GM 不等式,得到

$$\begin{aligned} 3&=\sum_{\text{cyc}} \frac{x^2+y^2}{x+y} \\ &\geqslant 3\sqrt[3]{\frac{x^2+y^2}{x+y} \frac{y^2+z^2}{y+z} \frac{z^2+x^2}{z+x}} \\ &\geqslant 3\sqrt[9]{\frac{x^3+y^3}{2} \frac{y^3+z^3}{2} \frac{z^3+x^3}{2}} \\ &=3 \end{aligned}$$

于是,第二个不等式中等号必须成立,我们的断言表明 $x=y=z$.代入

$$\sum_{\text{cyc}} \frac{x^2+y^2}{x+y}=3$$

中,得到 $3x=3$,所以 $x=y=z=1$ 是这个方程式的唯一解,容易检验这是满足原方程组的一组解.

S368 确定一切正整数 n,使 $\sigma(n)=n+55$,这里 $\sigma(n)$ 表示 n 的约数的和.

解 将 n 写成标准分解式 $n=p_1^{e_1}\cdots p_k^{e_k}$.

如果 $k=1$,那么 $2\cdot 3^3=54=\sigma(n)-n-1=p_1(1+\cdots+p_1^{e_1-2})$,这意味着 $p_1=2$,$1+\cdots+p_1^{e_1-2}=27$,这不可能.

如果 $k\geqslant 4$,那么

$$\begin{aligned} \sigma(n)&=(1+p_1+\cdots+p_1^{e_1})\cdots(1+p_k+\cdots+p_k^{e_k}) \\ &>n+p_1p_2p_3+p_2p_3p_4+p_3p_4p_1+p_4p_1p_2 \\ &\geqslant n+2\cdot 3\cdot 5+3\cdot 5\cdot 7+5\cdot 7\cdot 2+7\cdot 2\cdot 3>n+55 \end{aligned}$$

下面,考虑 $k=3$.如果 n 是奇数,那么

$$\sigma(n)>n+p_1p_2+p_2p_3+p_3p_1\geqslant n+3\cdot 5+5\cdot 7+7\cdot 3>n+55$$

如果 n 是偶数,那么至少有一个质数是 2,比如说 $p_1=2$.因为 $55=\sigma(n)-n$,$\sigma(n)$ 必

是奇数.因此,e_2,e_3 必是偶数,于是

$$\sigma(n)>n+(1+3+3^2)(1+5+5^2)>n+55$$

最后,考虑 $k=2$.如果 $e_1=e_2=1$,那么 $54=\sigma(n)-n-1=p_1+p_2$,我们得到$\{p_1,p_2\}=\{7,47\},\{11,43\},\{13,41\},\{17,37\},\{23,31\}$.如果$(e_1,e_2)=(2,1)$,那么

$$\sigma(n)-n=(1+p_1+p_1^2)(1+p_2)-p_1^2p_2=(1+p_1)(1+p_2)+p_1^2$$

当 $p_1>5$ 时,它大于55,当 $p_1=2,3,5$ 时,它不能等于55.

如果 $e_1=e_2=2$,那么

$$\sigma(n)-n=(1+p_2+p_2^2)(1+p_1)+p_1^2(1+p_2)\geqslant 55$$

当且仅当$\{p_1,p_2\}=\{2,3\}$ 时,等式成立.如果 $e_1\geqslant 3$,那么

$$\sigma(n)-n\geqslant(1+p_1+p_1^2)(1+p_2)+p_1^3$$

当 $p_1\geqslant 3$ 时,它大于55.但是如果 $p_1=2$,那么 e_2 必是偶数,因为 $\sigma(n)$ 是奇数,所以

$$\sigma(n)-n=(1+p_1+p_1^2)(1+p_2+p_2^2)\geqslant 7\cdot 13>55$$

结论是,解是 $n=7\cdot 47=329,11\cdot 43=473,13\cdot 41=533,17\cdot 37=629,23\cdot 31=713$,和 $2^2\cdot 3^2=36$.

S369　给定多项式 $P(x)=x^n+a_1x^{n-1}+\cdots+a_{n-1}x+a_n$ 在区间$[0,1]$上有实数根(不必不同),证明

$$3a_1^2+2a_1-8a_2\leqslant 1$$

证明　设 $x_1,x_2,\cdots,x_n$ 是多项式 $P(x)$ 的根.那么

$$a_1=-(x_1+x_2+\cdots+x_n)$$

和

$$a_2=\frac{(x_1+x_2+\cdots+x_n)^2-(x_1^2+x_2^2+\cdots+x_n^2)}{2}$$

所以,我们可以将原不等式改写为

$$3(x_1+x_2+\cdots+x_n)^2-2(x_1+x_2+\cdots+x_n)-$$
$$4[(x_1+x_2+\cdots+x_n)^2-(x_1^2+x_2^2+\cdots+x_n^2)]\leqslant 1$$

该式等价于

$$4(x_1^2+x_2^2+\cdots+x_n^2)-2(x_1+x_2+\cdots+x_n)\leqslant 1+(x_1+x_2+\cdots+x_n)^2$$

因为 $x_1,x_2,\cdots,x_n\in[0,1]$,我们有

$$x_1^2+x_2^2+\cdots+x_n^2\leqslant x_1+x_2+\cdots+x_n$$

所以

$$4(x_1^2+x_2^2+\cdots+x_n^2)-2(x_1+x_2+\cdots+x_n)$$
$$\leqslant 4(x_1+x_2+\cdots+x_n)-2(x_1+x_2+\cdots+x_n)$$
$$=2(x_1+x_2+\cdots+x_n)\leqslant(x_1+x_2+\cdots+x_n)^2+1$$

最后一个不等式是由

$$(x_1+x_2+\cdots+x_n-1)^2\geqslant 0$$

推得的.

当且仅当 $x_1=1,x_2=x_3=\cdots=x_n=0$ 时,等式成立.

S370 证明:在任何三角形中

$$|3a^2-2b^2|m_a+|3b^2-2c^2|m_b+|3c^2-2a^2|m_c\geqslant\frac{8K^2}{R}$$

证明 首先,我们来观察一个有用的引理.

引理:在任何三角形中,$m_a\geqslant\frac{b^2+c^2}{4R}$ 成立.

证明:设 $\triangle ABC$ 内接于圆 ω. 设 m_a 交 ω 于 $X(X\neq A)$. 由一点的幂,我们有

$$AX=m_a+\frac{a^2}{4m_a}=\frac{4m_a^2+a^2}{4m_a}=\frac{2b^2+2c^2}{4m_a}\leqslant 2R\Rightarrow m_a\geqslant\frac{b^2+c^2}{4R}$$

所以,引理得证. 现在回到原题.

利用这一引理,我们得到

$$\begin{aligned}&|3a^2-2b^2|m_a+|3b^2-2c^2|m_b+|3c^2-2a^2|m_c\\&\geqslant|3a^2-2b^2|\cdot\frac{b^2+c^2}{4R}+|3b^2-2c^2|\cdot\frac{c^2+a^2}{4R}+|3c^2-2a^2|\cdot\frac{a^2+b^2}{4R}\end{aligned}$$

最后,利用三角形不等式和 Heron 公式给出我们所求的结果

$$\begin{aligned}&|3a^2-2b^2|(b^2+c^2)+|3b^2-2c^2|(c^2+a^2)+|3c^2-2a^2|(a^2+b^2)\\&\geqslant|(3a^2-2b^2)(b^2+c^2)+(3b^2-2c^2)(c^2+a^2)+(3c^2-2a^2)(a^2+b^2)|\\&=|2(2a^2b^2+2b^2c^2+2c^2a^2-a^4-b^4-c^4)|=2|16K^2|=32K^2\end{aligned}$$

S371 设 ABC 是三角形,M 是 $\overset{\frown}{BAC}$ 的中点. AL 是 $\angle A$ 的平分线,I 是 $\triangle ABC$ 的内心. 直线 MI 交 $\triangle ABC$ 的外接圆于点 K,直线 BC 交 $\triangle AKL$ 的外接圆于点 P. 如果 $PI\cap AK=\{X\},KI\cap BC=\{Y\}$,证明:$XY/\!/AL$.

证明 首先,我们证明一个著名的引理. 然后我们将证明 $\angle KXY=\angle KAI$.

引理:设 S 是劣弧 $\overset{\frown}{BC}$ 的中点. 那么 KS,BC 和过点 I 且垂直于 AS 的直线(设为 l)共点.

证明:$\angle IKS=\frac{\pi}{2}$ 表明 l 是 $\odot(IKS)$ 的切线,但是我们知道这条直线是 $\odot(BIC)$ 的切线,所以 l 是 $\odot(IKS)$ 和 $\odot(BIC)$ 的根轴. BC 是 $\odot(ABC)$ 和 $\odot(BIC)$ 的根轴,KS 是 $\odot(ABC)$ 和 $\odot(IKS)$ 的根轴,所以,这三条直线共点于 $\odot(ABC)$,$\odot(IKS)$ 和 $\odot(BIC)$ 的根心.

设共点的点是 P'. 那么

$$\begin{aligned}\angle LP'K&=\angle CBK-\angle BKP'=\angle CAK-\angle BAS\\&=\angle CAK-\angle SAC=\angle KAS\end{aligned}$$

这表明 BC 交 $\odot(AKL)$ 于点 P'，所以 $P=P'$，引理表明 $PI\perp AI$. 于是

$$\angle PXK=\frac{\pi}{2}-\angle KAL=\frac{\pi}{2}-\angle KPL=\angle PYK$$

所以 $PXYK$ 是圆内接四边形. 最后，$\angle KXY=\angle KPY=\angle KAI$.

S372 证明：在任何三角形中

$$\frac{2}{3}(m_am_b+m_bm_c+m_cm_a)\geqslant\frac{1}{4}(a^2+b^2+c^2)+\sqrt{3}K$$

证明 我们知道边长分别为 m_a,m_b,m_c 的三角形是存在的，其面积 $K'=\frac{3}{4}K_{ABC}$. 对这个三角形应用 Hadwiger-Finsler 不等式我们得到

$$m_a^2+m_b^2+m_c^2\geqslant 4\sqrt{3}K'+(m_a-m_b)^2+(m_b-m_c)^2+(m_c-m_a)^2$$

或

$$2(m_am_b+m_bm_c+m_cm_a)\geqslant 4\sqrt{3}\cdot\frac{3}{4}K_{ABC}+m_a^2+m_b^2+m_c^2$$

另外，容易看出

$$m_a^2+m_b^2+m_c^2=\frac{3}{4}(a^2+b^2+c^2)$$

于是得到

$$2(m_am_b+m_bm_c+m_cm_a)\geqslant 3\sqrt{3}K_{ABC}+\frac{3}{4}(a^2+b^2+c^2)$$

这等价于要证明的不等式.

S373 设 x,y,z 是正实数. 证明

$$\sum_{\text{cyc}}\frac{1}{xy+2z^2}\leqslant\frac{xy+yz+zx}{xyz(x+y+z)}$$

证明 两边乘以分母之积，整理后，原不等式等价于

$$\sum_{\text{cyc}}[4(y+z)^2x^4-4x^4yz-3x^2y^2z^2](y-z)^2\geqslant 0$$

显然有

$$\begin{aligned}4(y+z)^2x^4-4x^4yz-3x^2y^2z^2&=4x^4(y^2+yz+z^2)-3x^2y^2z^2\\&=x^4(y-z)^2+3x^2(xy+yz+zx)(xy-yz+zx)\end{aligned}$$

定义 $a=yz,b=zx,c=xy$，只要证明

$$\sum_{\text{cyc}}(a+b-c)(a-b)^2\geqslant 0$$

这等价于

$$a^3+b^3+c^3+3abc\geqslant a^2b+ab^2+b^2c+bc^2+c^2a+ca^2$$

这就是著名的 Schur 不等式，因为 x,y,z 是正实数，所以 a,b,c 也是正实数，当且仅当 $a=b=c$ 或 $x=y=z$ 时，等式成立.

S374 设 a,b,c 是正实数.证明:在

$$\frac{a+b}{a+b-c},\frac{b+c}{b+c-a},\frac{c+a}{c+a-b}$$

这三个数中至少有一个不在区间(1,2)内.

证明 如果在 $a+b-c,b+c-a,c+a-b$ 中至少有一个是负数,那么相应的分式为负,证毕.所以我们可以假定 $a+b-c,b+c-a,c+a-b>0$.不失一般性,设 $c=\max\{a,b,c\}$.那么

$$\frac{a+b}{a+b-c}-2=\frac{2c-a-b}{a+b-c}=\frac{(c-a)+(c-b)}{a+b-c}\geqslant 0$$

$$\Rightarrow \frac{a+b}{a+b-c}\geqslant 2$$

证毕.

S375 设 a,b,c 是非负实数,且

$$ab+bc+ca=a+b+c>0$$

证明:$a^2+b^2+c^2+5abc\geqslant 8$.

证明 设 $k=ab+bc+ca=a+b+c$.那么

$$k^2=(a+b+c)^2\geqslant 3(ab+bc+ca)=3k$$

所以 $k\geqslant 3$.如果 $k>4$,那么

$$a^2+b^2+c^2=(a+b+c)^2-2(ab+bc+ca)=k(k-2)>8$$

于是假定 $k\leqslant 4$.由 Cauchy-Schwarz 不等式

$$a^3+b^3+c^3\geqslant\frac{(a^2+b^2+c^2)^2}{a+b+c}=k(k-2)^2$$

因此

$$\begin{aligned}6abc&=(a+b+c)^3+2(a^3+b^3+c^3)-3(a+b+c)(a^2+b^2+c^2)\\&\geqslant k^3+2k(k-2)^2-3k^2(k-2)=-2k^2+8k\end{aligned}$$

于是

$$3(a^2+b^2+c^2+5abc-8)\geqslant 3k(k-2)-5k^2+20k-24=2(k-3)(4-k)\geqslant 0$$

证毕.

S376 求方程 $x^5-2xy+y^5=2\ 016$ 的整数解.

解 如果 $x=0$ 或 $y=0$,那么原方程无整数解,这是因为 2 016 不是完全五次方数.如果 x 和 y 都是负数,那么原方程也无整数解,这是因为左边是负数.假定 $0<x\leqslant y$.我们有

$$2\ 016=x^5-2xy+y^5\geqslant x^5-x^2+y^5-y^2\geqslant y^5-y^2$$

因此 $1\leqslant y\leqslant 4$.但是,此时我们得到 $2\ 016\leqslant x^5+y^5\leqslant x^5+1\ 024$,于是 $x^5\geqslant 992$,所以 $x\geqslant 4$.检验后看出 $(x,y)=(4,4)$ 是一组解.接下来只要考虑 $x>0,y<0$ 的情况.在这

种情况下,原方程变为

$$x^5+2xz-z^5=2\ 016$$

这里 $z=-y>0$. 设 $s=x-z,p=xz$,原方程变为

$$5sp^2+(5s^3+2)p+s^5-2\ 016=0$$

如果 $s<0$,那么左边为负. 现在假定 $s\geqslant 0$.

如果 $s\geqslant 5$,那么左边为正,所以 $s=0,1,2,3,4$. 当 $s=0$ 时,得到 $p^2=1\ 008$,这不是完全平方数. 当 s 是其他值时,把方程看作是 p 的二次方程,有以下判别式

$$\Delta(s)=5s^6+20s^3+40\ 320s+4$$

必须是完全平方数,但是 $\Delta(1)=40\ 349,\Delta(2)=81\ 124,\Delta(3)=125\ 149,\Delta(4)=183\ 044$ 都不是完全平方数.

综上,原方程的唯一解是 $(x,y)=(4,4)$.

S377 如果 z 是复数,且 $|z|\geqslant 1$,证明

$$\frac{|2z-1|^5}{25\sqrt{5}}\geqslant\frac{|z-1|^4}{4}$$

证明 设 $z=a+bi$. 我们有 $|z|\geqslant 1\Rightarrow a^2+b^2\geqslant 1$. 现在我们有

$$\frac{|2z-1|^5}{25\sqrt{5}}\geqslant\frac{|z-1|^4}{4}\Leftrightarrow\frac{|2z-1|^{10}}{5^5}\geqslant\frac{|z-1|^8}{16}$$

$$\Leftrightarrow\left[\frac{(2a-1)^2+4b^2}{5}\right]^5\geqslant\left[\frac{(a-1)^2+b^2}{2}\right]^4$$

由 $a^2+b^2\geqslant 1$,我们有

$$a^2+b^2-a\geqslant\frac{a^2+b^2}{2}+\frac{1}{2}-a=\frac{(a-1)^2+b^2}{2}\geqslant 0$$

所以只要证明

$$\left[\frac{4(a^2+b^2-a)+1}{5}\right]^5\geqslant(a^2+b^2-a)^4$$

因为 $a^2+b^2-a\geqslant 0$,由 AM-GM 不等式我们有

$$\left[\frac{4(a^2+b^2-a)+1}{5}\right]^5\geqslant\left[\frac{5\sqrt[5]{(a^2+b^2-a)^4}}{5}\right]^5=(a^2+b^2-a)^4$$

当且仅当 $a^2+b^2=1$,且 $a^2+b^2-a=1$ 时,等式成立,这表明 $z=\pm i$.

S378 在三角形中,设 m_a,m_b,m_c 是中线的长,w_a,w_b,w_c 是角平分线的长,r 和 R 分别是内切圆的半径和外接圆的半径. 证明

$$\frac{m_a}{w_a}+\frac{m_b}{w_b}+\frac{m_c}{w_c}\leqslant\left(\sqrt{\frac{R}{r}}+\sqrt{\frac{r}{R}}\right)^2$$

证明 我们将证明以下更强的命题

$$\frac{m_a}{w_a}+\frac{m_b}{w_b}+\frac{m_c}{w_c}\leqslant 1+\frac{R}{r}$$

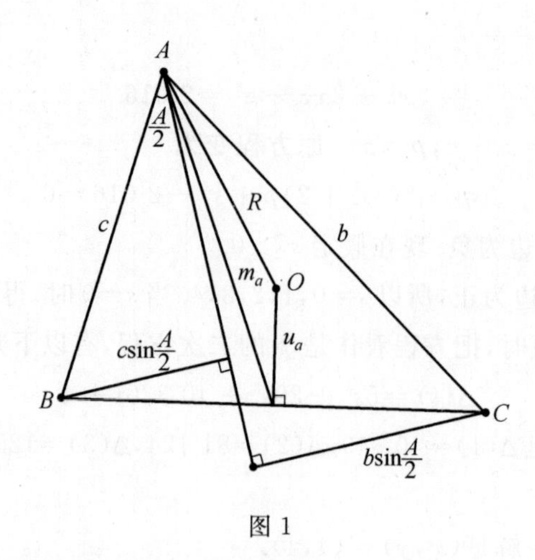

图 1

如图 1(O 是 $\triangle ABC$ 的外心),我们很快看到

$$w_a c\sin\frac{A}{2}+w_a b\sin\frac{A}{2}=2K\Rightarrow w_a=\frac{2K}{(b+c)\sin\frac{A}{2}}$$

由三角形不等式,得到

$$m_a\leqslant R+u_a \text{ 和 } (b+c)\sin\frac{A}{2}\leqslant a$$

因此我们推得$\frac{m_a}{w_a}\leqslant\frac{a(R+u_a)}{2K}$.

将该式与 w_b,w_c 的类似的表达式相加,就推得

$$\frac{m_a}{w_a}+\frac{m_b}{w_b}+\frac{m_c}{w_c}\leqslant\frac{au_a+bu_b+cu_c}{2K}+\frac{(a+b+c)R}{2K}=1+\frac{R}{r}$$

S379 证明:在任意 $\triangle ABC$ 中

$$\cos 3A+\cos 3B+\cos 3C+\cos(A-B)+\cos(B-C)+\cos(C-A)\geqslant 0$$

证明 由和差化积公式

$$\begin{aligned}\cos 3A+\cos 3B+\cos 3C&=2\cos\frac{3A+3B}{2}\cos\frac{3A-3B}{2}-2\cos^2\frac{3A+3B}{2}+1\\&=2\cos\frac{3A+3B}{2}\left(\cos\frac{3A-3B}{2}-\cos\frac{3A+3B}{2}\right)+1\\&=1-4\sin\frac{3A}{2}\sin\frac{3B}{2}\sin\frac{3C}{2}\end{aligned}$$

类似地

$$\begin{aligned}&\cos(A-B)+\cos(B-C)+\cos(C-A)\\&=2\cos\frac{A-C}{2}\cos\frac{C+A-2B}{2}+2\cos^2\frac{C-A}{2}-1\end{aligned}$$

$$=2\cos\frac{C-A}{2}\left(\cos\frac{C+A-2B}{2}+\cos\frac{C-A}{2}\right)-1$$

$$=4\cos\frac{C-A}{2}\cos\frac{A-B}{2}\cos\frac{B-C}{2}-1$$

$$=4\sin\frac{2A+B}{2}\sin\frac{2B+C}{2}\sin\frac{2C+A}{2}-1$$

将这两个结果相加,所要求的不等式变为

$$\sin\frac{2A+B}{2}\sin\frac{2B+C}{2}\sin\frac{2C+A}{2}\geqslant\sin\frac{3A}{2}\sin\frac{3B}{2}\sin\frac{3C}{2}$$

如果有一个角大于或等于$\frac{2\pi}{3}$,那么右边非正,而左边非负,等式成立.下面,假定所有的角都小于$\frac{2\pi}{3}$.

在$(0,\pi)$上定义$f(x)=\ln\sin x$.那么

$$f'(x)=\cot x,\text{和 } f''(x)=-\csc^2 x<0$$

所以,f是凹函数.于是

$$2f\left(\frac{3A}{2}\right)+f\left(\frac{3B}{2}\right)\leqslant 3f\left(\frac{2A+B}{2}\right)\Leftrightarrow\sin^2\frac{3A}{2}\sin\frac{3B}{2}\leqslant\sin^3\frac{2A+B}{2}$$

类似地,我们得到

$$\sin^2\frac{3B}{2}\sin\frac{3C}{2}\leqslant\sin^3\frac{2B+C}{2},\sin^2\frac{3C}{2}\sin\frac{3A}{2}\leqslant\sin^3\frac{2C+A}{2}$$

推出结果.

S380　设a,b,c是实数,且$abc=1$.证明

$$\frac{a+ab+1}{(a+ab+1)^2+1}+\frac{b+bc+1}{(b+bc+1)^2+1}+\frac{c+ca+1}{(c+ca+1)^2+1}\leqslant\frac{9}{10}$$

证明　设$a=\frac{x}{y},b=\frac{y}{z},c=\frac{z}{x}$.那么原不等式等价于

$$\frac{yz(xy+yz+zx)}{(xy+yz+zx)^2+(yz)^2}+\frac{zx(xy+yz+zx)}{(xy+yz+zx)^2+(zx)^2}+$$

$$\frac{xy(xy+yz+zx)}{(xy+yz+zx)^2+(xy)^2}\leqslant\frac{9}{10}$$

如果$xy+yz+zx=0$,那么上式显然成立.所以假定$xy+yz+zx\neq 0$,设

$$u=\frac{yz}{xy+yz+zx},v=\frac{zx}{xy+yz+zx},w=\frac{xy}{xy+yz+zx}$$

以及

$$f(t)=\frac{t}{1+t^2}$$

注意到

$$f''(t)=-\frac{2t(3-t^2)}{(1+t^2)^3}$$

所以 f 在$(0,1)$ 上是凹函数.由于 $u+v+w=1$,只要证明对于以下所有情况都有

$$f(u)+f(v)+f(w)\leqslant\frac{9}{10}$$

情况 1:$u,v,w>0$.当 $t\in(0,1)$ 时,由于 $f(t)$ 是凹函数,则

$$f(u)+f(v)+f(w)\leqslant 3f(\frac{u+v+w}{3})=3f(\frac{1}{3})=\frac{9}{10}$$

情况 2:$u>0,v,w<0$.那么

$$f(u)+f(v)+f(w)<f(u)\leqslant\frac{1}{2}<\frac{9}{10}$$

情况 3:$u\geqslant v>0,w<0$.如果 $u+w\geqslant 0$,那么

$$f(u)+f(w)=\frac{(u+w)(1+uw)}{1+u^2+w^2+u^2w^2}\leqslant\frac{u+w}{1+u^2+w^2+2uw}=f(u+w)$$

再由当 $t\in(0,1)$ 时,$f(t)$ 是凹函数

$$f(u)+f(v)+f(w)\leqslant f(v)+f(u+w)\leqslant 2f(\frac{u+v+w}{2})=2f(\frac{1}{2})<\frac{9}{10}$$

如果 $u+w<0$,那么 $-w>u\geqslant v>1,2u+w\geqslant u+v+w=1>0$.

因为当 $t<-1$ 时,$f(t)$ 递减,所以

$$f(w)+\frac{1}{2}f(u)\leqslant f(-2u)+\frac{1}{2}f(u)=\frac{-3u}{2(1+4u^2)(1+u^2)}<0$$

于是

$$f(u)+f(v)+f(w)<f(v)+\frac{1}{2}f(u)\leqslant\frac{1}{2}+\frac{1}{4}<\frac{9}{10}$$

证毕.

S381 设 $ABCD$ 是圆内接四边形,M 和 N 分别是对角线 AC 和 BD 的中点.证明

$$MN\geqslant\frac{1}{2}\mid AC-BD\mid$$

证明 设 $AB=a,BC=b,CD=c,DA=d,AC=p,BD=q,MN=v$.我们必须证明不等式 $2v\geqslant\mid p-q\mid$.

如果 $v=0$,那么 $ABCD$ 是矩形,所以 $p=q$.现在假定 $v>0$,那么取点 G 和 H,使 $ABCG$ 和 $ADCH$ 是平行四边形.那么 $BDGH$ 也是平行四边形,$DG=2MN$,因为 MN 是 $\triangle BDG$ 的中位线.由对 $\triangle CDG$ 和 $\triangle ADG$ 的三角形不等式,我们分别得到

$$2v\geqslant\mid c-a\mid \text{ 和 } 2v\geqslant\mid b-d\mid$$

将这两个不等式的两边平方后相加,我们得到

$$8v^2\geqslant a^2+b^2+c^2+d^2-2(ac+bd)$$

由 Euler 四边形定理

$$a^2+b^2+c^2+d^2=p^2+q^2+4v^2$$

由 Ptolemy 定理

$$ac+bd=pq$$

将这两个等式代入上面的不等式，得到

$$4v^2\geqslant(p-q)^2$$

两边取平方根后得到所求的不等式. 当且仅当 $ABCD$ 是矩形时，等式成立.

S382 证明：在任意 $\triangle ABC$ 中，以下不等式成立

$$\frac{a}{b+c}+\frac{b}{c+a}+\frac{c}{a+b}+\frac{r}{R}\leqslant 2$$

证明 我们将采用以下著名的结果：

引理 1：$ab+bc+ca=s^2+4Rr+r^2$.

引理 2：Euler 不等式：$R\geqslant 2r$.

引理 3：Gerrestsen 不等式：$16Rr-5r^2\leqslant s^2\leqslant 4R^2+4Rr+3r^2$.

回到原题，我们有

$$\begin{aligned}\frac{a}{b+c}+\frac{b}{c+a}+\frac{c}{a+b}&=\frac{a(a+b)(a+c)+b(b+c)(b+a)+c(c+a)(c+b)}{(a+b)(b+c)(c+a)}\\&=\frac{(a+b+c)(a^2+b^2+c^2)+3abc}{(a+b+c)(ab+bc+ca)-abc}\\&=\frac{2(s^2-Rr-r^2)}{s^2+2Rr+r^2}\end{aligned}$$

因此原不等式等价于

$$\frac{2(s^2-Rr-r^2)}{s^2+2Rr+r^2}+\frac{r}{R}\leqslant 2,\text{或 } s^2+r^2\leqslant 6R^2+2Rr$$

上式成立是因为

$$\begin{aligned}6R^2+2Rr-s^2-r^2&=4R^2+4Rr+3r^2-s^2+2R^2-2Rr-4r^2\\&=\underbrace{4R^2+4Rr+3r^2-s^2}_{\geqslant 0}+2(R+r)\underbrace{(R-2r)}_{\geqslant 0}\geqslant 0\end{aligned}$$

S383 求方程

$$x^6-y^6=2\,016xy^2$$

的正整数解.

解 设 $\gcd(x,y)=k$. 那么存在互质的正整数 u,v，使 $x=ku,y=kv$. 现在

$$x^6-y^6=2\,016xy^2\Rightarrow k^3(u^6-v^6)=2\,016uv^2$$

对这一方程模 u，因为 $(u,v)=1$，我们看到

$$-k^3v^6\equiv 0(\bmod u)\Rightarrow u\mid k^3$$

类似地，对这一方程模 v^2，得到

$$-k^3u^6\equiv 0(\bmod v^2)\Rightarrow v^2\mid k^3$$

于是,对某个 $m\mid 2\ 016$,有

$$u^6-v^6=m,k^3=\frac{2\ 016}{m}uv^2$$

注意到 $u>v$. 如果 $u\geqslant 4$,我们看到 $m=u^6-v^6\geqslant 4^6-3^6=3\ 367>2\ 016$,这与 $m\mid 2\ 016$ 矛盾. 因此 $1\leqslant v<u\leqslant 3$. 于是,我们只需要检验 $(u,v)=(3,1),(3,2),(2,1)$.

$(u,v)=(3,1)\Rightarrow m=3^6-1=728\nmid 2\ 016$ 和 $(u,v)=(3,2)\Rightarrow m=3^6-2^6=665\nmid 2\ 016$. 最后

$$(u,v)=(2,1)\Rightarrow m=2^6-1=63\mid 2\ 016$$

以及

$$k^3=\frac{2\ 016}{m}\cdot 2\cdot 1=64\Rightarrow k=4$$

因此唯一解是 $x=8,y=4$.

S384 设 $\triangle ABC$ 的外心为点 O,垂心为点 H. 设点 D,E,F 分别是从点 A,B,C 出发的高的垂足. 设 K 是 AO 与 BC 的交点,L 是 AO 与 EF 的交点. 此外,设 T 是 AH 与 EF 的交点,S 是 KT 与 DL 的交点. 证明:BC,EF,SH 共点.

证明 我们将采用两个关于调和分割的著名引理:

引理 1:设 X,A,Y,B 是依次共线的四点,C 是不在该直线上的任意一点. 以下条件中的任意两个可推出第三个条件:

(i)$(A,B;X,Y)=-1$.

(ii)$\angle XCY=90°$.

(iii)CY 平分 $\angle ACB$.

引理 2:设 AB 是圆 ω 的弦,在直线 AB 上选取两点 P 和 Q. 那么当且仅当 P 在 Q 的极线上时,$(A,B;P,Q)=-1$.

现在,设 $EF\cap BC=Q$. 因为 O 和 H 在 $\odot(ABC)$ 中是等角的,$BCEF$ 是圆内接四边形,我们算得

$$\angle ALT=180°-\angle LAC-\angle LEA=180°-(90°-\angle B)-\angle B=90°$$

于是我们推得 $DKLT$ 是圆内接四边形. 由对圆内接四边形 $DKLT$ 的 Brocard 定理,我们得到 A 是 SQ 关于 $DKLT$ 的外接圆的极点. 为了证明 BC,EF,SH 共点,只要证明 $H\in SQ$,即 H 在 A 的极线上. 由引理 2,只要证明 $(A,H;D,T)=-1$. 但是,$\angle AEH=90°$,利用 $BCEF$ 和 $HDCE$ 是圆内接四边形,得到 $\angle TEH=\angle FEB=\angle FCB=\angle HCD=\angle HED$. 由引理 1,$(A,H;D,T)=-1$,推出结论.

S385 设 a,b,c 是正实数. 证明

$$\frac{1}{a^3+8abc}+\frac{1}{b^3+8abc}+\frac{1}{c^3+8abc}\leqslant\frac{1}{3abc}$$

证明 定义 $u=\frac{a^2}{bc},v=\frac{b^2}{ca},w=\frac{c^2}{ab}$,注意到将原不等式的两边都乘以正实数 abc,可写成等价的

$$\frac{1}{u+8}+\frac{1}{v+8}+\frac{1}{w+8}\leqslant\frac{1}{3}$$

两边都乘以分母的积,整理后得到

$$16(u+v+w)+5(uv+vw+wu)+uvw\geqslant 64$$

现在,注意到 $uvw=1$,或利用 AM-GM 不等式,我们有 $uv+vw+wu\geqslant 3$ 和 $u+v+w\geqslant 3$,当且仅当 $u=v=w=1$,即 $a=b=c$ 时,等式成立.因此推出结论.

S386 求

$$\frac{\cos\frac{\pi}{4}}{2}+\frac{\cos\frac{2\pi}{4}}{2^2}+\cdots+\frac{\cos\frac{n\pi}{4}}{2^n}$$

的值.

解 设 $\rho=\mathrm{e}^{\frac{\mathrm{i}\pi}{4}}=\frac{1+\mathrm{i}}{\sqrt{2}}$,设 $\mathrm{Re}\{z\}$ 是复数 z 的实部.显然,$\cos\frac{k\pi}{4}=\mathrm{Re}\{\rho^k\}$,所以我们要求值的和式可改写为

$$\sum_{k=1}^{n}\mathrm{Re}\{\frac{\rho^k}{2^k}\}=\mathrm{Re}\left\{\frac{\frac{\rho}{2}-\frac{\rho^{n+1}}{2^{n+1}}}{1-\frac{\rho}{2}}\right\}=\mathrm{Re}\left\{\frac{\rho(2-\bar{\rho})-\frac{\rho^{n+1}}{2^n}(2-\bar{\rho})}{(2-\rho)(2-\bar{\rho})}\right\}$$

现在

$$(2-\rho)(2-\bar{\rho})=4-2(\rho+\bar{\rho})+|\rho|^2=4-4\cos\frac{\pi}{4}+1=5-2\sqrt{2}$$

$$\mathrm{Re}\{\rho(2-\bar{\rho})\}=2\mathrm{Re}\{\rho\}-|\rho|^2=\sqrt{2}-1$$

$$\mathrm{Re}\{\rho^{n+1}(2-\bar{\rho})\}=2\mathrm{Re}\{\rho^{n+1}\}-|\rho|^2\mathrm{Re}\{\rho^n\}=2\cos\frac{(n+1)\pi}{4}-\cos\frac{n\pi}{4}$$

于是所求的和等于

$$\frac{\sqrt{2}-1+\frac{1}{2^n}\cos\frac{n\pi}{4}-\frac{1}{2^{n-1}}\cos\frac{(n+1)\pi}{4}}{5-2\sqrt{2}}$$

S387 求一切非负实数 k,对于一切非负实数 a,b,c,有

$$\sum_{\mathrm{cyc}}a(a-b)(a-kb)\leqslant 0$$

证明 我们来证明 k 的最大可能的值是

$$k_0=\frac{-1+(3+\sqrt{2})\sqrt{2\sqrt{2}-1}}{2}$$

我们注意到原不等式重新排列为

$$(a^3+b^3+c^3)+k(ab^2+bc^2+ca^2)\geqslant(k+1)(a^2b+b^2c+c^2a)$$

$$\Leftrightarrow(b+c)(b-c)^2+(c+a)(c-a)^2+(a+b)(a-b)^2$$

$$\geqslant(2k+1)(a-b)(b-c)(a-c) \tag{1}$$

于是,如果$(a-b)(b-c)(a-c)\leqslant 0$,那么不等式显然成立,由循环对称,我们可以假定$a>b>c\geqslant 0$.设式(1)的左边和右边分别为$L(a,b,c)$和$R(a,b,c)$.于是,那么

$$L(a,b,c)\geqslant L(a-c,b-c,0)$$

和$R(a,b,c)=R(a-c,b-c,0)$.

因此,为了证明式(1),只要证明

$$L(a-c,b-c,0)\geqslant R(a-c,b-c,0)$$

这与$c=0,a>b$时,证明式(1)的结果相同.那么不等式归结为

$$a^3+b^3-a^2b\geqslant kab(a-b)$$

设$x=\frac{a}{b}>1$,那么原不等式与

$$k\leqslant x+\frac{1}{x(x-1)}$$

相同.

设

$$f(x)=x+\frac{1}{x(x-1)}$$

于是由一般的微积分知识,得到当$x=\frac{\sqrt{2}+1+\sqrt{2\sqrt{2}-1}}{2}$时

$$f_{\min}=\frac{-1+(3+\sqrt{2})\sqrt{2\sqrt{2}-1}}{2}$$

因此

$$k\leqslant f_{\min}=\frac{-1+(3+\sqrt{2})\sqrt{2\sqrt{2}-1}}{2}=k_0$$

S388 设a,b,c是正实数,且$a^2+b^2+c^2=3$.证明

$$\frac{11a-6}{c}+\frac{11b-6}{a}+\frac{11c-6}{b}\leqslant\frac{15}{abc}$$

证明 注意到

$$\sum_{\text{cyc}}\frac{11a-6}{c}\leqslant\frac{15}{abc}\Leftrightarrow 11(a^2b+b^2c+c^2a)-6(ab+bc+ca)\leqslant 15$$

$$\Leftrightarrow 11(a^2b+b^2c+c^2a)\leqslant 5(a^2+b^2+c^2)+6(ab+bc+ca)$$

注意到

$$a^2b+b^2c+c^2a+abc\leqslant\frac{4}{27}(a+b+c)^3$$

$$\Leftrightarrow a^2b+b^2c+c^2a\leqslant\frac{4}{27}(a+b+c)^3-abc$$

为了证明这一不等式，注意到在适当放缩以后，这一不等式可写成 $\sum_{\mathrm{cyc}}(a-b)^2(13a-5b+c)\geqslant 0$，观察到如果将 a,b,c 中的每一个都减少同样的量，那么左边只会减少. 于是，只要证明当 $\min(a,b,c)=0$ 时即可，于是不失一般性，设 $c=0$. 但是，在这种情况下，它可分解为 $2(a-2b)^2(4a+b)\geqslant 0$，这是显然的. 于是，只要证明

$$11\left[\frac{4}{27}(a+b+c)^3-abc\right]\leqslant 5(a^2+b^2+c^2)+6(ab+bc+ca)\tag{1}$$

因为

$$5(a^2+b^2+c^2)+6(ab+bc+ca)=2(a^2+b^2+c^2)+3(a+b+c)^2$$
$$=\frac{2(a^2+b^2+c^2)+3(a+b+c)^2}{\sqrt{3}}\cdot$$
$$\sqrt{a^2+b^2+c^2}$$

只要证明齐次不等式

$$11\left[\frac{4}{27}(a+b+c)^3-abc\right]\leqslant\frac{2(a^2+b^2+c^2)+3(a+b+c)^2}{\sqrt{3}}\cdot\sqrt{a^2+b^2+c^2}$$

将上式用 $a+b+c=1$ 简化以后，得到

$$11\sqrt{3}\left(\frac{4}{27}-q\right)\leqslant[2(1-2p)+3]\cdot\sqrt{1-2p}$$

$$\Leftrightarrow 11\sqrt{3}\left(\frac{4}{27}-q\right)\leqslant(5-4p)\cdot\sqrt{1-2p}$$

这里

$$p:=ab+bc+ca,\ q:=abc$$

由 Schur 不等式和 $3p\leqslant(a+b+c)^2=1$，我们有

$$q\geqslant q_*:=\max\left\{0,\frac{4p-1}{9}\right\},p\in\left(0,\frac{1}{3}\right]$$

因为 $q\geqslant\frac{4p-1}{9}$，所以只要证明

$$11\sqrt{3}\left(\frac{4}{27}-\frac{4p-1}{9}\right)=11\ \frac{7-12p}{9\sqrt{3}}\leqslant(5-4p)\cdot\sqrt{1-2p}$$

$$\Leftrightarrow(5-4p)^2(1-2p)\geqslant 121\left(\frac{7-12p}{9\sqrt{3}}\right)^2$$

$$\Leftrightarrow 243(5-4p)^2(1-2p)\geqslant 121(7-12p)^2$$

这是成立的，因为我们有

$$243(5-4p)^2(1-2p)-121(7-12p)^2=2(1-3p)(73-552p+1\ 296p^2)\geqslant 0$$

最后一个不等式是由 $73-552p+1\ 296p^2$ 的判别式为负推出的.

S389 设 n 是正整数.证明:对于任何整数 $a_1,a_2,\cdots,a_{2n+1}$,存在一个排列 $b_1,b_2,\cdots,b_{2n+1}$,使 $2^n n!$ 整除

$$(b_1-b_2)(b_3-b_4)\cdots(b_{2n-1}-b_{2n})$$

第一种证法 我们将对 n 进行归纳.基本情况是 $n=1$,就是说对于任何三个整数 a_1,a_2,a_3,我们可以选择两个数 b_1,b_2,模2同余,使 b_1-b_2 是偶数.由鸽笼原理,这是显然的.

对于归纳步骤,假定我们有整数 $a_1,a_2,\cdots,a_{2n+1}$,因为有 $2n+1$ 个数,我们可以选出两个数(称为 b_{2n-1} 和 b_{2n})模 $2n$ 同余.对 $a_1,a_2,\cdots,a_{2n+1}$ 中的其余 $2n-1$ 个元素利用归纳假定,我们可以选择 $b_1,b_2,\cdots,b_{2n-1}$,使 $2^{n-1}(n-1)!$ 整除

$$(b_1-b_2)(b_3-b_4)\cdots(b_{2n-3}-b_{2n-2})$$

于是 $2n\cdot 2^{n-1}(n-1)!=2^n n!$ 整除

$$(b_1-b_2)(b_3-b_4)\cdots(b_{2n-1}-b_{2n})$$

这就是要证明的.

第二种证法 观察模 $2n$ 的 $2n$ 个余数.由鸽笼原理,在 $a_1,a_2,\cdots,a_{2n+1}$ 中存在两个整数,比如说,b_1,b_2,使 b_1-b_2 能被 $2n$ 整除.现在去掉 b_1,b_2,在给定的这些数中还有 $2n-1$ 个数.因为模 $2n-2$ 有 $2n-2$ 个余数,由鸽笼原理,存在两个整数,譬如说,b_3,b_4,使 b_3-b_4 能被 $2n-2$ 整除.继续这一过程,我们得到 $a_1,a_2,\cdots,a_{2n+1}$ 的一个排列 $b_1,b_2,\cdots,b_{2n+1}$,使

$$(b_1-b_2)(b_3-b_4)\cdots(b_{2n-1}-b_{2n})$$

能被 $2n\cdot(2n-2)\cdot(2n-4)\cdot\cdots\cdot 4\cdot 2=2^n n!$ 整除.

S390 设 G 是 $\triangle ABC$ 的重心.直线 AG,BG,CG 分别与 $\triangle ABC$ 的外接圆相交于点 A_1,B_1,C_1.证明

$$\sqrt{a^2+b^2+c^2}\leqslant GA_1+GB_1+GC_1\leqslant 2R+\frac{1}{6}(\frac{a^2}{m_a}+\frac{b^2}{m_b}+\frac{c^2}{m_c})$$

证明 设 $AA_1\cap BC=A_2,BB_1\cap CA=B_2,CC_1\cap AB=C_2$ 分别是各边的中点.由点的圆幂定理,得到

$$AA_2\cdot A_2A_1=BA_2\cdot A_2C\Leftrightarrow m_a(GA-\frac{1}{3}m_a)=\frac{a^2}{4}$$

$$\Leftrightarrow GA_1=\frac{1}{3}m_a+\frac{a^2}{4m_a}=\frac{4m_a^2+a^2}{12m_a}+\frac{1}{6}\cdot\frac{a^2}{m_a}$$

同理,我们得到

$$GB_1=\frac{1}{3}m_b+\frac{b^2}{4m_b},GC_1=\frac{1}{3}m_c+\frac{c^2}{4m_c}$$

于是得到

$$GA_1+GB_1+GC_1=\frac{1}{12}(\frac{4m_a^2+a^2}{m_a}+\frac{4m_b^2+b^2}{m_b}+\frac{4m_c^2+c^2}{m_c})+$$

$$\frac{1}{6}(\frac{a^2}{m_a}+\frac{b^2}{m_b}+\frac{c^2}{m_c})$$

另外

$$2R\geqslant AA_1=AA_2+A_2A_1=m_a+\frac{a^2}{4m_a}=\frac{4m_a^2+a^2}{4m_a}$$

或

$$\frac{4m_a^2+a^2}{m_a}\leqslant 8R$$

同理

$$\frac{4m_b^2+b^2}{m_b}\leqslant 8R,\frac{4m_c^2+c^2}{m_c}\leqslant 8R$$

于是我们有

$$GA_1+GB_1+GC_1\leqslant\frac{1}{12}(8R+8R+8R)+\frac{1}{6}(\frac{a^2}{m_a}+\frac{b^2}{m_b}+\frac{c^2}{m_c})$$

$$=2R+\frac{1}{6}(\frac{a^2}{m_a}+\frac{b^2}{m_b}+\frac{c^2}{m_c})$$

于是右边的不等式得证.利用中线长公式,我们得到

$$4m_a^2=2b^2+2c^2-a^2,4m_b^2=2c^2+2a^2-b^2,4m_c^2=2a^2+2b^2-c^2$$

$$GA_1+GB_1+GC_1=\frac{1}{12}(\frac{2b^2+2c^2}{m_a}+\frac{2c^2+2a^2}{m_b}+\frac{2a^2+2b^2}{m_c})+$$

$$\frac{1}{6}(\frac{a^2}{m_a}+\frac{b^2}{m_b}+\frac{c^2}{m_c})$$

$$=\frac{1}{6}(a^2+b^2+c^2)(\frac{1}{m_a}+\frac{1}{m_b}+\frac{1}{m_c})$$

两次利用 AM-GM 不等式,再利用公式

$$m_a^2+m_b^2+m_c^2=\frac{3}{4}(a^2+b^2+c^2)$$

得到

$$GA_1+GB_1+GC_1\geqslant\frac{1}{6}(a^2+b^2+c^2)\cdot 3\cdot\sqrt[3]{\frac{1}{m_a}\cdot\frac{1}{m_b}\cdot\frac{1}{m_c}}$$

$$\geqslant\frac{1}{2}(a^2+b^2+c^2)\cdot\frac{1}{\sqrt[3]{m_am_bm_c}}$$

$$\geqslant\frac{1}{2}(a^2+b^2+c^2)\cdot\frac{3}{\sqrt{3(m_a^2+m_b^2+m_c^2)}}$$

$$=\frac{3}{2}\cdot\frac{2}{3}\cdot\sqrt{a^2+b^2+c^2}=\sqrt{a^2+b^2+c^2}$$

于是左边的不等式得证.

当且仅当 $a=b=c$ 时,等式成立.

S391 证明:在任何 $\triangle ABC$ 中

$$\min(a,b,c)+2\max(m_a,m_b,m_c)\geqslant\max(a,b,c)+2\min(m_a,m_b,m_c)$$

证明 我们可以假定 $a\geqslant b\geqslant c$.那么

$$m_a^2=\frac{2b^2+2c^2-a^2}{4}\leqslant m_b^2=\frac{2c^2+2a^2-b^2}{4}\leqslant m_c^2=\frac{2a^2+2b^2-c^2}{4}$$

所以

$$\min(a,b,c)+2\max(m_a,m_b,m_c)-\max(a,b,c)-2\min(m_a,m_b,m_c)$$
$$=c+2m_c-a-2m_a=c-a+\frac{2(m_c^2-m_a^2)}{m_c+m_a}=(a-c)\left[\frac{3(a+c)}{2(m_c+m_a)}-1\right]$$

由三角形不等式

$$2m_c<a+b\leqslant 2a \text{ 和 } 2m_a<b+c\leqslant a+c$$

因此,$2(m_a+m_c)<3(a+c)$,证毕.

S392 设 a,b,c 是正实数.证明

$$\frac{1}{\sqrt{(a^2+b^2)(a^2+c^2)}}+\frac{1}{\sqrt{(b^2+c^2)(b^2+a^2)}}+\frac{1}{\sqrt{(c^2+a^2)(c^2+b^2)}}$$
$$\leqslant\frac{a+b+c}{2abc}$$

证明 两次利用AM-GM不等式,得到

$$\frac{1}{\sqrt{(a^2+b^2)(a^2+c^2)}}\leqslant\frac{1}{2a\sqrt{bc}}\leqslant\frac{b+c}{4abc}$$

将该式与两个类似的对称式相加,给出所要求的不等式.

S393 如果 n 是正整数,且 n^2+11 是质数,证明:$n+4$ 不是完全立方数.

证明 假定对于某个整数 x,有 $n+4=x^3$.那么

$$n^2+11=(x^3-4)^2+11=x^6-8x^3+27=(x^2+x+3)(x^4-x^3-2x^2-3x+9)$$

现在 $x^2+x+3>2$.如果 $x\geqslant 2$,那么

$$x^4-x^3-2x^2-3x+9=(x-2)(x^3+x^2-3)+3\geqslant 3$$

如果 $x\leqslant 1$,那么

$$x^4-x^3-2x^2-3x+9=(x-1)(x^3-2x-5)+4\geqslant 4$$

于是 n^2+11 不是质数.

S394 证明:在内接于半径是 R 的圆的任何三角形中

$$\frac{a^2}{bc}+\frac{b^2}{ca}+\frac{c^2}{ab}\leqslant\left(\frac{R}{a}+\frac{R}{b}+\frac{R}{c}\right)^2$$

第一种证法 两边乘以 $2a^2b^2c^2$,记得 $\triangle ABC$ 的面积 $S=\frac{abc}{4R}$,原不等式等价于

$$2R^2(ab+bc+ca)^2 \geqslant 2abc(a^3+b^3+c^3)$$
$$=6a^2b^2c^2+abc[(a-b)^2+(b-c)^2+(c-a)^2](a+b+c)$$

或者也可将 $S=\frac{r(a+b+c)}{2}$ 用于

$$(a-b)^2+(b-c)^2+(c-a)^2 \leqslant \frac{R(a^2b^2+b^2c^2+c^2a^2)}{r(a+b+c)^2}+4R^2-12Rr$$

现在利用正弦定理,再进行一些代数运算,得到

$$(a-b)^2+(b-c)^2+(c-a)^2$$
$$=2R^2-6Rr-2r^2+2R^2(\cos A\cos B+\cos B\cos C+\cos C\cos A)$$

再利用 Heron 公式

$$a^2b^2+b^2c^2+c^2a^2 \geqslant 2a^2b^2+2b^2c^2+2c^2a^2-a^4-b^4-c^4=16S^2$$

或者只要证明

$$R^2(\cos A\cos B+\cos B\cos C+\cos C\cos A) \leqslant R^2-Rr+r^2$$

现在

$$\cos A\cos B+\cos B\cos C+\cos C\cos A \leqslant \frac{(\cos A+\cos B+\cos C)^2}{3}$$
$$=\frac{(R+r)^2}{3R^2}$$

或者只要再证明

$$(R+r)^2 \leqslant 3R^2-3Rr+3r^2, 0 \leqslant 2R^2-5Rr+2r^2=(R-2r)(2R-r)$$

这显然成立,因为 $R \geqslant 2r$. 推出结论,当且仅当 ABC 是等边三角形时,等式成立.

第二种证法 对 $x=\frac{R}{a^3}, y=\frac{R}{b^3}$ 和 $z=\frac{R}{b^3}$,利用 A. Oppenheim 不等式

$$xa^2+yb^2+zc^2 \geqslant 4S\sqrt{xy+yz+zx}$$

得到

$$\left(\frac{R}{a}+\frac{R}{b}+\frac{R}{c}\right)^2 \geqslant 16S^2\left(\frac{R^2}{a^3b^3}+\frac{R^2}{b^3c^3}+\frac{R^2}{c^3a^3}\right)$$
$$=a^2b^2c^2\left(\frac{1}{a^3b^3}+\frac{1}{b^3c^3}+\frac{1}{c^3a^3}\right)=\frac{a^2}{bc}+\frac{b^2}{ca}+\frac{c^2}{ab}$$

S395 设 a,b,c 是正整数,且

$$a^2b^2+b^2c^2+c^2a^2-69abc=2\ 016$$

求 $\min(a,b,c)$ 的最小的可能的值.

解 我们将证明这个答案是2.首先,容易检验$(a,b,c)=(12,12,2)$是一组解.其次,假定 $a \geqslant b \geqslant c=1$. 于是原方程可写成

$$(ab-90)(ab+23)+(a-b)^2+54=0$$

于是 $ab<90$,因此 $b \leqslant 9$. 把该方程看作是 a 的二次方程

$$(b^2+1)a^2-69ba+b^2-2\ 016=0$$

于是我们检验出当 $b=1,2,\cdots,9$ 时，判别式 $(69b)^2-4(b^2+1)(b^2-2\ 016)$ 没有一个是完全平方数. 所有，不存在 $a\geqslant b\geqslant c=1$ 的解.

S396 设 $P(X)=a_nX^n+\cdots+a_1X+a_0$ 是复系数多项式. 证明：如果 $P(X)$ 的所有的根的模都是 1，那么

$$|a_0+a_1+\cdots+a_n|\leqslant\frac{2}{n}|a_1+2a_2+\cdots+na_n|$$

等式何时成立？

第一种证法 注意到

$$a_0+a_1+\cdots+a_n=P(1)$$

和

$$a_1+2a_2+\cdots+na_n=P'(1)$$

如果 $P(1)=0$，那么原不等式显然成立，当且仅当 $P'(1)=0$ 时，等式成立，即 1 是 $P(X)$ 的至少两重零点.

现在考虑 $P(1)\neq 0$ 的情况. 设 $0<t_k<2\pi$，$z_k=\mathrm{e}^{\mathrm{i}t_k}$，这里 $1\leqslant k\leqslant n$. 那么

$$\frac{P'(X)}{P(X)}=\frac{1}{X-z_1}+\cdots+\frac{1}{X-z_n}$$

因为

$$\frac{1}{1-z_k}=\frac{1}{(1-\cos t_k)-\mathrm{i}\sin t_k}=\frac{(1-\cos t_k)+\mathrm{i}\sin t_k}{2(1-\cos t_k)}=\frac{1}{2}+\frac{\mathrm{i}}{2}\cot\frac{t_k}{2}$$

$$\left|\frac{P'(1)}{P(1)}\right|=\left|\frac{1}{1-z_1}+\cdots+\frac{1}{1-z_n}\right|=\left|\frac{n}{2}+\frac{\mathrm{i}}{2}\left(\cot\frac{t_1}{2}+\cdots+\cot\frac{t_n}{2}\right)\right|\geqslant\frac{n}{2}$$

当且仅当 $\cot\frac{t_1}{2}+\cdots+\cot\frac{t_n}{2}=0$ 时，等式成立.

第二种证法 由代数基本定理

$$P(X)=a_n\prod_{k=1}^{n}(X-r_k)$$

这里根 $r_1,r_2,\cdots,r_n\in\mathbf{C}$. 对于不是 $P(X)$ 的根的任何 $X\in\mathbf{C}$，有

$$\ln[P(X)]=\ln a_n+\sum_{k=1}^{n}\ln(X-r_k)$$

$$\frac{P'(X)}{P(X)}=\sum_{k=1}^{n}\frac{1}{X-r_k}$$

如果 $P(1)=a_0+a_1+\cdots+a_n=0$，那么原不等式显然成立.

如果 $P(1)=a_0+a_1+\cdots+a_n\neq 0$，那么 1 不是 $P(X)$ 的根，所以

$$\frac{a_1+2a_2+\cdots+na_n}{a_0+a_1+\cdots+a_n}=\frac{P'(1)}{P(1)}=\sum_{k=1}^{n}\frac{1}{1-r_k}$$

如果当 $z \neq 1 \in \mathbf{C}$ 时,但 $|z|=|x+y\mathrm{i}|=1$,那么

$$\frac{1}{1-z}=\frac{1}{1-x-y\mathrm{i}}=\frac{1-x+y\mathrm{i}}{(1-x)^2+y^2}=\frac{1}{2}+\frac{y}{2-2x}\mathrm{i}$$

($(1-x)^2+y^2=2-2x \neq 0$,否则 $z=1$). 于是

$$\mathrm{Re}\left(\frac{a_1+2a_2+\cdots+na_n}{a_0+a_1+\cdots+a_n}\right)=\mathrm{Re}\left(\sum_{k=1}^{n}\frac{1}{1-r_k}\right)=\sum_{k=1}^{n}\mathrm{Re}\left(\frac{1}{1-r_k}\right)=\frac{n}{2}$$

$$\left|\frac{a_1+2a_2+\cdots+na_n}{a_0+a_1+\cdots+a_n}\right|=\sqrt{\left(\frac{n}{2}\right)^2+\left[\mathrm{Im}\left(\frac{a_1+2a_2+\cdots+na_n}{a_0+a_1+\cdots+a_n}\right)\right]^2}\geqslant\frac{n}{2}$$

这等价于原不等式,当且仅当 $\frac{a_1+2a_2+\cdots+na_n}{a_0+a_1+\cdots+a_n}\in\mathbf{R}$ 时,等式成立.

S397 设 a,b,c 是正实数. 证明

$$\frac{a^2}{a+b}+\frac{b^2}{b+c}+\frac{c^2}{c+a}+\frac{3(ab+bc+ca)}{2(a+b+c)}\geqslant a+b+c$$

第一种证法 给定的不等式等价于

$$(a+b+c)\left(\frac{a^2}{a+b}+\frac{b^2}{b+c}+\frac{c^2}{c+a}\right)+\frac{3}{2}(ab+bc+ca)\geqslant(a+b+c)^2$$

即

$$\frac{a^2c}{a+b}+\frac{b^2a}{b+c}+\frac{c^2a}{c+a}\geqslant\frac{1}{2}(ab+bc+ca) \tag{1}$$

由 AM-GM 不等式,我们有

$$\frac{2a^2c}{a+b}+\frac{c(a+b)}{2}\geqslant 2ca$$

$$\frac{2b^2a}{b+c}+\frac{a(b+c)}{2}\geqslant 2ab$$

$$\frac{2c^2b}{c+a}+\frac{b(c+a)}{2}\geqslant 2bc$$

将这三个不等式相加,得到不等式(1). 当且仅当 $a=b=c$ 时,等式成立.

第二种证法 注意到乘以 $a+b+c$ 以后,要证明的不等式等价于

$$\sum_{\text{cyc}}\frac{a^2(a+b+c)}{a+b}+\frac{3}{2}(ab+bc+ca)\geqslant(a+b+c)^2$$

因为

$$\sum_{\text{cyc}}\frac{a^2(a+b+c)}{a+b}=\sum_{\text{cyc}}a^2+\sum_{\text{cyc}}\frac{a^2c}{a+b}$$

由 Cauchy-Schwarz 不等式,得到

$$\sum_{\text{cyc}}\frac{a^2c}{a+b}=\sum_{\text{cyc}}\frac{a^2c^2}{ca+bc}\geqslant\frac{(ca+ab+bc)^2}{\sum\limits_{\text{cyc}}(ca+bc)}=\frac{ab+bc+ca}{2}$$

我们有

$$\sum_{\text{cyc}}\frac{a^2(a+b+c)}{a+b}+\frac{3(ab+bc+ca)}{2}$$
$$\geqslant a^2+b^2+c^2+\frac{ab+bc+ca}{2}+\frac{3(ab+bc+ca)}{2}$$
$$=a^2+b^2+c^2+2(ab+bc+ca)=(a+b+c)^2$$

当且仅当$\frac{ca}{ca+cb}=\frac{ab}{ab+ac}=\frac{bc}{bc+ba}$,即

$$\frac{a}{a+b}=\frac{b}{b+c}=\frac{c}{c+a}=\frac{a+b+c}{2(a+b+c)}=\frac{1}{2}$$

亦即 $a=b=c$ 时,等式成立.

S398 在单位正方体的内部有一个四面体 $ABCD$. 设 M 和 N 分别是棱 AB 和 CD 的中点. 证明

$$AB\cdot CD\cdot MN\leqslant 2$$

第一种证法 用 O 表示该正方体的中心,设 Z_0 是关于点 O 的反射. 定义

$$Z_0(A)=A_1,Z_0(B)=B_1,Z_0(C)=C_1$$
$$Z_0(D)=D_1,Z_0(M)=M_1,Z_0(N)=N_1$$

那么 A_1,B_1,C_1,D_1,M_1,N_1 在单位正方体的内部.

考虑平行四边形 $D_1CDC_1,ABA_1B_1,MNM_1N_1$. 那么得到

$$CD^2+NN_1^2=CD^2+CD_1^2\leqslant \max(DD_1^2,CC_1^2)\leqslant 3$$
$$AB^2+MM_1^2=AB^2+AB_1^2\leqslant \max(AA_1^2,BB_1^2)\leqslant 3$$

因此我们有

$$CD^2+AB^2+NN_1^2+MM_1^2\leqslant 6\tag{1}$$

由平行四边形法则

$$NN_1^2+MM_1^2=2\cdot MN^2+2\cdot MN_1^2$$

于是,我们得到

$$NN_1^2+MM_1^2\geqslant 2\cdot MN^2\tag{2}$$

由(1) 和(2),得到

$$AB^2+CD^2+2\cdot MN^2\leqslant 6$$

利用 AM-GM 不等式,得到

$$6\geqslant AB^2+CD^2+2\cdot MN^2\geqslant 3\cdot\sqrt[3]{AB^2\cdot CD^2\cdot(2\cdot MN^2)}$$

因此,$AB\cdot CD\cdot MN\leqslant 2$.

第二种证法

引理:对于一切 $0\leqslant a,b,c,d\leqslant 1$,以下不等式成立

$$2(a-b)^2+2(c-d)^2+(a+b-c-d)^2\leqslant 4$$

证明:因为

$$f(a,b,c,d)=2(a-b)^2+2(c-d)^2+(a+b-c-d)^2$$

对所有这些变量都是凸二次抛物线，当所有这些变量是0或1时，达到最大值. 检验这些情况后，我们看到最大值是4，并且当a,b,c,d中的两个是1时达到. 设该单位正方体的顶点是$(0,0,0),(0,0,1),(1,0,1),(1,0,0),(0,1,0),(1,1,0),(1,1,1),(0,1,1)$，设

$$A=(x_A,y_A,z_A),B=(x_B,y_B,z_B)$$

$$C=(x_C,y_C,z_C),D=(x_D,y_D,z_D)$$

显然我们有

$$0\leqslant x_i,y_i,z_i\leqslant 1,\forall i\in\{A,B,C,D\}$$

以及

$$M=\left(\frac{x_A+x_B}{2},\frac{y_A+y_B}{2},\frac{z_A+z_B}{2}\right)$$

$$N=\left(\frac{x_C+x_D}{2},\frac{y_C+y_D}{2},\frac{z_C+z_D}{2}\right)$$

$$AB\cdot CD\cdot MN\leqslant 2\Leftrightarrow AB^2\cdot CD^2\cdot 2MN^2\leqslant 8$$

利用AM-GM不等式，得到

$$AB^2\cdot CD^2\cdot 2MN^2\leqslant\left(\frac{AB^2+CD^2+2MN^2}{3}\right)^3$$

所以余下来只要证明

$$\left(\frac{AB^2+CD^2+2MN^2}{3}\right)^3\leqslant 8\Leftrightarrow AB^2+CD^2+2MN^2\leqslant 6$$

$$\Leftrightarrow(x_A-x_B)^2+(y_A-y_B)^2+(z_A-z_B)^2+(x_C-x_D)^2+(y_C-y_D)^2+(z_C-z_D)^2+$$
$$2\left(\frac{x_A+x_B-x_C-x_D}{2}\right)^2+2\left(\frac{y_A+y_B-y_C-y_D}{2}\right)^2+$$
$$2\left(\frac{z_A+z_B-z_C-z_D}{2}\right)^2\leqslant 6$$

$$\Leftrightarrow 2(x_A-x_B)^2+2(y_A-y_B)^2+2(z_A-z_B)^2+$$
$$2(x_C-x_D)^2+2(y_C-y_D)^2+2(z_C-z_D)^2+$$
$$(x_A+x_B-x_C-x_D)^2+(y_A+y_B-y_C-y_D)^2+(z_A+z_B-z_C-z_D)^2\leqslant 12$$

$$\Leftrightarrow 2(x_A-x_B)^2+2(x_C-x_D)^2+(x_A+x_B-x_C-x_D)^2+$$
$$2(y_A-y_B)^2+2(y_C-y_D)^2+(y_A+y_B-y_C-y_D)^2+$$
$$2(z_A-z_B)^2+2(z_C-z_D)^2+(z_A+z_B-z_C-z_D)^2\leqslant 12$$

这是由引理推出的. 当且仅当

$$AB=CD=\sqrt{2},MN=1$$

时，等式成立.

S399 设a,b,c是非负实数，且$a^2+b^2+c^2=1$. 证明

$$\sqrt{2}\leqslant\sqrt{\frac{a+b}{2}}+\sqrt{\frac{b+c}{2}}+\sqrt{\frac{c+a}{2}}\leqslant\sqrt[4]{27}$$

等式何时成立?

第一种证法 首先,让我们来证明下界.设 $\max(a,b,c)=a$.利用 AM-GM 不等式,得到

$$\sqrt{\frac{a+b}{2}}+\sqrt{\frac{b+c}{2}}+\sqrt{\frac{c+a}{2}}\geqslant 2\sqrt{\sqrt{\frac{a+b}{2}}\cdot\sqrt{\frac{c+a}{2}}}+\sqrt{\frac{b+c}{2}}$$

$$=2\sqrt[4]{\frac{1}{4}(a^2+ab+bc+ca)}+\sqrt{\frac{b+c}{2}}$$

$$\geqslant 2\sqrt[4]{\frac{1}{4}(a^2+b^2+c^2+0)}+0$$

$$=\sqrt[4]{4(a^2+b^2+c^2)}=\sqrt{2}$$

当且仅当 $\{a,b,c\}=\{1,0,0\}$ 时,等式成立.

现在考虑上界,由加权幂平均不等式,得到

$$M_{\frac{1}{2}}\left(\frac{a+b}{2},\frac{b+c}{2},\frac{c+a}{2}\right)\leqslant M_1\left(\frac{a+b}{2},\frac{b+c}{2},\frac{c+a}{2}\right)$$

$$\Leftrightarrow\left[\frac{1}{3}\left(\sqrt{\frac{a+b}{2}}+\sqrt{\frac{b+c}{2}}+\sqrt{\frac{c+a}{2}}\right)\right]^2\leqslant\frac{1}{3}\left(\frac{a+b}{2}+\frac{b+c}{2}+\frac{c+a}{2}\right)$$

$$\Leftrightarrow\sqrt{\frac{a+b}{2}}+\sqrt{\frac{b+c}{2}}+\sqrt{\frac{c+a}{2}}\leqslant\sqrt{3}(a+b+c)^{\frac{1}{2}}$$

$$=\sqrt{3}\sqrt[4]{(a+b+c)^2}$$

利用 $(a+b+c)^2=a^2+b^2+c^2+2(ab+bc+ca)\leqslant 3(a^2+b^2+c^2)$,我们得到

$$\sqrt{\frac{a+b}{2}}+\sqrt{\frac{b+c}{2}}+\sqrt{\frac{c+a}{2}}\leqslant\sqrt{3}\sqrt[4]{3(a+b+c)^2}=\sqrt[4]{27}$$

当且仅当 $a=b=c=\frac{1}{\sqrt{3}}$ 时,等式成立.

第二种证法 首先我们来证明右边的不等式

$$\sqrt{\frac{a+b}{2}}+\sqrt{\frac{b+c}{2}}+\sqrt{\frac{c+a}{2}}\leqslant 3\sqrt{\frac{a+b+c}{3}}$$

$$\leqslant 3\sqrt{\sqrt{\frac{a^2+b^2+c^2}{3}}}$$

$$=3\sqrt[4]{\frac{1}{3}}=\sqrt[4]{27}$$

这是两次应用 AM-GM 不等式得到的.当且仅当

$$a=b=c=\frac{\sqrt{3}}{3}$$

时,等式成立.

现在我们需要证明的是

$$\sqrt{a+b}+\sqrt{b+c}+\sqrt{c+a}\geqslant 2$$

其中 $a^2+b^2+c^2=1$. 将这一不等式的两边平方,等价于

$$2(a+b+c)+2\sum_{\text{cyc}}\sqrt{a^2+ab+bc+ca}\geqslant 4$$

两次应用 Minkowski 不等式,得到

$$\sum_{\text{cyc}}\sqrt{a^2+ab+bc+ca}\geqslant\sqrt{(a+b+c)^2+9(ab+bc+ca)}$$

所以,接下来要证明的是

$$(a+b+c)+\sqrt{(a+b+c)^2+9(ab+bc+ca)}\geqslant 2$$

但是

$$(a+b+c)^2=1+2(ab+bc+ca)\geqslant 1$$

于是我们的不等式变为

$$\sqrt{\frac{11}{2}(a+b+c)^2-\frac{9}{2}}\geqslant 2-(a+b+c)$$

将此式平方以后,等价于

$$9(a+b+c)^2+8(a+b+c)-17\geqslant 0\text{ 或}[9(a+b+c)+17](a+b+c-1)\geqslant 0$$

因为 $a+b+c\geqslant 1$,所以上式显然成立. 当且仅当 $a=0,b=0,c=1$ 及其排列时,等式成立.

S400 求一切 n,使 $(n-4)!+\frac{1}{36n}(n+3)!$ 是完全平方数.

解 显然 $n\geqslant 4$. 我们有

$$\begin{aligned}&(n-4)!+\frac{1}{36n}(n+3)!\\&=(n-4)!\left[1+\frac{1}{36n}(n-3)(n-2)(n-1)n(n+1)(n+2)(n+3)\right]\\&=(n-4)!\left[1+\frac{1}{36}(n^2-9)(n^2-4)(n^2-1)\right]\\&=(n-4)!\frac{n^6-14n^4+49n^2}{36}\\&=(n-4)!\left[\frac{n(n^2-7)}{6}\right]^2\end{aligned}$$

观察到 $n(n^2-7)=n^3-7n\equiv n^3-n\equiv 0 \pmod 6$,所以 $\frac{n(n^2-7)}{6}$ 是整数. 推出当且仅当 $(n-4)!$ 是完全平方数时,$(n-4)!\left[\frac{n(n^2-7)}{6}\right]^2$ 是完全平方数. 如果 $n=4$ 或 $n=5$ 时,$(n-4)!=1$ 是完全平方数. 设 $n>5$,p 是整除 $(n-4)!$ 的最大质数. 由 Bertrand 假设,

存在质数 q,使 $p<q<2p$. 如果 $2p\leqslant n-4$,那么 $q<n-4$,得到 $q\mid(n-4)!$,这是一个矛盾. 所以,$n-4<2p$,这意味着 $p\mid(n-4)!$,$p^2\nmid(n-4)!$. 所以,如果 $n>5$,那么 $(n-4)!$ 不是完全平方数. 于是 $n\in\{4,5\}$.

Erdös 和 Selfridge 在 1975 年证明了这一结果的一个推广. 当 $k,l\geqslant 2,n>0$ 时,方程

$$(n+1)(n+2)\cdots(n+k)=x^l$$

无解.

见文章 *The product of consecutive integers is never a power*, *Illinois. J. Math*. 19, 1975.

S401 设 a,b,c,d 是非负实数,且

$$ab+ac+ad+bc+bd+cd=6$$

证明

$$a+b+c+d+(3\sqrt{2}-4)abcd\geqslant 3\sqrt{2}$$

第一种证法 首先我们注意到如果有任何变量为0(例如 $d=0$),那么原不等式变为

$$a+b+c\geqslant 3\sqrt{2}$$

这里非负实数 a,b,c 满足 $ab+ac+bc=6$;因为

$$(a+b+c)^2\geqslant 3(ab+bc+ca)=18$$

所以这是正确的.

定义

$$f(a,b,c,d):=a+b+c+d+(3\sqrt{2}-4)abcd$$

如果在 a,b,c,d 中有任何变量趋向于无穷大,那么 f 也趋向于无穷大,因此 f 必定达到最小值. 如果这个最小值在由 a,b,c,d 中的一个为 0 的边界上达到,那么我们已经看到这个最小值至少是 $3\sqrt{2}$. 于是我们只要在内部寻找最小值. 于是下面我们假定 $a,b,c,d>0$,并使用 Lagrange 因子法.

对于这样一个最小值,以下方程组对某个实常数 λ 必须满足

$$1+(3\sqrt{2}-4)bcd=\lambda(b+c+d)\tag{1}$$

$$1+(3\sqrt{2}-4)cda=\lambda(c+d+a)\tag{2}$$

$$1+(3\sqrt{2}-4)dab=\lambda(d+a+b)\tag{3}$$

$$1+(3\sqrt{2}-4)abc=\lambda(a+b+c)\tag{4}$$

因为原不等式关于所有变量都对称,所以 $a=b=c\neq d$ 与 $b=c=d\neq a$ 等都相同. 于是我们可以有以下五种情况:

(i)a,b,c,d 都相等.

显然,在这种情况下,我们得到 $a=b=c=d=1$,不等式显然成立.

(ii)a,b,c,d 都不相等.

(2) − (1) 得到

$$(3\sqrt{2}-4)cd(a-b)=\lambda(a-b)\Rightarrow\lambda=(3\sqrt{2}-4)cd$$

类似地,两两相减,得到 $ab=bc=cd=da=ac=bd$,这样必有 $a=b=c=d=1$(利用约束条件).因此当 a,b,c,d 都不相等时,不可能有最小值.

(iii)$a=b,b,c,d$ 都不相等.

两两相减,(3) − (2),(4) − (3),得到 $ab=ad\Rightarrow b=d$,这与原来的假设矛盾,所以这种情况下没有最小值.

(iv)$a=b=c\neq d$.

(1) − (4) 得到 $\lambda=(3\sqrt{2}-4)bc$.代入式(1),得到

$$1+(3\sqrt{2}-4)a^2d=(3\sqrt{2}-4)a^2(2a+d)$$

$$\Rightarrow(3\sqrt{2}-4)a^2(2a+d-d)=1\Rightarrow a^3=\frac{1}{2(3\sqrt{2}-4)}$$

下面利用和的约束条件

$$d(a+b+c)+ab+bc+ca=6\Rightarrow 3a^2+3ad=6\Rightarrow a^2+ad=2$$

于是,我们得到

$$\begin{aligned}f(a,b,c,d)-3\sqrt{2}&=3a+d+(3\sqrt{2}-4)a^3d-3\sqrt{2}\\&=3a+d+\frac{d}{2}-3\sqrt{2}=\frac{3}{2}(2a+d-2\sqrt{2})\\&=\frac{3}{2a}(2a^2+ad-2\sqrt{2}a)=\frac{3}{2a}(a^2+2-2\sqrt{2}a)\\&=\frac{3(a-\sqrt{2})^2}{2a}>0\end{aligned}$$

这样,我们证明了在这种情况下,原不等式成立(虽然在这种情况下不能取到等号).

(v)$a=b\neq c=d$.

注意到我们有 $ac=ad=bd=bc$.于是由给出的约束条件得到

$$a^2+4ac+c^2=6\Rightarrow(a+c)^2=6-2ac$$

所以

$$\begin{aligned}f(a,b,c,d)&=2(a+c)+(3\sqrt{2}-4)a^2c^2\\&=2\sqrt{6-2ac}+(3\sqrt{2}-4)a^2c^2\end{aligned}$$

因为 $0\leqslant 6ac\leqslant a^2+4ac+c^2=6$,上面的等式可改写为

$$f(a,b,c,d)=g(x)=2\sqrt{6-2x}+(3\sqrt{2}-4)x^2$$

(这里 $x=ac$).我们需要证明当 $x\in[0,1]$ 时,有 $g(x)\geqslant 3\sqrt{2}$.显然,对一切 $0\leqslant x\leqslant 1$,

有

$$g'(x)=2(3\sqrt{2}-4)x-\frac{2}{\sqrt{6-2x}}<0$$

这是因为

$$x\sqrt{6-2x}=\sqrt{x^2(6-2x)}\leqslant(\frac{6-2x+x+x}{3})^{\frac{3}{2}}=2\sqrt{2}<\frac{1}{3\sqrt{2}-4}$$

于是 g 在$[0,1]$上递减,所以 g 的最小值在 $x=1$ 处达到,即 $g(1)=3\sqrt{2}$(虽然在这种情况下,等式不能取到,因为 $ac=1\Rightarrow a=c=1$,这与假设矛盾).

最后我们推得 $f(a,b,c,d)$ 的最小值是 $3\sqrt{2}$,且在

$$(a,b,c,d)=(1,1,1,1),(\sqrt{2},\sqrt{2},\sqrt{2},0)$$

以及其排列时达到.

第二种证法 注意到由 AM-GM 不等式,得到

$$6=ab+ac+ad+bc+bd+cd\geqslant 6\sqrt[6]{a^3b^3c^3d^3}$$

因此 $abcd\leqslant 1$. 于是

$$(3\sqrt{2}-4)abcd\leqslant 3\sqrt{2}-4<3\sqrt{2}$$

以及

$$a^2b^2c^2d^2\leqslant abcd$$

现在我们有

$$a+b+c+d+(3\sqrt{2}-4)abcd\geqslant 3\sqrt{2}$$

$$\Leftrightarrow a+b+c+d\geqslant 3\sqrt{2}-(3\sqrt{2}-4)abcd$$

$$\Leftrightarrow a^2+b^2+c^2+d^2+12\geqslant 18+(34-24\sqrt{2})a^2b^2c^2d^2-(36-24\sqrt{2})abcd$$

因为

$$a^2b^2c^2d^2\leqslant abcd$$

我们看到

$$18+(34-24\sqrt{2})a^2b^2c^2d^2-(36-24\sqrt{2})abcd\leqslant 18-2abcd$$

于是只要证明

$$a^2+b^2+c^2+d^2+12\geqslant 18-2abcd$$

$$\Leftrightarrow a^2+b^2+c^2+d^2+2abcd\geqslant 6$$

$$\Leftrightarrow 2abcd\geqslant ab+ac+ad+bc+bd+cd-(a^2+b^2+c^2+d^2)$$

$$\Leftrightarrow 12abcd$$

$$\geqslant(ab+ac+ad+bc+bd+cd)(ab+ac+ad+bc+bd+cd-a^2-b^2-c^2-d^2)$$

$$\Leftrightarrow\sum_{\text{cyc}}a(b^3+c^3+d^3)+6abcd\geqslant\frac{1}{2}\sum_{\text{cyc}}a^2(b^2+c^2+d^2)+\sum_{\text{cyc}}abc(a+b+c)$$

这里循环和是在集合$\{a,b,c,d\}$上运算的，例如

$$\sum_{\text{cyc}} a(d^3+b^3+c^3)=a(b^3+c^3+d^3)+b(c^3+d^3+a^3)+$$
$$c(d^3+a^3+b^3)+d(a^3+b^3+c^3)$$

利用 Schur 不等式，我们有

$$a(b^3+c^3+d^3+3bcd)\geqslant a[bc(b+c)+cd(c+d)+db(d+b)]$$
$$\Rightarrow \sum_{\text{cyc}} a(b^3+c^3+d^3)+12abcd\geqslant 2\sum_{\text{cyc}} abc(a+b+c)$$
$$\Rightarrow \frac{1}{2}\sum_{\text{cyc}} a(b^3+c^3+d^3)+6abcd\geqslant \sum_{\text{cyc}} abc(a+b+c)$$

于是只要证明

$$\frac{1}{2}\sum_{\text{cyc}} a(b^3+c^3+d^3)\geqslant \frac{1}{2}\sum_{\text{cyc}} a^2(b^2+c^2+d^2)$$

因为我们有$\{3,1,0\}\succ\{2,2,0\}$，利用 Muirhead 不等式

$$a^3b+ab^3+b^3c+bc^3+c^3a+ca^3\geqslant 2(a^2b^2+b^2c^2+c^2a^2)$$
$$a^3b+ab^3+b^3d+bd^3+d^3a+da^3\geqslant 2(a^2b^2+b^2d^2+d^2a^2)$$
$$b^3c+bc^3+c^3d+cd^3+d^3b+db^3\geqslant 2(b^2c^2+c^2d^2+d^2b^2)$$
$$c^3d+cd^3+d^3a+da^3+a^3c+ac^3\geqslant 2(c^2d^2+d^2a^2+a^2c^2)$$

将以上四式相加，得到

$$\sum_{\text{cyc}} a(b^3+c^3+d^3)\geqslant \sum_{\text{cyc}} a^2(b^2+c^2+d^2)$$
$$\Rightarrow \frac{1}{2}\sum_{\text{cyc}} a(b^3+c^3+d^3)\geqslant \frac{1}{2}\sum_{\text{cyc}} a^2(b^2+c^2+d^2)$$

当且仅当$a=b=c=d=1$或$d=0,a=b=c=\sqrt{2}$及其循环排列时，等式成立.

S402 证明

$$\sum_{k=1}^{31}\frac{k}{(k-1)^{\frac{4}{5}}+k^{\frac{4}{5}}+(k+1)^{\frac{4}{5}}}<\frac{3}{2}+\sum_{k=1}^{31}(k-1)^{\frac{1}{5}}$$

第一种证法 首先我们证明，对一切$x\geqslant 2$，有

$$\frac{x}{(x-1)^{\frac{4}{5}}+x^{\frac{4}{5}}+(x+1)^{\frac{4}{5}}}<(x-1)^{\frac{1}{5}} \tag{1}$$

交叉相乘，直接得到等价的不等式

$$[x^4(x-1)]^{\frac{1}{5}}+[(x-1)(x+1)^4]^{\frac{1}{5}}>1$$

上式成立是因为

$$[x^4(x-1)]^{\frac{1}{5}}+[(x-1)(x+1)^4]^{\frac{1}{5}}>2^{\frac{4}{5}}+3^{\frac{4}{5}}>1+1>1$$

此外

$$\frac{1}{1+2^{\frac{4}{5}}}<\frac{1}{\frac{2}{3}}=\frac{3}{2} \tag{2}$$

显然,由(1) 和(2) 推出原不等式.

第二种证法 观察

$$\frac{k}{(k-1)^{\frac{4}{5}}+k^{\frac{4}{5}}+(k+1)^{\frac{4}{5}}}<\frac{k}{3(k-1)^{\frac{4}{5}}}$$

所以

$$\begin{aligned}&\sum_{k=1}^{31}\left[\frac{k}{(k-1)^{\frac{4}{5}}+k^{\frac{4}{5}}+(k+1)^{\frac{4}{5}}}-(k-1)^{\frac{1}{5}}\right]\\&<\frac{1}{1+2^{\frac{4}{5}}}-\frac{1}{3}\sum_{k=2}^{31}\frac{2k-3}{(k-1)^{\frac{4}{5}}}<\frac{1}{1+2^{\frac{4}{5}}}-\frac{1}{3}\sum_{k=2}^{31}\frac{2k-3}{k-1}\\&<\frac{1}{1+2^{\frac{4}{5}}}-\frac{1}{3}\left(1+\frac{3}{2}\right)<0\end{aligned}$$

所以

$$\sum_{k=1}^{31}\left[\frac{k}{(k-1)^{\frac{4}{5}}+k^{\frac{4}{5}}+(k+1)^{\frac{4}{5}}}-(k-1)^{\frac{1}{5}}\right]<0<\frac{3}{2}$$

S403 求一切质数 p 和 q,使

$$\frac{2^{p^2-q^2}-1}{pq}$$

是两个质数的积.

解 因为 $2^{p^2-q^2}-1$ 是奇数,$\frac{2^{p^2-q^2}-1}{pq}$ 是整数,那么 p 和 q 都是奇质数,显然 $p>q$.
所以 $p^2-q^2\equiv 0(\bmod 8)$.

如果 $q>3$,那么 $p^2-q^2\equiv 0(\bmod 3)$,所以 p^2-q^2 能被 24 整除. 于是

$$2^{p^2-q^2}-1=2^{24k}-1$$

这里 $k\in\mathbf{N}^*$. 因为 $2^{24k}-1$ 能被

$$2^{24}-1=16\ 777\ 215=3^2\cdot 5\cdot 7\cdot 13\cdot 17\cdot 241$$

整除,所以 $\frac{2^{p^2-q^2}-1}{pq}$ 不可能是两个质数的积. 所以 $q=3$,且

$$\frac{2^{p^2-q^2}-1}{pq}=\frac{2^{p^2-9}-1}{3p}$$

因为 p^2-9 能被 8 整除,所以对于某个 $k\in\mathbf{N}^*$,有 $p^2-9=8k$,于是

$$\frac{2^{p^2-9}-1}{3p}=\frac{2^{8k}-1}{3p}=\frac{(2^k-1)(2^k+1)(2^{2k}+1)(2^{4k}+1)}{3p}$$

因为 $p\geqslant 5$,所以必有 $k\geqslant 2$. 如果 k 是偶数,那么 $3\mid(2^k-1)$. 如果 $k>2$,那么对于某个 $n\in\mathbf{N}$,$n>1$,有 $2^k+1=3n$. 但此时我们有

$$\frac{n(2^k+1)(2^{2k}+1)(2^{4k}+1)}{p}$$

至少是三个质数的积,这是一个矛盾.所以 $k=2$,得到 $p=5$,满足条件.如果 k 是奇数,那么 $3\mid(2^k+1)$.因为 $k\geqslant 3$,所以对某个 $n\in\mathbf{N},n>1$,有 $2^k+1=3n$.但此时我们有

$$\frac{n(2^k-1)(2^{2k}+1)(2^{4k}+1)}{p}$$

至少是三个质数之积,这是一个矛盾.

结果是 $(p,q)=(5,3)$.

S404 设 $ABCD$ 是正四面体,M,N 是空间内任意两点.证明

$$MA\cdot NA+MB\cdot NB+MC\cdot NC\geqslant MD\cdot ND$$

证明 引理 1:对于任意四点 A,B,C,D,以下不等式成立

$$AB\cdot CD+BC\cdot DA\geqslant AC\cdot BD$$

证明:在射线 DA 上取一点 A_1,使

$$DA_1=\frac{1}{DA}$$

用类似的方法,分别在射线 DB 和 DC 上取点 B_1 和 C_1.因为

$$\frac{DA_1}{DB}=\frac{DB_1}{DA}=\frac{1}{DA\cdot DB}$$

由 $\triangle DAB$ 和 $\triangle DB_1A_1$ 相似,我们得到

$$A_1B_1=\frac{AB}{DA\cdot DB}$$

类似地

$$B_1C_1=\frac{BC}{DB\cdot DC} \text{ 和 } C_1A_1=\frac{CA}{DC\cdot DA} \tag{1}$$

将这些结果代入三角形不等式

$$A_1B_1+B_1C_1>C_1A_1$$

中,得到

$$AB\cdot CD+BC\cdot DA\geqslant AC\cdot BD$$

引理 2:在一个平面内给出点 M,N 和任意 $\triangle ABC$.那么

$$\frac{AM\cdot AN}{AB\cdot AC}+\frac{BM\cdot BN}{BA\cdot BC}+\frac{CM\cdot CN}{CA\cdot CB}\geqslant 1 \tag{*}$$

证明:考虑与三角形共面的点 K,使

$$\angle ABM=\angle KBC,\angle MAB=\angle CKB$$

(同向角).注意,$\triangle BCK$ 和 $\triangle BMA$ 相似,由方向的选择,$\triangle BAK$ 和 $\triangle BMC$ 也相似.于是

$$\frac{CK}{BK}=\frac{AM}{AB},\frac{AK}{BK}=\frac{CM}{BC},\frac{BC}{BK}=\frac{BM}{AB} \tag{2}$$

根据引理 1,对于点 A,N,C,K,我们有

$$AN\cdot CK+CN\cdot AK\geqslant AC\cdot NK$$

由三角形不等式：$NK \geqslant BK - BN$，于是

$$AN \cdot CK + CN \cdot AK \geqslant AC \cdot (BK - BN)$$

因此

$$\frac{AN \cdot CK}{AC \cdot BK} + \frac{CN \cdot AK}{AC \cdot BK} + \frac{BN}{BK} \geqslant 1 \tag{3}$$

由式(2) 和(3) 推得

$$\frac{AM \cdot AN}{AB \cdot AC} + \frac{BM \cdot BN}{BA \cdot BC} + \frac{CM \cdot CN}{CA \cdot CB} \geqslant 1$$

推论：如果点 M 和 / 或 N 不与 $\triangle ABC$ 共面，那么不等式(∗) 成立. 如果考虑的不是 M 和 N，而是它们在 $\triangle ABC$ 所在平面内的射影，这是从引理 2 推出的.

现在回到原来的问题. 在射线 DA 上取一点 A_1，使

$$DA_1 = \frac{1}{DA}$$

类似地，分别在 DB, DC, DM, DN 上取点 B_1, C_1, M_1, N_1. 对点 M_1, N_1 和 $\triangle ABC$ 应用引理 2 的推论，我们得到

$$A_1M_1 \cdot A_1N_1 + B_1M_1 \cdot B_1N_1 + C_1M_1 \cdot C_1N_1 \geqslant A_1B_1^2$$

利用与式(1) 类似的等式，我们得到

$$\frac{AM}{DA \cdot DM} \cdot \frac{AN}{DA \cdot DN} + \frac{BM}{DB \cdot DM} \cdot \frac{BN}{DB \cdot DN} + \frac{CM}{DC \cdot DM} \cdot \frac{CN}{DC \cdot DN}$$

$$\geqslant \left(\frac{AB}{DA \cdot DB}\right)^2$$

推出结论.

S405 求所有边长 a, b, c 为整数的三角形，使

$$a^2 - 3a + b + c, b^2 - 3b + c + a, c^2 - 3c + a + b$$

都是完全平方数.

解 首先由三角形不等式

$$b + c > a \text{ 或 } b + c \geqslant a + 1$$

这是因为 a, b, c 是整数，于是

$$a^2 - 3a + b + c \geqslant a^2 - 2a + 1 = (a-1)^2$$

不失一般性，设 $a \geqslant b, c$，那么

$$(a-1)^2 \leqslant a^2 - 3a + b + c \leqslant a^2 - a < a^2$$

如果 $b + c = a + 1$，那么 $a^2 - 3a + b + c$ 只能是完全平方数. 现在假定 $b \geqslant c$，推出

$$b^2 - 2b + 2c - 1 = (b-1)^2 + 2(c-1)$$

必是完全平方数，且必至少是$(b-1)^2$，同时

$$b^2 - 2b + 2c - 1 \leqslant b^2 - 1 < b^2$$

于是 $c=1,a=b$. 注意到这永远是三角形三边，题目中提出的三个条件取值是 $(a-1)^2$，$(b-1)^2$ 和 $2(a-1)$. 因为最后一个应是完全平方数，所以必存在一个非负整数 u，使 $a-1=2u^2$. 我们推得 (a,b,c) 必是 $(2u^2+1,2u^2+1,1)$ 的一个排列，这里 u 可以取任何非负整数值.

注 当 $u=0$ 时，$a=b=c=1$，得到题目中提出的表达式都等于 $0=0^2$. 如果不认为 0 是完全平方数，那么 u 只要取任何正整数值就够了.

S406 设 $\triangle ABC$ 的边长是 a,b,c，设

$$m^2=\min\{(a-b)^2,(b-c)^2,(c-a)^2\}$$

(a) 证明

$$a(a-b)(a-c)+b(b-c)(b-a)+c(c-a)(c-b)\geqslant\frac{1}{2}m^2(a+b+c)$$

(b) 如果 $\triangle ABC$ 是锐角三角形，那么

$$a^2(a-b)(a-c)+b^2(b-c)(b-a)+c^2(c-a)(c-b)\geqslant\frac{1}{2}m^2(a^2+b^2+c^2)$$

证明 (a) 由三角形不等式，我们有

$$b+c-a>0,c+a-b>0,a+b-c>0 \tag{1}$$

$$\begin{aligned}&a(a-b)(a-c)+b(b-c)(b-a)+c(c-a)(c-b)\\&=3abc+\sum_{\text{cyc}}a^3-\sum_{\text{cyc}}ab(a+b)\\&=\frac{1}{2}\Big[\sum_{\text{cyc}}(b^3+c^3-b^2c-bc^2)-\sum_{\text{cyc}}a(b^2+c^2-2bc)\Big]\\&=\frac{1}{2}\sum_{\text{cyc}}(b+c-a)(b-c)^2\\&\overset{(1)}{\geqslant}\frac{1}{2}\sum_{\text{cyc}}(b+c-a)m^2=\frac{1}{2}m^2(a+b+c)\end{aligned}$$

当且仅当 $a=b=c$ 时，等式成立.

(b) 因为 $\triangle ABC$ 是锐角三角形，那么

$$b^2+c^2-a^2>0,c^2+a^2-b^2>0,a^2+b^2-c^2>0 \tag{2}$$

$$\begin{aligned}&a^2(a-b)(a-c)+b^2(b-c)(b-a)+c^2(c-a)(c-b)\\&=\sum_{\text{cyc}}a^4-\sum_{\text{cyc}}ab(a^2+b^2)+\sum_{\text{cyc}}a^2bc\\&=\frac{1}{2}\Big[\sum_{\text{cyc}}(a^4+b^4-a^3b-ab^3)-\sum_{\text{cyc}}(a^3b+ab^3-2a^2b^2)-\\&\sum_{\text{cyc}}(a^2c^2+b^2c^2-2abc^2)\Big]\\&=\frac{1}{2}\Big[\sum_{\text{cyc}}(a^2+ab+b^2)(a-b)^2-\sum_{\text{cyc}}ab(a-b)^2-\sum_{\text{cyc}}c^2(a-b)^2\Big]\end{aligned}$$

$$=\frac{1}{2}\sum_{\text{cyc}}(a^2+b^2-c^2)(a-b)^2\overset{(2)}{\geqslant}\frac{1}{2}\sum_{\text{cyc}}(b^2-c^2+a^2)m^2$$
$$=\frac{1}{2}m^2(a^2+b^2+c^2)$$

当且仅当 $a=b=c$ 时,等式成立.

S407 设 $f(x)=x^3+x^2-1$. 证明:对于满足

$$a+b+c+d>\frac{1}{a}+\frac{1}{b}+\frac{1}{c}+\frac{1}{d}$$

的任何正实数 a,b,c,d,在数 $af(b),bf(c),cf(d),df(a)$ 中至少有一个不等于 1.

证明 用反证法,假定存在 $a,b,c,d>0$,有

$$a+b+c+d>\frac{1}{a}+\frac{1}{b}+\frac{1}{c}+\frac{1}{d}$$

且

$$af(b)=bf(c)=cf(d)=df(a)=1$$

我们得到

$$\frac{1}{a}=f(b),\frac{1}{b}=f(c),\frac{1}{c}=f(d),\frac{1}{d}=f(a)$$

所以,$\frac{1}{a}=f(b)$ 意味着

$$\frac{1}{a}=b^3+b^2-1,\text{所以 } ab^2=\frac{a+1}{b+1}$$

对 bc^2,cd^2,da^2 的类似的等式成立.将这些结果相乘,得到 $(abcd)^3=1$,因此 $abcd=1$. 于是

$$b^2+b-\frac{1}{b}=cd$$

将此式与类似的三个等式相加,得到

$$0\leqslant a^2+b^2+c^2+d^2-(ab+bc+cd+ad)$$
$$=(\frac{1}{a}+\frac{1}{b}+\frac{1}{c}+\frac{1}{d})-(a+b+c+d)<0$$

这是一个矛盾.所以在数 $af(b),bf(c),cf(d),df(a)$ 中至少有一个不等于 1.

S408 设 $\triangle ABC$ 的面积为 S,边长为 a,b,c. 证明

$$a\sqrt{bc}+b\sqrt{ca}+c\sqrt{ab}\geqslant 4S\sqrt{3(1+\frac{R-2r}{4R})}$$

证明 首先注意到由 AM-GM 不等式,我们有

$$a\sqrt{bc}+b\sqrt{ca}+c\sqrt{ab}\geqslant\sqrt{abc}(\sqrt{a}+\sqrt{b}+\sqrt{c})$$
$$\geqslant 3\sqrt{abc}\sqrt[6]{abc}=3\sqrt[3]{a^2b^2c^2}$$

将原不等式的两边平方，利用

$$abc=4RS \text{ 和 } 2Rr=\frac{abc}{a+b+c}$$

推出：只要证明

$$3R^2\sqrt[3]{abc}\geqslant S(5R-2r)$$

$$4\frac{3R^2}{\sqrt[3]{a^2b^2c^2}}+\frac{abc}{R^2(a+b+c)}\geqslant 5$$

现在由加权 AM-GM 不等式，只要证明

$$\left(\frac{3R^2}{\sqrt[3]{a^2b^2c^2}}\right)^4\cdot\frac{abc}{R^2(a+b+c)}\geqslant 1$$

或等价的

$$3^4R^6\geqslant(a+b+c)\sqrt[3]{a^5b^5c^5}$$

再由 AM-GM 不等式 $3\sqrt[3]{abc}\leqslant a+b+c$，所以只要证明

$$a+b+c\leqslant 3\sqrt{3}R$$

这一不等式恰好是外接圆半径为 R 的三角形的周长的最大值是 $3\sqrt{3}R$ 这一熟知的事实. 当且仅当该三角形是等边三角形时，取到最大值. 代入后表明原不等式对等边三角形也是一个等式.

S409　求方程

$$2\sqrt{x-x^2}-\sqrt{1-x^2}+2\sqrt{x+x^2}=2x+1$$

的实数解.

解　首先，观察到必有 $0\leqslant x\leqslant 1$. 设 $a=\sqrt{1-x}$，$b=\sqrt{x}$，$c=\sqrt{1+x}$. 于是我们必须解以下方程

$$2ab-ac+2bc=\frac{a^2+4b^2+c^2}{2}\Leftrightarrow a^2+4b^2+c^2-4ab-4bc+2ac=0$$

这等价于 $(2b-a-c)^2=0\Leftrightarrow 2b-a-c=0$.

取代 a,b,c 后，我们需要解的是

$$2\sqrt{x}=\sqrt{1-x}+\sqrt{1+x}$$

两边平方，得到

$$4x=2+2\sqrt{1-x^2}\Leftrightarrow 2x-1=\sqrt{1-x^2}$$

将最后一式两边平方，得到

$$5x^2-4x=0\Leftrightarrow x(5x-4)=0\Leftrightarrow x=0, x=\frac{4}{5}$$

将这些值检验后知，只有 $x=\frac{4}{5}$ 满足原方程.

S410 设 $\triangle ABC$ 的垂心为 H,外心为 O. 记 $\angle AOH=\alpha$,$\angle BOH=\beta$,$\angle COH=\gamma$. 证明

$$(\sin^2\alpha+\sin^2\beta+\sin^2\gamma)^2=2(\sin^4\alpha+\sin^4\beta+\sin^4\gamma)$$

证明 注意到原不等式可改写为

$$2(\sin^2\alpha\sin^2\beta+\sin^2\beta\sin^2\gamma+\sin^2\gamma\sin^2\alpha)-(\sin^4\alpha+\sin^4\beta+\sin^4\gamma)=0$$

由 Heron 公式可知,以 $\sin\alpha$,$\sin\beta$,$\sin\gamma$ 为边的三角形的面积为 0,或等价于这三个中的两个值的和等于第三个值. 现在对 $\triangle AOH$ 利用正弦定理,我们有

$$\frac{\sin\alpha}{AH}=\frac{\sin\angle OAH}{OH}$$

这里因为 $\angle BAH=\angle CAO=90^\circ-\angle B$,所以有

$$\angle OAH=|\angle A-180^\circ+2\angle B|=|\angle B-\angle C|$$

类似地,$\angle OBH=|\angle C-\angle A|$,$\angle OCH=|\angle A-\angle B|$. 此外还知道 $AH=2R|\cos A|$,对于 BH 和 CH 也有类似的等式. 如果 $\triangle ABC$ 不是钝角三角形,不失一般性,设 $90^\circ\geqslant\angle A\geqslant\angle B\geqslant\angle C$,或

$$\begin{aligned}\frac{OH}{2R}(\sin\alpha+\sin\gamma)&=\cos A\sin(B-C)+\cos C\sin(A-B)\\&=\cos C\sin A\cos B-\cos A\cos B\sin C\\&=\cos B\sin(A-C)=\frac{OH}{2R}\sin\beta\end{aligned}$$

或 $\sin\beta=\sin\gamma+\sin\alpha$. 现在假定 $\triangle ABC$ 是钝角三角形,用 $\angle B$ 表示钝角,不失一般性,设 $\angle B>\angle A\geqslant\angle C$,注意到在前面的计算中,$\sin(A-B)$ 改变符号,$\cos B$ 也改变符号,其他各项保持不变. 于是得到 $\sin\gamma=\sin\alpha+\sin\beta$. 推出结论.

S411 求方程组

$$\begin{cases}\sqrt{x}-\sqrt{y}=45\\ \sqrt[3]{x-2\,017}-\sqrt[3]{y}=2\end{cases}$$

的实数解.

解 设 $\sqrt[6]{y}=z$. 将每一个方程都用 x 表示,我们有

$$\begin{cases}x=(45+z^3)^2\\ x-2017=(2+z^2)^3\end{cases}$$

将第一个方程代入第二个方程,进行一些计算,最后得到

$$z^2(z^2-15z+2)=0$$

上面的方程的根是 $z=0,\dfrac{15+\sqrt{217}}{2},\dfrac{15-\sqrt{217}}{2}$.

对于 z 的这些值,我们得到方程组的三组解

$$(x,y)=(2\ 025,0),(x,y)=([45+(\frac{15+\sqrt{217}}{2})^3]^2,(\frac{15+\sqrt{217}}{2})^6)$$

和

$$(x,y)=([45+(\frac{15-\sqrt{217}}{2})^3]^2,(\frac{15-\sqrt{217}}{2})^6)$$

S412 设 a,b,c 是正实数,且 $\frac{1}{\sqrt{a^3+1}}+\frac{1}{\sqrt{b^3+1}}+\frac{1}{\sqrt{c^3+1}}\leqslant 1$.

证明:$a^2+b^2+c^2\geqslant 12$.

第一种证法 由 AM-GM 不等式,我们有

$$\frac{a^2+2}{2}=\frac{(a^2-a+1)+(a+1)}{2}\geqslant\sqrt{a^3+1}$$

(注意对一切 a,有 $a^2-a+1>0$).

所以

$$\sum_{cyc}\frac{2}{a^2+2}\leqslant\sum_{cyc}\frac{1}{\sqrt{a^3+1}}\leqslant 1$$

因此

$$\sum_{cyc}\frac{a^2+2}{2}\geqslant(\sum_{cyc}\frac{a^2+2}{2})(\sum_{cyc}\frac{2}{a^2+2})\geqslant 9$$

于是,$a^2+b^2+c^2\geqslant 12$. 当且仅当 $a=b=c=2$ 时,等式成立.

第二种证法 首先,我们证明 $\frac{1}{\sqrt{a^3+1}}\geqslant\frac{2}{a^2+2}$.

事实上,我们有

$$\frac{1}{\sqrt{a^3+1}}\geqslant\frac{2}{a^2+2}\Leftrightarrow(a^2+2)^2\geqslant 4(a^3+1)\Leftrightarrow a^4-4a^3+4a^2\geqslant 0$$

$$\Leftrightarrow a^2(a^2-4a+4)\geqslant 0\Leftrightarrow a^2(a^2-2)^2\geqslant 0$$

利用另外两个类似的不等式和 AM-HM 不等式,得到

$$\begin{aligned}1&\geqslant\frac{1}{\sqrt{1+a^3}}+\frac{1}{\sqrt{1+b^3}}+\frac{1}{\sqrt{1+c^3}}\\&\geqslant\frac{2}{a^2+2}+\frac{2}{b^2+2}+\frac{2}{c^2+2}\\&\geqslant\frac{18}{a^2+b^2+c^2+6}\end{aligned}$$

推得 $a^2+b^2+c^2+6\geqslant 18$ 或 $a^2+b^2+c^2\geqslant 12$.

S413 设 n 是合数. 已知 n 整除 $\binom{n}{2},\cdots,\binom{n}{k-1}$,但不整除 $\binom{n}{k}$.

证明:k 是质数.

证明 设 p 是整除 n 的任意质数. 于是,$(n-1)!$ 和 $(n-p)!$ 都恰能被 p 的同一次幂整除,这是因为 $n-p$ 和 n 是 p 的连续的倍数. 因为 $p!$ 能被 p 整除,所以我们有

$$\frac{1}{n}\binom{n}{p}=\frac{(n-1)!}{p!\ (n-p)!}$$

不是整数,因为分母中 p 的幂比分子中 p 的幂大 1.

现在设 p 是恰好是整除 n 的最小质数,j 是大于 1,但小于 p 的任何整数,所以 j 与 n 互质. 对于这样一个 j,将 $\frac{1}{n}\binom{n}{j}$ 写成既约分数 $\frac{u}{v}$,注意到因为

$$A=\binom{n}{j} \text{ 和 } B=\binom{n-1}{j-1}$$

都是整数,我们有

$$\frac{u}{v}=\frac{(n-1)!}{j!\ (n-j)!}=\frac{A}{n}=\frac{B}{j}$$

因此 v 整除 n 和 j. 但是因为 n 和 j 互质,所以 $v=1$,于是对于一切 $j=2,3,\cdots,p-1$,$\binom{n}{j}$ 能被 n 整除. 推出 k 是整除 n 的最小质数 p.

S414 证明:对于任何正整数 a 和 b

$$(a^6-1)(b^6-1)+(3a^2b^2+1)(2ab-1)(ab+1)^2$$

是至少四个质数的积,这四个质数不必不同.

证明 设 $N=(a^6-1)(b^6-1)+(3a^2b^2+1)(2ab-1)(ab+1)^2$

如果 $a=b=1$,那么

$$N=16=2\cdot 2\cdot 2\cdot 2$$

如果 $b=1,a>1$,那么

$$N=(3a^2+1)(2a-1)(a+1)^2$$

是四个大于 1 的因数的积,所以是至少四个质数的积. 假定 $a\geqslant b>1$. 设 $s=a+b,p=ab$ 和 $d=a-b$. 观察

$$d^2=(a-b)^2=(a+b)^2-4ab=s^2-4p$$

显然,$s\geqslant 4,p\geqslant 4,d\geqslant 0$. 我们有

$$\begin{aligned}a^6+b^6&=(a^2+b^2)(a^4+b^4)-(ab)^2(a^2+b^2)\\&=(a^2+b^2)(a^4+b^4-a^2b^2)\\&=(s^2-2p)(s^4+p^2-4s^2p)\end{aligned}$$

因此

$$\begin{aligned}N&=p^6-(s^2-2p)(s^4+p^2-4s^2p)+1+(3p^2+1)(2p-1)(p+1)^2\\&=(p^2+4p-s^2)(p^4+2p^3+p^2s^2+p^2-2ps^2+s^4)\end{aligned}$$

$$=(p^2-d^2)[(p^2+s^2-p)^2-d^2p^2]$$
$$=(p-d)(p+d)(p^2+s^2-p-dp)(p^2+s^2-p+dp)$$

因为 $a\geqslant b>1$,那么 $p-d>1,p+d>1$.更有

$$p^2+s^2-p-dp=p(p-d)+s^2-p>p+s^2-p=s^2>1$$

以及

$$p^2+s^2-p+dp=p(p-1)+s^2>1$$

所以 N 是四个大于 1 的因子之积,是至少四个质数的积.

S415　设

$$f(x)=\frac{(2x-1)6^x}{2^{2x-1}+3^{2x-1}}$$

求

$$f(\frac{1}{2\ 018})+f(\frac{3}{2\ 018})+\cdots+f(\frac{2\ 017}{2\ 018})$$

的值.

解　观察到

$$f(1-x)=\frac{(1-2x)6^{1-x}}{2^{1-2x}+3^{1-2x}}=\frac{(1-2x)6^x}{2^{2x-1}+3^{2x-1}}=-f(x)$$

即 $f(x)+f(1-x)=0$.

于是

$$\sum_{k=1}^{1\ 009}f(\frac{2k-1}{2\ 018})=\sum_{k=1}^{504}[f(\frac{2k-1}{2\ 018})+f(\frac{2\ 018-(2k-1)}{2\ 018})]+f(\frac{1\ 009}{2\ 018})$$
$$=f(\frac{1\ 009}{2\ 018})=f(\frac{1}{2})=0$$

S416　设 $f:\mathbf{N}\to\{\pm1\}$ 是一个函数,对一切 $m,n\in\mathbf{N}$,有 $f(mn)=f(m)f(n)$.证明:存在无穷多个 n,使

$$f(n)=f(n+1)$$

证明　假定只存在有限 n,使 $f(n)=f(n+1)$.那么存在偶数 N,有

$$\forall n\geqslant N,f(n)=-f(n+1)$$

设 $\varepsilon=f(N)$.由归纳法,当 $k\in\mathbf{N}$ 时,$f(N+2k)=\varepsilon,f(N+2k+1)=-\varepsilon$.因为 N 是偶数,所以大于 N 的偶数的值都是 ε,大于 N 的奇数的值都是 $-\varepsilon$.

但是,对于一切整数 n,给出的等式表明 $f(n^2)=f(n)^2$.因此,$f(n^2)$ 非负,于是 $f(n^2)=1$.因为 n^2 可以取大于 n 的偶数值和奇数值,所以我们面临一个矛盾,因为大于 N 的偶数和奇数不应该有 f 的同一个值.最后,存在无穷多个 n,使 $f(n)=f(n+1)$.

S417　设 a,b,c 是非负实数,其中没有两个是 0.证明

$$\frac{a^2}{a+b}+\frac{b^2}{b+c}+\frac{c^2}{c+a}\leqslant\frac{3(a^2+b^2+c^2)}{2(a+b+c)}$$

证明 注意到

$$\sum \frac{a^2}{a+b}=\sum \frac{b^2}{a+b}$$

于是原不等式变为

$$\sum \frac{a^2+b^2}{a+b}\leqslant \frac{3(a^2+b^2+c^2)}{a+b+c}$$

等价于

$$\sum \frac{[(a+b)^2-2ab](a+b+c)}{a+b}\leqslant 3(a^2+b^2+c^2)$$

或

$$a^2+b^2+c^2+2abc\sum \frac{1}{a+b}\geqslant 2(ab+bc+ca)$$

利用 Cauchy-Schwarz 不等式,我们有

$$\sum \frac{1}{a+b}\geqslant \frac{9}{2(a+b+c)}$$

因此,我们必须证明

$$a^2+b^2+c^2+\frac{9abc}{2(a+b+c)}\geqslant 2(ab+bc+ca)$$

这就是 Schur 不等式.

S418 设 a,b,c,d 是正实数,且 $abcd\geqslant 1$. 证明

$$\frac{a+b}{a+1}+\frac{b+c}{b+1}+\frac{c+d}{c+1}+\frac{d+a}{d+1}\geqslant a+b+c+d$$

证明 由条件 $abcd\geqslant 1$,我们能够找到 $\lambda\geqslant 1$ 和 $x,y,z,t>0$,使

$$a=\lambda x,b=\lambda y,c=\lambda z,d=\lambda t \text{ 和 } xyzt=1$$

于是原不等式变为等价的

$$\sum_{\text{cyc}} \frac{x+y}{1+\lambda x}\leqslant \sum_{\text{cyc}} x$$

现在,只要证明

$$\sum_{\text{cyc}} \frac{x+y}{1+x}\leqslant \sum_{\text{cyc}} x$$

这一不等式等价于

$$\sum_{\text{cyc}} \frac{1+xy}{1+x}\geqslant 4$$

设 $x=\frac{n}{m},y=\frac{p}{n},z=\frac{q}{p},t=\frac{m}{q}$,这里 $m,n,p,q>0$. 于是我们有

$$\sum_{\text{cyc}} \frac{1+xy}{1+x}=(m+p)\left(\frac{1}{m+n}+\frac{1}{p+q}\right)+(n+q)\left(\frac{1}{n+p}+\frac{1}{q+m}\right)$$

$$\geqslant \frac{4(m+p)}{m+n+p+q}+\frac{4(n+q)}{m+n+p+q}=4$$

S419 解方程组

$$x(x^4-5x^2+5)=y$$
$$y(y^4-5y^2+5)=z$$
$$z(z^4-5z^2+5)=x$$

解 首先,我们寻找在区间$[-2,2]$内的实数解.

设$x=2\cos t,t\in[0,\pi]$,那么

$$y=2(16\cos^5 t-20\cos^3 t+5\cos t)=2\cos 5t, z=\cos 5(5t)=\cos 25t$$

所以

$$x=2\cos 5(25t)=2\cos 125t$$

注意,如果我们使用倍角公式或等价的对$\cos 5t$用迭代公式三次,我们将把$\cos 125t$写成$\cos t$的125次多项式,从而是x的125次多项式.于是我们期望找到125组解.

因为上述公式给出$\cos 125t=\cos t$,这表明

$$125t-t=2k\pi,k=0,1,\cdots,124 \text{ 或 } 125t+t=2k'\pi,k'=1,2,\cdots,126$$

我们得到$63+62$组不同的解:

$$2\cos k\frac{\pi}{62},k=0,1,\cdots,62 \text{ 和 } 2\cos k'\frac{\pi}{63},k'=1,2,\cdots,62$$

这里我们在第二个公式中排除了$k'=0$和$k'=63$,因为$2\cos 0$和$2\cos\pi$已包括在第一个公式中了.

我们没有必要寻找更多的解,因为所有125组解都已找到:

$$\left(2\cos k\frac{\pi}{62},2\cos 5k\frac{\pi}{62},2\cos 25k\frac{\pi}{62}\right),k=0,1,\cdots,62$$

和

$$\left(2\cos k\frac{\pi}{63},2\cos k\frac{\pi}{63},2\cos k\frac{\pi}{63}\right),k=1,\cdots,62$$

各不相同,我们已经看到原方程组至多有$5\cdot5\cdot5=125$组解.

S420 设T是$\triangle ABC$的Torricelli点.证明

$$(AT+BT+CT)^2\leqslant AB\cdot BC+BC\cdot CA+CA\cdot AB$$

证明 如果$\triangle ABC$有一个角大于或者等于$120°$,那么众所周知,$\triangle ABC$的Torricelli点就是这个钝角顶点.所以(不失一般性)如果$A\geqslant120°$,那么$T\equiv A$,给定的不等式变为

$$(AB+CA)^2\leqslant AB\cdot BC+BC\cdot CA+CA\cdot AB$$

或

$$(b+c)^2\leqslant ab+bc+ca$$

于是,在这种情况下,只要证明

$$b^2+c^2+bc\leqslant a(b+c) \tag{1}$$

因为 $A\geqslant 120°$,我们有 $\cos A\leqslant -\frac{1}{2}$,或 $-\cos A\geqslant \frac{1}{2}$. 由余弦定理我们得到

$$a^2=b^2+c^2-2bc\cos A\geqslant b^2+c^2+bc$$

考虑到三角形不等式,我们有

$$b^2+c^2+bc\leqslant a^2<a(b+c)$$

所以式(1) 成立.

如果 $\triangle ABC$ 没有角大于 $120°$,那么众所周知,$\triangle ABC$ 的 Torricelli 点就是在 $\triangle ABC$ 内,使

$$\angle TAB=\angle TBC=\angle TCA=120°$$

的点 T. 此外,点 T 在 AP 上(图 2),这里 P 是 $\triangle ABC$ 外的等边 $\triangle PBC$ 的顶点. 于是

$$AT+BT+CT=AT+TP=AP$$

(对四边形 $TBPC$ 用 Ptolemy 定理,我们有 $TP=BT+CT$).

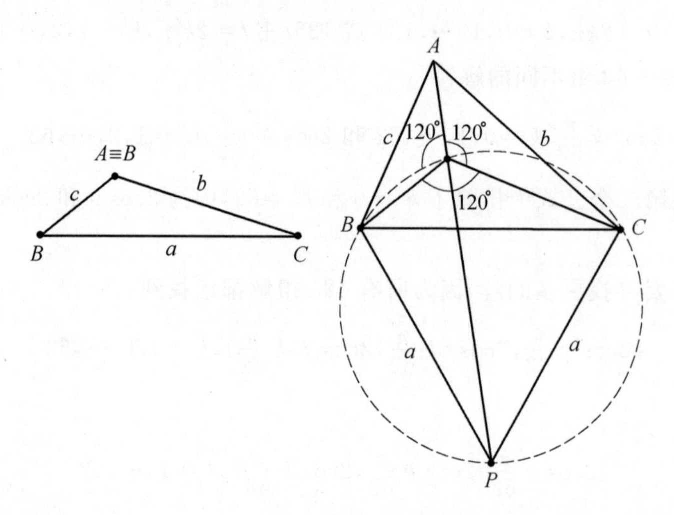

图 2

由余弦定理我们得到

$$\begin{aligned}AP^2&=a^2+c^2-2ac\ \cos\angle ABP=a^2+c^2-2ac\ \cos(B+60°)\\&=a^2+c^2-2ac\left(\frac{1}{2}\cos B-\frac{\sqrt{3}}{2}\sin B\right)\\&=a^2+c^2-ac\cos B+\sqrt{3}\,ac\sin B\\&=a^2+c^2-\frac{a^2+c^2-b^2}{2}+2\sqrt{3}\,S\\&=\frac{a^2+b^2+c^2+4\sqrt{3}\,S}{2}\end{aligned}$$

于是我们必须证明

$$\frac{a^2+b^2+c^2+4\sqrt{3}S}{2}\leqslant ab+bc+ca$$

或

$$4\sqrt{3}S\leqslant 2(ab+bc+ca)-a^2-b^2-c^2$$

但这是著名 Hadwiger-Finshler 的不等式，证毕.

S421 设 a,b,c 是正实数，且 $abc=1$. 证明

$$\frac{a^2}{\sqrt{1+a}}+\frac{b^2}{\sqrt{1+b}}+\frac{c^2}{\sqrt{1+c}}\geqslant 2$$

证明 我们证明更强的不等式

$$\frac{a^2}{\sqrt{1+a}}+\frac{b^2}{\sqrt{1+b}}+\frac{c^2}{\sqrt{1+c}}\geqslant \frac{3}{\sqrt{2}}$$

设

$$f(x)=\frac{x^2}{\sqrt{1+x}}$$

因为

$$f''(x)=\frac{3x^2+8x+8}{4(x+1)^2\sqrt{x+1}}$$

所以对一切 $x>0$，有 $f''(x)>0$，于是 f 在 $(0,+\infty)$ 上是凸函数.

根据 Jensen 不等式，我们有

$$f\left(\frac{a+b+c}{3}\right)\leqslant\frac{f(a)+f(b)+f(c)}{3}$$

即

$$\frac{a^2}{\sqrt{1+a}}+\frac{b^2}{\sqrt{1+b}}+\frac{c^2}{\sqrt{1+c}}\geqslant 3\cdot\frac{\left(\frac{a+b+c}{3}\right)^2}{\sqrt{1+\frac{a+b+c}{3}}}=\frac{(a+b+c)^2}{\sqrt{9+3(a+b+c)}}$$

由 AM-GM 不等式，我们有

$$a+b+c\geqslant 3\cdot\sqrt[3]{abc}=3$$

设 $x=a+b+c$. 观察到函数 $g(x)=\dfrac{x^2}{\sqrt{9+3x}}$ 在 $[3,+\infty)$ 上是增函数，所以 $g(x)\geqslant g(3)=\dfrac{3}{\sqrt{2}}$，推出结论.

S422 求方程

$$u^2+v^2+x^2+y^2+z^2=uv+vx-xy+yz+zu+3$$

的正整数解.

解 原方程可改写为

$$(u-v)^2+(v-x)^2+(x+y)^2+(y-z)^2+(z-u)^2=6$$

因为 u,v,x,y,z 是正整数,所以 $x+y\geqslant 2$,得到

$$(x+y)^2\geqslant 4$$

因为 $(x+y)^2\leqslant 6$,所以推得 $x+y=2$,于是 $x=y=1$ 有

$$(u-v)^2+(v-1)^2+(1-z)^2+(z-u)^2=2$$

所以,左边恰好有两个加数等于1,另外两个等于0.我们有六种情况:

(i) $(u-v)^2=(v-1)^2=1,(1-z)^2=(z-u)^2=0$.由最后两个等式得到 $u=z=1$,由第一个等式得到 $v=2$.

(ii) $(u-v)^2=(1-z)^2=1$ 和 $(v-1)^2=(z-u)^2=0$.由最后两个等式得到 $v=1$ 和 $u=z$,由第一个等式得到 $u=z=2$.

(iii) $(u-v)^2=(z-u)^2=1$ 和 $(v-1)^2=(1-z)^2=0$.由最后两个等式得到 $v=z=1$,由第一个等式得到 $u=2$.

(iv) $(v-1)^2=(1-z)^2=1$ 和 $(u-v)^2=(z-u)^2=0$.由最后两个等式得到 $u=v=z$,由第一个等式得到 $u=v=z=2$.

(v) $(v-1)^2=(z-u)^2=1,(u-v)^2=(1-z)^2=0$.由最后两个等式得到 $u=v$ 和 $z=1$,由第一个等式得到 $u=v=2$.

(vi) $(1-z)^2=(z-u)^2=1$ 和 $(u-v)^2=(v-1)^2=0$.由最后两个等式得到 $u=v=1$,由第一个等式得到 $z=2$.

结论是:

$$(u,v,x,y,z)\in\{(1,2,1,1,1),(2,1,1,1,2),(2,1,1,1,1),\\(2,2,1,1,2),(2,2,1,1,1),(1,1,1,1,2)\}$$

S423 设 $0\leqslant a,b,c\leqslant 1$.证明

$$(a+b+c+2)\left(\frac{1}{1+ab}+\frac{1}{1+bc}+\frac{1}{1+ca}\right)\leqslant 10$$

证明 作代换

$$a+b+c=x$$
$$ab+bc+ca=y$$
$$abc=z$$

去分母后,我们看到只要证明

$$10z^2+[10x-(x+2)x]z+10(1+y)-(x+2)(3+2y)\geqslant 0$$

这一表达式是变量 z 的增函数,所以只要证明对于 z 的最小值成立即可.对于确定的 x 和 y,当 $abc=0$,或者 a,b,c 中较大的两个相等时,$z=abc$ 是最小值.

首先，假定 $z=0$，这等价于 $c=0$（不失一般性）. 于是不等式变为

$$(a+b+2)(3+2ab)\leqslant 10(1+ab)$$

或者展开后

$$3(a+b)+2ab(a+b)\leqslant 4+6ab$$

显然 $(1-a)(1-b)\geqslant 0$ 或等价的 $1+ab\geqslant a+b$. 所以只要证明

$$2(ab)^2-ab-1=(ab-1)(2ab+1)\leqslant 0$$

这是显然的.

现在假定 a,b,c 中较大的两个相等，这等价于 $a=b\geqslant c$（不失一般性）. 那么原不等式变为

$$(2a+c+2)(3+ac+2a^2)\leqslant 10(1+a^2)(1+ac)$$

整理后

$$4-6a+6a^2-4a^3+(10a^3-4a^2+7a-3)c+(1-c)ac\geqslant 0$$

因为 $(1-c)ac\geqslant 0$，所以只要证明

$$4-6a+6a^2-4a^3+(10a^3-4a^2+7a-3)c\geqslant 0$$

因为这是关于 c 的线性函数，所以只要证明当 $c=0$ 和 $c=1$ 时成立即可. 然而

$$4-6a+6a^2-4a^3=2(1-a)(2-a+2a^2)\geqslant 0$$

和

$$1+a+2a^2+6a^3\geqslant 0$$

这两式都是显然的.

当 $(a,b,c)=(1,1,0)$ 及其排列时，原不等式中的等式成立.

S424 设 p 和 q 是质数，且 p^2+pq+q^2 是完全平方数. 证明：p^2-pq+q^2 是质数.

证明 设 $p^2+pq+q^2=n^2$. 那么 $(p+q)^2=n^2+pq$，这里 $n\in\mathbf{N}_+$. 得到

$$(p+q-n)(p+q+n)=pq$$

如果 $p=q$，那么 $(2p-n)(2p+n)=p^2$. 因为 $2p-n<2p+n$，所以 $2p-n=1$ 和 $2p+n=p^2$，即 $4p=1+p^2$，这是无解的，所以 $p\neq q$，不失一般性，设 $p<q$，因为 $p+q-n<p+q+n$，我们有

$$\begin{cases}p+q-n=1\\p+q+n=pq\end{cases}$$

或

$$\begin{cases}p+q-n=p\\p+q+n=q\end{cases}$$

第一个方程组给出 $2(p+q)=pq+1$，即 $(p-2)(q-2)=3$，得到 $p=3,q=5$. 第二个方程组给出 $p+q=0$，这是一个矛盾. 所以，我们得到 $(p,q)\in\{(3,5),(5,3)\}$.

译者注：如果 $p=q$，立刻就得到 $3p^2=n^2$，这不可能，所以 $p\neq q$.

S425 设 a,b,c 是正实数. 证明

$$\sqrt{a^2-ab+b^2}+\sqrt{b^2-bc+c^2}+\sqrt{c^2-ca+a^2}$$
$$\leqslant\sqrt{(a+b+c)\left(\frac{a^2}{b}+\frac{b^2}{c}+\frac{c^2}{a}\right)}$$

证明 因为对一切实数 x,y,有 $x^2-xy+y^2\geqslant 0$,所以利用 Cauchy-Schwarz 不等式我们有

$$\sqrt{(a+b+c)\left(\frac{a^2}{b}+\frac{b^2}{c}+\frac{c^2}{a}\right)}$$
$$=\sqrt{(a+b+c)\left(\frac{a^2}{b}-a+b+\frac{b^2}{c}-b+c+\frac{c^2}{a}-c+a\right)}$$
$$=\sqrt{(a+b+c)\left(\frac{a^2-ab+b^2}{b}+\frac{b^2-bc+c^2}{c}+\frac{c^2-ca+a^2}{a}\right)}$$
$$\geqslant\sqrt{a^2-ab+b^2}+\sqrt{b^2-bc+c^2}+\sqrt{c^2-ca+a^2}$$

当且仅当 $a=b=c$ 时,等式成立.

S426 证明:在任何 $\triangle ABC$ 中,以下不等式成立

$$\frac{r_a}{\sin\frac{A}{2}}+\frac{r_b}{\sin\frac{B}{2}}+\frac{r_c}{\sin\frac{C}{2}}\geqslant 2\sqrt{3}\,s$$

证明 我们将证明原不等式的等价形式

$$\frac{1}{\cos\frac{A}{2}}+\frac{1}{\cos\frac{B}{2}}+\frac{1}{\cos\frac{C}{2}}\geqslant 2\sqrt{3}$$

这是利用以下事实

$$\tan\frac{A}{2}=\frac{r_a}{s}$$

即

$$\frac{r_a}{\sin\frac{A}{2}}=\frac{s}{\cos\frac{A}{2}}$$

观察

$$f(x)=\frac{1}{\cos\frac{x}{2}}$$

在区间 $(0,\pi)$ 上是凸函数. 函数的凸性的分析准则是其二阶导数为正. 事实上,当 $0<x<\pi$ 时,有

$$f'(x)=\frac{1}{2}\sin\frac{x}{2}\sec^2\frac{x}{2} \text{ 和 } f''(x)=\frac{1}{4}\left(1+\sin^2\frac{x}{2}\right)\sec^3\frac{x}{2}>0$$

于是，由 Jensen 不等式

$$\frac{1}{\cos\frac{A}{2}}+\frac{1}{\cos\frac{B}{2}}+\frac{1}{\cos\frac{C}{2}}\geqslant 3\cdot\frac{1}{\cos\frac{\frac{A}{2}+\frac{B}{2}+\frac{C}{2}}{3}}=3\cdot\frac{1}{\cos\frac{\pi}{6}}=2\sqrt{3}$$

当且仅当 $\angle A=\angle B=\angle C$ 时，等式成立.

S427 求方程组

$$z+\frac{2\ 017}{w}=4-\mathrm{i}$$

$$w+\frac{2\ 018}{z}=4+\mathrm{i}$$

的复数解.

解 我们有 $(z+\frac{2\ 017}{w})(w+\frac{2\ 018}{z})=17$，即

$$zw+\frac{4\ 070\ 306}{zw}+4\ 018=0\Leftrightarrow(zw)^2+4\ 018zw+4\ 070\ 306=0$$

所以

$$zw=-2\ 009-185\mathrm{i},\ zw=-2\ 009+185\mathrm{i}$$

那么

$$z+\frac{2\ 017}{w}=4-\mathrm{i}\Rightarrow zw+2\ 017=(4-\mathrm{i})w\Rightarrow w=\frac{zw+2\ 017}{4-\mathrm{i}}$$

$$w+\frac{2\ 018}{z}=4+\mathrm{i}\Rightarrow(4+\mathrm{i})z=zw+2\ 018\Rightarrow z=\frac{zw+2\ 018}{4+\mathrm{i}}$$

于是

$$w_1=\frac{-2\ 009-185\mathrm{i}+2\ 017}{4-\mathrm{i}}=\frac{217-732\mathrm{i}}{17}$$

$$z_1=\frac{-2\ 009-185\mathrm{i}+2\ 018}{4+\mathrm{i}}=\frac{-149-749\mathrm{i}}{17}$$

或

$$w_2=\frac{-2\ 009+185\mathrm{i}+2\ 017}{4-\mathrm{i}}=-9+44\mathrm{i}$$

$$z_2=\frac{-2\ 009+185\mathrm{i}+2\ 018}{4+\mathrm{i}}=13+43\mathrm{i}$$

S428 设 a,b,c 是不全为 0 的非负实数，且

$$ab+bc+ca=a+b+c$$

证明

$$\frac{1}{a+1}+\frac{1}{b+1}+\frac{1}{c+1}\leqslant\frac{5}{3}$$

证明 去分母后,我们看到所求的不等式是

$$2(ab+bc+ca)+5abc \geqslant 4+a+b+c$$

利用已知条件变为

$$a+b+c+5abc \geqslant 4 \tag{1}$$

利用 Schur 不等式,得到

$$a^2+b^2+c^2+\frac{9abc}{a+b+c} \geqslant 2(ab+bc+ca)$$

所以归结为

$$(a+b+c)^2+\frac{9abc}{a+b+c} \geqslant 4(ab+bc+ca) \tag{2}$$

利用 $a+b+c=ab+bc+ca$,得到

$$(2) \Leftrightarrow a+b+c+\frac{9abc}{(a+b+c)^2} \geqslant 4 \tag{3}$$

另外,我们有

$$\begin{aligned}(a+b+c)^2 &= a^2+b^2+c^2+2(ab+bc+ca)\\ &\geqslant (ab+bc+ca)+2(ab+bc+ca)\\ &=3(ab+bc+ca)\end{aligned}$$

以及 $a+b+c=ab+bc+ca$,我们有 $a+b+c \geqslant 3$.

于是得到

$$(a+b+c)^2 \geqslant 9 \Leftrightarrow \frac{9}{(a+b+c)^2} \leqslant 1 \tag{4}$$

由式(3) 和(4),得到

$$a+b+c+abc \geqslant 4$$

利用

$$a+b+c+5abc \geqslant a+b+c+abc$$

我们有 $a+b+c+5abc \geqslant 4$. 当且仅当 $\{a,b,c\}=\{2,2,0\}$ 或 $a=b=c=\frac{4}{5}$ 时,等式成立.

S429 设 M 是 $\triangle ABC$ 所在平面内一点. 证明:对于一切正实数 x,y,z,以下不等式成立

$$xMA^2+yMB^2+zMC^2 > \frac{yz}{2(y+z)}a^2+\frac{zx}{2(z+x)}b^2+\frac{xy}{2(x+y)}c^2$$

证明 利用三角形不等式,我们有

$$MB+MC \geqslant BC=a \tag{1}$$

利用 Cauchy-Schwarz 不等式,我们有

$$\left(\frac{1}{y}+\frac{1}{z}\right)(yMB^2+zMC^2) \geqslant (MB+MC)^2 \overset{(1)}{\geqslant} a^2$$

$$\Rightarrow yMB^2+zMC^2\geqslant\frac{yz}{y+z}(MB+MC)^2\geqslant\frac{yz}{y+z}a^2$$

同理

$$zMC^2+xMA^2\geqslant\frac{zx}{z+x}(MC+MA)^2\geqslant\frac{zx}{z+x}b^2$$

$$xMA^2+yMB^2\geqslant\frac{xy}{x+y}(MA+MB)^2\geqslant\frac{xy}{x+y}c^2$$

相加后,除以 2,得到

$$xMA^2+yMB^2+zMC^2>\frac{yz}{2(y+z)}a^2+\frac{zx}{2(z+x)}b^2+\frac{xy}{2(x+y)}c^2$$

S430 证明:对一切正整数 n,有

$$\sin\frac{\pi}{2n}\geqslant\frac{1}{n}$$

证明 注意 $f(x):=\dfrac{\sin x}{x}$ 是在$(0,\dfrac{\pi}{2}]$上的减函数.

事实上,对一切 $x\in(0,\dfrac{\pi}{2}]$,$f'(x)=\dfrac{x\cos x-\sin x}{x^2}<0$. 因此

$$f(x)\geqslant f(\frac{\pi}{2})=\frac{\sin\frac{\pi}{2}}{\frac{\pi}{2}}\Leftrightarrow\frac{\sin\frac{\pi}{2n}}{\frac{\pi}{2n}}\geqslant\frac{1}{\frac{\pi}{2}}\Leftrightarrow$$

$$\sin\frac{\pi}{2n}\geqslant\frac{\pi}{2n}\cdot\frac{2}{\pi}=\frac{1}{n}$$

S431 设 a,b,c 是正数,且 $ab+bc+ca=3$,证明

$$\frac{1}{(1+a)^2}+\frac{1}{(1+b)^2}+\frac{1}{(1+c)^2}\geqslant\frac{3}{4}$$

证明 由 AM-GM 不等式,我们有

$$\frac{1}{(1+a)^2}+\frac{1}{(1+b)^2}+\frac{1}{(1+c)^2}\geqslant\frac{1}{3}\left(\frac{1}{1+a}+\frac{1}{1+b}+\frac{1}{1+c}\right)^2$$

只要证明

$$\frac{1}{1+a}+\frac{1}{1+b}+\frac{1}{1+c}\geqslant\frac{3}{2}$$

去分母后变为

$$3+a+b+c-(ab+bc+ca)-3abc\geqslant 0$$

因此只要证明

$$a+b+c\geqslant 3abc$$

但是因为标准不等式

$$(a+b+c)^2\geqslant 3(ab+bc+ca)=9$$

这是显然的,由以下形式的 AM-GM 不等式

$$1=\frac{ab+bc+ca}{3}\geqslant(abc)^{\frac{2}{3}}$$

相结合,给出

$$a+b+c\geqslant 3\geqslant 3abc$$

S432 设 d 是直径为 AB 的开的半圆面,h 是直线 AB 和包含 d 确定的半平面.设 X 是 d 上一点,Y,Z 是直径分别为 AX 和 BX 的半圆上 h 内的点.证明

$$AY\cdot BZ+XY\cdot XZ=AX^2-AX\cdot BX+BX^2$$

证明 设 $a:=AX,b:=BX,y:=AY,z:=BZ,u:=XY,v:=XZ$.那么原不等式变为

$$yz+uv\leqslant a^2+b^2-ab$$

因为 $y^2+u^2=a^2,z^2+v^2=b^2(\angle AYX=\angle BZX=90°)$,由 Cauchy-Schwarz 不等式

$$ab=\sqrt{y^2+u^2}\cdot\sqrt{z^2+v^2}\geqslant yz+uv$$

还有

$$a^2+b^2-ab\geqslant ab$$

所以

$$a^2+b^2-ab\geqslant ab\geqslant yz+uv$$

2.3 大学本科问题的解答

U361 考虑一切可能的方法,我们能够将一个非负的概率分配1到10这10个数,使各个概率的和等于1.设 X 是所选的数.对一个给定的整数 $k\geqslant 2$,假定 $E[X]^k=E[X^k]$.求:分配这些概率的可能方法的种数.

解 设 $p_1,p_2,\cdots,p_{10}$ 分别是分配给 $1,2,\cdots,10$ 的概率.那么

$$E[X]^k=(p_1+2p_2+\cdots+10p_{10})^k,E[X^k]=1^kp_1+2^kp_2+\cdots+10^kp_{10}$$

显然当且仅当 p_i 中有一个是1,其余都是0时,二者相等.

我们来证明只有这一种可能性.

如果 $p_{10}=1$,那么已经证毕.所以考虑 $p_{10}<1$.设

$$x=\frac{p_1+2p_2+\cdots+9p_9}{p_1+p_2+\cdots+p_9}$$

那么 $x\leqslant 9$.当 $t\geqslant 0$ 时,由于 t^k 是凸函数,我们有

$$E[X]^k=[(1-p_{10})x+p_{10}\cdot 10]^k\leqslant(1-p_{10})x^k+p_{10}\cdot 10^k\leqslant E[x^k]$$

这里当且仅当 $p_{10}=0$ 时,第一个不等式的等式成立.于是 $p_{10}=0,E[x^k]=x^k$.重复这一论述,我们得到 $p_9=1$ 或 $p_9=0$,以此类推.我们推得有10种分配这些概率的方法.

U362　设

$$S_n = \sum_{1 \leqslant i < j < k \leqslant n} q^{i+j+k}$$

这里 $q \in (-1,0) \cup (0,1)$. 求 $\lim\limits_{n \to \infty} S_n$ 的值.

解

$$\begin{aligned} \lim_{n \to \infty} S_n &= \sum_{1 \leqslant i < j < k} q^{i+j+k} \\ &= \sum_{1 \leqslant i < j} q^{i+j} \cdot \frac{q^{j+1}}{1-q} \\ &= \frac{1}{1-q} \sum_{1 \leqslant i < j} q^{i+2j+1} \\ &= \frac{1}{1-q} \sum_{1 \leqslant i} q^{i+1} \cdot \frac{q^{2i+2}}{1-q^2} \\ &= \frac{1}{(1-q)(1-q^2)} \sum_{1 \leqslant i} q^{3i+3} \\ &= \frac{q^6}{(1-q)(1-q^2)(1-q^3)} \end{aligned}$$

U363　设 a 是正数. 证明: 存在一个数 $\vartheta = \vartheta(a)$, $1 < \vartheta < 2$, 使

$$\sum_{j=0}^{\infty} \left| \binom{a}{j} \right| = 2^a + \vartheta \left| \binom{a-1}{\lfloor a \rfloor + 1} \right|$$

这里 $\lfloor a \rfloor$ 表示 a 的整数部分. 进而证明

$$\left| \binom{a-1}{\lfloor a \rfloor + 1} \right| \leqslant \frac{|\sin \pi a|}{\pi a}$$

证明　当 $j \leqslant \lfloor a \rfloor + 1$ 时, 因为推广的二项式系数 $\binom{a}{j}$ 为正, 对于较大的 j, 要变号, 二项式级数给出

$$\begin{aligned} \sum_{j=0}^{\infty} \left| \binom{a}{j} \right| - 2^a &= -2 \sum_{k=0}^{\infty} \binom{a}{\lfloor a \rfloor + 2k + 2} \\ &= 2 \left| \binom{a-1}{\lfloor a \rfloor + 1} \right| \sum_{k=0}^{\infty} \frac{a(2k+1-\{a\})(2k-\{a\})\cdots(2-\{a\})}{(\lfloor a \rfloor + 2)(\lfloor a \rfloor + 3)\cdots(\lfloor a \rfloor + 2k + 2)} \\ &= 2 \left| \binom{a-1}{\lfloor a \rfloor + 1} \right| \sum_{k=0}^{\infty} \frac{a\Gamma(2k+2-\{a\})(1+\lfloor a \rfloor)!}{\Gamma(2-\{a\})(\lfloor a \rfloor + 2k + 2)!} \end{aligned}$$

于是当

$$\vartheta(a) = \frac{2a}{\lfloor a \rfloor + 2} \sum_{k=0}^{\infty} \frac{(\lfloor a \rfloor + 2)!\ \Gamma(2k+2-\{a\})}{(\lfloor a \rfloor + 2k + 2)!\ \Gamma(2-\{a\})}$$

时, 给出的等式成立.

将该式中的和与缩减的和式 S 比较

$$S=\sum_{k=0}^{\infty}\frac{(\lfloor a\rfloor+2)!\ \Gamma(k+2-\{a\})}{(\lfloor a\rfloor+k+2)!\ \Gamma(2-\{a\})}$$

$$=\frac{(\lfloor a\rfloor+2)!}{a\Gamma(2-\{a\})}\sum_{k=0}^{\infty}\left[\frac{\Gamma(k+2-\{a\})}{(\lfloor a\rfloor+k+1)!}-\frac{\Gamma(k+3-\{a\})}{(\lfloor a\rfloor+k+2)!}\right]$$

$$=\frac{(\lfloor a\rfloor+2)!}{a\Gamma(2-\{a\})}\cdot\frac{\Gamma(2-\{a\})}{(\lfloor a\rfloor+1)!}=\frac{\lfloor a\rfloor+2}{a}$$

我们看到$\vartheta(a)$的和的公式在和恰好是S中偶数项.因为级数S的一般项递减,和式S中的每一个奇数项的小于前一个偶数项,我们有

$$\vartheta(a)\geqslant\frac{a}{\lfloor a\rfloor+2}S=1$$

类似地,和式S中的每一个奇数项的大于后一个偶数项,因此

$$\vartheta(a)\leqslant\frac{a}{\lfloor a\rfloor+2}(1+S)=1+\frac{a}{\lfloor a\rfloor+2}\leqslant 2$$

最后,对于第二部分,我们从$|\sin\pi a|=\sin\pi x$开始,并利用著名的事实:

$$\frac{\pi}{\sin\pi x}=\Gamma(x)\Gamma(1-x)$$

因为

$$(-1)^j\binom{\beta}{j}=\frac{\Gamma(j-\beta)}{\Gamma(-\beta)\Gamma(j+1)}$$

设$x=a-\lfloor a\rfloor$,我们有

$$\frac{\pi a}{\sin\pi x}\left|\binom{a-1}{\lfloor a\rfloor+1}\right|=\left|\frac{a\Gamma(a)\Gamma(2-x)}{\Gamma(a+2-x)}\right|=a\int_0^2 t^{a-1}(1-t)^{1-x}\mathrm{d}t$$

$$\leqslant a\int_0^1 t^{a-1}\mathrm{d}t=1$$

证毕.

U364 求不定积分

$$\int\frac{5x^2-x-4}{x^5+x^4+1}\mathrm{d}x$$

解 注意,将$P(x)=x^5+x^4+1$分解为

$$x^5+x^4+1=(x^2+x+1)(x^3-x+1)$$

这是观察出$P(w)=0$的一个绝妙的方法,这里w是1的立方原根.为了将分子$5x^2-x-4$分割成可积的被积部分,我们将其改写为

$$\begin{aligned}5x^2-x-4&=(x-1)(5x+4)\\&=x^3(5x+4)-(x^3-x+1)(5x+4)\\&=5x^4+4x^3-(x^3-x+1)(5x+4)\end{aligned}$$

注意,$5x^4+4x^3$是x^5+x^4+1关于x的导数.下面开始积分:

$$\begin{aligned}\int\frac{5x^2-x-4}{x^5+x^4+1}dx&=\int\frac{5x^4+4x^3-(x^3-x+1)(5x+4)}{x^5+x^4+1}dx\\&=\int\frac{5x^4+4x^3}{x^5+x^4+1}dx-\int\frac{5x+4}{x^2+x+1}dx\\&=\ln|x^5+x^4+1|-\frac{1}{2}\int\frac{5(2x+1)+3}{x^2+x+1}dx\\&=\ln|x^5+x^4+1|-\frac{5}{2}\int\frac{2x+1}{x^2+x+1}dx-\\&\quad\frac{3}{2}\int\frac{dx}{(x+\frac{1}{2})^2+\frac{3}{4}}\\&=\ln|x^5+x^4+1|-\frac{5}{2}\ln|x^2+x+1|-\\&\quad\frac{3}{2}\cdot\frac{2}{\sqrt{3}}\tan^{-1}(\frac{2x+1}{\sqrt{3}})\\&=\ln|x^5+x^4+1|-\frac{5}{2}\ln|x^2+x+1|-\\&\quad\sqrt{3}\tan^{-1}(\frac{2x+1}{\sqrt{3}})+\lambda\end{aligned}$$

这里λ是任意常数.

U365 设n是正整数.求

(a) $\int_0^n e^{\lfloor x\rfloor}dx$

(b) $\int_0^n \lfloor e^x\rfloor dx$

的值,这里$\lfloor a\rfloor$表示a的整数部分.

解 (a) 如果$k\leqslant x<k+1$,这里$k\in\mathbf{Z}$,那么$\lfloor x\rfloor=k$.所以

$$\int_0^n e^{\lfloor x\rfloor}dx=\sum_{k=0}^{n-1}\int_k^{k+1}e^{\lfloor x\rfloor}dx=\sum_{k=0}^{n-1}e^k=\frac{e^n-1}{e-1}$$

(b) 如果$k\leqslant e^x<k+1$,这里$k\in\mathbf{N}^*$,那么$\lfloor e^x\rfloor=k$.这表明如果$\log k\leqslant x<\log(k+1)$,那么$\lfloor e^x\rfloor=k$.设$m$是使$\log m\leqslant n$的最大自然数.所以

$$\begin{aligned}\int_0^n\lfloor e^x\rfloor dx&=\sum_{k=1}^{m-1}\int_{\log k}^{\log k+1}k\,dx+\int_{\log m}^n m\,dx\\&=\sum_{k=1}^{m-1}[(k+1)\log(k+1)-k\log k]-\sum_{k=1}^{m-1}\log(k+1)+m(n-\log m)\\&=m\log m-\log m!\ +mn-m\log m\\&=mn-\log m!\\&=\lfloor e^n\rfloor n-\log(\lfloor e^n\rfloor!\ )\end{aligned}$$

U366 如果 $f:[0,1]\to\mathbf{R}$ 是凸函数,是 $f(0)=0$ 的可积函数,证明

$$\int_0^1 f(x)\mathrm{d}x \geqslant 4\int_0^{\frac{1}{2}} f(x)\mathrm{d}x$$

证明 因为 f 是凸函数,我们有

$$\int_0^1 f(x)\mathrm{d}x=\frac{1}{2}\left[\int_0^1 f(x)\mathrm{d}x+\int_0^1 f(1-x)\mathrm{d}x\right]=\int_0^1 \frac{f(x)+f(1-x)}{2}\mathrm{d}x$$

$$\geqslant \int_0^1 f(\frac{x+(1-x)}{2})\mathrm{d}x=f(\frac{1}{2})$$

另外,因为 f 是凸函数,且 $f(0)=0$,我们有

$$f(\frac{1}{2})=2\cdot\frac{f(0)+f(\frac{1}{2})}{2}=2\int_0^1\left[(1-x)f(0)+xf(\frac{1}{2})\right]\mathrm{d}x$$

$$\geqslant 2\int_0^1 f\left((1-x)\cdot 0+x\cdot\frac{1}{2}\right)\mathrm{d}x$$

$$=4\int_0^{\frac{1}{2}} f(x)\mathrm{d}x$$

推出结论.

U367 设 $\{a_n\}_{n\geqslant 1}$ 是实数数列 $a_1=4,3a_{n+1}=(a_n+1)^3-5,n>1$. 证明:对于一切 n, a_n 是正整数,并计算

$$\sum_{n=1}^{\infty}\frac{a_n-1}{a_n^2+a_n+1}$$

的值.

证明 注意到 a_1 是正整数,$a_1\equiv 1(\bmod 3)$. 作归纳假设,我们假定对于某个 $n\geqslant 1$, a_n 是正整数,且 $a_n\equiv 1(\bmod 3)$. 我们写成 $a_n=3q+1$. 那么

$$3a_{n+1}=(3q+2)^3-5=27q^3+54q^2+36q+3$$

于是,$a_{n+1}=3(3q^3+6q^2+4q)+1$,即 a_{n+1} 是正整数,且 $a_{n+1}\equiv 1(\bmod 3)$. 归纳完成. 因此,对于一切 n,a_n 是正整数.

下面,根据定义,$3(a_{n+1}+2)=(a_n+1)^3+1=(a_n+2)(a_n^2+a_n+1)$.

因此

$$\frac{1}{a_n+2}-\frac{1}{a_{n+1}+2}=\frac{1}{a_n+2}-\frac{3}{(a_n+2)(a_n^2+a_n+1)}=\frac{a_n-1}{a_n^2+a_n+1}$$

表示为缩减形式,且当 $m\to\infty$ 时

$$\sum_{n=1}^{m}\frac{a_n-1}{a_n^2+a_n+1}=\sum_{n=1}^{m}(\frac{1}{a_n+2}-\frac{1}{a_{n+1}+2})=\frac{1}{6}-\frac{1}{a_{m+1}+2}\to\frac{1}{6}$$

U368 设

$$x_n=\sqrt{2}+\sqrt[3]{\frac{3}{2}}+\cdots+\sqrt[n+1]{\frac{n+1}{n}},n=1,2,3,\cdots$$

求

$$\lim_{n\to\infty}\frac{x_n}{n}$$

的值.

第一种解法 当 $1\leqslant k\leqslant n$ 时,由二项式定理

$$\left[1+\frac{1}{k(k+1)}\right]^{k+1}=1+\frac{1}{k}+\cdots>1+\frac{1}{k}$$

因此

$$1<\sqrt[k+1]{\frac{k+1}{k}}<1+\frac{1}{k(k+1)}=1+\frac{1}{k}-\frac{1}{k+1}$$

于是 $n<x_n<n+1-\frac{1}{n+1}$. 于是由两面夹定理

$$\lim_{n\to\infty}\frac{x_n}{n}=1$$

第二种解法 设 $y_n=n$. 因为 $(y_n)_{n\geqslant 1}$ 是严格单调发散数列,且

$$\lim_{n\to\infty}\frac{x_{n+1}-x_n}{y_{n+1}-y_n}=\lim_{n\to\infty}\left(1+\frac{1}{n+1}\right)^{\frac{1}{n+2}}=1$$

于是由 Stolz-Cesaro 定理,我们有

$$\lim_{n\to\infty}\frac{x_n}{n}=1$$

U369 证明

$$\frac{648}{35}\sum_{k=1}^{\infty}\frac{1}{k^3\ (k+1)^3\ (k+2)^3\ (k+3)^3}=\pi^2-\frac{6\ 217}{630}$$

证明 写成部分分式

$$\begin{aligned}\frac{1}{k^3\ (k+1)^3\ (k+2)^3\ (k+3)^3}=&\frac{103}{1\ 296}\left[\frac{1}{k}-\frac{1}{k+3}\right]-\frac{11}{432}\left[\frac{1}{k^2}+\frac{1}{(k+3)^2}\right]+\\&\frac{1}{216}\left[\frac{1}{k^3}-\frac{1}{(k+3)^3}\right]-\frac{9}{16}\left[\frac{1}{k+1}-\frac{1}{k+2}\right]\\&\frac{3}{16}\left[\frac{1}{(k+1)^2}+\frac{1}{(k+2)^2}\right]-\\&\frac{1}{8}\left[\frac{1}{(k+1)^3}-\frac{1}{(k+2)^3}\right]\end{aligned}$$

因此

$$\begin{aligned}&\sum_{k=1}^{\infty}\frac{1}{k^3\ (k+1)^3\ (k+2)^3\ (k+3)^3}\\=&\frac{103}{1\ 296}\left(1+\frac{1}{2}+\frac{1}{3}\right)-\frac{11}{432}\left(\frac{\pi^2}{3}-1-\frac{1}{2^2}-\frac{1}{3^2}\right)+\end{aligned}$$

$$\frac{1}{216}\left(1+\frac{1}{2^3}+\frac{1}{3^3}\right)-\frac{9}{16}\left(\frac{1}{2}\right)+$$

$$\frac{3}{16}\left(\frac{\pi^2}{3}-1-1-\frac{1}{2^2}\right)-\frac{1}{8}\left(\frac{1}{2^3}\right)$$

$$=\frac{35}{648}\left(\pi^2-\frac{6\ 217}{630}\right)$$

U370 求

$$\lim_{x\to 0}\frac{\sqrt{1+2x}\sqrt[3]{1+3x}\cdots\sqrt[n]{1+nx}-1}{x}$$

的值.

解 观察对于任何 $k=2,3,\cdots,n$,对于任何 $x(|x|<1)$,我们有

$$\sqrt[k]{1+kx}=1+\frac{1}{k}\cdot kx+o(x^2)$$

因此

$$\begin{aligned}\sqrt{1+2x}\sqrt[3]{1+3x}\cdots\sqrt[n]{1+nx}-1&=[1+x+o(x^2)]^{n-1}-1\\&=[1+(n-1)x+o(x^2)]-1\\&=(n-1)x+o(x^2)\end{aligned}$$

于是

$$\lim_{x\to 0}\frac{\sqrt{1+2x}\sqrt[3]{1+3x}\cdots\sqrt[n]{1+nx}-1}{x}=n-1$$

U371 设 n 是正整数,$\boldsymbol{A}_n=(a_{ij})$ 是 $n\times n$ 矩阵,这里 $a_{ij}=x^{(i+j-2)^2}$,x 是变量.求 $\boldsymbol{A}_n$ 的行列式的值.

第一种解法 用 $D(n)$ 表示 $n\times n$ 行列式,通过以下变换简化计算(显然行列式的值不变):

第 1 步.对于 $i=n,n-1,\cdots,2$,并以此顺序将第 i 行减去第 $i-1$ 行 $x^{2i-3}=x^{(i-1)^2}-x^{(i-2)^2}$ 次.于是,对于 $i\geqslant 2$,在 (i,j) 这一位置上,我们有

$$x^{(i+j-2)^2}-x^{(i+j-3)^2+2i-3}=x^{(i+j-3)^2+2i-3}(x^{2(j-1)}-1)$$

当 $j=1$ 时,这意味着第一行的除了 $(1,1)$ 这一位置上是 1 以外,所有元素都是 0.

第 2 步.当 $j=2,3,\cdots,n$ 时,将第 j 行减去第一行 $x^{(j-1)^2}$ 次的结果,除了 $(1,1)$ 这一位置上是 1 以外,使第一行和第一列的所有元素都是 0.此外,在这一步骤中,$i\geqslant 2$ 的元素保持不变,所以这些值就是在步骤 1 以后那样.

第 3 步.从第 j 列中提取因子 $(x^{2(j-1)}-1)$.于是,在行列式前有因子 $(x^2-1)(x^4-1)\cdots(x^{2(n-1)}-1)$,而当 $i,j\geqslant 2$ 时,(i,j) 这一位置上现在是

$$x^{(i+j-3)^2+2i-3}=x^{(i+j-4)^2+2(2i+j-5)}$$

第 4 步.当 $i,j\geqslant 2$ 时,在第 j 列中提取因子 $x^{2(j-1)}$,在第 i 行中提取因子 $x^{4(i-2)}$.当 i,

$j \geqslant 2$ 时,(i,j) 这一位置现在是$(n-1)\times(n-1)$ 行列式中的$(i-1,j-1)$ 同样的,在该行列式前有因子 $x^{4(0+1+\cdots+n-2)+2(1+2+\cdots+n-1)}=x^{(n-1)(3n-4)}$. $(1,1)$ 这一位置上是 1 以外,第一行和第一列的所有元素仍然是 0.

由上面的变换,显然有

$$D(n)=x^{(n-1)(3n-4)}\prod_{i=1}^{n-1}(x^{2i}-1)D(n-1)$$

显然,$D(1)=x^{(1+1-2)^2}=1$,所以在经过简单的归纳过程后,我们推得

$$D(n)=x^{n(n-1)^2}\prod_{i=1}^{n-1}(x^{2i}-1)^{n-i}$$

第二种解法 将矩阵 $\mathbf{A}_n$ 的第 i 行乘以 $x^{-(i-1)^2}$,第 j 列乘以 $x^{-(j-1)^2}$. 这就抵消了行列式的一个因子 $x^{n(n-1)(2n-1)/3}$,留下一个 (i,j) 的元素是 $x^{2(i-1)(j-1)}$ 的矩阵. 这是一个 Vandermonde 矩阵,所以其行列式是

$$\prod_{1\leqslant k<m\leqslant n}(x^{2(m-1)}-x^{2(k-1)})=x^{\sum_{1\leqslant k<m\leqslant n}2(k-1)}\prod_{1\leqslant k<m\leqslant n}(x^{2(m-k)}-1)$$

$$=x^{\sum_{s=0}^{n-2}2s(n-1-s)}\prod_{r=1}^{n-1}(x^{2r}-1)^{n-r}$$

$$=x^{n(n-1)(n-2)/3}\prod_{r=1}^{n-1}(x^{2r}-1)^{n-r}$$

将 x 的消去的因子乘回,得到

$$\det(\mathbf{A}_n)=x^{n(n-1)^2}\prod_{r=1}^{n-1}(x^{2r}-1)^{n-r}$$

U372 设 $\alpha,\beta>0$ 是实数,$f:\mathbf{R}\to\mathbf{R}$ 是连续函数,且对于 0 的邻近 U 的一切 x,有 $f(x)\neq 0$. 求

$$\lim_{x\to 0^+}\frac{\int_0^{\alpha x}t^\alpha f(t)\,\mathrm{d}t}{\int_0^{\beta x}t^\beta f(t)\,\mathrm{d}t}$$

的值.

解 观察到

$$\lim_{x\to 0^+}\int_0^{\alpha x}t^\alpha f(t)\,\mathrm{d}t=\lim_{x\to 0^+}\int_0^{\beta x}t^\beta f(t)\,\mathrm{d}t=0$$

设 $g(t)=t^\alpha f(t)$,$h(t)=t^\beta f(t)$. 我们有

$$\frac{\mathrm{d}}{\mathrm{d}x}\int_0^{\alpha x}g(t)\,\mathrm{d}t=g(\alpha x)\alpha=(\alpha x)^\alpha f(\alpha x)\alpha$$

和

$$\frac{\mathrm{d}}{\mathrm{d}x}\int_0^{\beta x}h(t)\,\mathrm{d}t=h(\beta x)\beta=(\beta x)^\beta f(\beta x)\beta$$

显然,对 0 邻近 U 内的一切 $x(x\neq 0)$,都有 $\frac{\mathrm{d}}{\mathrm{d}x}\int_0^{\beta x}h(t)\mathrm{d}t\neq 0$. 我们有

$$\lim_{x\to 0^+}\frac{\frac{\mathrm{d}}{\mathrm{d}x}\int_0^{\alpha x}t^\alpha f(t)\mathrm{d}t}{\frac{\mathrm{d}}{\mathrm{d}x}\int_0^{\beta x}t^\beta f(t)\mathrm{d}t}=\begin{cases}0 \text{ 如果 } \alpha>\beta\\ 1 \text{ 如果 } \alpha=\beta\\ +\infty \text{ 如果 } \alpha<\beta\end{cases}$$

由 L'Hôpital 法则,我们推得

$$\lim_{x\to 0^+}\frac{\int_0^{\alpha x}t^\alpha f(t)\mathrm{d}t}{\int_0^{\beta x}t^\beta f(t)\mathrm{d}t}=\begin{cases}0 \text{ 如果 } \alpha>\beta\\ 1 \text{ 如果 } \alpha=\beta\\ +\infty \text{ 如果 } \alpha<\beta\end{cases}$$

U373 对一切正整数 $n\geqslant 2$,证明以下不等式

$$(1+\frac{1}{1+2})(1+\frac{1}{1+2+3})\cdots(1+\frac{1}{1+2+\cdots+n})<3$$

第一种证法 当 $k\geqslant 2$ 时

$$1+\frac{1}{1+2+\cdots+k}=\frac{k(k+1)+2}{k(k+1)}<\frac{k(k+1)}{k(k+1)-2}=\frac{k(k+1)}{(k-1)(k+2)}$$

因此,由缩减算法得到

$$\prod_{k=2}^{n}(1+\frac{1}{1+2+\cdots+k})<\prod_{k=2}^{n}\frac{k(k+1)}{(k-1)(k+2)}=\frac{3n}{n+2}<3$$

第二种证法 由 AM-GM 不等式

$$(1+\frac{1}{1+2})(1+\frac{1}{1+2+3})\cdots(1+\frac{1}{1+2+\cdots+n})$$

$$<\left(\frac{n-1+\sum_{k=2}^{n}\frac{2}{k(k+1)}}{n-1}\right)^{n-1}=\left(1+\frac{2}{n-1}\sum_{k=2}^{n}(\frac{1}{k}-\frac{1}{k+1})\right)^{n-1}$$

$$=\left(1+\frac{1}{n+1}\right)^{n-1}$$

因为对 $n\geqslant 2$ 定义的数列

$$a_n=\prod_{k=2}^{n}[1+\frac{2}{k(k+1)}] \text{ 和 } b_n=\left(1+\frac{1}{n+1}\right)^{n-1}$$

递增,且 $a_2=b_2=\frac{4}{3}<3$,所以只要求出当 n 趋向于无穷大时,它们的极限,并证明这个极限小于 3. 所以,我们有

$$\lim_{n\to\infty}a_n\leqslant\lim_{n\to\infty}b_n=\mathrm{e}<3$$

将结果推出.

第三种证法 由著名的不等式:当 $x>0$ 时,有 $\mathrm{e}^x>1+x$,所以 $\ln(1+x)<x$. 于是

$$\ln(1+\frac{1}{1+2+\cdots+n})=\ln(1+\frac{2}{n^2+n})<\frac{2}{n^2+n}$$
$$=2(\frac{1}{n}-\frac{1}{n+1})$$

对原表达式的左边取对数,得到

$$\sum_{k=2}^{n}\ln(1+\frac{1}{1+2+\cdots+k})<\sum_{k=2}^{n}2(\frac{1}{k}-\frac{1}{k+1})=1-\frac{2}{n+1}$$

于是,对于一切正整数 $n\geqslant 2$,有

$$(1+\frac{1}{1+2})(1+\frac{1}{1+2+3})\cdots(1+\frac{1}{1+2+\cdots+n})<e^{1-\frac{2}{n+1}}<e<3$$

U374 设 p 和 q 是复数,且多项式 $x^3+3px^2+3qx+3pq=0$ 的零点 a,b,c 中的两个相等.计算 $a^2b+b^2c+c^2a$ 的值.

解 不失一般性,假定 $a=b$.那么

$$a^2b+b^2c+c^2a=b^3+b^2c+c^2b$$

由 Viète 公式,我们有

$$abc=-3pq$$
$$ab+bc+ca=3q$$
$$a+b+c=-3p$$

因为 $a=b$,所以有

$$b^2c=-3pq$$
$$b^2+2bc=3q$$
$$2b+c=-3p$$

将最后两个等式相乘,得到

$$(b^2+2bc)(2b+c)=-9pq$$

因为 $-9pq=3(-3pq)=3b^2c$,得到

$$(b^2+2bc)(2b+c)=3b^2c$$

即

$$b^3+b^2c+c^2b=0$$

推出 $a^2b+b^2c+c^2a=0$.

U375 设

$$a_n=\sum_{k=1}^{n}\sqrt[k]{\frac{(k^2+1)^2}{k^4+k^2+1}},n=1,2,3,\cdots$$

求 $\lfloor a_n\rfloor$ 和 $\lim\limits_{n\to\infty}\frac{a_n}{n}$ 的值.

解 当 $k\geqslant 1$ 时,$(k^2+1)^2>k^4+k^2+1$.所以对一切 $n\geqslant 1$,有 $a_n>n$.其次

$$1+\frac{k^2}{k^4+k^2+1}\leqslant\left(1+\frac{k}{k^4+k^2+1}\right)^k$$

$$=\left[1+\frac{1}{2}\left(\frac{1}{k(k-1)+1}-\frac{1}{(k+1)k+1}\right)\right]^k$$

于是,由缩减算法,有

$$a_n\leqslant\sum_{k=1}^{n}\left[1+\frac{1}{2}\left(\frac{1}{k(k-1)+1}-\frac{1}{(k+1)k+1}\right)\right]$$

$$=n+\frac{1}{2}\left[1-\frac{1}{(n+1)n+1}\right]$$

$$<n+\frac{1}{2}$$

于是,$\lfloor a_n\rfloor=n$ 和 $\lim\limits_{n\to\infty}\frac{a_n}{n}=1$.

U376 求

$$\lim_{n\to\infty}\left(1+\sin\frac{1}{n+1}\right)\left(1+\sin\frac{1}{n+2}\right)\cdots\left(1+\sin\frac{1}{n+n}\right)$$

的值.

解 设 $P(n)$ 是给定的积,对于接近于 0 的 x,有

$$\ln(1+x)=x+O(x^2)$$

且 $\sin\frac{1}{n+k}=O(\frac{1}{n})$,我们有

$$\ln P(n)=\sum_{k=1}^{n}\ln\left(1+\sin\frac{1}{n+k}\right)=\sum_{k=1}^{n}\left[\sin\frac{1}{n+k}+O\left(\sin^2\frac{1}{n+k}\right)\right]$$

$$=\sum_{k=1}^{n}\left[\sin\frac{1}{n+k}+O\left(\frac{1}{n^2}\right)\right]$$

$$=\sum_{k=1}^{n}\sin\frac{1}{n+k}+O\left(\frac{1}{n}\right) \qquad (*)$$

因为对于 x 的较小的值,有 $\sin x=x+O(x^3)$,所以我们看到

$$\sum_{k=1}^{n}\sin\frac{1}{n+k}=\sum_{k=1}^{n}\frac{1}{n+k}+\sum_{k=1}^{n}O\left(\frac{1}{n^3}\right)=\sum_{k=1}^{n}\frac{1}{n+k}+O\left(\frac{1}{n^2}\right)$$

利用著名的结果 $\lim\limits_{n\to\infty}\sum\limits_{k=1}^{n}\frac{1}{n+k}=\ln 2$,我们有

$$\lim_{n\to\infty}\sum_{k=1}^{n}\sin\frac{1}{n+k}=\ln 2$$

最后,由等式($*$)得到

$$\ln\left[\lim_{n\to\infty}P(n)\right]=\lim_{n\to\infty}\left[\ln P(n)\right]$$

$$=\lim_{n\to\infty}\sum_{k=1}^{n}\sin\frac{1}{n+k}+\lim_{n\to\infty}O\left(\frac{1}{n}\right)$$

$$=\ln 2$$

所以，$\lim\limits_{n\to\infty} P(x)=2$.

U377 设 m 和 n 是正整数，设

$$f_k(x)=\underbrace{\sin(\sin(\cdots(\sin x)\cdots))}_{k\text{个}\sin}$$

求

$$\lim_{x\to 0}\frac{f_m(x)}{f_n(x)}$$

的值.

解 众所周知（考虑 $\sin x$ 在 $x=0$ 处的 Taylor 展开式，容易证明这一点）

$$\lim_{x\to 0}\frac{\sin x}{x}=1,\text{因此}\lim_{x\to 0}\frac{x}{\sin x}=1$$

我们可以将这一结论作以下的推广：

断言：对于每一个正整数 k，有

$$\lim_{x\to 0}\frac{f_k(x)}{x}=\lim_{x\to 0}\frac{x}{f_k(x)}=1$$

证明：当 $k=1$ 时，原结果显然成立.

如果结论对 $k-1$，设 $y=f_{k-1}(x)$，显然有 $\lim\limits_{x\to 0} y=0$，$f_k(x)=\sin(f_{k-1}(x))$，或

$$\frac{f_k(x)}{x}=\frac{\sin y}{y}\cdot\frac{f_{k-1}(x)}{x}$$

这里，由归纳假定，当 $x\to 0$ 时，两个因子的极限都是 1，因此它们的积的极限，以及它们的积的倒数的极限也是 1. 推得断言.

由断言直接推出

$$\lim_{x\to 0}\frac{f_m(x)}{f_n(x)}=\lim_{x\to 0}\frac{f_m(x)}{x}\cdot\lim_{x\to 0}\frac{x}{f_n(x)}=1$$

U378 设 $f:[0,1]\to\mathbf{R}$ 是连续函数. 证明

$$\frac{(-1)^{n-1}}{(n-1)!}\int_0^1 f(x)\ln^{n-1}x\,\mathrm{d}x=\int_0^1\int_0^1\cdots\int_0^1 f(x_1x_2\cdots x_n)\,\mathrm{d}x_1\mathrm{d}x_2\cdots\mathrm{d}x_n$$

证明 当 $n=1$ 时，两边都变为 $\int_0^1 f(x)\mathrm{d}x$. 由归纳假设，我们假定断言对某个 $n\geqslant 1$ 时成立. 那么由分部积分，得到

$$\frac{(-1)^n}{n!}\int_0^1 f(x)\ln^n x\,\mathrm{d}x=I(1)-\lim_{x\to 0^+}I(x)+J$$

这里 $I(x)=\dfrac{(-1)^n}{n!}\ln^n x\displaystyle\int_0^1 f(t)\mathrm{d}t$，$J=\dfrac{(-1)^{n-1}}{(n-1)!}\displaystyle\int_0^1\frac{\ln^{n-1}x}{x}\int_0^1 f(t)\,\mathrm{d}t\mathrm{d}x$

现在，$I(1)=0$，由 L'Hôpital 法则，有

$$\lim_{x\to 0^+} I(x)=\frac{(-1)^{n-1}}{n!}\lim_{x\to 0^+}\frac{xf(x)\ln^{n+1}x}{n}$$
$$=\frac{(-1)^{n-2}(n+1)f(0)}{n}\lim_{x\to 0^+}\frac{x\ln^n x}{n!}$$
$$=\frac{(-1)^{n-3}(n+1)f(0)}{n}\lim_{x\to 0^+}\frac{x\ln^{n-1}x}{(n-1)!}=\cdots$$
$$=\frac{-(n+1)f(0)}{n}\lim_{x\to 0^+}x\ln x=\frac{(n+1)f(0)}{n}\lim_{x\to 0^+}x=0$$

最后,利用代换 $t=xy$ 和对 $g(x)=f(xy)$ 利用归纳假设,得到

$$J=\int_0^1\frac{(-1)^{n-1}}{(n-1)!}\int_0^1 f(xy)\ln^{n-1}x\,\mathrm{d}x\,\mathrm{d}y=\int_0^1\int_0^1\cdots\int_0^1 f(x_1x_2\cdots x_ny)\,\mathrm{d}x_1\mathrm{d}x_2\cdots\mathrm{d}x_n\mathrm{d}y$$

完成归纳.

U379 设 a,b,c 是非负实数.证明

$$a^3+b^3+c^3-3abc\geqslant k[(a-b)(b-c)(c-a)]$$

这里 $k=(\frac{27}{4})^{\frac{1}{4}}(1+\sqrt{3})$,$k$ 是可能的最佳常数.

证明 原不等式的左边可改写为

$$a^3+b^3+c^3-3abc=\frac{1}{2}(a+b+c)[(a-b)^2+(b-c)^2+(c-a)^2]$$

我们看到,如果 a,b,c 中的每一个都减少同样的量,那么不等式的左边的只会递减(于是,由于这个变动,不等式的右边显然不变).于是三个变量中有一个变为零,不失一般性,设 $c=0$,那么不等式更强了.因为不等式是齐次的,所以我们可以进一步定义 $b=xa$.那么不等式变为 $x^3+1\geqslant kx(x-1)$.如果 $0<x\leqslant 1$,那么这一不等式对一切正数 k 成立,所以我们可以假定 $x>1$.那么我们看到可能的最佳常数 k 是函数

$$f(x)=\frac{x^3+1}{x(x-1)}=x+1+\frac{2}{x-1}-\frac{1}{x}$$

的最小值.

因为当 $x\to 1^+$ 时,f 飞速增长,当 $x\to\infty$ 时,f 的最小值将处于一个临界点.我们计算

$$f'(x)=1-\frac{2}{(x-1)^2}+\frac{1}{x^2}=\frac{x^4-2x^3-2x+1}{x^2(x-1)^2}$$

所以,临界点是方程

$$x^4-2x^3-2x+1=(x^2-x+1)^2-3x^2=0$$

的根.

因为 $x>1$,所以得到 $x^2-x+1=\sqrt{3}x$,于是

$$x=\frac{1+\sqrt{3}+\sqrt{2}\cdot 3^{\frac{1}{4}}}{2}$$

因此经过一些计算后,找到最佳的 k 是

$$f\left(\frac{1+\sqrt{3}+\sqrt{2}\cdot 3^{\frac{1}{4}}}{2}\right)=\sqrt{9+6\sqrt{3}}$$

符合给定的值.

U380 证明:对于一切正实数 a,b,c,以下不等式成立

$$\frac{1}{4a}+\frac{1}{4b}+\frac{1}{4c}+\frac{1}{2a+b+c}+\frac{1}{2b+c+a}+\frac{1}{2c+a+b}\geqslant\frac{1}{a+b}+\frac{1}{b+c}+\frac{1}{c+a}$$

证明 由 Schur 不等式,我们有

$$x^4+y^4+z^4+xyz(x+y+z)\geqslant x^3(y+z)+y^3(z+x)+z^3(x+y) \tag{1}$$

利用 AM-GM 不等式,我们有

$$\begin{aligned}&x^3(y+z)+y^3(z+x)+z^3(x+y)\\&=(x^3y+y^3x)+(x^3z+z^3x)+(y^3z+z^3y)\\&\geqslant 2x^2y^2+2y^2z^2+2z^2x^2\end{aligned} \tag{2}$$

由不等式(1) 和(2) 得到

$$x^4+y^4+z^4+x^2yz+xy^2z+xyz^2\geqslant 2(x^2y^2+y^2z^2+z^2x^2)$$

如果我们取 $x=t^{a-\frac{1}{4}},y=t^{b-\frac{1}{4}},z=t^{c-\frac{1}{4}}$,那么

$$\begin{aligned}&t^{4a-1}+t^{4b-1}+t^{4c-1}+t^{2a+b+c-1}+t^{a+2b+c-1}+t^{a+b+2c-1}\\&\geqslant 2t^{2(a+b)-1}+2t^{2(b+c)-1}+2t^{2(c+a)-1}\end{aligned}$$

因此我们有

$$\begin{aligned}&\int_0^1 t^{4a-1}\mathrm{d}t+\int_0^1 t^{4b-1}\mathrm{d}t+\int_0^1 t^{4c-1}\mathrm{d}t+\\&\int_0^1 t^{2a+b+c-1}\mathrm{d}t+\int_0^1 t^{a+2b+c-1}\mathrm{d}t+\int_0^1 t^{a+b+2c-1}\mathrm{d}t\\&\geqslant 2\int_0^1 t^{2(a+b)-1}\mathrm{d}t+2\int_0^1 t^{2(b+c)-1}\mathrm{d}t+2\int_0^1 t^{2(c+a)-1}\mathrm{d}t\end{aligned}$$

于是,我们得到

$$\begin{aligned}&\frac{1}{4a}+\frac{1}{4b}+\frac{1}{4c}+\frac{1}{2a+b+c}+\frac{1}{2b+c+a}+\frac{1}{2c+a+b}\\&\geqslant\frac{2}{2(a+b)}+\frac{2}{2(b+c)}+\frac{2}{2(c+a)}\end{aligned}$$

U381 求一切正整数 n,使

$$\sigma(n)+d(n)=n+100$$

(我们用 $\sigma(n)$ 表示 n 的约数的和,$d(n)$ 表示约数 n 的个数)

解 首先假定 n 是奇数.因为 n 的每一个约数都将是奇数,$\sigma(n)$ 和 $d(n)$ 的奇偶性相同,因此 $\sigma(n)+d(n)$ 将是偶数.但是在这种情况下,$n+100$ 是奇数.因此当 n 是奇数时无解.

于是 n 是偶数.因为每一个 $k \leqslant \frac{n}{2}$ 至多向 $\sigma(n)$ 提供 k,向 $d(n)$ 提供 1,所以我们有

$$n+100=\sigma(n)+d(n) \leqslant n+1+\sum_{k=1}^{\frac{n}{2}}(k+1)=n+\frac{(n+2)(n+4)}{8}$$

由此,我们推得 $(n+2)(n+4) \geqslant 800$,因此 $n \geqslant 26$.

因为 $n=2m \geqslant 26$,n 至少有约数 $1,2,m$ 和 $2m$.因此

$$2m+100=\sigma(n)+d(n) \geqslant 3m+3+4=3m+7$$

于是 $m \leqslant 93$,$n \leqslant 186$.

注意到实际上因为 $3 \cdot 5 \cdot 7=105>93$,推出 n 至多有两个奇质约数.

如果 $3 \mid n$,那么 $n=6k \geqslant 26$,因此至少有约数 $1,2,3,k,2k,3k$ 和 $6k$.因此

$$6k+100=\sigma(n)+d(n) \geqslant 12k+6+7=12k+13$$

于是,$k \leqslant 14$,$n \leqslant 84$.

现在假定 n 有两个不同的奇质约数 $p<q$.如果 p^2 或者 q^2 整除 n,那么 $p^2 q \leqslant 93$,因此 $p=3$.但是此时前一段表明 $pq \leqslant 14$,这不可能.于是 n 的每一个奇质约数必定是 1,以及对于某一个 $a \geqslant 1$,有 $n=2^a pq$.有这就给出 $\sigma(a)=(2^{a+1}-1)(p+1)(q+1)$ 和 $d(n)=4(a+1)$,二者都是 4 的倍数,我们可推出 $n+100$ 是 4 的倍数,因此 $a \geqslant 2$.于是我们必有 $2pq \leqslant 93$,如果 $p \leqslant 3$,那么我们必有 $2q \leqslant 14$.这就只有三种情况,$n=2^2 \cdot 3 \cdot 5=60$,$n=2^2 \cdot 3 \cdot 7=84$,或 $n=2^2 \cdot 5 \cdot 7=140$.但是我们计算出

$$\sigma(60)+d(60)=168+12=180>60+100$$

$$\sigma(84)+d(84)=224+12=236>84+100$$

$$\sigma(140)+d(140)=336+12=348>140+100$$

因此在这种情况下无解.

于是 n 至多有 1 个奇质约数.假定对于某个奇质数 p,和 $a \geqslant 1, b \geqslant 1$,有 $n=2^a p^b$.如果 $p=3$,那么 $2^{a-1}3^{b-1} \leqslant 14$,因此 $b \leqslant 3$.如果 $p>3$,那么 $2^{a-1}5^b \leqslant 2^{a-1}p^b \leqslant 93$,因此 $b \leqslant 2$.又因为 n 有 $b+1$ 个奇质约数,总共有 $d(n)=(a+1)(b+1)$ 个约数,我们看到 $\sigma(n)+d(n) \equiv a(b+1)(\bmod 2)$.因为 $n+100$ 是偶数,所以推得 $2 \mid a(b+1)$.将这些结果相结合,我们看到如果 $b>1$,那么 $n=2 \cdot 3^3=54$,$n=2^2 \cdot 3^2=36$,或者 $n=2^2 \cdot 5^2=100$.对于这些值,我们计算出

$$\sigma(54)+d(54)=120+8=128<54+100$$

$$\sigma(36)+d(36)=91+9=100<36+100$$

$$\sigma(100)+d(100)=217+9=226>100+100$$

因此在这种情况下无解.于是我们必有 $b=1$,$n=2^a p$.在这种情况下我们得到

$$\sigma(2^a p)+d(2^a p)(2^{a+1}-1)(p+1)+2(a+1)=2^a p+100$$

这表明

$$p=\frac{99-2^{a+1}-2a}{2^a-1}$$

当 $a=1$ 时,得到 $p=93$ 不是质数.当 $a=2$ 时,得到 $p=29$,因此得到解 $n=2^2\cdot 29=116$.当 $a=3$ 时,得到 $p=11$,因此得到解 $n=2^3\cdot 11=88$.当 $a=4$ 时,得到 $p=\frac{59}{15}$ 甚至不是整数.当 $a\geqslant 5$ 时,我们有 $3\cdot 2^a+2a>100$,因此 $p<1$,这不可能.

最后,如果 $n=2^a$,那么 $\sigma(n)+d(n)=2^{a+1}-1+a+1=2^{a+1}+a$,原方程变为 $2^a+a=100$.因为 $2^6+6=70<2^7+7=135$,这种类型的解不存在.所以,总之,我们只有两个解,即 $n=2^3\cdot 11=88$ 和 $n=2^2\cdot 29=116$.

U382　证明

$$\int_0^1\prod_{k=1}^{\infty}(1-x^k)\mathrm{d}x=\frac{4\pi\sqrt{3}}{\sqrt{23}}\cdot\frac{\sinh\frac{\pi\sqrt{23}}{3}}{\cosh\frac{\pi\sqrt{23}}{3}}$$

证明　由 Euler 五边形数定理

$$\prod_{k=1}^{\infty}(1-x^k)=\sum_{n=-\infty}^{\infty}(-1)^n x^{n(3n-1)/2}$$

因此

$$I=\int_0^1\prod_{k=1}^{\infty}(1-x^k)\mathrm{d}x=2\sum_{n=-\infty}^{\infty}\frac{(-1)^n}{n(3n-1)+2}=\frac{2}{3}\sum_{n=-\infty}^{\infty}\frac{(-1)^n}{(n+c)(n-\bar{c})}$$

其中 $c=\frac{-1+\mathrm{i}\sqrt{23}}{6}$.

由余割的部分分式展开

$$\frac{1}{z}+\sum_{n=1}^{\infty}\left[\frac{(-1)^n}{z+n}+\frac{(-1)^n}{z-n}\right]=\frac{\pi}{\sin\pi z}$$

得到

$$I=\frac{2}{3(c-\bar{c})}\sum_{n=-\infty}^{\infty}\left[\frac{(-1)^n}{n+\bar{c}}-\frac{(-1)^n}{n+c}\right]=\frac{2\pi}{\mathrm{i}\sqrt{23}}\left(\frac{1}{\sin\pi\bar{c}}-\frac{1}{\sin\pi c}\right)$$

$$=\frac{4\pi}{\mathrm{i}\sqrt{23}}\cdot\frac{\sin\pi c-\sin\pi\bar{c}}{\cos\pi(\bar{c}-c)-\cos\pi(\bar{c}+c)}$$

$$=\frac{4\pi\sqrt{3}\sin\frac{\pi\mathrm{i}\sqrt{23}}{6}}{\mathrm{i}\sqrt{23}\left(\cos\frac{\pi\mathrm{i}\sqrt{23}}{2}-\frac{1}{2}\right)}$$

$$=\frac{4\pi\sqrt{3}\sinh\frac{\pi\sqrt{23}}{6}}{\sqrt{23}\left(\cosh\frac{\pi\sqrt{23}}{2}-\frac{1}{2}\right)}$$

最后

$$\sinh\frac{\pi\sqrt{23}}{6}\cosh\frac{\pi\sqrt{23}}{2}=\frac{1}{2}(\sinh\frac{2\pi\sqrt{23}}{3}-\sinh\frac{\pi\sqrt{23}}{3})$$

$$=\sinh\frac{2\pi\sqrt{23}}{3}(\cosh\frac{\pi\sqrt{23}}{3}-\frac{1}{2})$$

证毕.

U383 设 $n\geqslant 2$ 是整数，$\boldsymbol{A}$ 和 $\boldsymbol{B}$ 是两个 $n\times n$ 的复数元素的矩阵，且 $\boldsymbol{A}^2=\boldsymbol{B}^2=\boldsymbol{0}$，$\boldsymbol{A}+\boldsymbol{B}$ 可逆. 证明：n 是偶数，对于一切 $k\geqslant 1$，秩$(\boldsymbol{AB})^k=\frac{n}{2}$.

证明 由已知条件，秩$(\boldsymbol{A}+\boldsymbol{B})=n$. 选取 $\boldsymbol{A}=\boldsymbol{B}$，在 Sylvester 不等式中，$n+$秩$(AB)\geqslant$ 秩$(A)+$秩(B)，我们有

$$n=0+n=\text{秩}(\boldsymbol{A}^2)+n\geqslant 2\ \text{秩}(\boldsymbol{A})$$

由此，我们有秩$(\boldsymbol{A})\leqslant\frac{n}{2}$. 同理，有

$$n=0+n=\text{秩}(\boldsymbol{B}^2)+n\geqslant 2\ \text{秩}(\boldsymbol{B})$$

由此，我们有秩$(\boldsymbol{B})\leqslant\frac{n}{2}$. 于是，有

$$n=\text{秩}(\boldsymbol{A}+\boldsymbol{B})\leqslant\text{秩}(\boldsymbol{A})+\text{秩}(\boldsymbol{B})\leqslant\frac{n}{2}+\frac{n}{2}=n$$

因此，当等式全部成立，即

$$\text{秩}(\boldsymbol{A})=\text{秩}(\boldsymbol{B})=\frac{n}{2}$$

由已知条件，得到

$$\boldsymbol{B}^2(\boldsymbol{AB})^k=\boldsymbol{0},\boldsymbol{A}(\boldsymbol{AB})^k=\boldsymbol{0}$$

因此我们有

$$\begin{aligned}\text{秩}(\boldsymbol{AB})^{k+1}&=\text{秩}((\boldsymbol{AB})(\boldsymbol{AB})^k+\boldsymbol{B}^2(\boldsymbol{AB})^k)\\&=\text{秩}((\boldsymbol{A}+\boldsymbol{B})\boldsymbol{B}(\boldsymbol{AB})^k)=\text{秩}(\boldsymbol{B}(\boldsymbol{AB})^k)\\&=\text{秩}(\boldsymbol{A}(\boldsymbol{AB})^k+\boldsymbol{B}(\boldsymbol{AB})^k)=\text{秩}((\boldsymbol{A}+\boldsymbol{B})(\boldsymbol{AB})^k)\\&=\text{秩}(\boldsymbol{AB})^k\end{aligned}$$

于是我们得到

$$\text{秩}(\boldsymbol{AB})^k=\text{秩}(\boldsymbol{AB})^{k-1}=\cdots=\text{秩}(\boldsymbol{AB})$$

最后

$$\text{秩}(\boldsymbol{AB})=\text{秩}(\boldsymbol{A}^2+\boldsymbol{AB})=\text{秩}(\boldsymbol{A}(\boldsymbol{A}+\boldsymbol{B}))=\text{秩}(\boldsymbol{A})=\frac{n}{2}$$

U384 设 m 和 n 是正整数. 求

$$\lim_{x\to 0}\frac{(1+x)(1+\frac{x}{2})^2\cdots(1+\frac{x}{m})^m-1}{(1+x)\sqrt{1+2x}\cdots\sqrt[n]{1+nx}-1}$$

的值.

解 我们注意到对于任何正整数 k,有

$$(1+\frac{x}{k})^k=1+k\cdot\frac{x}{k}+O(x^2)=1+x+O(x^2)$$

于是

$$(1+x)(1+\frac{x}{2})^2\cdots(1+\frac{x}{m})^m-1=[1+x+O(x^2)]^m-1$$
$$=[1+mx+O(x^2)]-1=mx+O(x^2)$$

此外,对于任何 x, $|x|<1$ 和任何 $k=2,3,\cdots,n$,我们有

$$\sqrt[k]{1+kx}=1+\frac{1}{k}\cdot kx+O(x^2)=1+x+O(x^2)$$

所以

$$(1+x)\sqrt{1+2x}\cdots\sqrt[n]{1+nx}-1=[1+x+O(x^2)]^n-1$$
$$=[1+nx+O(x^2)]-1$$
$$=nx+O(x^2)$$

于是

$$\frac{\prod_{k=1}^{m}(1+\frac{x}{k})^k-1}{\prod_{k=1}^{n}\sqrt[k]{1+kx}-1}=\frac{mx+O(x^2)}{nx+O(x^2)}=\frac{m+O(x)}{n+O(x)}\to\frac{m}{n},\text{当 } x\to 0 \text{ 时.}$$

U385 求

$$\lim_{n\to\infty}\sqrt{n}\left(\sqrt{\frac{(n+1)^n}{n^{n-1}}}-\sqrt{\frac{n^{n-1}}{(n-1)^{n-2}}}\right)$$

的值.

第一种解法 首先我们注意到,因为

$$\ln(1+x)=x-\frac{x^2}{2}+\frac{x^3}{3}-\cdots$$

所以我们有

$$\ln\frac{(n+1)^n}{n^{n-1}}=\ln n+n\ln(1+\frac{1}{n})=\ln n+1-\frac{1}{2n}+\frac{1}{3n^2}-\cdots$$

或

$$\frac{(n+1)^n}{n^{n-1}}=\mathrm{e}n\cdot\exp(-\frac{1}{2n})\cdot\exp(\frac{1}{3n^2})\cdots$$

$$=\mathrm{e}(n-\frac{1}{2}+\frac{11}{24n})+O(\frac{1}{n^2})$$

这里用了 Landau 记号. 同理

$$\frac{n^{n-1}}{(n-1)^{n-2}}=\mathrm{e}(n-\frac{3}{2}+\frac{11}{24(n-1)})+O(\frac{1}{(n-1)^2})$$

$$=\mathrm{e}(n-\frac{3}{2}+\frac{11}{24n})+O(\frac{1}{n^2})$$

现在

$$n-\frac{1}{2}+\frac{11}{24n}+O(\frac{1}{n^2})=[\sqrt{n}-\frac{1}{4\sqrt{n}}+O(\frac{1}{n\sqrt{n}})]^2$$

所以

$$\sqrt{\frac{(n+1)^n}{n^{n-1}}}=\sqrt{\mathrm{e}n}-\frac{\sqrt{\mathrm{e}}}{4\sqrt{n}}+O(\frac{1}{n\sqrt{n}})$$

同理

$$\sqrt{\frac{n^{n-1}}{(n-1)^{n-2}}}=\sqrt{\mathrm{e}n}-\frac{3\sqrt{\mathrm{e}}}{4\sqrt{n}}+O(\frac{1}{n\sqrt{n}})$$

所以

$$\sqrt{n}\left(\sqrt{\frac{(n+1)^n}{n^{n-1}}}-\sqrt{\frac{n^{n-1}}{(n-1)^{n-2}}}\right)=\frac{\sqrt{\mathrm{e}}}{2}+O(\frac{1}{n})$$

当 $n\to\infty$ 时,这个极限显然是$\frac{\sqrt{\mathrm{e}}}{2}$,计算完毕.

第二种解法 我们有

$$\lim_{n\to\infty}\sqrt{n}\left(\sqrt{\frac{(n+1)^n}{n^{n-1}}}-\sqrt{\frac{n^{n-1}}{(n-1)^{n-2}}}\right)$$

$$=\lim_{n\to\infty}\sqrt{n}\left(\sqrt{n}\sqrt{\frac{(n+1)^n}{n^n}}-\sqrt{n-1}\sqrt{\frac{n^{n-1}}{(n-1)^{n-1}}}\right)$$

$$=\lim_{n\to\infty}\sqrt{n}\left(\sqrt{n}\sqrt{(1+\frac{1}{n})^n}-\sqrt{n-1}\sqrt{(1+\frac{1}{n-1})^{n-1}}\right)$$

$$=\lim_{n\to\infty}\sqrt{n}(\sqrt{n}\sqrt{\mathrm{e}}-\sqrt{n-1}\sqrt{\mathrm{e}})$$

$$=\sqrt{\mathrm{e}}\lim_{n\to\infty}(n-\sqrt{n(n-1)})$$

$$=\sqrt{\mathrm{e}}\lim_{n\to\infty}\frac{n^2-n^2+n}{n+\sqrt{n(n-1)}}$$

$$=\sqrt{\mathrm{e}}\lim_{n\to\infty}\frac{n}{n+\sqrt{n(n-1)}}$$

$$=\sqrt{e}\lim_{n\to\infty}\frac{1}{1+\sqrt{1-\frac{1}{n}}}$$

$$=\frac{\sqrt{e}}{2}$$

U386 已知凸四边形 $ABCD$，S_A，S_B，S_C，S_D 分别是 $\triangle BCD$，$\triangle CDA$，$\triangle DAB$，$\triangle ABC$ 的面积. 在该四边形所在的平面内确定点 P，使

$$S_A\cdot\overrightarrow{PA}+S_B\cdot\overrightarrow{PB}+S_C\cdot\overrightarrow{PC}+S_D\cdot\overrightarrow{PD}=0$$

解 首先注意到四边形 $ABCD$ 的面积

$$S=S_A+S_C=S_B+S_D$$

还注意到用 O 表示 AC 与 BD 的交点，分别用 h_A 和 h_C 表示从 A，C 出发到 BD 的距离，我们有对角线的夹角形成的角的正弦值为

$$\frac{h_A}{|OA|}=\frac{h_C}{|OC|}$$

所以

$$h_A\cdot\overrightarrow{OC}+h_C\cdot\overrightarrow{OA}=\mathbf{0}$$

这是因为 $\overrightarrow{OA}$，$\overrightarrow{OC}$ 是直线 AC 上方向相反的向量. 最后，注意到

$$2S_A=BD\cdot h_C \text{ 和 } 2S_C=BD\cdot h_A$$

所以

$$S_C\cdot\overrightarrow{OC}+S_A\cdot\overrightarrow{OA}=\mathbf{0}$$

因此对于平面上的任意点 P 有

$$S_A\cdot\overrightarrow{PA}+S_C\cdot\overrightarrow{PC}=-S\cdot\overrightarrow{OP}$$

同理

$$S_B\cdot\overrightarrow{PB}+S_D\cdot\overrightarrow{PD}=-S\cdot\overrightarrow{OP}$$

因此对平面上的任意点 P 有

$$S_A\cdot\overrightarrow{PA}+S_B\cdot\overrightarrow{PB}+S_C\cdot\overrightarrow{PC}+S_D\cdot\overrightarrow{PD}=-2S\cdot\overrightarrow{OP}$$

这里 $S>0$，因为四边形 $ABCD$ 是凸的，所以 P 是对角线 AC 和 BD 的交点，该平面内没有其他点满足题目中给出的条件.

U387 如果一个复系数多项式的所有的根都在单位圆上，那么这个多项式称为特殊多项式. 任何复系数多项式是否都是两个特殊多项式的和?

解 我们将证明

$$P(X)=(X-2)(2X-1)(X-3)=2X^3-11X^2+17X-6$$

不能写成两个特殊多项式的和. 假定能够，也就是说，假定 $P(X)=f(X)+g(X)$，这里 f 和 g 都是特殊多项式，且 $d=\deg(f)\geqslant\deg(g)$. 注意这样必有 $d\geqslant 3$. 将 $f(X)$ 写成

$$f(X)=c(X-w_1)(X-w_2)\cdots(X-w_d)$$

对于根 w_k,有 $|w_k|=1$ 时,我们发现

$$X^d\bar{f}\left(\frac{1}{X}\right)=\vartheta f(X)$$

这里 $\vartheta=\frac{\bar{c}}{c}\prod_{k=1}^{d}(-\bar{w}_k)$ 有复数模 1. 同理,对于 $|\tau|=1$ 和 $k=d-\deg(g)$,我们有

$$X^d\bar{g}\left(\frac{1}{X}\right)=\tau X^k g(X)$$

于是,因为 P 的系数是实数,得到

$$X^dP\left(\frac{1}{X}\right)=\vartheta f(X)+\tau X^k g(X)=\vartheta f(X)+\tau X^k[P(X)-f(X)]$$

解出 f 得到

$$f=\frac{X^dP\left(\frac{1}{X}\right)-\tau X^kP(X)}{\vartheta-\tau X^k}$$

注意到

$$\begin{aligned}X^dP\left(\frac{1}{X}\right)&=X^{d-3}(-6X^3+17X^2-11X+2)\\&=-X^{d-3}(3X-1)(2X-1)(X-2)\end{aligned}$$

以及分母的所有的根都在单位圆上. 但此时,我们看到

$$f(2)=\frac{2^dP\left(\frac{1}{2}\right)-\tau 2^kP(2)}{\vartheta-\tau 2^k}=0$$

于是 f 有一个根不在单位圆上,这与假定矛盾.

U388 求

$$\sum_{n=1}^{\infty}\frac{\sin^{2n}\vartheta+\cos^{2n}\vartheta}{n^2}$$

的值.

第一种解法 设给定的和式是 $S(\vartheta)$. 那么我们计算

$$\begin{aligned}S'(\vartheta)&=2\sin\vartheta\cos\vartheta\sum_{n=1}^{\infty}\frac{\sin^{2n-2}\vartheta-\cos^{2n-2}\vartheta}{n}\\&=2\sin\vartheta\cos\vartheta\left[-\frac{\log(1-\sin^2\vartheta)}{\sin^2\vartheta}+\frac{\log(1-\cos^2\vartheta)}{\cos^2\vartheta}\right]\\&=4\sin\vartheta\cos\vartheta\left(\frac{\log\sin\vartheta}{\cos^2\vartheta}-\frac{\log\cos\vartheta}{\sin^2\vartheta}\right)\\&=4(\tan\vartheta\log\sin\vartheta-\cot\vartheta\log\cos\vartheta)\\&=\frac{\mathrm{d}}{\mathrm{d}\vartheta}(-4\log\sin\vartheta\log\cos\vartheta)\end{aligned}$$

因为 $S(0)=\sum_{n=1}^{\infty}\frac{1}{n^2}=\frac{\pi^2}{6}$,所以推得

$$S(\vartheta)=\frac{\pi^2}{6}-4\log\sin\vartheta\log\cos\vartheta$$

第二种解法 (1) 设 $\vartheta=\frac{\pi}{2}+\pi k,k\in\mathbf{Z}$ 或 $\vartheta=\pi m,m\in\mathbf{Z}$

$$\sum_{n=1}^{\infty}\frac{\sin^{2n}\vartheta+\cos^{2n}\vartheta}{n^2}=\sum_{n=1}^{\infty}\frac{1}{n^2}=\frac{\pi^2}{6}$$

(2) 设 $\vartheta\neq\frac{\pi}{2}+\pi k,k\in\mathbf{Z}$,且 $\vartheta\neq\pi m,m\in\mathbf{Z}$.

作代换 $\sin^2\vartheta=t$,那么我们有

$$\begin{aligned}\sum_{n=1}^{\infty}\frac{\sin^{2n}\vartheta+\cos^{2n}\vartheta}{n^2}&=\sum_{n=1}^{\infty}\frac{t^n+(1-t)^n}{n^2}\\&=-\left(\int_0^t\frac{\ln(1-z)}{z}\mathrm{d}z+\int_0^{1-t}\frac{\ln(1-z)}{z}\mathrm{d}z\right)\\&=\mathrm{Li}_2(t)+\mathrm{Li}_2(1-t)=\frac{\pi^2}{6}-\ln t\ln(1-t)\end{aligned}$$

这里 $\mathrm{Li}_2(t)$ 是双重对数函数,我们已经用了

$$\mathrm{Li}_2(t)+\mathrm{Li}_2(1-t)=\frac{\pi^2}{6}-\ln t\ln(1-t)$$

这是 Landen 公式. 因此我们有

$$\sum_{n=1}^{\infty}\frac{\sin^{2n}\vartheta+\cos^{2n}\vartheta}{n^2}=\frac{\pi^2}{6}-\ln(\sin^2\vartheta)\ln(1-\sin^2\vartheta)$$

U389 设 P 是奇多项式,其零点 $x_1,x_2,\cdots,x_n$ 是实数. 证明:只要 $a<b<\min(x_1,x_2,\cdots,x_n)$,就有

$$\exp\left(\int_a^b\frac{P'''(x)P'(x)}{[P'(x)]^2}\mathrm{d}x\right)<\left|\frac{P(a)^2P'(b)^3}{P'(a)^3P(b)^2}\right|$$

证明 利用恒等式

$$\frac{1}{x-x_1}+\frac{1}{x-x_2}+\cdots+\frac{1}{x-x_n}=\frac{P'(x)}{P(x)}$$

取导数,得到

$$\frac{P''(x)}{P(x)}-\frac{P'(x)^2}{P(x)^2}=\sum_{k=1}^{n}-\frac{1}{(x-x_k)^2}$$

再取一次导数,得到当 $a\leqslant x\leqslant b<\min(x_1,x_2,\cdots,x_n)$ 时,有

$$\frac{P'''(x)}{P(x)}-\frac{3P''(x)P'(x)}{P(x)^2}+\frac{2P'(x)^3}{P(x)^3}=\sum_{k=1}^{n}\frac{2}{(x-x_k)^3}<0$$

两边乘以显然非负的$\frac{P(x)^2}{P'(x)^2}$,得到

$$\frac{P'''(x)P(x)}{P'(x)^2}\leqslant\frac{3P''(x)}{P'(x)}-\frac{2P'(x)}{P(x)}$$

积分后,得到

$$\int_a^b\frac{P'''(x)P(x)}{P'(x)^2}\mathrm{d}x\leqslant 3\mid\ln P'(b)-\ln P'(a)\mid-2\mid\ln P(b)-\ln P(a)\mid$$

$$=\ln\frac{P(a)^2P'(b)^3}{P'(a)^3P(b)^2}$$

因此

$$\exp\left(\int_a^b\frac{P'''(x)P'(x)}{[P'(x)]^2}\mathrm{d}x\right)<\left|\frac{P(a)^2P'(b)^3}{P'(a)^3P(b)^2}\right|$$

这就是要证明的.

U390 证明:存在形如

$$\sin\pi z=\sum_{k=1}^{\infty}a_kz^k(1-z)^k$$

的 $\sin\pi z$ 的唯一的展开式,对于一切复数 z 收敛,这里实系数 a_k 对于某个绝对常数 c,满足

$$|a_k|\leqslant c\cdot\frac{\pi^{2k}}{(2k)!}$$

证明 首先注意到如果这样的表达式存在,那么必是唯一的.实际上,设 j 是使 a_k 是两个这样的表达式中不同的 k 的最小值.于是这两个表达式的 j 阶导数在 $x=0$(或 $x=1$)处的值将不相同.

定义 $v=z(1-z)$.那么

$$\sin\pi z=\sin\left[\pi\left(z-\frac{1}{2}\right)+\frac{\pi}{2}\right]=\cos\left[\pi\left(z-\frac{1}{2}\right)\right]$$

$$=\sum_{n=0}^{\infty}\frac{(-1)^n\pi^{2n}\left(z-\frac{1}{2}\right)^{2n}}{(2n)!}=\sum_{n=0}^{\infty}\frac{\pi^{2n}\left(v-\frac{1}{4}\right)^n}{(2n)!}$$

这里我们用了

$$\left(z-\frac{1}{2}\right)^2=z^2-z+\frac{1}{4}=\frac{1}{4}-v$$

于是,注意到 $v^k=z^k(1-z)^k$ 的系数 a_k 是

$$a_k=\sum_{n=0}^{\infty}\frac{\pi^{2n}}{(2n)!}\binom{n}{k}\left(-\frac{1}{4}\right)^{n-k}=\frac{\pi^{2k}}{(2k)!}\sum_{d=0}^{\infty}\frac{(-1)^d\pi^{2d}(2k)!}{4^d(2k+2d)!}\binom{k+d}{k}$$

这里我们定义了 $d=n-k$.因为

$$\frac{(2k)!}{(2k+2d)!}\binom{k+d}{k}=\frac{1}{2^d(2k+1)(2k+3)\cdots(2k+2d-1)d!}\leqslant\frac{1}{2^{2d}d!}$$

我们得到

$$|a_k| \leqslant \frac{\pi^{2k}}{(2k)!}\sum_{d=0}^{\infty}\frac{\pi^{2d}}{2^{4d}\cdot d!} = \frac{\pi^{2k}}{(2k)!}\exp\left(\frac{\pi^2}{16}\right)$$

只要取 $c=\exp\left(\frac{\pi^2}{16}\right)$，就推出结论.

U391 求一切正整数 n，使 $\varphi(n)^3 \leqslant n^2$.

第一种解法 容易检验，当 $n=1,2,3,4,6,8,10,12,18,24,30,42$ 时，不等式成立.我们证明仅有这些数使其成立.

假定 $n\geqslant 5$. 设 $f(n)=\frac{\varphi(n)^3}{n^2}$，所以我们要求使 $f(n)\leqslant 1$ 的 n. 注意 f 是乘积函数，以及对一切质数 p 和整数 e，有

$$f(p^e)=p^{e-3}(p-1)^3$$

特别是

$$f(2^e)=2^{e-3}, f(3^e)=8(3^{e-3}), f(5^e)=64(5^{e-3})$$

当 $p\geqslant 7$ 和 $e\geqslant 1$ 时

$$f(p^e)\geqslant 6^3(7^{-2})=\frac{216}{49}$$

现在设 $p_1^{e_1}p_2^{e_2}\cdots p_k^{e_k}$ 是 n 的质因数分解式，$p_1<p_2<\cdots<p_k$.

如果 $k=1$，那么 $(p_1,e_1)=(2,3)$，所以 $n=8$.

现在考虑 $k=2$. 如果 $p_1\geqslant 3$，那么

$$f(n)\geqslant \frac{8}{9}\cdot\frac{64}{25}>1$$

所以 $p_1=2$. 如果 $e_1=4$，那么

$$f(n)\geqslant 2\cdot\frac{8}{9}>1$$

如果 $e_1\in\{2,3\}$，那么 (p_2,e_2) 只能是 $(3,1)$，即 $n\in\{12,24\}$.

如果 $e_1=1$，那么 $(p_2,e_2)\in\{(3,1),(3,2),(5,1)\}$，即 $n\in\{6,18,10\}$.

下面考虑 $k=3$. 我们又必有 $p_1=2$. 如果 $e_1\geqslant 2$，那么

$$f(n)\geqslant\frac{1}{2}\cdot\frac{8}{9}\cdot\frac{64}{25}>1$$

所以 $e_1=1$. 如果 $p_2\geqslant 5$，那么

$$f(n)\geqslant\frac{1}{4}\cdot\frac{64}{25}\cdot\frac{216}{49}>1$$

所以 $p_2=3$. 如果 $e_2\geqslant 2$，那么

$$f(n)\geqslant\frac{1}{4}\cdot\frac{8}{3}\cdot\frac{64}{25}>1$$

所以 $e_2=1$. 此时我们必有 $(p_3,e_3)=(5,1)$ 或 $(p_3,e_3)=(7,1)$，即 $n=30,42$. 其理由是因

为如果 $p_3 \geqslant 11$,那么

$$f(n) \geqslant \frac{2\ 000}{9} \cdot 11^{e_3-1} > 1$$

最后,如果 $k \geqslant 4$,那么

$$f(n) \geqslant \frac{1}{4} \cdot \frac{8}{9} \cdot \frac{64}{25} \cdot \frac{216}{49} > 1$$

第二种解法 显然,$n=1$ 满足不等式.设 P_n 是 n 的质约数的集合.因为

$$\varphi(n) = n \prod_{p \in P_n} \frac{p-1}{p}$$

当且仅当

$$n \leqslant \prod_{p \in P_n} \left(\frac{p}{p-1}\right)^3$$

时,$\varphi(n)^3 \leqslant n^2$.

由于质因数分解式是唯一的,所以 $n \geqslant \prod_{p \in P_n} p$,于是必有

$$\sum_{p \in P_n} \ln\left[\frac{p^2}{(p-1)^3}\right] = \ln\left[\prod_{p \in P_n} \frac{p^2}{(p-1)^3}\right] \geqslant \ln\left(\frac{n}{\prod_{p \in P_n} p}\right) \geqslant 0$$

计算到三位小数,见表 1:

表 1

p	$\ln\left[\frac{p^2}{(p-1)^3}\right]$
2	1.386
3	0.118
5	−0.940
7	−1.483
11	−2.112

当整数 $n > 11$ 时,$\ln\left[\frac{n^2}{(n-1)^3}\right]$ 还是递减,因为

$$\frac{(n+1)^2}{n^3} = \frac{(n^2-1)^2(n-1)}{n^3\ (n-1)^3} < \frac{(n^2)^2 n}{n^3\ (n-1)^3} = \frac{n^2}{(n-1)^3}$$

所以

—P_n 没有大于 7 的质数

—P_n 既没有 7,也没有 5

— 如果 $5 \in P_n$,那么 $2 \in P_n$

— 如果 $7 \in P_n$,那么 $2,3 \in P_n$

否则有

$$\sum_{p\in P_n}\ln\left[\frac{p^2}{(p-1)^3}\right]<0$$

对于集合 P_n 的每一种其他可能情形,n 必须是 $\prod_{p\in P_n} p$ 的不大于 $\prod_{p\in P_n}\left(\frac{p}{p-1}\right)^3$ 的正倍数.这就得到 n 的有限个可能的值见表 2:

表 2

P_n	n
{2}	2,4,6,8
{3}	3
{2,3}	6,12,18,24
{2,5}	10
{2,3,5}	30
{2,3,7}	42

检验这些情况,使 $\varphi(n)^3\leqslant n^2$ 的正整数 n 是 $n=1,2,3,4,6,8,10,12,18,24,30$ 和 42.

U392 设 $f(x)=x^4+3x^3+ax^2+bx+c$ 是实系数多项式,在区间 $(-1,1)$ 内有四个实数根.证明

$$(1-a+c)^2+(3-b)^2\geqslant\left(\frac{5}{4}\right)^8$$

证明 设 x_1,x_2,x_3,x_4 是 $f(x)$ 的根.那么我们有

$$f(i)=1-3i-a+bi+c=(i-x_1)(i-x_2)(i-x_3)(i-x_4)$$

和

$$|f(i)|^2=(1-a+c)^2+(3-b)^2=(1+x_1^2)(1+x_2^2)(1+x_3^2)(1+x_4^2)$$

现在,我们必须证明

$$(1+x_1^2)(1+x_2^2)(1+x_3^2)(1+x_4^2)\geqslant\left(\frac{5}{4}\right)^8$$

这等价于

$$\ln(1+x_1^2)+\ln(1+x_2^2)+\ln(1+x_3^2)+\ln(1+x_4^2)\geqslant 8\ln\frac{5}{4}$$

现在,利用函数 $g(x)=\ln(1+x^2)$ 在区间 $(-1,1)$ 上是凸函数这一事实以及和 $x_1+x_2+x_3+x_4=-3$,由 Jensen 不等式推出结果.

U393 求

$$\lim_{x\to 0}\frac{\cos x\sqrt{\cos 2x}\cdots\sqrt[n]{\cos nx}-1}{\cos x\cos 2x\cdots\cos nx-1}$$

的值.

解 设

$$f(x)=\cos x\sqrt{\cos 2x}\cdots\sqrt[n]{\cos nx} \text{ 和 } g(x)=\cos x\cos 2x\cdots\cos nx$$

那么

$$\lim_{x\to 0}f(x)=\lim_{x\to 0}g(x)$$

$$f'(x)=-f(x)(\tan x+\tan 2x+\cdots+\tan nx)$$

和

$$g'(x)=-g(x)(\tan x+2\tan 2x+\cdots+n\tan nx)$$

由 L'Hôpital 法则,有

$$\begin{aligned}\lim_{x\to 0}\frac{f(x)-1}{g(x)-1}&=\lim_{x\to 0}\frac{f'(x)}{g'(x)}\\&=\lim_{x\to 0}\frac{\tan x+\tan 2x+\cdots+\tan nx}{\tan x+2\tan 2x+\cdots+n\tan nx}\\&=\lim_{x\to 0}\frac{\sec^2 x+2\sec^2 2x+\cdots+n\sec^2 nx}{\sec^2 x+2^2\sec^2 2x+\cdots+n^2\sec^2 nx}\\&=\frac{1+2+\cdots+n}{1+2^2+\cdots+n^2}\\&=\frac{3}{2n+1}\end{aligned}$$

U394 设 $x_0>1$ 是整数,定义 $x_{n+1}=d^2(x_n)$,这里 $d(k)$ 表示 k 的正约数的个数. 证明

$$\lim_{n\to\infty}x_n=9$$

证明 由递推关系,显然当 $n\geqslant 1$ 时,$x_n>1$ 是完全平方数. 对于任何 $n\geqslant 2$,对某个整数 $y\geqslant 2$,我们有 $x_n=y^2$. 设 $p_1^{e_1}p_2^{e_2}\cdots p_m^{e_m}$ 是 y 的质因数分解式. 那么

$$x_n=d^2(y^2)=(2e_1+1)^2\cdots(2e_m+1)^2$$

于是当 $n\geqslant 2$ 时,$x_n>1$ 是奇数的平方. 现在我们断言对于任何奇质数 p 和 $e\geqslant 1$,有

$$p^{2e}\geqslant(2e+1)^2$$

当且仅当 $p=3,e=1$ 时,等式成立. 显然,$p^2\geqslant 3^2$,当且仅当 $p=3$ 时,等式成立. 作归纳假设,假定对于某个 $e\geqslant 1$ 断言成立. 那么

$$p^{2(e+1)}=p^2(p^{2e})\geqslant p^2(2e+1)^2=(2pe+p)^2>(2e+3)^2$$

归纳完成,断言成立.

于是,对一切 $n\geqslant 2$,有 $x_n>x_{n+1}$. 当且仅当 $x_n=3^2$ 时,等式成立. 因为数列 $(x_n)_{n\geqslant 2}$ 不能永远严格递减,所以存在 $N\geqslant 2$,使 $x_2>x_3>\cdots>x_N$,且 $x_N=3^2$. 最后,$d^2(3^2)=9$,证毕.

U395 求$\int \frac{x^2+6}{(x\cos x-3\sin x)^2}\mathrm{d}x$的值.

第一种解法 注意到

$$(x\cos x-3\sin x)^2=(x^2+9)\cos^2(x+\arctan\frac{3}{x})$$

我们设$u=x+\arctan\frac{3}{x}$.那么

$$\mathrm{d}u=(1+\frac{-3}{x^2+9})\mathrm{d}x=\frac{x^2+6}{x^2+9}\mathrm{d}x$$

以及

$$\int\frac{x^2+6}{(x\cos x-3\sin x)^2}\mathrm{d}x=\int\frac{1}{\cos^2 u}\mathrm{d}u=\tan u+C=\frac{\tan x+\frac{3}{x}}{1-\frac{3}{x}\tan x}+C$$

$$=\frac{x\sin x+3\cos x}{x\cos x-3\sin x}+C$$

第二种解法 设

$$f(x)=3\cos x+x\sin x \text{ 和 } g(x)=x\cos x-3\sin x$$

注意到

$$f'(x)=-2\sin x+x\cos x \text{ 和 } g'(x)=-x\sin x-2\cos x$$

所以

$$\begin{aligned}&f'(x)g(x)-f(x)g'(x)\\&=x^2\cos^2x+6\sin^2x-5x\sin x\cos x+6\cos^2x+x^2\sin^2x+5x\sin x\cos x\\&=(x^2+6)(\cos^2x+\sin^2x)=x^2+6\end{aligned}$$

于是有

$$\frac{\mathrm{d}}{\mathrm{d}x}\left(\frac{f(x)}{g(x)}\right)=\frac{f'(x)g(x)-f(x)g'(x)}{g^2(x)}=\frac{x^2+6}{(x\cos x-3\sin x)^2}$$

得到

$$\int\frac{x^2+6}{(x\cos x-3\sin x)^2}\mathrm{d}x=\frac{f(x)}{g(x)}+C=\frac{3\cos x+x\sin x}{x\cos x-3\sin x}+C$$

这里C是积分常数,计算完毕.

U396 设S_8是由8个元素的集合的排列组成的对称群,k是其16阶阿贝尔子群的个数.证明:$k\geqslant 1\ 050$.

证明 设$a_1,a_2,\cdots,a_8$是$1,2,\cdots,8$的一个排列.我们考虑S_8的三种类型的阿贝尔子群.

第1类.设$a=(a_1a_2),b=(a_3a_4),c=(a_5a_6),d=(a_7a_8)$.那么$a^2=b^2=c^2=d^2=e$,$a,b,c,d$两两交换.设

$$G=\{a^ib^jc^md^n:0\leqslant i,j,m,n\leqslant 1\}$$

那么 G 是一个16阶阿贝尔子群. 这样的子群(都与 $\mathbf{Z}_2\times\mathbf{Z}_2\times\mathbf{Z}_2\times\mathbf{Z}_2$ 同构)的个数是将1, 2,…,8分割为四个2循环的分法数

$$\frac{8!}{2^4 4!}=105$$

第2类. 设 $a=(a_1a_2a_3a_4)$, $b=(a_5a_6)$ 和 $c=(a_7a_8)$. 那么 $a^4=b^2=c^2=e$, a,b,c 两两交换. 设

$$G=\{a^ib^mc^n:0\leqslant i\leqslant 3,0\leqslant m,n\leqslant 1\}$$

那么 G 是一个16阶阿贝尔子群.

注意到 $a^{-1}=(a_1a_4a_3a_2)\neq a$ 和 $\{a^{-1},b,c\}$ 生成同一个群 G. 这样的子群(都与 $\mathbf{Z}_4\times\mathbf{Z}_2\times\mathbf{Z}_2$ 同构)的个数是将1,2,…,8分割为一个4循环和四个2循环的分法数

$$\frac{1}{2}\left(\frac{8!}{4\cdot 2^2\cdot 2!}\right)=630$$

第3类. 设 $a=(a_1a_2a_3a_4)$, $b=(a_5a_6a_7a_8)$. 那么 $a^4=b^4=e$ 和 $ab=ba$. 设

$$G=\{a^ib^j:0\leqslant i,j\leqslant 3\}$$

那么 G 是一个16阶阿贝尔子群. 又注意到 G 也可以由 $\{a^{-1},b\}$, $\{a,b^{-1}\}$ 或 $\{a^{-1},b^{-1}\}$ 生成. 所以这样的子群(都与 $\mathbf{Z}_4\times\mathbf{Z}_4$ 同构)的个数是将1,2,…,8分割为2个4循环的分法数

$$\frac{1}{4}\left(\frac{8!}{4^2\cdot 2!}\right)=315$$

于是, $k\geqslant 105+630+315=1\ 050$.

注 一种较为详尽的计算表明恰存在1 505个16阶阿贝尔子群. 上面的例子省略了由子群 $\{id,(12)(34),(13)(24),(14)(23)\}$ 的共轭构成的情况.

U397 设 T_n 是第 n 个三角形数. 求

$$\sum_{n\geqslant 1}\frac{1}{(8T_n-3)(8T_{n+1}-3)}$$

的值.

第一种解法 将 $\frac{1}{(8T_n-3)(8T_{n+1}-3)}$ 写成部分分式

$$\begin{aligned}\frac{1}{(8T_n-3)(8T_{n+1}-3)}&=\frac{1}{[4n(n+1)-3][4(n+1)(n+2)-3]}\\&=\frac{1}{(2n-1)(2n+1)(2n+3)(2n+5)}\\&=\frac{1}{16}\left(\frac{1}{2n+3}-\frac{1}{2n+1}\right)+\frac{1}{48}\left(\frac{1}{2n-1}-\frac{1}{2n+5}\right)\end{aligned}$$

于是,有

$$\sum_{n\geqslant 1}\frac{1}{(8T_n-3)(8T_{n+1}-3)}=\frac{1}{16}(-\frac{1}{3})+\frac{1}{48}(1+\frac{1}{3}+\frac{1}{5})=\frac{1}{90}$$

第二种解法 首先注意到因为 $T_n=\frac{n(n+1)}{2}$,所以所求的和是

$$\sum_{n\geqslant 1}\frac{1}{(8T_n-3)(8T_{n+1}-3)}=\sum_{n=1}^{\infty}\frac{1}{(2n-1)(2n+1)(2n+3)(2n+5)}$$

我们将用 β 积分

$$\int_0^1 x^{a-1}(1-x)^{b-1}\mathrm{d}x=\beta(a,b)=\frac{\Gamma(a)\Gamma(b)}{\Gamma(a+b)}$$

计算这个和.

因为

$$(2n-1)(2n+1)(2n+3)(2n+5)\Gamma(1-\frac{1}{2})=16\Gamma(n+\frac{7}{2})$$

我们有

$$\begin{aligned}\sum_{n\geqslant 1}\frac{1}{(8T_n-3)(8T_{n+1}-3)}&=\sum_{n=1}^{\infty}\frac{\Gamma(4)\Gamma(n-\frac{1}{2})}{96\Gamma(n+\frac{7}{2})}\\&=\frac{1}{96}\sum_{n=1}^{\infty}\int_0^1 x^{n-\frac{3}{2}}(1-x)^3\mathrm{d}x\\&=\frac{1}{96}\int_0^1 x^{-\frac{1}{2}}(1-x)^2\mathrm{d}x\\&=\frac{1}{96}\beta(\frac{1}{2},3)=\frac{\Gamma(\frac{1}{2})\Gamma(3)}{96\Gamma(\frac{7}{2})}=\frac{1}{90}\end{aligned}$$

U398 设 a,b,c 是正实数.证明

$$\frac{1}{4a}+\frac{1}{4b}+\frac{1}{4c}+\frac{1}{a+b}+\frac{1}{b+c}+\frac{1}{c+a}\geqslant 3(\frac{1}{3a+b}+\frac{1}{3b+c}+\frac{1}{3c+a})$$

证明 我们将采用以下引理.

引理 如果 x,y,z 是实数,那么

$$(x^2+y^2+z^2)^2\geqslant 3(x^3y+y^3z+z^3x)$$

证明:对一切 $x,y,z\in\mathbf{R}$,不等式

$$\begin{aligned}&(x^2+y^2+z^2)^2-3(x^3y+y^3z+z^3x)\\&=\frac{1}{2}(\sum_{\text{cyc}}(x^2-y^2-xy-zx+2zy)^2)\geqslant 0\end{aligned}$$

成立.

现在,如果 $x=t^a,y=t^b,z=t^c,t\in(0,1]$,那么由引理,得到

$$t^{4a-1}+t^{4b-1}+t^{4c-1}+2t^{2a+2b-1}+2t^{2b+2c-1}+2t^{2c+2a-1}$$
$$\geqslant 3(t^{3a+b-1}+t^{3b+c-1}+t^{3c+a-1})$$

所以

$$\int_0^1(t^{4a-1}+t^{4b-1}+2t^{4c-1}+2t^{2a+2b-1}+2t^{2b+2c-1}+2t^{2c+2a-1})\mathrm{d}t$$
$$\geqslant\int_0^1 3(t^{3a+b-1}+t^{3b+c-1}+t^{3c+a-1})\mathrm{d}t$$

于是

$$\frac{1}{4a}+\frac{1}{4b}+\frac{1}{4c}+\frac{1}{a+b}+\frac{1}{b+c}+\frac{1}{c+a}\geqslant 3(\frac{1}{3a+b}+\frac{1}{3b+c}+\frac{1}{3c+a})$$

U399 考虑函数方程 $f(f(x))=f(x)^2$,这里 $f:\mathbf{R}\to\mathbf{R}$.

(a) 求该方程的一切实数解析解.

(b) 证明:该方程存在无穷多次可微的解.

(c) 是否存在只有有限个无穷多次可微的解.

解 设 $y=f(x)$ 是 f 的值域中的任何数.那么,$f(y)=f(f(x))=(f(x))^2=y^2$.如果 f 是常数函数,比如说,$f(x)=c$.因为 $c=f(x)=c^2$,所以 $c=0$ 或 $c=1$.如果 f 不是常数函数,但是是连续函数,那么值域中存在一个开区间 I,于是,对于 $x\in I$,有 $f(x)=x^2$.

(a) 常数函数 $f(x)=0$ 和 $f(x)=1$ 是在 $(-\infty,\infty)$ 上的实解析函数.如果 f 是在 $(-\infty,\infty)$ 上的非常数的实解析函数,那么由非空开区间上的值唯一确定,对一切实数 x,我们有 $f(x)=x^2$.

(b) 对于每一个 $a>0$,由

$$f_a(x)=\begin{cases}ax^2 & \text{如果 } x<0\\ x^2 & \text{如果 } 0\leqslant x\end{cases}$$

定义的函数 f_a 满足 $f_a\circ f_a=f_a^2$,且 f_a 在每一个实数 x 处是可微的.但是,当 $a\neq 1$ 时,f_a 在 $x=0$ 处不是两次可微的.所以,找到了不可数个多次可微的解.

(c) 对于每一个 $c>0$,设 f_c 由

$$f_c(x)=\begin{cases}x^2+\mathrm{e}^{\frac{c}{x}} & \text{如果 } x<0\\ x^2 & \text{如果 } 0\leqslant x\end{cases}$$

的定义.那么 f_c 在 $(-\infty,\infty)$ 上无穷多次可微,并满足

$$f_c\circ f_c=f_c^2$$

于是,出现不可数个无穷多次可微的解.

U400 设 $\boldsymbol{A}$ 和 $\boldsymbol{B}$ 是整数元素的 3×3 的矩阵,且 $\boldsymbol{AB}=\boldsymbol{BA}$,$\det(\boldsymbol{B})=0$,和 $\det(\boldsymbol{A}^3+\boldsymbol{B}^3)=1$.求一切可能的多项式

$$f(x)=\det(\boldsymbol{A}+x\boldsymbol{B})$$

解 如果 $\boldsymbol{A}=\boldsymbol{I}$ 且 $\boldsymbol{B}=\boldsymbol{0}$,那么 $f(x)=1$. 如果 $\boldsymbol{A}=\mathrm{diag}[0,1,1]$,$\boldsymbol{B}=\mathrm{diag}[1,0,0]$,那么 $f(x)=x$. 如果 $\boldsymbol{A}=\mathrm{diag}[0,0,1]$,$\boldsymbol{B}=\mathrm{diag}[1,1,0]$,那么 $f(x)=x^2$. 我们将证明 $f(x)$ 的可能的情况就是这些.

因为 x^3 在 $\det(\boldsymbol{A}+x\boldsymbol{B})$ 中的系数是 $\det(\boldsymbol{B})$,所以

$$f(x)=ax^2+bx+c,a,b,c\in\mathbf{Z}$$

设 $w=\mathrm{e}^{\frac{2\pi\mathrm{i}}{3}}$,那么 $\boldsymbol{A}^3+\boldsymbol{B}^3=(\boldsymbol{A}+\boldsymbol{B})(\boldsymbol{A}+w\boldsymbol{B})(\boldsymbol{A}+w^2\boldsymbol{B})$,所以

$$1=\det(\boldsymbol{A}^3+\boldsymbol{B}^3)=f(1)f(w)f(w^2)=f(1)\mid f(w)\mid^2$$

因为 $f(1)$ 和 $\mid f(w)\mid^2$ 都是整数,且 $\mid f(w)\mid^2>0$,所以

$$1=f(1)=a+b+c$$

$$1=\mid f(w)\mid^2=a^2+b^2+c^2-ab-bc-ca$$

$$=\frac{3}{2}(a^2+b^2+c^2)-\frac{1}{2}(a+b+c)^2$$

于是也有 $a^2+b^2+c^2=1$,这样就必有$(a,b,c)=(0,0,1)$,$(0,1,0)$ 或$(1,0,0)$.

U401 设 P 是 n 次多项式,且对 $k=1,2,\cdots,n+1$ 这一切数,有

$$P(k)=\frac{1}{k^2}$$

确定 $P(n+2)$ 的值.

第一种解法 存在唯一的 n 次内插多项式 P,对于一切 $k=1,2,\cdots,n+1$,有 $P(k)=\frac{1}{k^2}$,即

$$P(x)=\sum_{k=1}^{n+1}\Big(\prod_{\substack{1\leqslant j\leqslant n+1\\ j\neq k}}\frac{x-j}{k-j}\Big)\frac{1}{k^2}$$

观察到

$$\prod_{\substack{1\leqslant j\leqslant n+1\\ j\neq k}}\frac{n+2-j}{k-j}=\prod_{j=1}^{k-1}\left(\frac{n+2-j}{k-j}\right)\prod_{j=k+1}^{n+1}\left(\frac{n+2-j}{k-j}\right)$$

$$=\frac{(n+1)!}{(n-k+2)(k-1)!}\cdot\frac{(n-k+1)!}{(-1)^{n-k+1}(n-k+1)!}$$

$$=(-1)^{n-k+1}\binom{n+1}{k-1}$$

所以

$$P(n+2)=\sum_{k=1}^{n+1}(-1)^{n-k+1}\binom{n+1}{k-1}\frac{1}{k^2}$$

$$=\frac{(-1)^{n+1}}{n+2}\left(\sum_{k=1}^{n+1}\binom{n+2}{k}\frac{(-1)^k}{k}\right)$$

所以我们需要求出

$$\sum_{k=1}^{n+1}\binom{n+2}{k}\frac{(-1)^k}{k}$$

设

$$Q(x)=\sum_{k=1}^{n+1}\binom{n+2}{k}\frac{(-x)^k}{k}$$

于是

$$\begin{aligned}Q(1)=Q(1)-Q(0)&=\int_0^1\sum_{k=1}^{n+1}\binom{n+2}{k}(-1)^k x^{k-1}\mathrm{d}x\\&=\int_0^1\frac{(1-x)^{n+2}-1-(-x)^{n+2}}{x}\mathrm{d}x\\&=\frac{(-1)^{n+1}}{n+2}+\int_0^1\frac{(1-x)^{n+2}-1}{x}\mathrm{d}x\\&=\frac{(-1)^{n+1}}{n+2}-\int_0^1\frac{1-t^{n+2}}{1-t}\mathrm{d}t\\&=\frac{(-1)^{n+1}}{n+2}-(1+\frac{1}{2}+\frac{1}{3}+\cdots+\frac{1}{n+2})\end{aligned}$$

因此

$$\sum_{k=1}^{n+1}\binom{n+2}{k}\frac{(-1)^k}{k}=Q(1)=\frac{(-1)^{n+1}}{n+2}-(1+\frac{1}{2}+\frac{1}{3}+\cdots+\frac{1}{n+2})$$

以及

$$P(n+2)=\frac{(-1)^{n+1}}{n+2}Q(1)=\frac{1}{(n+2)^2}+\frac{(-1)^n}{n+2}(1+\frac{1}{2}+\frac{1}{3}+\cdots+\frac{1}{n+2})$$

第二种解法 因为 $P(x)$ 是 n 次多项式，$n+1$ 次有限差为零.所以

$$\binom{n+1}{0}P(n+2)-\binom{n+1}{1}P(n+1)+\binom{n+1}{2}P(n)-\cdots+(-1)^{n+1}\binom{n+1}{n+1}P(1)=0$$

因此

$$P(n+2)=\binom{n+1}{1}\frac{1}{(n+1)^2}-\binom{n+1}{2}\frac{1}{n^2}+\cdots+(-1)^n\binom{n+1}{n+1}\frac{1}{1^2}$$

为了化简上述答案，我们对 $(t-1)^{n+1}$ 的二项式级数积分，得到

$$\frac{(t-1)^{n+2}}{n+2}=\frac{t^{n+2}}{n+2}-\binom{n+1}{1}\frac{t^{n+1}}{n+1}+\cdots+(-1)^{n+1}\binom{n+1}{n+1}\frac{t}{1}+\frac{(-1)^{n+2}}{n+2}$$

减去 $\frac{(-1)^{n+2}}{n+2}$ 后再除以 t，从 $t=0$ 积分到 1，我们得到

$$\frac{1}{(n+2)^2}-\binom{n+1}{1}\frac{1}{(n+1)^2}+\binom{n+1}{2}\frac{1}{n^2}-\cdots+(-1)^{n+1}\binom{n+1}{n+1}\frac{1}{1^2}$$

$$=\frac{1}{n+2}\int_0^1 \frac{(t-1)^{n+2}-(-1)^{n+2}}{t}\mathrm{d}t$$

$$=\frac{1}{n+2}\int_0^1 [(t-1)^{n+1}-(t-1)^n+\cdots+(-1)^{n+1}]\mathrm{d}t$$

$$=\frac{(-1)^{n+1}}{n+2}H_{n+2}$$

这里 $H_{n+2}=1+\frac{1}{2}+\frac{1}{3}+\cdots+\frac{1}{n+2}$. 因此

$$P(n+2)=\frac{1}{(n+2)^2}+\frac{(-1)^n}{n+2}H_{n+2}$$

U402 设 n 是正整数,$P(x)$ 至多是 n 次多项式,且对于一切 $x\in[0,n]$,有 $|P(x)|\leqslant x+1$. 证明

$$|P(n+1)|+|P(-1)|\leqslant(n+2)(2^{n+1}-1)$$

第一种证法 因为 $P(x)$ 至多是 n 次多项式,其有限差为零. 即对于一切 x,有

$$\binom{n+1}{0}P(x)-\binom{n+1}{1}P(x-1)+\binom{n+1}{2}P(x-2)-\cdots+$$

$$(-1)^{n+1}\binom{n+1}{n+1}P(x-n-1)=0$$

特别地,设 $x=n+1$ 和 $x=n$,得到

$$|P(n+1)|\leqslant\binom{n+1}{1}|P(n)|+\binom{n+1}{2}|P(n-1)|+\cdots+\binom{n+1}{n+1}|P(0)|$$

$$|P(-1)|\leqslant\binom{n+1}{0}|P(n)|+\binom{n+1}{1}|P(n-1)|+\cdots+\binom{n+1}{1}|P(0)|$$

因此

$$|P(n+1)|+|P(-1)|\leqslant\binom{n+2}{1}|P(n)|+\binom{n+2}{2}|P(n-1)|+\cdots+$$

$$\binom{n+2}{n+1}|P(0)|$$

$$\leqslant(n+1)\binom{n+2}{1}+n\binom{n+2}{2}+\cdots+\binom{n+2}{n+1}$$

对 $(t+1)^{n+2}$ 的二项级数微分,得到

$$(n+2)(t+1)^{n+1}=(n+2)\binom{n+2}{0}t^{n+1}+(n+1)\binom{n+2}{1}t^n+\cdots+\binom{n+2}{n+1}$$

设 $t=1$ 得到

$$(n+1)\binom{n+2}{1}+n\binom{n+2}{2}+\cdots+\binom{n+2}{n+1}=(n+2)2^{n+1}-(n+2)$$

证毕.

第二种证法 设 $P(x)=\sum_{j=0}^{n}P(a_j)L_j(x)$,这里对 $i=0,1,2,\cdots,n$,有

$$L_i(x)=\prod_{\substack{j=0\\j\neq i}}^{n}\frac{x-a_j}{a_i-a_j}$$

是 n 次 Lagrange 基本多项式.

如果$(a_0,a_1,\cdots,a_n)=(0,1,\cdots,n)$,我们有

$$P(x)=\sum_{j=0}^{n}P(j)L_j(x)$$

现在,我们有

$$|L_i(-1)|=\left|\prod_{\substack{j=0\\j\neq i}}^{n}\frac{-1-j}{i-j}\right|=\prod_{j=0}^{i-1}\frac{j+1}{i-j}\prod_{j=i+1}^{n}\frac{j+1}{j-i}$$

$$=\frac{i!}{i!}\cdot\frac{(n+1)!}{(i+1)!\ (n-i)!}=\binom{n+1}{i+1}$$

和

$$|L_i(n+1)|=\left|\prod_{\substack{j=0\\j\neq i}}^{n}\frac{n+1-j}{i-j}\right|=\prod_{j=0}^{i-1}\frac{n+1-j}{i-j}\prod_{j=i+1}^{n}\frac{n+1-j}{j-i}$$

$$=\frac{(n+1)!}{i!\ (n+1-i)!}\cdot\frac{(n-i)!}{(n-i)!}=\binom{n+1}{i}$$

因此

$$|P(-1)|=\left|\sum_{i=0}^{n}P(i)L_i(-1)\right|\leqslant\sum_{i=0}^{n}|P(i)L_i(-1)|\leqslant\sum_{i=0}^{n}(i+1)\binom{n+1}{i+1}$$

$$=(n+1)\sum_{i=0}^{n}\binom{n}{i}=(n+1)2^n$$

和

$$|P(n+1)|=\left|\sum_{i=0}^{n}P(i)L_i(n+1)\right|\leqslant\sum_{i=0}^{n}|P(i)L_i(n+1)|$$

$$\leqslant\sum_{i=0}^{n}(i+1)\binom{n+1}{i}=\sum_{i=0}^{n}i\binom{n+1}{i}+\sum_{i=0}^{n}\binom{n+1}{i}$$

$$=(n+1)\sum_{i=0}^{n}\binom{n}{i-1}+\sum_{i=0}^{n}\binom{n+1}{i}$$

$$=(n+1)(2^n-1)+2^{n+1}-1$$

将最后两个不等式相加,得到

$$|P(n+1)|+|P(-1)|\leqslant(n+2)(2^{n+1}-1)$$

U403 求一切至多 3 次的多项式 $P(x)\in\mathbf{R}[x]$,使得对于一切 $x\in\mathbf{R}$,有

$$P\left(1-\frac{x(3x+1)}{2}\right)-P(x)^2+P\left(\frac{x(3x-1)}{2}-1\right)=1$$

解 设 $P(x)=ax^3+bx^2+cx+d$ 是 3 次多项式,$a,b,c,d\in\mathbf{R}$,有

$$P\left(1-\frac{x(3x+1)}{2}\right)-[P(x)]^2+P\left(\frac{x(3x-1)}{2}-1\right)=1,\ \forall\, x\in\mathbf{R}$$

设 $x=-1,x=0,x=1$,代入给定的关系,得到

$$P(0)-[P(-1)]^2+P(1)=1$$
$$P(1)-[P(0)]^2+P(-1)=1$$
$$P(-1)-[P(1)]^2+P(0)=1$$

将这三个等式相加,得到

$$[P(-1)-1]^2+[P(0)-1]^2+[P(1)-1]^2=0$$

所以 $P(-1)=P(0)=P(1)=1$. 考虑 $Q(x)=P(x)-1$.

因为 $Q(-1)=Q(0)=Q(1)=0$ 和 $\deg Q(x)=3$,那么对于某一个 $a\in\mathbf{R}$,有

$$Q(x)=a(x-1)x(x+1)$$

显然,$Q(x)$ 是奇多项式. 设 $x=2$ 和 $x=-2$,代入给定的关系,并利用 $P(x)=Q(x)+1$ 这一事实,得到方程组

$$Q(-6)+1-[Q(2)+1]^2+Q(4)+1=1$$
$$Q(-4)+1-[Q(-2)+1]^2+Q(6)+1=1$$

将这两个等式相加,并利用 $Q(x)$ 是奇多项式这一事实,得到

$$2-[Q(2)+1]^2-[-Q(2)+1]^2=0$$

计算后容易给出 $Q(2)=0$. 所以,$Q(x)$ 有四个根,推出对一切 $x\in\mathbf{R}$,$Q(x)=0$,即对一切 $x\in\mathbf{R}$,$P(x)=1$.

U404 求以下乘积形式的多项式

$$(1+x)(1+2x)^2\cdots(1+nx)^n$$

展开后 x^2 项的系数.

第一种解法 设 b_n 和 a_n 分别是 x 和 x^2 的系数. 显然 $a_1=0,b_1=1$. 于是我们有

$$\begin{aligned}\cdots+a_nx^2+b_nx+1&=(1+x)(1+2x)^2\cdots(1+nx)^n\\&=(\cdots+a_{n-1}x^2+b_{n-1}x+1)(1+nx)^n\\&=(\cdots+a_{n-1}x^2+b_{n-1}x+1)\left(\cdots+n^2\binom{n}{2}x^2+n\binom{n}{1}x+1\right)\\&=\cdots+\left(a_{n-1}+n^2b_{n-1}+\frac{n^3(n-1)}{2}\right)x^2+(b_{n-1}+n^2)x+1\end{aligned}$$

使这两个多项式的系数相等,得到

$$\begin{cases}a_n=a_{n-1}+n^2b_{n-1}+\dfrac{n^3(n-1)}{2}\\ b_n=b_{n-1}+n^2\end{cases}$$

于是,我们有

$$\begin{aligned}b_n&=b_1+2^2+\cdots+n^2=1^2+2^2+\cdots+n^2\\&=\frac{n(n+1)(2n+1)}{6}\end{aligned}$$

$$\begin{aligned}a_n&=a_{n-1}+n^2\cdot\frac{(n-1)n(2n-1)}{6}+\frac{n^3(n-1)}{2}\\&=a_{n-1}+\frac{1}{3}(n-1)n^3(n+1)\end{aligned}$$

因此得到

$$a_n=a_1+\frac{1}{3}\sum_{k=2}^{n}(k-1)k^3(k+1)=\frac{1}{3}\sum_{k=1}^{n-1}k(k+1)^3(k+2)$$

利用以下恒等式

$$\begin{aligned}k(k+1)^3(k+2)&=\frac{1}{6}k(k+1)^2(k+2)[(k+2)(k+3)-(k-1)k]\\&=\frac{1}{6}[k(k+1)^2(k+2)^2(k+3)-(k-1)k^2(k+1)^2(k+2)]\end{aligned}$$

得到

$$\begin{aligned}a_n&=\frac{1}{18}\Big(\sum_{k=1}^{n-1}k(k+1)^2(k+2)^2(k+3)-\sum_{k=1}^{n}(k-1)k^2(k+1)^2(k+2)\Big)\\&=\frac{(n-1)n^2(n+1)^2(n+2)}{18}\end{aligned}$$

第二种解法 设 $P_n(x)=\prod\limits_{1\leqslant k\leqslant n}(1+kx)^k$. 我们有

$$P(x)=a_0+a_1\cdot x+a_2\cdot x^2+x^3Q(x)$$

和

$$P'(x)=a_1+2a_2x+[3x^2Q(x)+x^3Q'(x)]$$

于是

$$P''(x)=2a_2+[6xQ(x)+3x^2Q'(x)+x^3Q''(x)]$$

我们需要求出本题的解$\frac{P''(0)}{2}$. 我们有

$$\log P(x)=\sum_{1\leqslant k\leqslant n}k\cdot\log(1+kx)$$

$$\frac{P'(x)}{P(x)}=\sum_{1\leqslant k\leqslant n}\frac{k^2}{1+kx}$$

$$P'(x)=P(x)\cdot\sum_{1\leqslant k\leqslant n}\frac{k^2}{1+kx}$$

$$P''(x)=P'(x)\cdot\sum_{1\leqslant k\leqslant n}\frac{k^2}{1+kx}+P(x)\cdot\Big(\sum_{1\leqslant k\leqslant n}\frac{k^2}{1+kx}\Big)'$$

$$P''(x)=P(x)\cdot\Big(\sum_{1\leqslant k\leqslant n}\frac{k^2}{1+kx}\Big)^2+P(x)\cdot\Big(\sum_{1\leqslant k\leqslant n}\frac{-k^3}{(1+kx)^2}\Big)$$

现在,取 $x=0$,有 $P(0)=1$

$$\begin{aligned}P''(0)&=\Big(\sum_{1\leqslant k\leqslant n}k^2\Big)^2-\Big(\sum_{1\leqslant k\leqslant n}k^3\Big)\\&=\Big[\frac{n(n+1)(2n+1)}{6}\Big]^2-\Big[\frac{n(n+1)}{2}\Big]^2\\&=\frac{[n(n+1)]^2}{4}\,\frac{2n+4}{3}\,\frac{2n-2}{3}\\&=\frac{(n-1)n^2(n+1)^2(n+2)}{9}\end{aligned}$$

于是,所求的答案是

$$\frac{P''(0)}{2}=\frac{(n-1)n^2(n+1)^2(n+2)}{18}$$

U405 设 $a_1=1$,对一切 $n>1$,有

$$a_n=1+\frac{1}{a_1}+\frac{1}{a_2}+\cdots+\frac{1}{a_{n-1}}$$

求:$\lim\limits_{n\to\infty}(a_n-\sqrt{2n})$.

解 首先,注意到 $a_n=a_{n-1}+\dfrac{1}{a_{n-1}}$,或定义 $b_n=a_n^2$,我们有 $b_n=b_{n-1}+\dfrac{1}{b_{n-1}}+2$.

断言:对于 一切 $n\geqslant 3$,我们有 $2n<b_n<2n+\ln n$.

证明:注意到 $a_2=1+\frac{1}{1}=2$,$a_3=2+\frac{1}{2}=\frac{5}{2}$ 和 $b_3=\frac{25}{4}>6=2\cdot 3$.此外,$\ln 3>\ln e=1$,$b_3<7<2\cdot 3+\ln 3$,或断言对于 $n=3$ 成立.假定断言对于 $n-1$ 成立,或

$$b_n=b_{n-1}+\frac{1}{b_{n-1}}+2>2(n-1)+2+\frac{1}{b_{n-1}}>2n$$

然而

$$\begin{aligned}b_n=b_{n-1}+\frac{1}{b_{n-1}}+2&<2(n-1)+2+\ln(n-1)+\frac{1}{b_{n-1}}\\&<2n+\ln n+\frac{1}{2n}-\ln n+\ln(n-1)\end{aligned}$$

只要证明 $\ln n>\ln(n-1)+\dfrac{1}{2n}$,这显然成立,因为

$$\ln n-\ln(n-1)=\int_{n-1}^{n}\frac{dx}{x}>\int_{n-1}^{n}\frac{dx}{n}=\frac{1}{n}>\frac{1}{2n}$$

推出断言.

于是注意到当 $n \geqslant 3$ 时,我们有

$$\begin{aligned}(2n)^2 &= 4n^2 < 2na_n^2 = 2nb_n \\ &< 4n^2 + 2n\ln n \\ &< 4n^2 + 4n\ln n + [\ln n]^2 \\ &= [2n + \ln n]^2\end{aligned}$$

因此

$$2n < \sqrt{2n}a_n < 2n + \ln n, \sqrt{2n} < a_n < \sqrt{2n} + \frac{\ln n}{\sqrt{2n}}$$

最后

$$0 \leqslant \lim_{n\to\infty}(a_n - \sqrt{2n}) \leqslant \lim_{n\to\infty}\frac{\ln n}{\sqrt{2n}} = 0$$

推出

$$\lim_{n\to\infty}(a_n - \sqrt{2n}) = 0$$

U406 求

$$\lim_{x\to 0}\frac{\cos(n+1)x \cdot \sin nx - n\sin x}{x^3}$$

的值.

解 观察到

$$\cos(n+1)x = 1 - \frac{1}{2}(n+1)^2x^2 + o(x^3)$$

$$\sin nx = nx - \frac{1}{6}n^3x^3 + o(x^3)$$

$$n\sin x = nx - \frac{1}{6}nx^3 + o(x^3)$$

所以,得到

$$\frac{[1 - \frac{1}{2}(n+1)^2x^2 + o(x^3)][nx - \frac{1}{6}n^3x^3 + o(x^3)] - [nx - \frac{1}{6}nx^3 + o(x^3)]}{x^3}$$

$$= -\frac{\frac{x^3}{3}n(n+1)(2n+1) + o(x^3)}{x^3}$$

$$\lim_{x\to 0}\frac{\cos(n+1)x \cdot \sin nx - n\sin x}{x^3} = -\frac{n(n+1)(2n+1)}{3}$$

U407 证明:对每一个 $\varepsilon > 0$,有

$$\int_2^{2+\varepsilon} e^{2x-x^2}\mathrm{d}x < \frac{\varepsilon}{1+\varepsilon}$$

证明 对于一切实数 X,我们有 $e^X \geqslant X + 1$.

现在,对于每一个 $\varepsilon>0$ 和 $x\in(2,2+\varepsilon)$,设 $X=x^2-2x>0$.

于是我们有

$$e^{x^2-2x}>x^2-2x+1=(x-1)^2\Leftrightarrow e^{2x-x^2}<\frac{1}{(x-1)^2}$$

$$\Rightarrow\int_2^{2+\varepsilon}e^{2x-x^2}dx<\int_2^{2+\varepsilon}\frac{dx}{(1-x)^2}=\left[\frac{1}{1-x}\right]\bigg|_2^{2+\varepsilon}=\frac{\varepsilon}{1+\varepsilon}$$

U408 证明:如果 $\boldsymbol{A}$ 和 $\boldsymbol{B}$ 是满足

$$\boldsymbol{A}=\boldsymbol{AB}-\boldsymbol{BA}+\boldsymbol{ABA}-\boldsymbol{BA}^2+\boldsymbol{A}^2\boldsymbol{BA}-\boldsymbol{ABA}^2$$

的方阵,那么 $\det(\boldsymbol{A})=0$.

证明 我们有

$$\boldsymbol{A}^k=\boldsymbol{A}^k\boldsymbol{B}-\boldsymbol{A}^{k-1}\boldsymbol{BA}+\boldsymbol{A}^k\boldsymbol{BA}-\boldsymbol{A}^{k-1}\boldsymbol{BA}^2+\boldsymbol{A}^{k+1}\boldsymbol{BA}-\boldsymbol{A}^k\boldsymbol{BA}^2$$

取迹,利用 $\mathrm{tr}(\boldsymbol{MN})=\mathrm{tr}(\boldsymbol{NM})$,我们推得

$$\mathrm{tr}(\boldsymbol{A}^k)=\mathrm{tr}(\boldsymbol{A}^k\boldsymbol{B})-\mathrm{tr}((\boldsymbol{A}^{k-1}\boldsymbol{B})\boldsymbol{A})+\mathrm{tr}((\boldsymbol{A}^k\boldsymbol{B})\boldsymbol{A})-\mathrm{tr}((\boldsymbol{A}^{k-1}\boldsymbol{B})\boldsymbol{A}^2)+$$
$$\mathrm{tr}((\boldsymbol{A}^{k+1}\boldsymbol{B})\boldsymbol{A})-\mathrm{tr}((\boldsymbol{A}^k\boldsymbol{B})\boldsymbol{A}^2)=0$$

因此,对于任何 k,$\mathrm{tr}(\boldsymbol{A}^k)=0$,所以 $\boldsymbol{A}$ 是幂零的. 于是 $\det(\boldsymbol{A})=0$.

U409 求

$$\lim_{x\to 0}\frac{2\sqrt{1+x}+2\sqrt{2^2+x}+\cdots+2\sqrt{n^2+x}-n(n+1)}{x}$$

的值.

解 因为

$$\lim_{x\to 0}[2\sqrt{1+x}+2\sqrt{2^2+x}+\cdots+2\sqrt{n^2+x}-n(n+1)]$$
$$=2[1+2+\cdots+n-\frac{n(n+1)}{2}]=0$$

所以可以用 L'Hôpital 法则. 于是我们得到

$$\lim_{x\to 0}\frac{2\sqrt{1+x}+2\sqrt{2^2+x}+\cdots+2\sqrt{n^2+x}-n(n+1)}{x}$$

$$=\lim_{x\to 0}\frac{\frac{1}{\sqrt{1+x}}+\frac{1}{\sqrt{2^2+x}}+\cdots+\frac{1}{\sqrt{n^2+x}}}{1}=1+\frac{1}{2}+\cdots+\frac{1}{n}$$

U410 设 a,b,c 是实数,$a+b+c=5$. 证明

$$(a^2+3)(b^2+3)(c^2+3)\geqslant 192$$

第一种证法 由对称性,我们可以假定 $c:=\min\{a,b,c\}$. 于是

$$c\leqslant\frac{5}{3},a+b\geqslant\frac{10}{3}$$

设 $p:=a+b$. 因为

$$(a^2+3)(b^2+3)\geqslant 3(a+b)^2 \Leftrightarrow (ab-3)^2\geqslant 0$$

只要证明不等式

$$3(a+b)^2(c^2+3)\geqslant 192 \Leftrightarrow (a+b)^2(c^2+3)\geqslant 64$$

或者使用简略记号,只要证明不等式

$$p^2[(5-p)^2+3]\geqslant 64 \Leftrightarrow p^2(p^2-10p+28)\geqslant 64$$

因为 $p\geqslant \frac{10}{3}$,我们有

$$\begin{aligned} p^2(p^2-10p+28)-64 &= p^4-10p^3+28p^2-64 \\ &= (p^2-2p-4)(p-4)^2\geqslant 0 \end{aligned}$$

这是因为

$$p^2-2p-4=(p-1)^2-5\geqslant \left(\frac{10}{3}-1\right)^2-5=\frac{4}{9}>0$$

第二种证法 设

$$f(a,b,c)=(a^2+3)(b^2+3)(c^2+3) \text{ 和 } g(a,b,c)=a+b+c-5$$

考虑 Lagrange 函数

$$\begin{aligned} L(a,b,c,\lambda) &= f(a,b,c)-\lambda g(a,b,c) \\ &= (a^2+3)(b^2+3)(c^2+3)+\lambda(a+b+c-5) \end{aligned}$$

这里 $\lambda\in\mathbf{R}$. 观察到 $f(a,b,c)$ 在由 $g(a,b,c)$ 定义的列紧集上连续,所以由 Weierstrass 定理,存在一个全局的最小值. 由 Lagrange 乘子法,$f(a,b,c)$ 的最大值或最小值取决于约束条件 $g(a,b,c)=0$ 必定是 L 的一个驻点. 于是最大值和最小值满足

$$\frac{\partial L}{\partial a}=0$$

$$\frac{\partial L}{\partial b}=0$$

$$\frac{\partial L}{\partial c}=0$$

$$\frac{\partial L}{\partial \lambda}=0$$

即

$$2a(b^2+3)(c^2+3)+\lambda=0$$

$$2b(a^2+3)(c^2+3)+\lambda=0$$

$$2c(a^2+3)(b^2+3)+\lambda=0$$

$$a+b+c-5=0$$

将前两个方程相减,化简,然后将第二个方程和第三个方程相减,第三个方程和第一个方程相减,得到

$$(a-b)(3-ab)=0$$
$$(b-c)(3-bc)=0$$
$$(c-a)(3-ca)=0$$
$$a+b+c-5=0$$

于是，由对称性，我们得到

$$(a,b,c)\in\{(\frac{5}{3},\frac{5}{3},\frac{5}{3}),(\frac{3}{2},\frac{3}{2},2),(1,1,3)\}$$

因为 $f(\frac{5}{3},\frac{5}{3},\frac{5}{3})=(\frac{52}{9})^3, f(\frac{3}{2},\frac{3}{2},2)=\frac{3\ 087}{16}, f(1,1,3)=192$

我们推得 192 是受约束条件的最小值，即

$$(a^2+3)(b^2+3)(c^2+3)\geqslant 192$$

U411　设 e 是正整数. 对于任何正整数 m，用 $\omega(m)$ 表示 m 的不同的质约数的个数. 如果 m 有 $\omega(m)^e$ 个十进制数字，那么我们可以说 m 是"好"数. 对于怎么样的数 e，只存在有限多个"好"数?

解　我们断言当 $e=1$ 时，题目中提出的结果成立，但是对于任何其他正整数 e 就不成立.

情况 1：当 $e=1$ 时，考虑前 k 个质数的积，也称为质数阶乘，其渐近形式为 $\exp(k\ln k)$，即存在一个正整数 K 和一个实常数 C，对于一切 $k\geqslant K$，前 k 个质数的积至少是

$$C\cdot\exp(k\ln k)$$

我们断言存在正整数 K'，使 $K'\geqslant K$，对一切 $k\geqslant K'$，我们有

$$C\cdot\exp(k\ln k)>10^k$$

即前 k 个质数的积多于 k 个数字. 事实上，两边取自然对数，这就等价于

$$\ln C+k\ln k>k\ln 10 \text{ 或 } \ln k>\ln 10-\frac{\ln C}{k}$$

随着 k 的增大，左边无限增大，右边受到 $\ln 10$ 的限制，所以这样的 K' 实际上是存在的. 于是注意到当 $k\geqslant K'$ 时，如果 m 有 $\omega(m)=k$ 个不同质约数，那么 m 至少是前 k 个质约数的积，因此它多于 k 个数."好"数不能有 K' 个或更多个数字，因此它们都小于 $10^{K'}$，于是只存在有限多个这样的数.

情况 2：当 $e\geqslant 2$ 时，再考虑前 k 个质数的积，我们已经证明了对于一切 $k\geqslant K'$，它小于 $10^{k^2}<10^{k^e}$. 注意到存在另一个常数 $D>C$，对于一切 $k\geqslant K'$，前 k 个质数的积小于 $D\cdot\exp(k\ln k)$，且

$$D\cdot\exp(k\ln(k))<10^{k^2}$$

等价于

$$\ln D+k\ln k<\ln 10k^2 \text{ 或 } \ln 10>\frac{\ln k}{k}+\frac{\ln D}{k^2}$$

左边是正的实常数，然而右边可递减到任意接近于0的值.于是对于任何$e \geqslant 2$，存在一个K''，对于一切$k \geqslant K''$，前k个质数的积小于10^{k^2}，即对每一个$e \geqslant 2$，它小于10^{k^e}.现在，如果乘积大于10^{k^e-1}，这个积就是"好"数.否则，要乘以2直到所得到的数大于或等于10^{k^e-1}.第一个这样的数将小于

$$2 \cdot 10^{k^e-1} < 10^{k^e}$$

所以它将有k^e个数字，于是它将是"好"数.因为这对每一个正整数$k > K'$，给定的e，存在无穷多个"好"数，对于每一个$k > K''$，至少有一个"好"数.

U412 设$P(x)$是首项系数是1的实系数n次多项式，有n个实根.证明：如果$a > 0$，且

$$P(c) \leqslant \left(\frac{b^2}{a}\right)^n$$

那么$P(ax^2+2bx+c)$至少有一个实根.

证明 如果$P(x)$是首项系数是1的实系数n次多项式，n个实根是$\alpha_1, \alpha_2, \cdots, \alpha_n$，那么

$$P(x) = (x-\alpha_1)(x-\alpha_2)\cdots(x-\alpha_n)$$

因此，有

$$P(c) = (c-\alpha_1)(c-\alpha_2)\cdots(c-\alpha_n) \leqslant \left(\frac{b^2}{a}\right)^n$$

以及

$$P(ax^2+2bx+c) = (ax^2+2bx+c-\alpha_1) \cdot (ax^2+2bx+c-\alpha_2)\cdots(ax^2+2bx+c-\alpha_n)$$

用反证法，假定$P(ax^2+2bx+c)$没有实根.那么每一个因子的判别式都为负，即

$$\begin{matrix} b^2 - a(c-\alpha_1) < 0 & & b^2 < a(c-\alpha_1) \\ b^2 - a(c-\alpha_2) < 0 & \Leftrightarrow & b^2 < a(c-\alpha_2) \\ \vdots & & \vdots \\ b^2 - a(c-\alpha_n) < 0 & & b^2 < a(c-\alpha_n) \end{matrix}$$

将所有这些不等式相乘，得到

$$(b^2)^n < a^n(c-\alpha_1)(c-\alpha_2)\cdots(c-\alpha_n)$$

即

$$\left(\frac{b^2}{a}\right)^n < (c-\alpha_1)(c-\alpha_2)\cdots(c-\alpha_n)$$

这是一个矛盾，所以题目得证.

U413 设$\triangle ABC$的三边BC, CA, AB的长分别是a, b, c.内切圆与边BC, CA, AB的切点分别是A', B', C'.

(a) 证明:长为 $AA'\sin A, BB'\sin B, CC'\sin C$ 的线段可组成三角形的边.

(b) 如果 $A_1B_1C_1$ 是这样一个三角形,用 a,b,c 表示的面积比 $\frac{K[A_1B_1C_1]}{K[ABC]}$.

解 (a) 众所周知

$$BA'=\frac{c+a-b}{2}, CA'=\frac{a+b-c}{2}$$

所以由 Stewart 定理

$$AA'^2=\frac{(c+a-b)b^2+(a+b-c)c^2}{2a}-\frac{(c+a-b)(a+b-c)}{4}$$
$$=\frac{3ab^2+3ac^2-2abc+2b^2c+2bc^2-a^3-2b^3-2c^3}{4a}$$

同理,对 BB', CC' 有类似的等式.现在设

$$a_1=AA'\sin A, b_1=BB'\sin B, c_1=CC'\sin C$$

用 R 表示 $\triangle ABC$ 的外接圆的半径,我们有

$$16R^2a_1^2=4a^2AA'^2$$
$$=3a^2b^2+3a^2c^2-2a^2bc+2ab^2c+2abc^2-a^4-2ab^3-2ac^3$$
$$=16S^2+(b+c-a)^2(b-c)^2=16S^2+16R^2r^2(\cos C-\cos B)^2$$

这里我们对 $\triangle ABC$ 的面积 $S=K[ABC]$ 用了 Heron 公式,也用到了

$$b+c-a=8R\cos\frac{A}{2}\sin\frac{B}{2}\sin\frac{C}{2}, b-c=4R\sin\frac{A}{2}\sin\frac{B-C}{2}$$

$$2\cos\frac{A}{2}\sin\frac{B-C}{2}=\cos C-\cos B, r=4R\sin\frac{A}{2}\sin\frac{B}{2}\sin\frac{C}{2}$$

经过一些代数运算后,推出

$$16R^4K[A_1B_1C_1]^2=R^4(2a_1^2a_2^2+2a_2^2a_3^2+2a_3^2a_1^2-a_1^4-a_2^4-a_3^4)$$
$$=3S^4+4R^2S^2r^2(\cos^2A+\cos^2B+\cos^2C-$$
$$\cos A\cos B-\cos B\cos C-\cos C\cos A)$$

这一表达式显然为正,因为 S 为正,且对任何 u,v,w,因为标量积不等式,都有

$$u^2+v^2+w^2-uv-vw-wu\geqslant 0$$

推得 a_1,b_1,c_1 的确是非退化的三角形的三边.如果 a_1,b_1,c_1 中的两个相加等于第三个,那么表达式为零;如果 a_1,b_1,c_1 中的一个大于另两个之和,那么表达式为负.

(b) 现在,利用 $2Rr(a+b+c)=4RS=abc$,利用余弦定理,经过一些代数运算,得到

$$\frac{K[A_1B_1C_1]}{K[ABC]}=\frac{2ab+2bc+2ca-a^2-b^2-c^2}{16R^2}$$
$$=\frac{(2ab+2bc+2ca-a^2-b^2-c^2)(2a^2b^2+2b^2c^2+2c^2a^2-a^4-b^4-c^4)}{16a^2b^2c^2}$$

U414 设 $p<q<1$ 是正实数.求所有的函数 $f:\mathbf{R}\to\mathbf{R}$,且满足条件:

(i) 对一切实数 x,有 $f(px+f(x))=qf(x)$,

(ii) $\lim\limits_{x\to 0}\dfrac{f(x)}{x}$ 存在且有限.

解 只要在 f 连续的附加假设下,就可以解该题.这种情况下存在大量的解,如果我们去掉连续这一假定,那么解大概还要多得多.

实际上,我们将从最相关的函数

$$g(x)=px+f(x) \tag{1}$$

着手,将用

$$f(x)=g(x)-px \text{ 和 } h(x)=(q-p)x-f(x)=qx-g(x)$$

作为辅助函数.注意到用 g 表示的函数方程(1) 变为

$$g(g(x))-pg(x)=q[g(x)-px]$$

或等价的

$$g(g(x))=(p+q)g(x)-pqx$$

注意到如果 $g(x)=g(y)$,那么这一公式表明

$$pqx=(p+q)g(x)-g(g(x))=(p+q)g(y)-g(g(y))=pqy$$

因此 $x=y$,于是 g 是一对一的.这一函数方程也可以说成是,如果我们从任意的 $x=x_0$ 开始,对 $n\geqslant 1$,由

$$x_n=g(x_{n-1})$$

定义数列 x_n,那么数列 x_n 满足线性递推

$$x_n=(p+q)x_{n-1}-pqx_{n-2}(n\geqslant 2)$$

这一递推关系的特征多项式是 $t^2-(p+q)t+pq$,根为 p,q,于是一般解是对于某个常数 α 和 β,有 $x_n=\alpha q^n+\beta p^n$.代入初始条件 $x_0=x$,$x_1=g(x)$,得

$$x_n=\frac{q^n}{q-p}f(x)+\frac{p^n}{q-p}h(x)$$

特别地,$p<q<1$,当 $n\to\infty$ 时,$x_n\to 0$,我们有

$$\lim_{x\to 0}\frac{g(x)}{x}=\lim_{n\to\infty}\frac{x_{n+1}}{x_n}$$

如果对任何非零的 x,有 $f(x)=0$,那么我们看到这个极限是 p,于是推出对一切 x,必有 $f(x)=0$(因此 $g(x)=px$).排除这一情况,我们可以假定对一切非零 x,有 $f(x)$ 非零,因此极限等于 q.

现在因为 f 连续,所以 g 也连续.因此 $f(0)=g(0)=0$.又因为 g 是一对一的,$\lim\limits_{x\to 0}\dfrac{g(x)}{x}=q>0$,我们可以推出单调递增,特别当 $x>0$ 时,$g(x)>0$.

这意味着对于 g 的正的或负的变量,在函数方程(1) 中不起作用,因此我们将关注于寻找 $g:[0,\infty)\to[0,\infty)$ 的一切可能情况.对于所有这样的解,取 $-g(-x)$ 将给出一切

负的变量，独立选取正的或负的变量的解，相结合以后将给出 $g:\mathbf{R}\to\mathbf{R}$ 的一切解.

注意到因为对一切 $x>0$，有 $g(x)>0$，所以对一切 n，上面定义的数列 x_n 将为正. 因为 $q>p$，对于较大的 n，q^n 这一项将在 x_n 的公式中起主要作用，于是我们推得 $f(x)\geqslant 0$. 这表明 $g(x)\geqslant px$，因此由于连续性，g 对所有正的实数值都是这样. 于是对于任何 $y>0$，存在(唯一的)一个 x，使 $g(x)=y$. 因此我们可以将数列 x_n 往后推到对一切整数 n，用同样的公式定义数列 x_n. 对于负得很多的量 n，p^n 这一项将在这一公式中起主要作用，我们同样推得 $h(x)\geqslant 0$.

现在假定我们取两个值 $x>y$，由 $x_0=x$，$y_0=y$ 和 $x_n=g(x_{n-1})$，$y_n=g(y_{n-1})$，定义 x_n 和 y_n. 因为 g 递增和 $x>y$，所以对一切整数 n，有 $x_n>y_n$. 又因为当 n 是正的且很大时，q^n 这一项将起主要作用，当是 n 负的且很大时，p^n 这一项将起主要作用，所以我们推得 $f(x)$ 和 $h(x)$ 非递减.(特别是，如果对于任何 $x>0$，有 $h(x)=0$，那么我们得到 $h(g(x))=ph(x)=0$，因此对一切 n，$h(x_n)=0$. 我们推得对一切 x，有 $h(x)=0$，因此 $g(x)=qx$，以及对一切 x，有 $f(x)=(q-p)x$.)

实质上这些是对 g 的限制. 为了看清这一点，我们固定任何 $a<b$，且 $pb\leqslant a\leqslant qb$.(这两个等式的情况将必是我们已经找到的两个解分别是 $g(x)=px$ 和 $g(x)=qx$，所以在此我们可不予考虑). 选取任意函数 $g:[a,b]\to[0,\infty)$ 满足

(1) $g(b)=a$，$g(a)=(q+p)a-pqb$，

(2) $f(x)=g(x)-px$ 和 $h(x)=qx-g(x)$ 在 $[a,b]$ 上非递减.

这一条件有点微妙，但是容易看出是有许多例子的. 例如，设 $\varphi:[a,b]\to[p,q]$ 是任意连续函数，且

$$\int_a^b\varphi(t)\mathrm{d}t=g(b)-g(a)$$

(注意，条件(1) 表明 $g(b)-g(a)$ 在 $p(b-a)$ 和 $q(b-a)$ 之间，所以这是可能的). 于是，我们定义

$$g(x)=(p+q)a-pqb+\int_a^x\varphi(t)\mathrm{d}t=a-\int_x^b\varphi(t)\mathrm{d}t$$

对于每一个 $x\in(a,b]$ 我们定义数列

$$x_n=\frac{q^nf(x)+q^nh(x)}{q-p}$$

因为 f 和 h 都非递减，所以推出如果 $x>y$，那么对一切 n，有 $x_n>y_n$，因为从 $x_0=b$ 出发的数列通过 $x_1=a$，由连续性，我们推得每一个正实数恰好都位于这些数列中的一个. 于是，我们可以对所有正数 x 定义 g. 比如说 $g(x)$ 是包含 x 的唯一的数列中 x 后的下一项. 由构造可知 g 将满足函数方程.

发生了许多有趣的例子，来自于以下情况：如果我们定义 $\tau=\dfrac{\log p}{\log q}>1$，所以 $q^\tau=p$，

那么对于任何数列 x_n，函数 $S(x)=\dfrac{h(x)}{f(x)^{\tau}}$ 是一个正的常数. 对一切正数 x，取这个常数为 $S(x)=C$，我们发现 f 是方程 $(q-p)x=f(x)+Cf(x)^{\tau}$ 的唯一的正实根. 特别当 $p=q^2$ 时，$\tau=2$，如果我们找到一连串解

$$f(x)=\frac{-1+\sqrt{1+4Cq(1-q)x}}{2C}, x\geqslant 0$$

U415 证明：多项式 $P(X)=X^4+\mathrm{i}X^2-1$ 在 Gaussian 整数范围内的多项式环中不可约.

证明 设 z 是该多项式的根. 注意到

$$z^2=\frac{-\mathrm{i}\pm\sqrt{-1+4}}{2}=\frac{-\mathrm{i}\pm\sqrt{3}}{2}, |z^4|=|z^2|^2=\frac{1+3}{4}=1$$

所以该多项式的任何根，都有 $|z|=1$. 现在，模是 1 的 Gaussian 整数是 $1,\mathrm{i},-1,-\mathrm{i}$，其平方是 $1,-1,1,-1$，显然不同于$\dfrac{-\mathrm{i}+\sqrt{3}}{2}$. 于是 $P(X)$ 的根不是 Gaussian 整数，因此 $P(X)$ 在 Gaussian 整数的范围内不允许有线性因子. 如果 $P(X)$ 在这个环中不是不可约的，那么它必须能分解为两个二次因子. 假定 $P(X)=Q(X)R(X)$，这里

$$Q(X)=X^2+aX+b, R(X)=X^2+cX+d$$

其中 a,b,c,d 是 Gaussian 整数. 那么

$$Q(X)R(X)=X^4+(a+c)X^3+(ac+b+d)X^2+(bc+ad)X+bd$$

因此 $c=-a$，如果 $c=a=0$，那么

$$Q(X)R(X)=X^4+(b+d)X^2+bd, \text{或 } b+d=\mathrm{i}, bd=-1$$

于是 b,d 是方程 $r^2-\mathrm{i}r-1=0$ 的根. 但是这个二次方程的根是 $r=\dfrac{-\mathrm{i}\pm\sqrt{-1+4}}{2}=\dfrac{-\mathrm{i}\pm\sqrt{3}}{2}$，显然不是 Gaussian 整数. 如果 $c=-a\neq 0$，那么 $b=d$，$2b-a^2=\mathrm{i}$，$b^2=-1$. 于是 $b=\pm\mathrm{i}$，$a^2=2b-\mathrm{i}\in\{\mathrm{i},-3\mathrm{i}\}$. 但是，如果 $a^2=\mathrm{i}$，那么 $a=\pm\dfrac{1+\mathrm{i}}{\sqrt{2}}$ 不是 Gaussian 整数，如果 $a^2=-3\mathrm{i}$，那么 $a=\dfrac{\sqrt{3}}{2}(1-\mathrm{i})$ 不是 Gaussian 整数. 推出结论.

U416 对于多项式 $X^4+\mathrm{i}X^2-1$ 的任何根 $z\in\mathbf{C}$，我们记 $w_z=z+\dfrac{2}{z}$. 设 $f(x)=x^2-3$. 证明：$|[f(w_z)-1]f(w_z-1)f(w_z+1)|$ 是不依赖 z 的整数.

证明 设 z 是多项式 $X^4+\mathrm{i}X^2-1$ 的根. 计算后，得到

$$|[f(w_z)-1]f(w_z-1)f(w_z+1)|=\left|(z^2+\frac{4}{z^2})(z^4+\frac{16}{z^4}-4)\right|$$

$$= \left| z^6 + \frac{64}{z^6} \right|$$

现在,我们注意到 $z^6 = (z^2 - \mathrm{i})(z^4 + \mathrm{i}z^2 - 1) - \mathrm{i} = -\mathrm{i}$,那么

$$\left| z^6 + \frac{64}{z^6} \right| = \left| -\mathrm{i} - \frac{64}{\mathrm{i}} \right| = 63$$

于是

$$|[f(w_z) - 1] f(w_z - 1) f(w_z + 1)| = 63$$

是不依赖 z 的整数.

U417 证明:对于任何 $n \geqslant 14$ 和任何实数 x,$0 < x < \frac{\pi}{2n}$,以下不等式成立

$$\frac{\sin 2x}{\sin x} + \frac{\sin 3x}{\sin 2x} + \cdots + \frac{\sin(n+1)x}{\sin nx} < 2\cot x$$

证明

引理 当 $0 < x < \frac{\pi}{2n}$ 时,$\frac{\sin(k+1)x}{\sin kx} < 1 + \frac{1}{k}$,$1 \leqslant k \leqslant n$.

证明:我们需要证明

$$\int_0^{kx} \cos y\mathrm{d}y + \int_{kx}^{(k+1)x} \cos y\mathrm{d}y \leqslant \left(1 + \frac{1}{k}\right) \int_0^{kx} \cos y\mathrm{d}y$$

即

$$\int_{kx}^{(k+1)x} \cos y\mathrm{d}y \leqslant \frac{1}{k} \int_0^{kx} \cos y\mathrm{d}y$$

因为 $0 < (k+1)x < \frac{(k+1)\pi}{2n} < \pi$,所以 $\cos y$ 在 $[kx, (k+1)x]$ 上递减,最后一个不等式表明

$$x\cos kx \leqslant \frac{\sin kx}{k} \Leftrightarrow f(x) = \sin kx - kx\cos kx \geqslant 0$$

因为

$$f'(x) = k\cos kx - k\cos kx + k^2 x\sin kx = k^2 x\sin kx, kx \leqslant \frac{\pi}{2}$$

所以 $f(x) \geqslant f(0) = 0$.

根据引理,只要证明

$$\sum_{k=1}^{n} \left(1 + \frac{1}{k}\right) < 2 \cdot \frac{\cos x}{\sin x}, 0 < x < \frac{\pi}{2n}, n \geqslant 14 \tag{1}$$

当 $0 < x < \frac{\pi}{2n}$ 时,$\cos x$ 是凹函数,得到

$$\cos x \geqslant 1 + \frac{2nx}{\pi}\left(\cos \frac{\pi}{2n} - 1\right)$$

不等式(1) 表明要有

$$\sum_{k=1}^{n}(1+\frac{1}{k})<2\cdot\frac{1+\frac{2nx}{\pi}(\cos\frac{\pi}{2n}-1)}{x}=\frac{2}{x}-\frac{8n}{\pi}\sin^2\frac{\pi}{4n}$$

原来还要有(用 $\sin x\leqslant x$)

$$\sum_{k=1}^{n}(1+\frac{1}{k})<\frac{4n}{\pi}-\frac{\pi}{2n}$$

将用归纳法证明这一点.

设

$$f(n)=\sum_{k=1}^{n}(1+\frac{1}{k})-\frac{4n}{\pi}+\frac{\pi}{2n},f(12)\approx -0.044\ 7$$

假定对任何 $12\leqslant n\leqslant r$,有 $f(n)<0$.对于 $n=r+1$,我们需要证明

$$\sum_{k=1}^{r}(1+\frac{1}{k})+1+\frac{1}{r+1}-\frac{4r+4}{\pi}+\frac{\pi}{2r+2}<0$$

利用归纳步骤,我们来证明

$$\frac{4r}{\pi}-\frac{\pi}{4r}+1+\frac{1}{r+1}-\frac{4r+4}{\pi}+\frac{\pi}{2r+2}<0$$

上式等价于

$$g(n)=\frac{\pi-4}{\pi}+\frac{1}{n+1}-\frac{\pi}{2n}+\frac{\pi}{2n+2}<0,\forall n\geqslant 12$$

这是显然的,因为当 $n\geqslant\frac{\pi}{4-\pi}-1\approx 2.66$ 时,$g(n)<\frac{\pi-4}{\pi}+\frac{1}{n+1}<0$ 成立.

U418 设 a,b,c 是正实数,且 $abc=1$.证明

$$\sqrt{16a^2+9}+\sqrt{16b^2+9}+\sqrt{16c^2+9}\leqslant 1+\frac{14}{3}(a+b+c)$$

证明 原不等式等价于

$$\sqrt{16a^2+9}-4a+\sqrt{16b^2+9}-4b+\sqrt{16c^2+9}-4c\leqslant 1+\frac{2}{3}(a+b+c)$$

或

$$\frac{9}{\sqrt{16a^2+9}+4a}+\frac{9}{\sqrt{16b^2+9}+4b}+\frac{9}{\sqrt{16c^2+9}+4c}\leqslant 1+\frac{2}{3}(a+b+c)$$

另外,由 Cauchy-Schwarz 不等式,我们知道

$$5\sqrt{16x^2+9}=\sqrt{(16+9)(16x^2+9)}\geqslant 16x+9$$

于是只要证明

$$\frac{9}{\frac{16a+9}{5}+4a}+\frac{9}{\frac{16b+9}{5}+4b}+\frac{9}{\frac{16c+9}{5}+4c}\leqslant 1+\frac{2}{3}(a+b+c)$$

或

$$\frac{5}{4a+1}+\frac{5}{4b+1}+\frac{5}{4c+1}\leqslant 1+\frac{2}{3}(a+b+c)$$

我们将利用切线方法证明最后这个不等式.

对于 $x>0$,我们设以下函数

$$f(x)=\frac{2x+1}{3}-\frac{5}{4x+1}-\frac{22\ln x}{15}$$

那么我们有

$$f'(x)=\frac{2(x-1)\left[80\left(x-\frac{7}{20}\right)^2+\frac{6}{5}\right]}{x(4x+1)^2}$$

由此,我们推得 $f(x)\geqslant f(1)=0$,以及

$$\frac{22\ln x}{15}\leqslant\frac{2x+1}{3}-\frac{5}{4x+1}$$

将对 a,b,c 的这些不等式相加,得到

$$\frac{5}{4a+1}+\frac{5}{4b+1}+\frac{5}{4c+1}\leqslant 1+\frac{2}{3}(a+b+c)$$

证毕.

U419 设 $p>1$ 是自然数.

证明

$$\lim_{n\to\infty}\left(\sum_{k=1}^{n}\frac{1}{\sqrt[p]{k}}-\frac{p}{p-1}\left(n^{\frac{p-1}{p}}-1\right)\right)\in(0,1)$$

第一种证法 设

$$a_n:=\sum_{k=1}^{n}\frac{1}{\sqrt[p]{k}}-\frac{p}{p-1}\left[(n+1)^{\frac{p-1}{p}}-1\right]$$

和

$$b_n:=\sum_{k=1}^{n}\frac{1}{\sqrt[p]{k}}-\frac{p}{p-1}\left(n^{\frac{p-1}{p}}-1\right)$$

首先,我们将证明 a_n 递增,b_n 递减.

事实上,由中值定理,存在 $c_n\in(n+1,n+2)$,使

$$a_{n+1}-a_n=\frac{1}{\sqrt[p]{n+1}}-\frac{p}{p-1}\left[(n+2)^{\frac{p-1}{p}}-(n+1)^{\frac{p-1}{p}}\right]$$

$$=\frac{1}{\sqrt[p]{n+1}}-\frac{1}{\sqrt[p]{c_n}}>\frac{1}{\sqrt[p]{n+1}}-\frac{1}{\sqrt[p]{n+1}}=0$$

类似地,存在 $c_n\in(n,n+1)$,使

$$b_n-b_{n+1}=-\frac{1}{\sqrt[p]{n+1}}+\frac{p}{p-1}\left[(n+1)^{\frac{p-1}{p}}-n^{\frac{p-1}{p}}\right]$$

$$=\frac{1}{\sqrt[p]{c_n}}-\frac{1}{\sqrt[p]{n+1}}>\frac{1}{\sqrt[p]{n+1}}-\frac{1}{\sqrt[p]{n+1}}=0$$

因为 a_n 递增,b_n 递减,$n\in\mathbf{N}$,所以对于任何 $m,n\in\mathbf{N}$,有 $a_n<b_m$.

事实上,$a_n<a_{n+m}<b_{n+m}<b_m$. 特别有 $a_n<b_1$ 和 $a_1<b_n,n\in\mathbf{N}$.

于是,$(a_n)_{n\in\mathbf{N}}$ 和$(b_n)_{n\in\mathbf{N}}$ 这两个数列都单调有界,因此收敛.

设 $l:=\lim\limits_{n\to\infty}a_n$ 和 $u:=\lim\limits_{n\to\infty}b_n$. 因为$\lim\limits_{n\to\infty}(b_n-a_n)=0$,所以 $l=u$.

设 $c:=\lim\limits_{n\to\infty}a_n=\lim\limits_{n\to\infty}b_n$. 那么我们有 $a_n<c<b_n$.

因为当 $p\in\mathbf{N}\setminus\{1\}$ 时,$\frac{p}{p-1}(2^{\frac{p-1}{p}}-1)$ 是 p 的增函数,我们有

$$a_1=1-\frac{p}{p-1}(2^{\frac{p-1}{p}}-1)\geqslant 1-\frac{2}{2-1}(2^{\frac{2-1}{2}}-1)$$

$$=1-2(\sqrt{2}-1)=3-2\sqrt{2}>0$$

于是 $c>a_1>0$.

还有,因为 $b_1=\sum\limits_{k=1}^{1}\frac{1}{\sqrt[p]{k}}-\frac{p}{p-1}(1^{\frac{p-1}{p}}-1)=1$,我们有 $c<b_1=1$.

第二种证法 由 Euler-Maclaurin 公式,我们有,如果 c 是整数,$f(x):[c,+\infty)\to C$ 是 一个 C^1 函数,那么

$$\sum_{k=1}^{n}f(x)=\int_c^n f(x)\mathrm{d}x+\frac{1}{2}[f(n)+f(c)]+\int_c^n f'(x)[\{x\}-\frac{1}{2}]\mathrm{d}x$$

在这种情况下,取 $c=1$ 和 $f(x)=\frac{1}{\sqrt[p]{x}}$. 我们有

$$\sum_{k=1}^{n}\frac{1}{\sqrt[p]{k}}=\int_1^n\frac{1}{\sqrt[p]{x}}\mathrm{d}x+\frac{1}{2}(\frac{1}{2\sqrt[p]{n}}+1)-\int_1^n\frac{1}{px^{\frac{p+1}{p}}}[\{x\}-\frac{1}{2}]\mathrm{d}x$$

即

$$\sum_{k=1}^{n}\frac{1}{\sqrt[p]{k}}=\frac{p}{p-1}(n^{\frac{p-1}{p}}-1)+\frac{1}{2\sqrt[p]{n}}+C+\int_n^\infty\frac{1}{px^{\frac{p+1}{p}}}[\{x\}-\frac{1}{2}]\mathrm{d}x \tag{2}$$

这里 $C=\frac{1}{2}-\int_1^\infty\frac{1}{px^{\frac{p+1}{p}}}[\{x\}-\frac{1}{2}]\mathrm{d}x=1-\int_1^\infty\frac{\{x\}}{px^{\frac{p+1}{p}}}\mathrm{d}x\in(0,1)$.

此外

$$\left|\int_n^\infty\frac{1}{px^{\frac{p+1}{p}}}[\{x\}-\frac{1}{2}]\mathrm{d}x\right|\leqslant\frac{1}{2}\int_n^\infty\frac{1}{px^{\frac{p+1}{p}}}\mathrm{d}x=\frac{1}{2\sqrt[p]{n}}$$

将这些结果相结合,等式(2) 可写成

$$\sum_{k=1}^{n}\frac{1}{\sqrt[p]{k}}=\frac{p}{p-1}(n^{\frac{p-1}{p}}-1)+C+O(\frac{1}{\sqrt[p]{n}})$$

这里 $C\in(0,1)$. 推出结论.

U420 求端点分别在双曲线 $xy=5$ 和椭圆 $\frac{x^2}{4}+4y^2=2$ 上的线段的最小长度.

解 问题是:在约束条件 $ab=5$ 和 $\frac{c^2}{4}+4d^2=2$ 下,对实数 a,b,c,d 求 $(a-c)^2+(b-d)^2$ 的最小值.

我们有

$$(a-c)^2+(b-d)^2=\left(2\frac{a}{\sqrt{5}}-c\frac{\sqrt{5}}{2}\right)^2+\left(\frac{b}{\sqrt{5}}-d\sqrt{5}\right)^2+$$
$$\frac{1}{5}(a-2b)^2+4\frac{ab}{5}-\left(\frac{c^2}{4}+4d^2\right)$$
$$\geqslant 4-2=2$$

因此,最小值是 2,当且仅当

$$a=\sqrt{10},b=\frac{\sqrt{10}}{2},c=4\frac{\sqrt{10}}{5},d=\frac{\sqrt{10}}{10}$$

或

$$a=-\sqrt{10},b=-\frac{\sqrt{10}}{2},c=-4\frac{\sqrt{10}}{5},d=-\frac{\sqrt{10}}{10}$$

时,达到最小值.

U421 求一切不同的正整数数对 a,b,存在整系数多项式 P,使

$$P(a^3)+7(a+b^2)=P(b^3)+7(b+a^2)$$

解 我们有

$$P(a^3)+7(a+b^2)=P(b^3)+7(b+a^2)$$
$$\Rightarrow\begin{cases}P(a^3)-P(b^3)=7(b+a^2-a-b^2)=7(a-b)(a+b-1)\\a^3-b^3\mid P(a^3)-P(b^3)\end{cases}$$
$$\Rightarrow a^3-b^3\mid 7(a-b)(a+b-1),a\neq b$$
$$\Rightarrow a^2+ab+b^2\mid 7(a+b-1)$$

我们可以假定 $a>b$.

$$7(a+b-1)\geqslant a^2+ab+b^2=(a+b-1)(a+1)+b^2-b+1>(a+b-1)(a+1)$$
$$\Rightarrow 7>a+1\Rightarrow 6>a$$

因此 $b<a<6$.再进行简单的计算表明 $b=1,a=2$ 和 $b=3,a=5$ 是仅有的解.

如果 $a=2,b=1$ 或 $a=1,b=2$,那么我们可取 $P(x)=2x$.

如果 $a=5,b=3$ 或 $a=3,b=5$,那么我们可取 $P(x)=x$.

因此我们有 $a=2,b=1;a=1,b=2;a=5,b=3;a=3,b=5$.

U422 设 a 和 b 是复数,$(a_n)_{n\geqslant 0}$ 是由 $a_0=2,a_1=a$,当 $n\geqslant 2$ 时

$$a_n=aa_{n-1}+ba_{n-2}$$

定义的数列.

将 a_n 写成 a 和 b 的多项式.

解 用递推方程的标准方法,我们得到

$$a_n=\left(\frac{a+\sqrt{a^2+4b}}{2}\right)^n+\left(\frac{a-\sqrt{a^2+4b}}{2}\right)^n$$

两次应用 Newton 二项式定理,我们得到

$$\begin{aligned}a_n&=2\sum_{u=0}^{[\frac{n}{2}]}\binom{n}{2u}\frac{a^{n-2u}(a^2+4b)^u}{2^n}\\&=2\sum_{v=0}^{[\frac{n}{2}]}\binom{n}{2u}\frac{a^{n-2u}}{2^n}\sum_{v=0}^{u}\binom{u}{v}a^{2u-v}4^vb^v\\&=\sum_{v=0}^{[\frac{n}{2}]}c_{n,v}a^{n-2v}b^v\end{aligned}$$

这里

$$c_{n,v}=\frac{1}{2^{n-2v-1}}\sum_{u=v}^{u}\binom{n}{2u}\binom{u}{v}$$

显然这将 a_n 表示成 a 和 b 的多项式.

U423 求

$$f(x)=\sqrt{\sin^4x+\cos^2x+1}+\sqrt{\cos^4x+\sin^2x+1}$$

的最大值和最小值.

解 我们来证明

$$f(x)=\sqrt{\frac{15+\cos 4x}{2}}$$

众所周知

$$\cos 4x=8\cos^4x-8\cos^2x+1$$

所以我们需要证明

$$\sqrt{\sin^4x+\cos^2x+1}+\sqrt{\cos^4x-\cos^2x+2}=2\sqrt{\cos^4x-\cos^2x+2}$$

这里我们用了 $\sin^2x+\cos^2x=1$. 这一等式等价于

$$\sqrt{\sin^4x+\cos^2x+1}=\sqrt{\cos^4x-\cos^2x+2}$$

两边平方后,就归结为

$$\sin^4x=(1-\cos^2x)^2=\cos^4x-2\cos^2x+1$$

最后,因为 $-1\leqslant\cos 4x\leqslant 1$,推出

$$\sqrt{7}\leqslant f(x)\leqslant 2\sqrt{2}$$

注意到 $f(\frac{\pi}{4})=\sqrt{7}$ 和 $f(0)=2\sqrt{2}$，于是这两个数分别是最小值和最大值.

U424 设 a 是实数，$|a|>2$. 证明：如果 a^4-4a^2+2 和 a^5-5a^3+5a 都是有理数，那么 a 也是有理数.

第一种证法 设 $\alpha=a^4-4a^2+2$，$\beta=a^5-5a^3+5a$. 考虑有理多项式

$$P(X)=X^4-4X^2+2-\alpha=X^4-4X^2-(a^4-4a^2)$$

$$Q(X)=X^5-5X^3+5X-\beta$$

这两个多项式的最大公因式是有理系数多项式. 显然 $P(a)=Q(a)=0$，所以它们有公根 a. 我们将证明只有 a 是公根. 用这种方式，$\gcd(P,Q)=X-a$ 是有理多项式，于是 a 是有理数. 多项式 $P(X)$ 分解为

$$P(X)=(X-a)(X+a)(X^2+a^2-4)$$

它有根 $-a$ 和 $z=\mathrm{i}\sqrt{a^2-4}$. 我们有

$$Q(-a)=0\Leftrightarrow a^4-5a^2+5=0\Leftrightarrow a^2=\frac{5\pm\sqrt{5}}{2}$$

这与已知 $|a|>2$ 矛盾. 利用 $z^2=4-a^2$ 这一事实，我们得到

$$\begin{aligned}Q(z)=0&\Leftrightarrow z^4+az^3+a^2z^2+a^3z+a^4-5(z^2+az+a^2)+5=0\\&\Leftrightarrow z^2(a^2+z^2)+az(a^2+z^2)-5(z^2+a^2)-5az+a^4+5=0\\&\Leftrightarrow 4z^2+4az-20-5az+a^4+5=0\Leftrightarrow 4(4-a^2)-az+a^4-15=0\\&\Leftrightarrow az=a^4-4a^2+1\end{aligned}$$

这是一个矛盾，因为 $z\in\mathbf{C}$，$z\notin\mathbf{R}$.

第二种证法 注意到

$$p^2-2=a^{10}-10a^8+35a^6-50a^4+25a^2-2=(a^2-2)(q^2-q-1)$$

这里 $p=a^5-5a^3+5a$，$q=a^4-4a^2+2$ 是有理数. 于是

$$a^2=\frac{p^2-2}{q^2-q-1}+2$$

也是有理数.

注意到我们可以作这一变换是因为 $q^2-q-1=0$ 得到

$$q=\frac{1\pm\sqrt{5}}{2}$$

这意味着 q 不是有理数，这与问题中的命题矛盾. 此外，由 $a^4-5a^2+5=0$ 得到

$$a^2=\frac{5\pm\sqrt{5}}{2}$$

这是不可能的，因为 a^2 是有理数，所以 a^4-5a^2+5 是非零有理数，$a=\dfrac{p}{a^4-5a^2+5}$ 是有理数. 推出结论.

U425 设 p 是质数,G 是 p^3 阶群.定义 $\Gamma(G)$ 是顶点在 G 的非中心共轭类的图,当且仅当连通的共轭类的大小不互质时,两个顶点相连.确定 $\Gamma(G)$ 的结构.

第一种解法 如果 G 是阿贝尔群,那么 $Z(G)=G$,所以 G 是零图.设 G 是非阿贝尔群.

如果 $p=2$.那么群 G 与 D_8 或 Q_8 同构,二者都有大小是 2 的三个非中心共轭类,所以 $\Gamma(G)$ 是完全图.

设 $p>2$.那么 G 恰与

$$Heis(\mathbf{Z}/(p))=\left\{\begin{pmatrix}1 & a & b\\0 & 1 & c\\0 & 0 & 1\end{pmatrix},a,b,c\in\mathbf{Z}/(p)\right\}$$

$$G_p=\left\{\begin{pmatrix}1+pm & b\\0 & 1\end{pmatrix},m,b\in\mathbf{Z}/(p^2)\right\}$$

的一个同构,二者都有能被 p 整除的非中心共轭类的大小.

于是,$\Gamma(G)$ 是完全图.

第二种解法 我们有两种情况:

(i)G 是阿贝尔群.在这种情况下,一切共轭类都有中心,所以 $\Gamma(G)$ 没有顶点,即 $\Gamma(G)$ 是零图.

(ii)G 是非阿贝尔群.因为 $Z(G)$ 是 G 的子群,所以 $|Z(G)|\mid|G|$.因为 G 是非阿贝尔群,所以 $|Z(G)|\neq|G|$,因为 G 是 p 一群,所以 $|Z(G)|\neq 1$.推出 $|Z(G)|\in\{p,p^2\}$.如果 $|Z(G)|=p^2$,那么 $|G/Z(G)|=p$,所以 $G/Z(G)$ 是循环群,这表明 G 是阿贝尔群,这是一个矛盾.所以,必有 $|Z(G)|=p$.现在,取一个非中心共轭类 $\mathrm{Cl}(a)$.显然 $|\mathrm{Cl}(a)|\neq 1$.由 Orbit-Stabilizer 定理,有 $|\mathrm{Cl}(a)|=[G:C_G(a)]$,这里 $C_G(a)$ 是 a 在 G 的中心化子.推出 $|\mathrm{Cl}(a)|\mid|G|$.因为 $Z(G)=\bigcap_{a\in G}C_G(a)$ 和 $a\in C_G(a)$,但是 $a\notin Z(G)$,所以 $Z(G)\subset C_G(a)$,这就给出 $|Z(G)|<|C_G(a)|$.因为 $C_G(a)$ 是 G 的子群,所以 $|C_G(a)|\mid|G|$,这表明 $|C_G(a)|=p^2$.所以,$|\mathrm{Cl}(a)|=p$,即每一个非中心共轭类的大小都是 p,所以该图是完全图.为了确定其顶点的个数,我们使用共轭类方程

$$|G|=|Z(G)|+\sum_i[G:C_G(x_i)]$$

我们得到

$$p^3=p+pk$$

即 $k=p^2-1$.我们推得 $\Gamma(G)=K_{p^2-1}$.

U426 设 $f:[0,1]\to\mathbf{R}$ 是连续函数,设 $(x_n)_{n\geqslant 1}$ 是由

$$x_n=\sum_{k=0}^{n}\cos\left[\frac{1}{\sqrt{n}}f\left(\frac{k}{n}\right)\right]-\alpha n^{\beta}$$

定义的数列,其中 α 和 β 是实数.求 $\lim\limits_{n\to\infty} x_n$ 的值.

解　利用 Taylor 公式,得到

$$x_n=\sum_{k=0}^{n}\left[1-\frac{1}{2n}f^2\left(\frac{k}{n}\right)+\frac{1}{24n^2}f^4\left(\frac{k}{n}\right)+O\left(\frac{1}{n^2}\right)\right]-\alpha n^\beta$$

$$=n+1-\frac{1}{2n}\sum_{k=0}^{n}f^2\left(\frac{k}{n}\right)+\frac{1}{24n^2}\sum_{k=0}^{n}f^4\left(\frac{k}{n}\right)+O\left(\frac{1}{n}\right)-\alpha n^\beta$$

$$\sim(n-\alpha n^\beta)+1-\frac{1}{2}\int_0^1 f^2(x)\mathrm{d}x+O\left(\frac{1}{n}\right)$$

如果

(1)$\beta<1,\alpha\in\mathbf{R}$,那么我们有 $\lim\limits_{n\to\infty} x_n=+\infty$,

(2)$\beta=1,\alpha=1$,那么我们有 $\lim\limits_{n\to\infty} x_n=1-\frac{1}{2}\int_0^1 f^2(x)\mathrm{d}x$,

(3)$\beta=1,\alpha>1$,那么我们有 $\lim\limits_{n\to\infty} x_n=-\infty$,

(4)$\beta=1,\alpha<1$,那么我们有 $\lim\limits_{n\to\infty} x_n=+\infty$,

(5)$\beta>1,\alpha>0$,那么我们有 $\lim\limits_{n\to\infty} x_n=-\infty$,

(6)$\beta>1,\alpha\leqslant 0$,那么我们有 $\lim\limits_{n\to\infty} x_n=+\infty$.

U427　设 $f:\mathbf{R}^2\to\mathbf{R}$ 是由

$$f(x,y)=\mathbf{1}_{(0,\frac{1}{y})}(x)\cdot\mathbf{1}_{(0,1)}(y)\cdot y$$

定义的函数,这里 $\mathbf{1}$ 是特征函数.求

$$\int_{\mathbf{R}^2}(x,y)\mathrm{d}x\mathrm{d}y$$

的值.

解　我们有

$$f(x,y)=\mathbf{1}_{(0,\frac{1}{y})}(x)\cdot\mathbf{1}_{(0,1)}(y)\cdot y$$

$$=\begin{cases}1 & \text{如果 } y\in(0,1)\text{,且 } 0<x<\frac{1}{y}\\ 0 & \text{如果 } y\notin(0,1)\text{ 或 } x\notin\left(0,\frac{1}{y}\right)\end{cases}\cdot y$$

于是

$$\int_{\mathbf{R}^2}(x,y)\mathrm{d}x\mathrm{d}y=\int_0^1\int_0^{\frac{1}{y}}y\mathrm{d}x\mathrm{d}y=\int_0^1 y\left(\int_0^{\frac{1}{y}}1\mathrm{d}x\right)\mathrm{d}y$$

$$=\int_0^1 y\cdot\frac{1}{y}\mathrm{d}y=1$$

U428　设 a,b,c 是正实数,且 $a+b+c=1$.证明

$$(1+a^2b^2)^c(1+b^2c^2)^a(1+c^2a^2)^b\geqslant 1+9a^2b^2c^2$$

证明　两边取对数,原不等式等价于

$$a\ln(1+b^2c^2)+b\ln(1+c^2a^2)+c\ln(1+a^2b^2)\geqslant \ln(1+9a^2b^2c^2)$$

考虑函数 $f(x)=\ln(1+x^2)$,其一阶导数和二阶导数分别是

$$f'(x)=\frac{2x}{1+x^2},f''(x)=\frac{2(1-x^2)}{(1+x^2)^2}$$

现在,因为 $a+b+c=1$,a,b,c 是正数,所以有 $a,b,c<1$,因此 $ab,bc,ca<1$,函数在包含 ab,bc,ca 的区间上是严格凸函数.由 Jensen 不等式推得

$$a\ln(1+b^2c^2)+b\ln(1+c^2a^2)+c\ln(1+a^2b^2)=af(bc)+bf(ca)+cf(ab)$$

$$\geqslant(a+b+c)f(\frac{3abc}{a+b+c})=f(3abc)=\ln(1+9a^2b^2c^2)$$

这里我们用了 $a+b+c=1$,当且仅当 $ab=bc=ca$,即当且仅当 $a=b=c$ 时,等式成立.推出结论,当且仅当 $a=b=c=\frac{1}{3}$ 时,等式成立.

U429 设 $n\geqslant 2$ 是整数,$\boldsymbol{A}$ 是恰有 $(n-1)^2$ 个元素是 0 的 $n\times n$ 实矩阵.证明:如果 $\boldsymbol{B}$ 是所有元素都是非 0 元素的 $n\times n$ 的矩阵,那么 $\boldsymbol{BA}$ 不可能是非奇异对角矩阵.

证明 设 $\boldsymbol{A}=(a_{ij})_{n\times n}$,$\boldsymbol{B}=(b_{ij})_{n\times n}$,根据条件 $\forall i,j,b_{ij}\neq 0$.因为 $\boldsymbol{A}$ 中有 n^2 个元素,其中 $(n-1)^2$ 个为 0,所以 $\boldsymbol{A}$ 中有 $n^2-(n-1)^2=2n-1$ 个元素非 0.如果所有的列都至少有两个非 0 元素,那么非 0 元素的总个数至少是 $2n>2n-1$,这是一个矛盾.因此存在至多包含一个非 0 元素的列,设该列为 $\boldsymbol{A}$ 的第 j 列 $\boldsymbol{A}_j$.如果 $\boldsymbol{A}_j$ 的所有元素都是 0,那么乘积 $\boldsymbol{BA}$ 的第 j 列的元素都是 0,那么矩阵是奇异矩阵.

假定 $\boldsymbol{A}_j$ 有一个元素非 0,比如说,$a_{ij}\neq 0$.那么积 $\boldsymbol{BA}$ 的第 j 列是

$$\begin{pmatrix} b_{1j}\cdot a_{ij}\\ b_{2j}\cdot a_{ij}\\ \vdots\\ b_{nj}\cdot a_{ij}\end{pmatrix}$$

因为 b_{ki} 非 0,这意味着矩阵 $\boldsymbol{BA}$ 不是对角线矩阵.

因此 $\boldsymbol{BA}$ 不能既是对角矩阵,又是非奇异对角矩阵.

U430 设 $\boldsymbol{A}$ 和 $\boldsymbol{B}$ 是复数元素的 3×3 矩阵,且

$$(\boldsymbol{AB}-\boldsymbol{BA})^2=\boldsymbol{AB}-\boldsymbol{BA}$$

证明:$\boldsymbol{AB}=\boldsymbol{BA}$.

第一种证法 设 $\boldsymbol{M}=\boldsymbol{AB}-\boldsymbol{BA}$.由矩阵的迹的性质,我们有

$$\mathrm{tr}(\boldsymbol{M})=\mathrm{tr}(\boldsymbol{AB}-\boldsymbol{BA})=\mathrm{tr}(\boldsymbol{AB})-\mathrm{tr}(\boldsymbol{BA})=0$$

得到 $\boldsymbol{M}^2=\boldsymbol{M}$.

设 $\lambda\in\mathbf{C}$ 是 $\boldsymbol{M}$ 的一个特征值,且 $\boldsymbol{Mx}=\lambda\boldsymbol{x}$,这里 $\boldsymbol{x}\in\mathbf{R}^3$ 非 $\mathbf{0}$.那么

$$\lambda\boldsymbol{x}=\boldsymbol{Mx}=\boldsymbol{M}^2\boldsymbol{x}=\boldsymbol{M}(\boldsymbol{Mx})=\boldsymbol{M}(\lambda\boldsymbol{x})=\lambda(\boldsymbol{Mx})=\lambda^2\boldsymbol{x}$$

所以 $\lambda=\lambda^2$. 于是,$\boldsymbol{M}$ 的每一个特征值都在集合 $\{0,1\}$ 中.

但是,$\operatorname{tr}(\boldsymbol{M})=0$ 是 $\boldsymbol{M}$ 的特征值的和,所以 $\boldsymbol{M}$ 的所有特征值都必是 0,这意味着 $\boldsymbol{M}$ 的特征多项式是 $p_{\boldsymbol{M}}(t)=t^3$. 于是 Cayley-Hamilton 定理推得必有 $\boldsymbol{M}^3=0$.

最后,注意到

$$\boldsymbol{M}=\boldsymbol{M}^2=\boldsymbol{M}\boldsymbol{M}=\boldsymbol{M}(\boldsymbol{M})^2=\boldsymbol{M}^3=\boldsymbol{0}$$

所以 $\boldsymbol{AB}=\boldsymbol{BA}$,这就是要证明的.

第二种证法　$(\boldsymbol{AB}-\boldsymbol{BA})^2=\boldsymbol{AB}-\boldsymbol{BA}$ 表明 $\boldsymbol{AB}-\boldsymbol{BA}$ 是等幂矩阵.

等幂矩阵的秩等于它的迹. 因为 $\operatorname{tr}(\boldsymbol{AB}-\boldsymbol{BA})=0$,所以 $\boldsymbol{AB}-\boldsymbol{BA}=0$,即 $\boldsymbol{AB}=\boldsymbol{BA}$.

U431　求

$$\lim_{t\to 0}\frac{1}{t}\int_0^t\sqrt{1+\mathrm{e}^x}\,\mathrm{d}x \text{ 和 } \lim_{t\to 0}\frac{1}{t}\int_0^t\mathrm{e}^{\mathrm{e}^x}\,\mathrm{d}x$$

的值.

解　因为$\lim\limits_{t\to 0}\int_0^t\sqrt{1+\mathrm{e}^x}\,\mathrm{d}x=0$,所以由 L'Hôpital 法则和微积分基本定理得

$$\lim_{t\to 0}\frac{\int_0^t\sqrt{1+\mathrm{e}^x}\,\mathrm{d}x}{t}=\lim_{t\to 0}\frac{\sqrt{1+\mathrm{e}^t}}{1}=\sqrt{2}$$

类似地,我们看到

$$\lim_{t\to 0}\frac{\int_0^t\mathrm{e}^{\mathrm{e}^x}\,\mathrm{d}x}{t}=\lim_{t\to 0}\frac{\mathrm{e}^{\mathrm{e}^t}}{1}=\mathrm{e}$$

U432　对于单位球上每一点 $P(x,y,z)$,考虑点 $Q(y,z,x)$ 和 $R(z,x,y)$. 对于球上每一点 A,定义

$$\angle AOP=p,\angle AOQ=q \text{ 和 } \angle AOR=r$$

证明

$$|\cos q-\cos r|\leqslant 2\sqrt{3}\sin\frac{p}{2}$$

证明　由余弦定理,有

$$AQ^2=OA^2+OQ^2-2OA\cdot OQ\cos q=2-2\cos q$$

因此

$$\cos q=1-\frac{AQ^2}{2}$$

同理

$$\cos r=1-\frac{AR^2}{2}$$

此外,因为 $OP=OA=1$,$\triangle AOP$ 是顶角为 O 的等腰三角形,所以

$$\sin\frac{p}{2}=OA\sin\frac{p}{2}=\frac{AP}{2}$$

原不等式可改写为

$$|AR^2-AQ^2|\leqslant 2\sqrt{3}AP$$

现在注意到,在这种形式下,因为问题中叙述的是距离,所以我们可以改变变量.为了执行一个正确的变量改变,注意到

$$PQ^2=QR^2=RP^2=(x-y)^2+(y-z)^2+(z-x)^2$$

于是我们选取单位球的球心为坐标系的原点,使 $P\equiv(1,0,0)$,方程 $y=0$ 给出的平面平分线段 QR.于是 $Q\equiv(d,l,h)$,$R\equiv(d,-l,h)$,这里 $2l=PQ=QR=RP$.再注意到,因为 Q,R 在单位球上,所以 $d^2+l^2+h^2=1$,然而

$$4l^2=PQ^2=RP^2=(1-d)^2+l^2+h^2=2-2d$$

因此

$$d=1-2l^2,h=l\sqrt{3-4l^2}$$

现在求出的 h 的表达式表明 $l\leqslant\frac{\sqrt{3}}{2}$,等号意味着 PQR 的圆周是单位球的赤道,这与 $d=-\frac{1}{2}$ 和 $h=0$ 一致.记住这一点,再注意到 A 是这一单位球上任意一点,坐标是 $A\equiv(u,v,w)$,且 $u^2+v^2+w^2=1$,所以

$$AR^2-AQ^2=(v+l)^2-(v-l)^2=4vl,AP^2=(1-u)^2+v^2+w^2=2-2u$$

于是原不等式可改写为

$$|2vl|\leqslant\sqrt{6(1-u)}$$

两边平方后,结果等价于不等式 $4v^2l^2\leqslant 6(1-u)$,这里因为 $4l^2\leqslant 3$,所以只要证明

$$v^2\leqslant 2(1-u)=1-2u+u^2+v^2+w^2=(1-u)^2+w^2+v^2$$

显然成立,当且仅当 $u=1$ 和 $w=0$,因此 $v=0$ 时,等式成立.再注意到无论 l 的值是什么,如果 $u=1$ 和 $w=v=0$,那么 $A=P$,结果是 $AP=0$,因为 $PQ=RP$,不管 l 是什么,也有 $AQ=AR$,等式成立.推出结论,当且仅当 $A=P$ 时,等式成立,在这种情况下,$p=0$,$q=r$.

2.4 奥林匹克问题的解答

O361 确定最小整数 $n>2$,存在 n 个连续整数,它们的和是完全平方数.

解 注意到 $18^2+19^2+\cdots+28^2=77^2$,所以 $n=11$ 是这样的整数.我们将证明 n 不能小于 11.首先

$$(k-1)^2+k^2+(k+1)^2=3k^2+2\equiv 2(\bmod 3)$$

$$(k-1)^2+k^2+(k+1)^2+(k+2)^2=4k^2+4k+6\equiv 2(\bmod 4)$$

$$(k-2)^2+(k-1)^2+\cdots+(k+3)^2=6k(k+1)+19\equiv 3(\bmod 4)$$

$$(k-3)^2+(k-2)^2+\cdots+(k+4)^2=4[2k(k+1)+11]$$

因为 2 不是$(\bmod 3)$二次剩余,2 和 3 都不是$(\bmod 4)$二次剩余,$2k(k+1)+11\equiv 3(\bmod 4)$,我看到不可能是 3,4,6 或 8.下面

$$(k-2)^2+(k-1)^2+\cdots+(k+2)^2=5(k^2+2)$$

$$(k-3)^2+(k-2)^2+\cdots+(k+3)^2=7(k^2+4)$$

$$(k-4)^2+(k-3)^2+\cdots+(k+4)^2=3(3k^2+20)$$

$$(k-4)^2+(k-3)^2+\cdots+(k+5)^2=5(2k^2+2k+17)$$

因为$k^2+2\not\equiv 0(\bmod 5)$,$k^2+4\not\equiv 0(\bmod 7)$,$20\not\equiv 0(\bmod 3)$,$2k^2+2k+17\not\equiv 0(\bmod 5)$,我们看到 n 不能是 5,7,9 或 10.因此,这样的最小整数是 $n=11$.

O362 设 $F_n, n\geqslant 0$,有 $F_0=0, F_1=1$,对一切 $n\geqslant 1, F_{n+1}=F_n+F_{n-1}$.证明:当 $n\geqslant 1$ 时,以下恒等式成立

(a) $\dfrac{F_{3n}}{F_n}=2(F_{n-1}^2+F_{n+1}^2)-F_{n-1}F_{n+1}$.

(b) $\begin{pmatrix}2n+1\\0\end{pmatrix}F_{2n+1}+\begin{pmatrix}2n+1\\1\end{pmatrix}F_{2n-1}+\begin{pmatrix}2n+1\\2\end{pmatrix}F_{2n-3}+\cdots+\begin{pmatrix}2n+1\\n\end{pmatrix}F_1=5^n$.

证明 Fibonacci 数的比内公式是

$$F_n=\frac{\alpha^n-\beta^n}{\sqrt{5}},\text{其中 }\alpha=\frac{1+\sqrt{5}}{2},\beta=\frac{1-\sqrt{5}}{2}$$

注意

$$\alpha\beta=-1,\alpha+\frac{1}{\alpha}=\sqrt{5},\beta+\frac{1}{\beta}=-\sqrt{5}$$

以及

$$\alpha^2+\frac{1}{\alpha^2}=\beta^2+\frac{1}{\beta^2}=\alpha^2+\beta^2-3$$

(a) 利用比内公式

$$\frac{F_{3n}}{F_n}=\frac{\alpha^{3n}-\beta^{3n}}{\alpha^n-\beta^n}=\alpha^{2n}+\alpha^n\beta^n+\beta^{2n}=\alpha^{2n}+\beta^{2n}+(-1)^n$$

其次

$$F_{n-1}^2=\frac{1}{5}(\alpha^{2n-2}+\beta^{2n-2}+2(-1)^n)$$

和

$$F_{n+1}^2=\frac{1}{5}(\alpha^{2n+2}+\beta^{2n+2}+2(-1)^n)$$

所以

$$2(F_{n-1}^2+F_{n+1}^2)=\frac{2}{5}\left(\alpha^2+\frac{1}{\alpha^2}\right)\alpha^{2n}+\frac{2}{5}\left(\beta^2+\frac{1}{\beta^2}\right)\beta^{2n}+\frac{8}{5}(-1)^n$$
$$=\frac{6}{5}\alpha^{2n}+\frac{6}{5}\beta^{2n}+\frac{8}{5}(-1)^n$$

此外

$$F_{n-1}F_{n+1}=\frac{1}{5}(\alpha^{2n}-\alpha^{n-1}\beta^{n+1}-\alpha^{n+1}\beta^{n-1}+\beta^{2n})$$
$$=\frac{1}{5}(\alpha^{2n}-\alpha^{n-1}\beta^{n-1}(\alpha^2+\beta^2)+\beta^{2n})$$
$$=\frac{1}{5}\alpha^{2n}+\frac{1}{5}\beta^{2n}+\frac{3}{5}(-1)^n$$

于是

$$2(F_{n-1}^2+F_{n+1}^2)-F_{n-1}F_{n+1}=\alpha^{2n}+\beta^{2n}+(-1)^n=\frac{F_{3n}}{F_n}$$

(b) 首先注意到

$$\sum_{k=0}^{2n+1}\binom{2n+1}{k}F_{2n+1-2k}=\sum_{k=0}^{n}\binom{2n+1}{k}F_{2n+1-2k}+\sum_{k=n+1}^{2n+1}\binom{2n+1}{k}F_{2n+1-2k}$$
$$=\sum_{k=0}^{n}\binom{2n+1}{k}F_{2n+1-2k}+\sum_{k=0}^{n}\binom{2n+1}{2n+1-k}F_{2k-(2n+1)}$$
$$=2\sum_{k=0}^{n}\binom{2n+1}{k}F_{2n+1-2k}$$

这里我们用了恒等式

$$F_{-n}=(-1)^{n+1}F_n \text{ 和 } \binom{n}{k}=\binom{n}{n-k}$$

现在

$$\sum_{k=0}^{2n+1}\binom{2n+1}{k}F_{2n+1-2k}$$
$$=\frac{1}{\sqrt{5}}\left(\sum_{k=0}^{2n+1}\binom{2n+1}{k}\alpha^{2n+1-2k}-\sum_{k=0}^{2n+1}\binom{2n+1}{k}\beta^{2n+1-2k}\right)$$
$$=\frac{1}{\sqrt{5}}\left(\alpha^{-(2n+1)}\sum_{k=0}^{2n+1}\binom{2n+1}{k}\alpha^{4n+2-2k}-\beta^{-(2n+1)}\sum_{k=0}^{2n+1}\binom{2n+1}{k}\beta^{4n+2-2k}\right)$$

$$=\frac{1}{\sqrt{5}}\left[\left(\frac{1+\alpha^2}{\alpha}\right)^{2n+1}-\left(\frac{1+\beta^2}{\beta}\right)^{2n+1}\right]$$

$$=\frac{1}{\sqrt{5}}\left[\sqrt{5}^{2n+1}-(-\sqrt{5})^{2n+1}\right]=2\cdot 5^n$$

于是

$$\sum_{k=0}^{n}\binom{2n+1}{k}F_{2n+1-2k}=\frac{1}{2}\sum_{k=0}^{2n+1}\binom{2n+1}{k}F_{2n+1-2k}=5^n$$

O363 求方程组

$$x^2+y^2+z^2+\frac{xyz}{3}=2\left(xy+yz+zx+\frac{xyz}{3}\right)=2\ 016$$

的整数解.

解 容易验证$\{x,y,z\}=\{12,-12,-24\}$的所有六个排列都是解.我们将证明这些解是仅有的解.由对称性,只需考虑$x\geqslant y\geqslant z$的情况.将第一个方程的两倍减去第二个方程,得到$(x-y)^2+(y-z)^2+(z-x)^2=2\ 016$.因为$\{0,1,4,9\}$是$(\mathrm{mod}\ 16)$的完备二次剩余系,三个平方的和模16余0的唯一方法是所有这三个都模16余0.于是

$$x-y\equiv y-z\equiv z-x\equiv 0(\mathrm{mod}\ 4)$$

现在$\frac{2\ 016}{16}=126$,我们只有

$$126=11^2+2^2+1^2=10^2+5^2+1^2=9^2+6^2+3^2$$

还有$x-z=(x-y)+(y-z)$.于是我们必有$x-z=36$和$\{x-y,y-z\}=\{24,12\}$.如果$x-y=12$,那么两个方程的和是

$$4\ 032=(x+y+z)^2+xyz=(3x-48)^2+x(x-12)(x-36)$$

这表明$x=3u$得到$0=u^3-13u^2+16u-64$.根据有理根定理,该方程没有整数解.如果$x-y=24$,那么$4\ 032=(3x-60)^2+x(x-24)(x-36)$,这表明$x=3u$,得到$0=(u-4)(u^2-13u+4)$.因此,$u=4$和$\{x,y,z\}=\{12,-12,-24\}$,证毕.

O364 (a) 如果$n=p_1^{e_1}p_2^{e_2}\cdots p_k^{e_k}$,其中$p_i$是不同的质数,求:作为$\{p_i\}$和$\{e_i\}$的函数

$$\sum_{d\mid n}\frac{n\varphi(d)}{d}$$

的值.

(b) 求

$$x^x\equiv 1(\mathrm{mod}\ 97),1\leqslant x\leqslant 9\ 312$$

的整数解的个数.

解 (a) 因为$\frac{\varphi(n)}{n}$是n的乘积函数,所以

$$f(n)=\sum_{d\mid n}\frac{\varphi(d)}{d}$$

也是乘积函数.

(见 G. H. Hardy & E. M. Wright, *An Intro. to the Theory of Numbers*, 5th ed., Oxford, p. 235.)

现在对于任何质数 p

$$f(e^p)=\sum_{0}^{e}\frac{\varphi(p^i)}{p^i}=1+\sum_{i=1}^{e}\frac{p-1}{p}=1+e(1-\frac{1}{p})$$

因此

$$\sum_{d|n}\frac{n\varphi(d)}{d}=n\,f(n)=n\prod_{i=1}^{k}[1+e_i(1-\frac{1}{p_i})]$$

$$=p_1^{e_1-1}p_2^{e_2-1}\cdots p_k^{e_k-1}\prod_{i=1}^{k}[p_i(1+e_i)-e_i]$$

(b) 注意到 $9\ 312=97\cdot 96$ 和 $x\not\equiv 0 \pmod{97}$. 所以我们考虑 $x=97q+r, 0\leqslant q\leqslant 95$ 和 $1\leqslant r\leqslant 96$. 那么 $x^x\equiv r^{97q+r}\equiv r^{q+r} \pmod{97}$. 现在对于任何质数 p, 众所周知, 如果 $d\mid(p-1)$, 那么 $r^d\equiv 1 \pmod p$ 恰有 d 个根. (见 G. H. Hardy & E. M. Wright, *An Intro. to the Theory of Numbers*, 5th ed., Oxford, p. 85.) 还有, 回忆一下, r 的阶是使 $r^d\equiv 1 \pmod p$ 的最小正整数. 因此, 恰好存在阶是 d 的 $\varphi(d)$ 个根 r. 对于阶为 d 的每一个这样的 r, 存在 q 的 $\frac{96}{d}$ 个值, 使 $d\mid(q+r)$. 于是, 问题的答案是(a) 的特殊情况 $n=96=2^5\cdot 3$, 即

$$\sum_{d|96}\frac{96\varphi(d)}{d}=2^4[2(1+5)-5][3(1+1)-1]=560$$

O365 证明或否定以下命题: 存在整系数的非零多项式 $P(x,y,z)$, 只要 $u+v+w=\frac{\pi}{3}$, 就有

$$P(\sin u,\sin v,\sin w)=0$$

证明 设 A,B,C 是三角形的内角(或者说, 三个任意角, 正的或负的, 只要它们的和是 π), 为简略起见, 设 $p=\sin A, q=\sin B, r=\sin C$. 将 $\sin(A+B+C)$ 作为 A,B,C 的三角函数展开, 得到

$$pqr-p\cos B\cos C=(q\cos C+r\cos B)\cos A$$

平方后, 利用

$$\cos^2 A=1-p^2, \cos^2 B=1-q^2, \cos^2 C=1-r^2$$

整理后, 得到

$$p^2q^2r^2+p^2(1-q^2)(1-r^2)-q^2(1-p^2)(1-r^2)-r^2(1-p^2)(1-q^2)$$
$$=2qr\cos B\cos C$$

再平方, 我们就找到一个等于零的 p,q,r 的非零表达式. 为了看出它是非零表达式,

只要注意到左边的 p^2 的系数是 1，在右边不出现 p. 因此该表达式就是首项系数是 1 的 p 的四次多项式. 现在，对于任何 $u+v+w=\frac{\pi}{3}$，我们可以取 $A=3u,B=3v,C=3w$，或 $p=\sin 3u=3\cos^2 u\sin u-\sin^3 u=3\sin u-4\sin^3 u$，对 v,w 有类似的等式. 代入前面找到的关于 p,q,r 的表达式，我们就找到一个非零多项式（因为 p 是关于 $\sin u$ 的三次多项式，那么它将是 $\sin u$ 的 12 次多项式，因此是非零多项式）. 但是当 $u+v+w=\frac{\pi}{3}$ 时，这一多项式是零. 这就推出回答是肯定的，我们证明了这样的多项式存在.

O366 在 $\triangle ABC$ 中，设 A_1,A_2 是 BC 上的任意两个等截点. 类似地定义 $B_1,B_2\in CA$ 和 $C_1,C_2\in AB$. 设 l_a 是经过线段 B_1C_2 和 B_2C_1 的中点的直线. 类似地定义 l_b 和 l_c. 证明：所有这三条直线共点.

证明 我们利用重心坐标，以及关于 $\triangle ABC$ 的常用的 Conway 记号（见图 1）.

设点 A_1,B_1,C_1 有以下绝对坐标

$$A_1(0,1-d,d),B_1(e,0,1-e),C_1(1-f,f,0)$$

这里 d,e,f 是参数，那么点 A_2,B_2,C_2 的绝对坐标是

$$A_2(0,d,1-d),B_2(1-e,0,e),C_2(f,1-f,0)$$

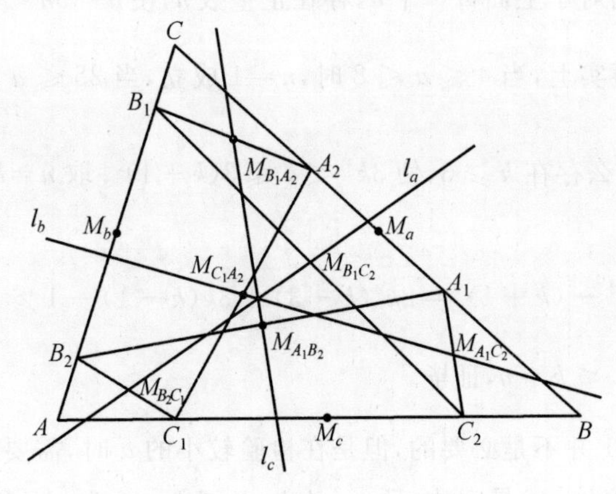

图 1

· 线段 B_1C_2 和 B_2C_1 的中点和其他类似的点

$$M_{B_1C_2}((f+e):(1-f):(1-e))$$
$$M_{B_2C_1}((2-f-e):f:e)$$
$$M_{A_1C_2}(f:(2-f-d):d)$$
$$M_{A_2C_1}((1-f):(f+d):(1-d))$$
$$M_{A_1B_2}((1-e):(1-d):(e+d))$$
$$M_{A_2B_1}(e:d:(2-e-d))$$

· 直线 l_a,l_b 和 l_c 的方程

$$l_a:(e-f)x+(2-3e-f)y+(3f+e-2)z=0$$
$$l_b:(f+3d-2)x+(f-d)y+(2-3f-d)z=0$$
$$l_c:(2-e-3d)x+(d+3e-2)y+(d-e)z=0$$

现在,当且仅当

$$\begin{vmatrix} e-f & 2-3e-f & 3f+e-2 \\ f+3d-2 & f-d & 2-3f-d \\ 2-e-3d & d+3e-2 & d-e \end{vmatrix}=0$$

时,三条直线 l_a,l_b 和 l_c 共点.但这是显然的,因为第三行和第二行加到第一行得到零行.

O367 证明:对于任何正整数 $a>81$,存在正整数 x,y,z,使

$$a=\frac{x^3+y^3}{z^3+a^3}$$

证明 我们将证明对于一切整数 $a\geqslant 82$,$4\leqslant a\leqslant 8$,$25\leqslant a\leqslant 71$,命题成立.首先,如果 $x=3n(a-3n^3)$,$y=9n^4$,$z=9n^3-a$,那么

$$\frac{x^3+y^3}{z^3+a^3}=\frac{(3n)^3[(a-3n^3)^3+(3n^3)^3]}{(9n^3-a)^3+a^3}=a$$

于是,余下的只要证明对于上面每一个 a,存在正整数 n,使 $a-3n^3>0$ 和 $9n^3-a>0$,即 $\sqrt[3]{\frac{a}{9}}<n<\sqrt[3]{\frac{a}{3}}$.事实上,当 $4\leqslant a\leqslant 8$ 时,$n=1$ 成立,当 $25\leqslant a\leqslant 71$ 时,$n=2$ 成立.

最后,如果 $a\geqslant 82$,那么存在 $k\geqslant 3$,使 $3k^3<a\leqslant 3(k+1)^3$.取 $n=k$.显然,$n<\sqrt[3]{\frac{a}{3}}$.此外

$$3k^3-(k+1)^3=2k^2(k-3)+3k(k-1)-1>0$$

即 $\sqrt[3]{\frac{a}{9}}\leqslant\sqrt[3]{\frac{(k+1)^3}{3}}<k=n$,证毕.

注 条件 $a>81$ 并不是必要的,但是在检验较小的 a 时,需要考虑许多情况.

O368 设 a,b,c,d,e,f 是实数,且 $a+b+c+d+e+f=15$ 和 $a^2+b^2+c^2+d^2+e^2+f^2=45$.证明:$abcdef\leqslant 160$.

证明 由 Cauchy-Schwarz 不等式,我们有

$$5(b^2+c^2+d^2+e^2+f^2)\geqslant(b+c+d+e+f)^2$$

即 $5(45-a^2)\geqslant(15-a)^2$,得到 $0\leqslant a\leqslant 5$.对其他几个实数同样处理,得到 $0\leqslant a,b,c,d,e,f\leqslant 5$.此外,$\sum ab=90$.

考虑

$$\begin{aligned}P(x)&=(x-a)(x-b)(x-c)(x-d)(x-e)(x-f)\\&=x^6-15x^5+90x^4-\cdots+D\end{aligned}$$

这里 $D=abcdef$. 定义 $g(x)=\frac{P(x)}{x}$. 由 Rolle 定理,函数 $g'''(x)$ 至少有 3 个实数根. 此外

$$g'''(x)=6\cdot\frac{10x^6-60x^5+90x^4-D}{x^4}$$

设 $Q(x)=10x^6-60x^5+90x^4-D$. 那么

$$\begin{aligned}Q'(x)&=60x^5-300x^4+360x^3\\&=60x^3(x^2-5x+6)\\&=60x^3(x-2)(x-3)\end{aligned}$$

那么,$x=0,3$ 是取最小值的点,$x=2$ 是取最大值的点. 因为 $Q(x)$ 至少有 3 个实根,我们发现 $Q(2)\geqslant 0$,即 $D\leqslant 160$. 只要当 $a=b=c=d=e=4,f=10$ 时,等式就成立.

O369 设 $a,b,c>0$. 证明

$$\frac{a^2+bc}{b+c}+\frac{b^2+ca}{c+a}+\frac{c^2+ab}{a+b}\geqslant\sqrt{3(a^2+b^2+c^2)}$$

证明 注意到

$$\frac{a^2+bc}{b+c}=a+\frac{(a-b)(a-c)}{b+c}$$

将该式与另两个类似的式子相加,我们看到要证明的不等式是

$$a+b+c+\sum_{\text{cyc}}\frac{(a-b)(a-c)}{b+c}\geqslant\sqrt{3(a^2+b^2+c^2)}$$

左边的循环和非负(由 Vornicu 的推广的 Schur 不等式或进行一些代数运算). 因此,在平方后,并除去平方后的循环和中的(非负)项,将只要证明

$$(a+b+c)^2+2(a+b+c)\sum_{\text{cyc}}\frac{(a-b)(a-c)}{b+c}\geqslant 3(a^2+b^2+c^2)$$

整理后变为

$$(a+b+c)\sum_{\text{cyc}}\frac{(a-b)(a-c)}{b+c}\geqslant a^2+b^2+c^2-ab-bc-ca$$

将右边看作是 $\sum_{\text{cyc}}(a-b)(a-c)$,我们看到上式等价于

$$\sum_{\text{cyc}}\frac{a(a-b)(a-c)}{b+c}\geqslant 0$$

再由 Vornicu 的推广的 Schur 不等式推得.

O370 对于任何正整数 n,用 $S(n)$ 表示 n 的各位数字的和. 证明:对于使 $\gcd(3,n)=1$ 的任何正整数 n,使 $k>S(n)^2+7S(n)+9$ 的任意整数 k,存在整数 m,使 $n\mid m$,且 $S(m)=k$.

证明 假定 $\gcd(n,3)=1$,将 n 写成 $n=2^a\cdot 5^b c$,这里 $\gcd(c,10)=1$. 存在正整数 $r>0$,使 $10^r\equiv 1(\bmod c)$. 设 $s=\max(a,b)$. 那么对一切 $k>0$,n 整除 $10^{kr+s}-10^s$. 我们

将首先证明以下断言.

断言:假定存在正整数 m,使 $n\mid m$ 和 $S(m)=k$.那么存在正整数 m' 和 m'',使 $n\mid m'$ 和 $n\mid m''$,$S(m')=k+9$ 和 $S(m'')=k+S(n)$.

证明:构造 m'' 是容易的,我们只要取 $m''=m+10^t n$,这里 t 足够大,使 $10^t>m$,所以 m 和 $10^t n$ 的非零数字不相连.为了构造 m',我们写成 $10^s m=10^t+M$,这里 $s=\max(a,b)$ 像上面一样,10^t 是 $10^s m$ 的第一个非零数字的位置(所以特别有 $S(M)=s(m)-1$ 和 $M<9\cdot 10^t$).选取 $K>k>1$,取

$$m'=10(10^t+M)+5(10^{t+kr}-10^t)+5(10^{t+Kr}-10^t)$$
$$=10M+5\cdot 10^{t+kr}+5\cdot 10^{t+Kr}$$

从 m' 的第一个公式,我们看到 $n\mid m'$.从第二个公式我们看到 $S(m')=10+S(M)=9+S(m)$.

利用断言,我们看到存在一个 m,使 $n\mid m$ 以及对于任何 $a\geqslant 1,b\geqslant 0$,有 $S(m)=aS(n)+9b$.因为 $\gcd(S(n),9)=\gcd(n,9)=1$,推出我们可以找到对于任何 $k>9S(n)-9$ 都有 $S(m)=k$ 的 m.这要强于要求的界,除非 $S(n)=1$(在这种情况下,这个界和所要求的解都归结为 $k\geqslant 1$).

O371 设 ABC 是三角形($AB\neq BC$),点 D 和 E 分别是由点 B 和 C 出发的高的垂足.用 M,N,P 分别表示 BC,MD,ME 的中点.如果 $\{S\}=NP\cap BC$,T 是 DE 与过点 A,且平行于 BC 的直线的交点.证明:ST 是 $\triangle ADE$ 的外接圆的切线.

证明 众所周知,MD 和 ME 是 $\odot(ADE)$ 的切线.显然也看出过 A,且平行于 BC 的直线也与 $\odot(ADE)$ 相切,切点是 A.设 $\odot(ADE)$ 交 AM 于点 $K\neq A$.那么因为点 T 在点 M 关于 $\odot(ADE)$ 的极线上,TA 切 $\odot(ADE)$ 于点 A,由 Hire 定理,我们推得 TK 切 $\odot(ADE)$ 于点 K.

于是,只要证明 SK 切 $\odot(ADE)$ 于点 K.用点 H 表示 $\triangle ABC$ 的垂心,设 $DE\cap BC=F$.那么我们断言点 H 是 $\triangle AMF$ 的垂心.我们的断言证明如下:

证明:考虑圆内接四边形 $BEDC$.那么由 Brocard 定理,$\odot(BEDC)$ 的圆心 M 是 $\triangle HAF$ 的垂心.所以,$MH\perp AF$.根据定义,我们也知道 $AH\perp MF$.于是,点 H 是 $\triangle AMF$ 的垂心,我们的断言证毕.

因为 AH 是 $\odot(AEHD)$ 的直径,$\angle HKA=90^\circ$,所以点 F,H,K 共线.由中点定理的逆定理,点 S 是 MF 的中点.此外,$\angle FKA=90^\circ\Rightarrow\triangle FKM$ 是直角三角形,点 K 是直角顶点.所以点 S 是 $\triangle FKM$ 的外心,我们有

$$\angle SKF=\angle SFK=\angle MFH$$

但是,我们也有

$$\angle MAH=90^\circ-\angle FMA=90^\circ-\angle FMK=\angle MFK=\angle MFH$$

于是

$$\angle SKF=\angle SFK=\angle MFH=\angle MAH=\angle KAH$$

用点 G 表示 AH 的中点和 $\odot(ADHE)$ 的圆心. 那么

$$\angle KAH=\angle GAK=\angle GKA\Rightarrow\angle GKA=\angle SKF$$

这表明 $\angle GKS=\angle AKF$, 因为 $\angle AKF=90^\circ$, 所以推出 SK 切 $\odot(ADE)$ 于点 K, 证毕.

O372 在边长为 a 的正 n 边形 Γ_a 的内部画一个边长为 b 的正 n 边形 Γ_b, 使 Γ_a 的外接圆的圆心不在 Γ_b 内. 证明

$$b<\frac{a}{2\cos^2\frac{\pi}{2n}}$$

证明 熟知

$$2\cos^2\frac{\pi}{2n}=\cos\frac{\pi}{n}+1$$

在任何 $\triangle A_iA_jA_k$ 和 $\triangle B_iB_jB_k$ 中用正弦定理, 显然也有

$$a=2R_a\sin\frac{\pi}{n}\text{ 和 }b=2R_b\sin\frac{\pi}{n}$$

这里 R_a,R_b 分别是 Γ_a 和 Γ_b 的外接圆的半径, A_i,A_j,A_k,B_i,B_j,B_k 分别是这两个多边形的顶点, $1\leqslant i\neq j\neq k\leqslant n,i\neq k$.

那么, 给出的不等式, 可以用以下形式写成等价的不等式

$$b<\frac{a}{2\cos^2\frac{\pi}{2n}}\Leftrightarrow 2R_b\sin\frac{\pi}{n}<\frac{2R_a\sin\frac{\pi}{n}}{\cos\frac{\pi}{n}+1}\Leftrightarrow R_b\left(\cos\frac{\pi}{n}+1\right)<R_a$$

但是, $R_b\cos\frac{\pi}{n}$ 是正 n 边形 Γ_b 的边心距 h_b (中心到边的距离). 因此, 只要证明 $R_a>R_b+h_b$. 我们将证明 Γ_b 的外接圆在 Γ_a 的外接圆的内部或者与 Γ_a 的外接圆相切, 因为这将等价于

$$R_a\geqslant R_b+O_aO_b \tag{1}$$

这里点 O_a,O_b 分别是 Γ_a,Γ_b 的圆心.

容易看出, 因为点 O_a 不在 Γ_b 的内部, 所以 $O_aO_b>h_b$. 为推出矛盾, 假定这两个外接圆相交. 设点 K 是 Γ_a 的劣弧 A_mA_l 上一点 (不是顶点), 并在 Γ_b 的外接圆内, 这里点 m,l 是该正 n 边形的两个连续顶点.

那么, $\angle A_mKA_l=\frac{\pi(n-1)}{n}$. 此外, Γ_a 是凸多边形, Γ_b 在其内部, 所以 $\angle A_mKA_l>\angle B_iKB_j$, 这里点 B_i,B_j 分别是 Γ_b 的两个连续顶点, 且点 K 位于劣弧 B_iB_j 和弦 B_iB_j 之间. 但是因为点 K 在 Γ_b 的外接圆内, 所以 $\angle B_iKB_j>\frac{\pi(n-1)}{n}$, 这是一个矛盾. 于是, 这

两个圆不相交,由式(1) 推出结果.

O373 设$n\geqslant 3$是自然数. 我们在$n\times n$的表格上实施以下操作:选取一个$(n-1)\times(n-1)$的方块,将每一个元素加1或减1. 开始时,表格中的所有元素都是0. 在有限次这样的操作后是否能使表格中得到1到n^2的所有的数?

解 当且仅当$n=6$时,这是可能的. 设a,b,c和d分别是选取$(n-1)\times(n-1)$的左上角(UL),右上角(UR),左下角(LL)和右下角(LR)的方块的次数. 然后模2,结果将是:a,b,c,d每一个都出现在一个方格中;在$a+b,b+d,d+c,c+a$每一个都出现在$n-2$个方格中;$a+b+c+d$出现在$(n-2)^2$个方格中. 注意到在集合$\{1,2,\cdots,n^2\}$中,有$\lceil\frac{n^2}{2}\rceil$个奇数元素和$\lfloor\frac{n^2}{2}\rfloor$个偶数元素.

如果$a\equiv b\equiv c\equiv d\equiv 0,1(\bmod 2)$,那么我们至少有$4(n-2)+(n-2)^2$个偶数格,至多有4个奇数格,$4-4(n-2)-(n-2)^2=8-n^2<0$.

如果$a\equiv b\equiv c\equiv 0,d\equiv 1(\bmod 2)$,那么我们有$2n-1$个偶数格和$(n-1)^2$个奇数格,$(n-1)^2-(2n-1)\notin\{0,1\}$.

如果$a\equiv b\equiv c\equiv 1,d\equiv 0(\bmod 2)$,那么我们有$2n-3$个偶数格和$(n-1)^2+2$个奇数格,$(n-1)^2+2-(2n-3)\notin\{0,1\}$.

如果$a\equiv b\equiv 1,c\equiv d\equiv 0(\bmod 2)$,那么存在$(n-2)^2$个偶数格,比奇数格多.

如果$a\equiv d\equiv 1,b\equiv c\equiv 0(\bmod 2)$,那么存在$(n-2)^2+2$个偶数格和$4(n-2)+2$个奇数格. 当且仅当$n=6$时,$4(n-2)+2-(n-2)^2-2=(n-2)(6-n)=0\in\{0,1\}$.

最后,我们可以看到,当$n=6$时,这个结果是可以取到的,只要设$a=d=35,b=2$,$c=4$. 还有,$b=2$次我们选取UR,对于右上角的方格我们利用$1+1=2$,对于其他$(n-1)^2-1$个方格利用$1-1=0$;$c=4$次我们选取LL,利用对其左下角的方格用4和对其余$(n-1)^2-1$个方格用$2-2=0$;$d=35$次我们选取LR,对其$(n-2)^2$个左上角的方格用$18-17=1$. 注意到对于任何奇数$k,1\leqslant k\leqslant 35$,方程组$x+y=35,x-y=k$总有整数解$0\leqslant y<x\leqslant 35$,由此,显然我们可以得到表中1到36的所有整数.

O374 证明:在任意三角形中

$$\max\{|\angle A-\angle B|,|\angle B-\angle C|,|\angle C-\angle A|\}\leqslant\arccos(\frac{4r}{R}-1)$$

证明 不失一般性,我们可以假定$\angle A\leqslant\angle B\leqslant\angle C$. 因此

$$\max\{|\angle A-\angle B|,|\angle B-\angle C|,|\angle C-\angle A|\}=\angle C-\angle A$$

所以我们需要证明以下不等式

$$\angle C-\angle A\leqslant\arccos(\frac{4r}{R}-1)$$

或等价的

$$\cos(C-A)\geqslant\frac{4r}{R}-1=4(\cos A+\cos B+\cos C)-5$$

注意到

$$\cos B=\cos[180^\circ-(A+C)]=-\cos(A+C)$$
$$=2\cos^2(\frac{A+C}{2})-1$$

$$\cos A+\cos C=2\cos(\frac{A+C}{2})\cos(\frac{C-A}{2})$$

$$\cos(C-A)=2\cos^2(\frac{C-A}{2})-1$$

最后要证明的不等式变为明显的事实

$$[\cos(\frac{C-A}{2})-2\cos(\frac{A+C}{2})]^2\geqslant 0$$

O375 设 a,b,c,d,e,f 是实数，且 $ad-bc=1$，$e,f\geqslant\frac{1}{2}$. 证明

$$\sqrt{e^2(a^2+b^2+c^2+d^2)+e(ac+bd)}+$$
$$\sqrt{f^2(a^2+b^2+c^2+d^2)-f(ac+bd)}\geqslant(e+f)\sqrt{2}$$

证明 利用代换

$$w=a+b\mathrm{i},z=d+c\mathrm{i}$$

那么

$$wz=(ad-bc)+(ac+bd)\mathrm{i}=\rho(\cos\vartheta+\mathrm{i}\sin\vartheta)$$

但是由 $ad-bc=1$，于是得到 $\vartheta\in(-\frac{\pi}{2},\frac{\pi}{2})$，以及

$$1=\rho\cos\vartheta\Rightarrow\rho=\frac{1}{\cos\vartheta}$$

于是

$$ac+bd=\frac{\sin\vartheta}{\cos\vartheta}$$

由 AM-GM 不等式

$$a^2+b^2+c^2+d^2\geqslant 2\sqrt{(a^2+b^2)(c^2+d^2)}$$
$$=2\sqrt{(ad-bc)^2+(ac+bd)^2}$$
$$=2\rho=\frac{2}{\cos\vartheta}$$

只要证明

$$\sqrt{\frac{2e^2+e\sin\vartheta}{\cos\vartheta}}+\sqrt{\frac{2f^2-f\sin\vartheta}{\cos\vartheta}}-\sqrt{2}(e+f)\geqslant 0$$

或

$$\sqrt{2e^2+e\sin\vartheta}+\sqrt{2f^2-f\sin\vartheta}-\sqrt{2\cos\vartheta}(e+f)\geqslant 0 \quad (*)$$

定义

$$\Omega_\vartheta(x)=\sqrt{2x^2+x\sin\vartheta}-\sqrt{2\cos\vartheta}x$$

则可将上式写成 $\Omega_\vartheta(e)+\Omega_{-\vartheta}(f)\geqslant 0$.

于是

$$\Omega'_\vartheta(x)=\frac{4x+\sin\vartheta}{2\sqrt{2x^2+x\sin\vartheta}}-\sqrt{2\cos\vartheta}$$

当 $x\geqslant\frac{1}{2}$ 时(我们必然将设 $x=e$ 或 $x=f$)

$$x\geqslant\frac{\sin\vartheta}{4}\text{ 和 }x\geqslant-\frac{\sin\vartheta}{4}$$

$$\begin{aligned}\Omega'_\vartheta(x)\geqslant 0&\Leftrightarrow(4x+\sin\vartheta)^2\geqslant 8\cos\vartheta(2x^2+x\sin\vartheta)\\&\Leftrightarrow(1-\cos\vartheta)(16x^2+8x\sin\vartheta+1+\cos\vartheta)\geqslant 0\\&\Leftrightarrow(4x+\sin\vartheta)^2+\cos\vartheta(1+\cos\vartheta)\geqslant 0\end{aligned}$$

对于任何 $\vartheta\in(-\frac{\pi}{2},\frac{\pi}{2})$,最后一个不等式成立.所以 $\Omega_\vartheta(x)$ 是增函数,对 $\Omega_{-\vartheta}(x)$ 同样成立.于是我们计算

$$\begin{aligned}\Omega_\vartheta(e)+\Omega_{-\vartheta}(f)&\geqslant\Omega_\vartheta(\frac{1}{2})+\Omega_{-\vartheta}(\frac{1}{2})\\&=\sqrt{2}(\sqrt{1+\sin\vartheta}+\sqrt{1-\sin\vartheta}-2\sqrt{\cos\vartheta})\\&\geqslant\sqrt{2}(2\sqrt{\sqrt{1-\sin^2\vartheta}}-2\sqrt{\cos\vartheta})=0\end{aligned}$$

O376 设 $a_1,a_2,\cdots,a_{100}$ 是数 $1,2,\cdots,100$ 的一个排列.设 $S_1=a_1,S_2=a_1+a_2,\cdots,S_{100}=a_1+a_2+\cdots+a_{100}$.求数 $S_1,S_2,\cdots,S_{100}$ 中完全平方数的最大的可能的个数.

解 我们证明最大的个数是 60.首先

$$1+2+\cdots+100=5\ 050<72^2$$

下面,在数列$(0^2,1^2,2^2,\cdots,71^2)$中存在71次奇偶性的变化,每一次奇偶性的变化要求加集合$(1,3,\cdots,99)$中的一个奇数.注意从数列$(1^2,2^2,\cdots,71^2)$中除去一项至多消去两次奇偶性的变化.于是至少除去 11 项必须消去 $71-50=21$ 次奇偶性的变化.因此,至多可能有 60 个平方数.现在,当 $1\leqslant i\leqslant 50$ 时,设 $a_i=2i-1$,那么 $S_i=i^2$,得到50个平方数.再设

$$S_{53}=S_{50}+100+98+6=52^2$$

$$S_{56}=S_{53}+96+94+22=54^2$$

$$S_{59}=S_{56}+92+90+38=56^2$$

$$S_{62}=S_{59}+88+86+54=58^2$$

$$S_{65}=S_{62}+84+82+70=60^2$$

$$S_{69}=S_{65}+80+78+76+10=62^2$$

$$S_{74}=S_{69}+74+72+68+36+2=64^2$$

$$S_{79}=S_{74}+66+64+62+60+8=66^2$$

$$S_{85}=S_{79}+58+56+52+50+48+4=68^2$$

$$S_{93}=S_{85}+46+44+42+40+34+32+26+12=70^2$$

再多10个平方数.

O377 设 $a_1,a_2,\cdots,a_n,b_1,b_2,\cdots,b_n$ 是正实数，且对一切 $i\in\{1,2,\cdots,n\}$，有 $a_ib_i>1$. 设

$$a=\frac{a_1+a_2+\cdots+a_n}{n} \text{ 和 } b=\frac{b_1+b_2+\cdots+b_n}{n}$$

证明：$\dfrac{1}{\sqrt{a_1b_1-1}}+\dfrac{1}{\sqrt{a_2b_2-1}}+\cdots+\dfrac{1}{\sqrt{a_nb_n-1}}\geqslant\dfrac{n}{\sqrt{ab-1}}$.

证明 因为当 $x>1$ 时，$f(x)=\dfrac{1}{\sqrt{x^2-1}}$ 的导数 $f'(x)=\dfrac{-x}{(x^2-1)^{\frac{3}{2}}}<0$，以及

$$f''(x)=\frac{2x^2+1}{(x^2-1)^{\frac{5}{2}}}>0$$

由 Jensen 不等式，得到

$$\frac{1}{\sqrt{a_1b_1-1}}+\frac{1}{\sqrt{a_2b_2-1}}+\cdots+\frac{1}{\sqrt{a_nb_n-1}}$$

$$\geqslant\frac{n}{\sqrt{\left(\dfrac{\sqrt{a_1b_1}+\sqrt{a_2b_2}+\cdots+\sqrt{a_nb_n}}{n}\right)^2-1}}$$

由 Cauchy-Schwarz 不等式，得到

$$\left(\frac{\sqrt{a_1b_1}+\sqrt{a_2b_2}+\cdots+\sqrt{a_nb_n}}{n}\right)^2\leqslant\frac{a_1+a_2+\cdots+a_n}{n}\cdot\frac{b_1+b_2+\cdots+b_n}{n}=ab$$

由 f 递减，我们推出

$$\frac{1}{\sqrt{a_1b_1-1}}+\frac{1}{\sqrt{a_2b_2-1}}+\cdots+\frac{1}{\sqrt{a_nb_n-1}}\geqslant\frac{n}{\sqrt{ab-1}}$$

O378 考虑凸六边形 $ABCDEF$，其中 $AB\parallel DE$，$BC\parallel EF$，$CD\parallel FA$. 设 M,N,K 分别是直线 BD 和 AE，AC 和 DF，CE 和 BF 的交点. 证明：分别过 M,N,K，且与 AB,CD,EF 垂直的直线共点.

证明 因为凸六边形 $ABCDEF$ 的对边分别平行，所以六个顶点在一条圆锥曲线上（这是 Braikenridge-Maclaurin 定理，即 Pascal 定理的逆定理）.

由 Pascal 定理,N,P,Q 共点,这里 $P=CB\cap DE$,$Q=EA\cap BF$(图 2).现在考虑六边形 $BANPEK$.边 AN 和 EK 与对角线 BP 共点(于点 C);边 NP 和 KB 与对角线 AE 共点(于点 Q).

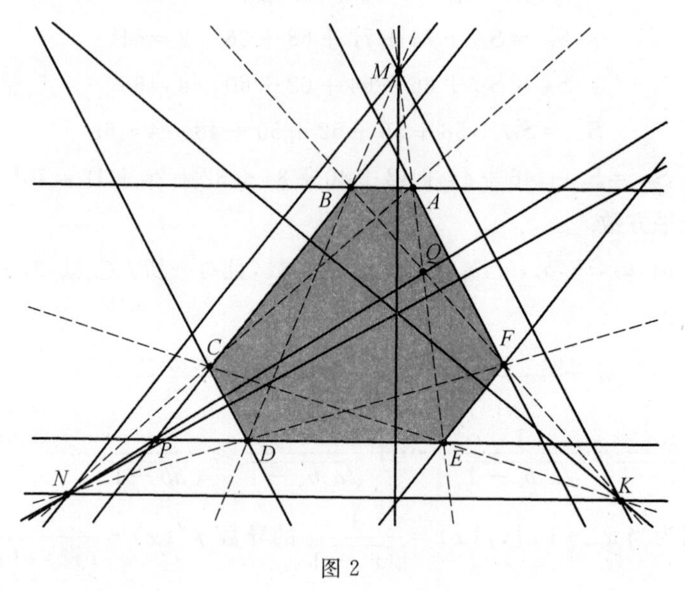

图 2

于是,由 Pappus 定理,边 BA 和 PE 也必与对角线 NK 共点(于无穷远点),即 $NK\,/\!/\,AB$.同理有 $KM\,/\!/\,CD$ 和 $MN\,/\!/\,EF$.于是,分别过点 M,N,K,且垂直于 AB,CD,EF 的直线共点于 $\triangle MNK$ 的垂心.

O379 设 a,b,c,d 是实数,且 $a^2+b^2+c^2+d^2=4$.证明

$$\frac{2}{3}(ab+bc+cd+da+ac+bd)\leqslant(3-\sqrt{3})abcd+1+\sqrt{3}$$

证明 首先我们提供一个很好的引理.

引理 1 设 $0\leqslant a\leqslant b\leqslant c$ 是实数,且 $a+b+c=p$,$ab+bc+ca=q$,这里 p,q 是满足 $p^2\geqslant 3q$ 的固定的实数.那么当 $b=c$ 时,$r=abc$ 是最小值,当 $a=b$ 时,$r=abc$ 是最大值.

证明:设 $x=\dfrac{p-2\sqrt{p^2-3q}}{3}$,$y=\dfrac{p-\sqrt{p^2-3q}}{3}$.那么

$$\begin{aligned}(b-c)^2&=(b+c)^2-4bc=(b+c)^2+4a(b+c)-4q\\&=(p-a)^2+4a(p-a)-4q\\&=-3a^2+2pa+p^2-4q\end{aligned}$$

所以,最后一个表达式必为非负.于是,a 必位于方程 $-3a^2+2pa+p^2-4q=0$ 的两根之间.所以 $a\geqslant x$,当 $a=x$,即 $b=c$ 时,等式成立.现在

$$0\leqslant(a-b)(a-c)=a^2-2a(b+c)+bc+q$$

$$=a^2-2a(p-a)+q$$
$$=3a^2-2ap+q$$

所以我们得到 $a\leqslant y$，于是 $a\in[x,y]$. 我们有

$$abc=a[q-a(b+c)]=aq-a^2(p-a)=a^3-pa^2+qa=r(a)$$

所以，我们必须找到 $r(a)$ 的最大值和最小值，这里 $a\in[x,y]$. 我们有

$$r'(a)=3a^2-2pa+q=(a-b)(a-c)\geqslant 0$$

我们找到 $r(x)\leqslant r(a)\leqslant r(y)$. 当 $b=c$ 时，第一个等式成立. 当 $a=b$ 时，后一个等式成立.

现在，我们也必须证明以下引理.

引理 2　设 $P(x_1,x_2,\cdots,x_n)$ 是 $\mathbf{R}^n$ 中的列紧集 M 上的对称的连续函数. 设 P 是这样的函数，即如果 $a_4,\cdots,a_n$ 固定(即存在 a_1,a_2,a_3，使 $(a_1,\cdots,a_n)$ 在 M 中)，那么当

$$(x_1-x_2)(x_2-x_3)(x_3-x_1)=0$$

(或 $x_1x_2x_3(x_1-x_2)(x_2-x_3)(x_3-x_1)=0.$) 时，那么函数

$$Q(x_1,x_2,x_3)=P(x_1,x_2,x_3,a_4,\cdots,a_n)$$

达到最大值和最小值. 此外，在这两种情况下，在数 $x_1,x_2,\cdots,x_n$ 中存在少于三个不同的数(或者在数 $x_1,x_2,\cdots,x_n$ 中存在少于三个不同的非零的数).

证明：假定最小值在 $(a_1,\cdots,a_n)$ 处达到. 再假定 a_1,a_2,a_3 是两两不同的(非零的)数. 考虑 $Q(x_1,x_2,x_3)=P(x_1,x_2,x_3,a_4,\cdots,a_n)$，那么当 x_1,x_2,x_3 各不相同时，$Q(x_1,x_2,x_3)$ 达到最小值，这是一个矛盾.

设

$$P(a,b,c,d)=\frac{7}{3}+\sqrt{3}+(3-\sqrt{3})abcd-\frac{(a+b+c+d)^2}{3}$$

则原不等式变为 $P(a,b,c,d)\geqslant 0$. 固定 $d=d_0$ 是 $[-2,2]$ 内的实数，我们有

$$Q(a,b,c)=\frac{7}{3}+\sqrt{3}+(3-\sqrt{3})abcd_0-\frac{(a+b+c)^2}{3}-\frac{2d_0}{3}(a+b+c)-\frac{d_0^2}{3}$$

设 $a+b+c=p$，$abc=r$. 那么

$$Q(a,b,c)=\frac{7}{3}+\sqrt{3}+(3-\sqrt{3})d_0r-\frac{p^2}{3}-\frac{2d_0}{3}p-\frac{d_0^2}{3}$$

这是关于 r 的线性函数. 固定 p 和 q. 那么 Q 的最小值在 $abc(a-b)(b-c)(c-a)=0$ 处达到. 现在我们有三种情况.

(i) $d=0$. 由 $a^2+b^2+c^2=4$，我们必须证明

$$\frac{7}{3}+\sqrt{3}-\frac{(a+b+c)^2}{3}\geqslant 0$$

这是成立的，因为由 Cauchy-Schwarz 不等式，我们有

$$\frac{7}{3}+\sqrt{3}>4\geqslant\frac{(a+b+c)^2}{3}$$

(ii)$a=b,c=d=\pm\sqrt{2-a^2}$.那么

$$P(a,a,d,d)=\frac{7}{3}+\sqrt{3}+(3-\sqrt{3})a^2d^2-\frac{4}{3}(a+d)^2$$

其中 $a^2+d^2=2$.所以

$$P(a,a,d,d)=(3-\sqrt{3})a^2d^2-\frac{8}{3}ad+\sqrt{3}-\frac{1}{3}$$

后一个表达式是关于 $x=ad$ 的二次三项式,在 $x=\frac{2(3+\sqrt{3})}{9}>1$ 处有局部最小值.因为 $ad\leqslant 1$,最小值 0 在 $ad=1$ 达到.我们得到点$(\pm 1,\pm 1,\pm 1,\pm 1)$.

(iii)$a=b=c,d=\pm\sqrt{4-3a^2}$.在这种情况下

$$P(a,a,a,d)=\frac{7}{3}+\sqrt{3}+(3-\sqrt{3})a^3d-\frac{(3a+d)^2}{3}$$

其中 $3a^2+d^2=4$.余下来要证明的是

$$\frac{7}{3}+\sqrt{3}\pm a^3\sqrt{4-3a^2}-\frac{(3a\pm\sqrt{4-3a^2})^2}{3}\geqslant 0$$

在进行一些运算后,我们得到这是成立的,并在

$$(a,b,c,d)=(\pm\frac{1+\sqrt{3}}{\sqrt{6}},\pm\frac{1+\sqrt{3}}{\sqrt{6}},\pm\frac{1+\sqrt{3}}{\sqrt{6}},\pm\frac{-1+\sqrt{3}}{\sqrt{2}})$$

处等式成立.

O380 设点 H 是 $\triangle ABC$ 的垂心.设 X 和 Y 是 BC 上的点,且 $\angle BAX=\angle CAY$.设点 E 和 F 分别是过 B 和 C 的高的垂足.设 T 和 S 分别是 EF 与 AX 和 AY 的交点.证明:X,Y,S,T 四点共圆.进而证明:点 H 在点 A 关于这个圆的极线上.

证明 不失一般性,我们设点 X 离点 B 较点 C 近.对于第一部分,我们利用 $\triangle AEF\backsim\triangle ABC$ 这一事实.这一相似表明 $\triangle AFT\backsim\triangle AYC$.所以,$\angle AFT=\angle AYC$,这表明 $\angle ATS=\angle AYX$,因此点 X,Y,T,S 共圆.

对于第二部分,我们有一个有用的引理,由此直接推出问题.

引理 设 XYZ 是三角形,点 P,Q,R 分别是 YZ,ZX,XY 上的点,且 XP,YQ,ZR 共点.设 QR 交 YZ 于点 U.设 l_1 和 l_2 是过点 X 的任意两条直线.设 l_1 和 l_2 分别交$\overline{QRU}$ 于点 K,L,分别交$\overline{YZ}$ 于点 M,N.那么点 $U,KN\cap LM$ 和 $YQ\cap ZR$ 共线.

证明:不失一般性,我们假定点 U 离点 Z 较点 Y 近.设 $YQ\cap ZR=V,UV\cap XY=U_0$,$UV\cap l_1=U_1,UV\cap l_2=U_2$.显然点列 $U(Y,R,U_0,X)$ 调和.于是点列 $U(M,K,U_1,X)$ 和点列 $U(N,L,U_2,X)$ 也必定调和.这意味着在 $\triangle UMK$ 中,塞瓦线 UU_1,ML 和 KN 共点.于是点 $U,KN\cap LM$ 和 $YQ\cap ZR$ 共线,证毕.

现在回到原来的问题，我们注意到，由引理知，点 $TY\cap SX$，$BE\cap CF$ 和 $EF\cap BC$ 共线. 但是由 Brocard 定理，我们知道联结点 $TY\cap SX$ 和 $ST\cap XY$ 的直线是 $XT\cap SY=A$ 关于圆 $\odot(XYST)$ 的极线. 于是点 H 在点 A 关于圆 $\odot(XYST)$ 的极线上.

O381 设 a,b,c 是正实数. 证明

$$\frac{a^3+b^3+c^3}{3}\geqslant\frac{a^2+bc}{b+c}\cdot\frac{b^2+ca}{c+a}\cdot\frac{c^2+ab}{a+b}\geqslant abc$$

证明 两边乘以 $3(a+b)(b+c)(a+c)$，再进行一些代数运算，左边的不等式等价于

$$a^2b^2(a-b)^2+b^2c^2(b-c)^2+c^2a^2(c-a)^2+$$

$$\frac{ab(a^2-b^2)^2}{2}+\frac{bc(b^2-c^2)^2}{2}+\frac{ca(c^2-a^2)^2}{2}+$$

$$\left(\frac{4a^5b+4a^5c+b^5c+c^5b}{10}-a^4bc\right)+\left(\frac{4b^5c+4b^5a+c^5a+a^5c}{10}-b^4ca\right)+$$

$$\left(\frac{4c^5a+4c^5b+a^5b+b^5a}{10}-c^4ab\right)+abc(a^2b+a^2c+b^2c+b^2a+c^2a+c^2b-6abc)\geqslant 0$$

现在，前六项显然非负，当且仅当 $a=b=c$ 时，同时为零.

接下来三项也非负，这是因为由加权 AM-GM 不等式，当且仅当 $a=b=c$ 时，每一项都是零. 因为由 AM-GM 不等式，最后一项也非负，所以当且仅当 $a=b=c$ 时，等式成立.

右边的不等式乘以 $(a+b)(b+c)(a+c)$，再进行一些代数运算，得到等价于

$$\frac{a^3(b+c)(b-c)^2+b^3(c+a)(c-a)^2+c^3(a+b)(a-b)^2}{2}+$$

$$abc\,\frac{(a+b)(a-b)^2+(b+c)(b-c)^2+(c+a)(c-a)^2}{2}\geqslant 0$$

这里左边的两项显然非负，当且仅当 $a=b=c$ 时，为零.

推出结论，当且仅当 $a=b=c$ 时，每一个不等式中的等式成立.

O382 证明：在任何 $\triangle ABC$ 中

$$\left(\frac{m_a+m_b+m_c}{3}\right)^2-\frac{m_am_bm_c}{m_a+m_b+m_c}\leqslant\frac{a^2+b^2+c^2}{6}$$

证明 当 $x,y,z>0$ 时，由 Schur 不等式得到

$$2(x+y+z)(x^2+y^2+z^2)+9xyz-(x+y+z)^3$$
$$=x(x-y)(x-z)+y(y-z)(y-x)+z(z-x)(z-y)\geqslant 0$$

因此

$$\left(\frac{x+y+z}{3}\right)^2-\frac{xyz}{x+y+z}\leqslant\frac{2(x^2+y^2+z^2)}{9}$$

设 $x=m_a,y=m_b,z=m_c$，回忆一下

$$m_a^2=\frac{2b^2+2c^2-a^2}{4}$$

我们看到

$$\frac{2}{9}(x^2+y^2+z^2)=\frac{1}{6}(a^2+b^2+c^2)$$

O383 设 a,b,c 是正实数.证明

$$\frac{a+b}{6c}+\frac{b+c}{6a}+\frac{c+a}{6b}+2\geqslant\sqrt{\frac{a+b}{2c}}+\sqrt{\frac{b+c}{2a}}+\sqrt{\frac{c+a}{2b}}$$

证明 因为

$$2+\sum_{cyc}\frac{a+b}{6c}\geqslant\sum_{cyc}\sqrt{\frac{a+b}{2c}}$$

$$\Leftrightarrow(2+\sum_{cyc}\frac{a+b}{6c})^2\geqslant\sum_{cyc}\frac{a+b}{2c}+\sum_{cyc}\sqrt{\frac{(a+b)(b+c)}{ca}}$$

以及

$$\sqrt{\frac{(a+b)(b+c)}{ca}}\leqslant\frac{1}{2}(\frac{a+b}{a}+\frac{b+c}{c})=1+\frac{1}{2}(\frac{b}{a}+\frac{b}{c})$$

那么

$$\sum_{cyc}\sqrt{\frac{(a+b)(b+c)}{ca}}\leqslant 3+\frac{1}{2}\sum_{cyc}(\frac{b}{a}+\frac{b}{c})=3+\sum_{cyc}\frac{a+b}{2c}$$

以及

$$\sum_{cyc}\frac{a+b}{2c}+\sum_{cyc}\sqrt{\frac{(a+b)(b+c)}{ca}}\leqslant 3+\sum_{cyc}\frac{a+b}{c}$$

于是,只要证明不等式

$$(2+\sum_{cyc}\frac{a+b}{6c})^2\geqslant 3+\sum_{cyc}\frac{a+b}{c} \tag{1}$$

设 $t:=\sum_{cyc}\frac{a+b}{6c}$.那么式(1)变为

$$(2+t)^2\geqslant 3+6t\Leftrightarrow(t-1)^2\geqslant 0$$

因为 $t=1\Leftrightarrow a=b=c$,所以当且仅当 $a=b=c$ 时,原不等式中的等式成立.

O384 设 ω_1 和 ω_2 两圆相交于 A,B 两点.设 CD 是两圆的公切线,点 C,D 分别在 ω_1 和 ω_2 上;点 A 离 CD 较点 B 近.设 CA 和 CB 分别交 ω_2 于点 A,E 和点 B,F.直线 DA 和 DB 分别交 ω_1 于点 A,G 和点 B,H.设 P 是 CG 和 DE 的交点,Q 是 EG 和 FH 的交点.证明:点 A,P,Q 在同一直线上.

证明 由图 3 知

$$\begin{aligned}\angle CHG&=\angle DCP=\angle DGC+\angle CDG=\angle ABC+\angle DBA\\&=\angle DBC=\angle HBC\end{aligned}$$

同理

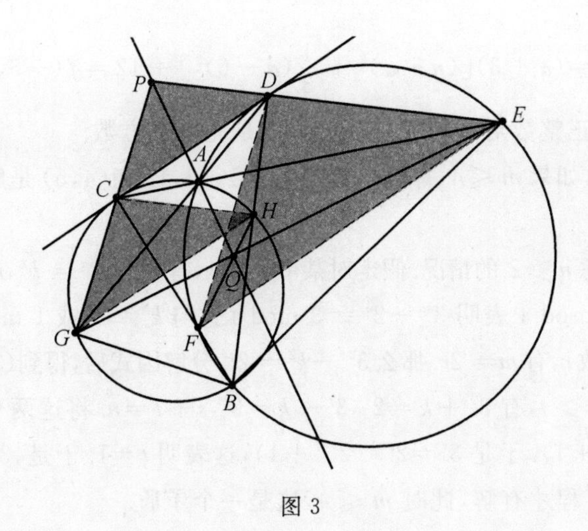

图 3

$$\angle EFD=\angle CDP=\angle DBC=\angle DEF$$

因此，$\triangle PCD$，$\triangle CGH$ 和 $\triangle DEF$ 是三个相似的等腰三角形，$CD\parallel GH\parallel FE$. 于是 $\triangle QHG$ 和 $\triangle QFE$ 相似，有

$$\frac{GC}{EQ}=\frac{GH}{EF}=\frac{CG}{DE}$$

这表明

$$\frac{PC}{CG}\cdot\frac{GQ}{QE}\cdot\frac{ED}{DP}=1$$

于是，由 Ceva 定理，点 A,P,Q 共线.

O385　设 $f(x,y)=\frac{x^3-y^3}{6}+3xy+48$. 设 m 和 n 是奇数，且

$$|f(m,n)|\leqslant mn+37$$

求 $f(m,n)$ 的值.

解　设 $\alpha=\frac{m-n}{2}$，那么是 α 整数，$m=n+2\alpha$. 考虑以下恒等式

$$\frac{m^3-n^3}{6}+kmn=(\alpha+k)\left[(n+\alpha)^2+\frac{1}{3}(\alpha-2k)^2\right]-\frac{4}{3}k^3$$

当 $a=m,b=-n,c=2k$ 时，由于

$$a^3+b^3+c^3-3abc=(a+b+c)(a^2+b^2+c^2-ab-bc-ca)$$

于是

$$f(m,n)-(mn+37)=(\alpha+2)\left[(n+\alpha)^2+\frac{1}{3}(\alpha-4)^2\right]+\frac{1}{3}\leqslant 0\Rightarrow\alpha+2<0$$

$$f(m,n)+mn+37=(\alpha+4)\left[(n+\alpha)^2+\frac{1}{3}(\alpha-8)^2\right]-\frac{1}{3}\geqslant 0\Rightarrow\alpha+4>0$$

我们推得 $\alpha=-3$ 以及

$$f(m,n)=(\alpha+3)\left[(n+\alpha)^2+\frac{1}{3}(\alpha-6)^2\right]+12=f(-5,1)=12$$

O386 求一切正整数对(m,n),使 3^m-2^n 是完全平方数.

解 直接计算,如果$m\leqslant 4$,那么$(1,1)$,$(2,3)$,$(3,1)$和$(4,5)$是解.我们将证明没有其他解.

假定$m\geqslant 5$.考虑$n\geqslant 2$的情况.假定对某个整数k,有$3^m-2^n=k^2$,m是奇数.那么$3^m\equiv 3 \bmod 4$和$2^n\equiv 0 \bmod 4$表明$3^m-2^n\equiv 3 \bmod 4$这与$k^2\equiv 0$或$1 \bmod 4$矛盾.于是m是偶数,所以对某个整数r,有$m=2r$.那么$3^{2r}-k^2=2^n$.分解因式后,得到$(3^r+k)(3^r-k)=2^n$,所以对某个整数$s,t,s>t$,有$3^r+k=2^s$,$3^r-k=2^t$,$s+t=n$.将这两个方程相加,我们就得到$2\cdot 3^r=2^t(2^{s-t}+1)$.于是$3^r=2^{t-1}(2^{s-t}+1)$,这表明$t=1$.于是,$3^r-2^{s-1}=1$,只有当$r=1$或$2$时,这一方程才有解,此时$m\leqslant 4$,这是一个矛盾.

现在考虑$n=1$的情况.在这种情况下,方程变为$3^m=k^2+2$.因为左边模8余1或3,右边模8余2,3或6.我们推得两边都是模8余3.因此$m=2r+1$是奇数,k是奇数.该方程可写为$k^2-3(3^r)^2=-2$,我们看到这很像Pell方程.事实上,我们可以将其转化为一个Pell方程,只要设$x=\frac{3^{r+1}-k}{2}$,$y=\frac{k-3^r}{2}$(因为k是奇数,所以二者都是整数),我们得到$x^2-3y^2=1$.这个Pell方程的解是众所周知的.第t个解由

$$x_t=\frac{1}{2}\left[(2+\sqrt{3})^t+(2-\sqrt{3})^t\right] \text{ 和 } y_t=\frac{1}{2\sqrt{3}}\left[(2+\sqrt{3})^t-(2-\sqrt{3})^t\right]$$

给出,特别是我们得到

$$\begin{aligned}3^r=x_t+y_t&=\frac{1+\sqrt{3}}{2\sqrt{3}}(2+\sqrt{3})^t+\frac{\sqrt{3}-1}{2\sqrt{3}}(2-\sqrt{3})^t\\&=\frac{(1+\sqrt{3})^{2t+1}+(\sqrt{3}-1)^{2t+1}}{2^{t+1}\sqrt{3}}\end{aligned}$$

注意到我们用了$2+\sqrt{3}=\frac{(1+\sqrt{3})^2}{2}$这一事实.展开后利用二项式定理,我们得到

$$2^t\cdot 3^r=\sum_{i=0}^{t}\binom{2t+1}{2i+1}3^i$$

如果$t=0$,那么我们得到$3^r=1$,因此$r=0$,这就给出上面求出的解$(m,n)=(1,1)$.如果$t=1$,那么我们就得到$2\cdot 3^r=6$,因此$r=1$,这给出上面求出的解$(m,n)=(3,1)$.如果$t\geqslant 2$,那么因为3整除左边,所以3必定整除右边的$i=0$这一项.于是$3\mid 2t+1$.设$v_3(2t+1)=a$恰是整除$2t+1$的3的幂.于是右边的和式中的前两项是

$$(2t+1)+t(2t+1)(2t-1)=(2t+1)(1-t+2t^2)$$

因为$t\equiv 1(\bmod 3)$,所以第二个因子$2(\bmod 3)$,因此整除这个和的3的幂也是a.对于后面的任何项,我们有

$$\binom{2t+1}{2i+1}3^i=\frac{2t+1}{2i+1}\binom{2t}{2i}3^i$$

因为 $v_3(2i+1)<i$(实际上当 $i\geqslant 2$ 时,$2i+1<3^i$),所有这些项都能被 3^{a+1} 整除.因此我们推得 $r=a$,特别有 $3^r\leqslant 2t+1$.但是,只要看到和式中 $i=t-1$ 这一项,我们得到

$$(2t+1)2^t\geqslant 2^t\cdot 3^r>t(2t+1)3^{t-1}$$

容易看出当 $t\geqslant 2$ 时,这是不可能的.

因此,只有上面断言的解.

O387 是否存在整数 n,使 $3^{6n-3}+3^{3n-1}+1$ 是完全立方数?

解 注意到

$$\begin{aligned}(3^{2n-1}+1)^3&=3^{6n-3}+3^{4n-1}+3^{2n}+1\\&>3^{6n-3}+3^{3n-1}+1\\&>3^{6n-3}=(3^{2n-1})^3\end{aligned}$$

因为 $3^{6n-3}+3^{3n-1}+1$ 总是严格在两个连续立方数之间,所以它不可能是完全立方数,完毕.

O388 证明:在面积为 S 的任何 $\triangle ABC$ 中

$$\frac{m_am_bm_c(m_a+m_b+m_c)}{\sqrt{m_a^2m_b^2+m_b^2m_c^2+m_c^2m_a^2}}\geqslant 2S$$

第一种证法 我们证明一个更强的结果,即可将右边的 $2S$ 换成 $3S$ 不等式仍然成立.首先注意到,因为

$$m_a^2=\frac{2b^2+2c^2-a^2}{4}$$

以及对 m_b,m_c 的两个类似的等式,我们有

$$m_a^2m_b^2+m_b^2m_c^2+m_c^2m_a^2=\frac{9(a^2b^2+b^2c^2+c^2a^2)}{16}$$

$$m_a^4+m_b^4+m_c^4=\frac{9(a^4+b^4+c^4)}{16}$$

利用 Heron 公式

$$\begin{aligned}9S^2&=\frac{18(a^2b^2+b^2c^2+c^2a^2)-9(a^4+b^4+c^4)}{16}\\&=2(m_a^2m_b^2+m_b^2m_c^2+m_c^2m_a^2)-(m_a^4+m_b^4+m_c^4)\end{aligned}$$

两边平方以后,乘以 $m_a^2m_b^2+m_b^2m_c^2+m_c^2m_a^2$.原不等式等价于

$$\begin{aligned}&m_a^2m_b^2m_c^2(m_a+m_b+m_c)^2+(m_a^4+m_b^4+m_c^4)(m_a^2m_b^2+m_b^2m_c^2+m_c^2m_a^2)\\&\geqslant 2(m_a^2m_b^2+m_b^2m_c^2+m_c^2m_a^2)^2\end{aligned}$$

或者经过一些代数运算后,等价于

$$m_a^2m_b^2[(m_a+m_b)^2-m_c^2](m_a-m_b)^2+$$

$$m_b^2m_c^2[(m_b+m_c)^2-m_a^2](m_b-m_c)^2+$$
$$m_c^2m_a^2[(m_c+m_a)^2-m_b^2](m_c-m_a)^2\geqslant 0$$

因为 $\triangle ABC$ 的中线是一个三角形的边,而且其面积是 $\triangle ABC$ 的面积的$\frac{3}{4}$,易知

$$(m_a+m_b)^2-m_c^2=(m_a+m_b+m_c)(m_a+m_b-m_c)\geqslant 0$$

于是左边所有的项都非负,当且仅当 $m_a=m_b=m_c$ 时,各项同时为零. 推出结论,当且仅当 $\triangle ABC$ 是等边三角形时,等式成立.

第二种证法 我们将证明一个更强的不等式

$$\frac{m_am_bm_c(m_a+m_b+m_c)}{\sqrt{m_a^2m_b^2+m_b^2m_c^2+m_c^2m_a^2}}\geqslant 3S$$

平方后分别用 x,y,z 表示中线,并用熟知的公式

$$9S^2=(m_a+m_b+m_c)(m_b+m_c-m_a)(m_c+m_a-m_b)(m_a+m_b-m_c)$$

我们需要证明对正实数 x,y,z,有

$$x^2y^2z^2(x+y+z)\geqslant(x^2y^2+y^2z^2+z^2x^2)\cdot$$
$$(y+z-x)(z+x-y)(x+y-z)$$

设

$$p=\frac{x+y+z}{3}$$

$$q=\frac{xy+yz+zx}{3}$$

$$r=xyz$$

$$s=\frac{1}{3}\sqrt{\frac{(x-y)^2+(y-z)^2+(z-x)^2}{2}}=\sqrt{p^2-q}$$

以下引理成立

$$\max\{0,(p+s)^2(p-2s)\}\leqslant r\leqslant(p-s)^2(p+2s)$$

证明是考虑有三个实根的三次多项式

$$P(t)=(t-x)(t-y)(t-z)=t^3-3pt^2+3(p^2-s^2)t-r$$

这意味着如果 $t_1\leqslant t_2$ 是 $P'(t)$ 的根,那么 $P(t_1)\geqslant 0$ 和 $P(t_2)\leqslant 0$.(注意我们用了 Rolle 定理). 但是

$$P'(t)=3(t-p+s)(t-p-s)$$

于是 $t_1=p-s,t_2=p+s$,我们计算

$$P'(p-s)=(p-s)^2(p+2s)-r\geqslant 0$$
$$P'(p+s)=(p+s)^2(p-2s)-r\leqslant 0$$

这一引理是 Jorge Erick 重新发现的,可在 Tran Phuong 的 *Diamonds in Mathematical Inequalities* 一书中找到. 用这一新的记号

$$x^2y^2+y^2z^2+z^2x^2=9(p^2-s^2)^2-6pr$$

$$(y+z-x)(z+x-y)(x+y-z)=9p(p^2-4s^2)-8r$$

要证明的不等式变为

$$\begin{aligned}F=f(r)&=pr^2+[3(p^2-s^2)^2-2pr][9p(4s^2-p^2)+8r]\\&=-15pr^2+[24(p^2-s^2)^2-18p^2(4s^2-p^2)]r+\\&\quad 27p(p^2-s^2)^2(4s^2-p^2)\geqslant 0\end{aligned}$$

函数 $f(r)$ 显然是凹函数，所以要求它的最小值只要看由引理给出的 r 的两端.

如果 $r=(p-s)^2(p+2s)$，那么

$$F=6s^2(p-s)^2(p+2s)^3\geqslant 0$$

如果 $p\geqslant 2s$，且 $r=(p+s)^2(p-2s)$，那么

$$F=6s^2(p+s)^2(p-2s)^3\geqslant 0$$

于是我们推出 $F\geqslant 0$，证毕.

O389 设 a,b,c 是正实数，且 $abc=1$. 证明

$$\frac{a^2(b+c)}{b^2+c^2}+\frac{b^2(c+a)}{c^2+a^2}+\frac{c^2(a+b)}{a^2+b^2}\geqslant\sqrt{3(a+b+c)}$$

证明

$$\begin{aligned}&\frac{a^2(b+c)}{b^2+c^2}-a+\frac{b^2(c+a)}{c^2+a^2}-b+\frac{c^2(a+b)}{a^2+b^2}-c\\
&=\frac{ab(a-b)+ac(a-c)}{b^2+c^2}+\frac{bc(b-c)+ba(b-a)}{c^2+a^2}+\frac{ca(c-a)+cb(c-b)}{a^2+b^2}\\
&=\left(\frac{ab(a-b)}{b^2+c^2}-\frac{ab(a-b)}{c^2+a^2}\right)+\left(\frac{ac(a-c)}{b^2+c^2}-\frac{ac(a-c)}{a^2+b^2}\right)+\\
&\quad\left(\frac{bc(b-c)}{c^2+a^2}-\frac{bc(b-c)}{a^2+b^2}\right)\\
&=\frac{ab(a-b)(a^2-b^2)}{(b^2+c^2)(c^2+a^2)}+\frac{ac(a-c)(a^2-c^2)}{(b^2+c^2)(a^2+b^2)}+\frac{bc(b-c)(b^2-c^2)}{(c^2+a^2)(a^2+b^2)}\\
&=\frac{ab(a-b)^2(a+b)}{(b^2+c^2)(c^2+a^2)}+\frac{ac(a-c)^2(a+c)}{(b^2+c^2)(a^2+b^2)}+\frac{bc(b-c)^2(b+c)}{(c^2+a^2)(a^2+b^2)}\geqslant 0\\
&\Rightarrow\frac{a^2(b+c)}{b^2+c^2}+\frac{b^2(c+a)}{c^2+a^2}+\frac{c^2(a+b)}{a^2+b^2}\geqslant a+b+c\\
&=\sqrt{(a+b+c)(a+b+c)}\geqslant\sqrt{3\sqrt[3]{abc}(a+b+c)}=\sqrt{3(a+b+c)}\end{aligned}$$

当且仅当 $a=b=c=1$ 时，等式成立.

O390 设 $p>2$ 是质数. 求集合 $\{1,2,\cdots,6p\}$ 有 $4p$ 个元素，且元素的和能被 $2p$ 整除的子集的个数.

解 我们将利用单位根过滤法解决问题，所以我们首先引进：

定理 1(单位根过滤法) 对正整数 n，定义 $\varepsilon=\mathrm{e}^{\frac{2\pi i}{n}}$. 对于任意多项式

$$F(x)=f_0+f_1x+f_2x^2+\cdots$$

(这里如果 $k > \deg F$,那么 $f_k = 0$),和 $f_0 + f_n + f_{2n} + \cdots$ 由

$$f_0 + f_n + f_{2n} + \cdots = \frac{1}{n}[F(1) + F(\varepsilon) + F(\varepsilon^2) + \cdots + F(\varepsilon^{n-1})]$$

给出.

证明:我们利用和

$$s_k = 1 + \varepsilon^k + \varepsilon^{2k} + \cdots + \varepsilon^{(n-1)k}$$

的性质.

如果 $n \mid k$,那么 $\varepsilon^k = 1$,于是 $s_k = n$,否则 $\varepsilon^k \neq 1$,所以

$$s_k = \frac{1 - \varepsilon^{nk}}{1 - \varepsilon^k} = 0$$

于是

$$\begin{aligned} F(1) + F(\varepsilon) + F(\varepsilon^2) + \cdots + F(\varepsilon^{n-1}) &= f_0 s_0 + f_1 s_1 + f_2 s_2 + \cdots \\ &= n(f_0 + f_n + f_{2n} + \cdots) \end{aligned}$$

现在我们将母函数 $G(x, y)$ 定义为

$$G(x, y) = \sum_{n, k \geqslant 0} g_{n,k} x^n y^k$$

这里 $g_{n,k}$ 是 $\{1, 2, \cdots, 6p\}$ 的和为 n,且有 k 个元素的子集的个数. 所以,问题要求的答案是只注意

$$A := g_{2p,4p} + g_{4p,4p} + g_{6p,4p} + \cdots$$

下面,我们观察,如果数 m 不在子集中,那么就不影响子集的大小或子集的和,然而如果 m 在子集中,那么子集的和就增加 m,大小就增加 1. 于是 G 必须包含 $(1 + x^m y)$ 这一项,所以

$$G(x, y) = (1 + xy)(1 + x^2 y) \cdots (1 + x^{6p} y)$$

为了得到 A 的值,我们必须除去 G 中这样两类的项:y^{4p} 和 x^{2p} 的幂. 对于后者,我们可以利用定理 1,所以我们先进行这样的操作. 定义 $\varepsilon = e^{\frac{2\pi i}{2p}}$. 单位根过滤法告诉我们

$$\sum_{\substack{n, k \geqslant 0 \\ 2p \mid n}} g_{n,k} y^k = \frac{1}{2p}[G(1, y) + G(\varepsilon^k, y) + G(\varepsilon^{2k}, y) + \cdots + G(\varepsilon^{(2p-1)k}, y)] \tag{1}$$

所以我们需要对 $0 \leqslant k \leqslant 2p - 1$ 计算 $G(\varepsilon^k, y)$. 当 $k = 0$ 时,我们有

$$G(1, y) = (1 + y)^{6p}$$

当 $k = 2l$ 时,这里 $1 \leqslant l \leqslant p - 1$,$\varepsilon^{2l} = \gamma^l$,这里 $\gamma = \varepsilon^{\frac{2\pi i}{p}}$. 因为 $\gcd(l, p) = 1$,所以集合 $\{l, 2l, \cdots, pl\}$ 是模 p 的完全剩余系. 于是我们有

$$\begin{aligned} G(\varepsilon^{2l}, y) = G(\gamma^l, y) &= (1 + \gamma^l y)(1 + \gamma^{2l} y) \cdots (1 + \gamma^{6pl} y) \\ &= [(1 + \gamma^l y)(1 + \gamma^{2l} y) \cdots (1 + \gamma^{pl} y)]^6 \\ &= [(1 + \gamma y)(1 + \gamma^2 y) \cdots (1 + \gamma^p y)]^6 \\ &= (1 + y^p)^6 \end{aligned}$$

所以当 $k=p,\varepsilon=-1$ 时,我们有

$$G(-1,y)=(1-y^2)^{3p}$$

现在当 $1\leqslant k\leqslant 2p-1(2\nmid k,k\neq p)$ 时,我们有 $\gcd(2p,k)=1$,所以集合 $\{k,2k,\cdots,2pk\}$ 是模 $2p$ 的完全剩余系. 于是

$$\begin{aligned}G(\varepsilon^k,y)&=(1+\varepsilon^k y)(1+\varepsilon^{2k}y)\cdots(1+\varepsilon^{6pk}y)\\&=[(1+\varepsilon^k y)(1+\varepsilon^{2k}y)\cdots(1+\varepsilon^{2pk}y)]^3\\&=[(1+\varepsilon y)(1+\varepsilon^2 y)\cdots(1+\varepsilon^{2p}y)]^3\\&=(1-y^{2p})^3\end{aligned}$$

将这些值代回式(1),得到

$$\sum_{\substack{n,k\geqslant 0\\2p\mid n}} g_{n,k}y^k=\frac{1}{2p}[(1+y)^{6p}+(1-y^2)^{3p}+(p-1)(1+y^p)^6+(p-1)(1-y^{2p})^3]$$

由此,我们容易除去 y^{4p} 的系数. 与我们的答案(即 A)是

$$\begin{aligned}&\frac{1}{2p}\left[\binom{6p}{4p}+\binom{3p}{2p}+(p-1)\binom{6}{4}+(p-1)\binom{3}{2}\right]\\&=\frac{1}{2p}\left[\binom{6p}{4p}+\binom{3p}{2p}+18p-18\right]\end{aligned}$$

O391　求一切正整数四数组 (x,y,z,w),使

$$(xy)^3+(yz)^3+(zw)^3-252yz=2\ 016$$

解　原方程可写为

$$(xy)^3+(zw)^3+yz(y^2z^2-252)=2\ 016$$

观察到必有 $yz(y^2z^2-252)\leqslant 2\ 016$,所以 $yz\leqslant 18$.

推出

$$(xy)^3+(zw)^3\in\{2\ 267,2\ 512,2\ 745,2\ 960,3\ 151,3\ 312,3\ 437,3\ 520,3\ 555,\\3\ 536,3\ 457,3\ 312,3\ 095,2\ 800,2\ 421,1\ 952,1\ 387,720\}$$

逐个分析各种情况,得到上述数据中的两个正整数的立方和只有两个

$$(xy)^3+(zw)^3\in\{2\ 745,2\ 960\}$$

如果 $(xy)^3+(zw)^3=2\ 745$,那么得到 $xy=1,zw=14,yz=3$ 或 $xy=14,zw=1,yz=3$, 无解.

如果 $(xy)^3+(zw)^3=2\ 960$,那么得到 $xy=6,zw=14,yz=4$ 或 $xy=14,zw=6,yz=4$.

得到 $(x,y,z,w)\in\{(3,2,2,7),(7,2,2,3)\}$.

O392　设 $\triangle ABC$ 的面积为 Δ. 证明

$$\frac{1}{3r^2}\geqslant\frac{1}{r_ah_a}+\frac{1}{r_bh_b}+\frac{1}{r_ch_c}\geqslant\frac{\sqrt{3}}{\Delta}$$

证明 首先

$$r_a h_a = \frac{2s(s-b)(s-c)}{a}, \Delta^2 = s(s-a)(s-b)(s-c)$$

$$r = \sqrt{\frac{(s-a)(s-b)(s-c)}{s}}, s = \frac{a+b+c}{2}$$

进行变量替换:$a=y+z,b=x+z,c=x+y,x,y,z\geqslant 0$. 不等式变为

$$\frac{x+y+z}{3xyz} \geqslant \frac{xy+yz+zx}{(x+y+z)xyz} \geqslant \frac{\sqrt{3}}{\sqrt{(x+y+z)xyz}}$$

左边我们有

$$(x+y+z)^2 \geqslant 3(xy+yz+zx)$$

这是

$$(x-y)^2+(y-z)^2+(z-x)^2 \geqslant 0$$

的直接结果.

右边平方后,得到

$$(xy+yz+zx)^2 \geqslant 3(x+y+z)xyz$$

$$\Leftrightarrow (xy)^2+(yz)^2+(zx)^2 \geqslant xyz(x+y+z)$$

将

$$\frac{(xy)^2+(yz)^2}{2} \geqslant x^2yz$$

和另两个循环的类似的式子相加,就推出以上不等式. 证毕.

O393 设 a,b,c,d 是非负实数,且 $a^2+b^2+c^2+d^2=4$. 证明

$$\frac{1}{5-\sqrt{ab}}+\frac{1}{5-\sqrt{bc}}+\frac{1}{5-\sqrt{cd}}+\frac{1}{5-\sqrt{da}} \leqslant 1$$

第一种证法 利用 AM-GM 不等式,得到 $4\geqslant a^2+b^2\geqslant 2ab$,于是 $ab\leqslant 2$. 因此我们有

$$\sqrt{ab} \leqslant \frac{3}{2} \tag{1}$$

利用(1) 得到

$$\frac{1}{5-\sqrt{ab}} = \frac{1}{4}+\frac{1}{16}(\sqrt{ab}-1)+\frac{(\sqrt{ab}-1)^2}{16(5-\sqrt{ab})}$$

$$\leqslant \frac{1}{4}+\frac{1}{16}(\sqrt{ab}-1)+\frac{(\sqrt{ab}-1)^2}{16(5-\frac{3}{2})}$$

$$= \frac{1}{112}(2\cdot ab+3\sqrt{ab}+23)$$

同理

$$\frac{1}{5-\sqrt{bc}} \leqslant \frac{1}{112}(2 \cdot bc + 3\sqrt{bc} + 23) \tag{2}$$

$$\frac{1}{5-\sqrt{cd}} \leqslant \frac{1}{112}(2 \cdot cd + 3\sqrt{cd} + 23) \tag{3}$$

$$\frac{1}{5-\sqrt{da}} \leqslant \frac{1}{112}(2 \cdot da + 3\sqrt{da} + 23) \tag{4}$$

将式(1)(2)(3)(4) 相加,得到

$$\frac{1}{5-\sqrt{ab}} + \frac{1}{5-\sqrt{bc}} + \frac{1}{5-\sqrt{cd}} + \frac{1}{5-\sqrt{da}}$$

$$\leqslant \frac{1}{112}[2(ab+bc+cd+da) + 3(\sqrt{ab}+\sqrt{bc}+\sqrt{cd}+\sqrt{da}) + 92]$$

$$\leqslant \frac{1}{112}[(a^2+b^2)+(b^2+c^2)+(c^2+d^2)+(d^2+a^2)+$$

$$3\sum\sqrt[4]{a^2b^2 \cdot 1 \cdot 1} + 92]$$

$$\leqslant \frac{1}{112}[8 + \frac{3}{4}(2a^2+2b^2+2c^2+2d^2+8) + 92] = 1$$

当且仅当 $a=b=c=d=1$ 时,等式成立.

第二种证法 由问题中的对称性,只要证明

$$\frac{1}{5-\sqrt{ab}} + \frac{1}{5-\sqrt{dc}} \leqslant \frac{1}{2}$$

乘以分母的积(因为 $ab, cd \leqslant \frac{a^2+b^2+c^2+d^2}{2} = 2$,所以分母为正),整理后,这一不等式等价于

$$5 - 3\sqrt{ab} - 3\sqrt{cd} + \sqrt{abcd} \geqslant 0$$

现在,用 AM-GM 不等式和 AM-QM 不等式,我们有

$$\sqrt{ab} + \sqrt{cd} \leqslant \frac{a+b+c+d}{2} \leqslant 2\sqrt{\frac{a^2+b^2+c^2+d^2}{4}} = 2$$

于是我们可以定义 $\delta = 2 - \sqrt{ab} - \sqrt{cd}$,以及

$$\sqrt{abcd} = 2 - 2\delta + \frac{\delta^2 - ab - cd}{2}$$

因此只要证明

$$2 + 2\delta + \delta^2 - ab - cd \geqslant 0$$

由 AM-GM 不等式,这显然成立,我们有

$$ab + cd \leqslant \frac{a^2+b^2+c^2+d^2}{2} = 2$$

$2\delta + \delta^2 \geqslant 0$. 注意到等式成立要求 $\delta = 0$,同时 $a=b, c=d$,结果 $a=b=c=d=1$.

推出这一结论,当且仅当 $a=b=c=d=1$ 时,等式成立,这种情况下,左边各项都是 $\frac{1}{4}$.

O394 设 a,b,c 是正实数,$a+b+c=3$. 证明

$$\frac{1}{(b+2c)^a}+\frac{1}{(c+2a)^b}+\frac{1}{(a+2b)^c}\geqslant 1$$

证明 注意我们首先可以改写

$$\frac{1}{(b+2c)^a}=\exp[-a\ln(b+2c)]$$

因为 $\exp(x)$ 是严格的凸函数,我们有

$$\frac{1}{(b+2c)^a}+\frac{1}{(c+2a)^b}+\frac{1}{(a+2b)^c}$$

$$\geqslant 3\exp[-\frac{a\ln(b+2c)+b\ln(c+2a)+c\ln(a+2b)}{3}]$$

当且仅当 $a\ln(b+2c)=b\ln(c+2a)=c\ln(a+2b)$ 时,等式成立. 于是因为 $\exp(x)$ 是严格的增函数,所以只要证明

$$a\ln(b+2c)+b\ln(c+2a)+c\ln(a+2b)$$

$$\leqslant(a+b+c)\ln[\frac{a(b+2c)+b(c+2a)+c(a+2b)}{a+b+c}]$$

$$=3\ln(ab+bc+ca)$$

因为 $\ln(x)$ 是严格的增函数,所以只要证明 $ab+bc+ca\leqslant 3$,或等价的

$$3(ab+bc+ca)\leqslant 9=a^2+b^2+c^2+2(ab+bc+ca)$$

即 $a^2+b^2+c^2\geqslant ab+bc+ca$,这由标量积不等式,显然成立,当且仅当 $a=b=c=1$ 时,等式成立. 推出结论,代换表明必要条件 $a=b=c=1$ 也是充分的.

O395 设 a,b,c,d 是非负实数,且

$$ab+bc+cd+da+ac+bd=6$$

证明

$$a^4+b^4+c^4+d^4+8abcd\geqslant 12$$

证明 注意到这是齐次式,只要证明

$$(ab+bc+cd+da+ac+bd)^2=36\leqslant 3(a^4+b^4+c^4+d^4)+24abcd$$

定义

$$f(a,b,c,d)=3(a^4+b^4+c^4+d^4)+24abcd-(ab+bc+cd+da+ac+bd)^2$$

由问题中的对称性,不失一般性,我们可以设 $a\geqslant b\geqslant c\geqslant d$,只要证明当 $a\geqslant b\geqslant c\geqslant d$ 时,$f(a,b,c,d)\geqslant 0$. 注意到我们可以定义 $x=a-c$,$y=b-c$,则 $x\geqslant y\geqslant 0$,用这一记号

$$f(a,b,c,d)-f(c,c,c,d)=6cd(c-d)(x+y)+5c(c-d)(x^2+y^2)+$$

$$9c^2(x-y)^2+8cdxy+4c^2xy+$$

$$d(c-d)(x+y)^2+6c(x^3+y^3)+$$
$$6c(x+y)(x-y)^2+2(c-d)xy(x+y)+$$
$$3(x^2-y^2)^2+5x^2y^2$$

因为 $c-d\geqslant 0$，所以右边各项都非负. 最后一项为零要求 $x^2y^2=0$，然而前面要求 $x^2=y^2$. 因为设 $x=y=0$ 使右边为零，与 c,d 的值无关，我们推出 $f(a,b,c,d)\geqslant f(c,c,c,d)$，当且仅当 $a=b=c$ 时，等式成立. 最后注意到

$$f(c,c,c,d)=6c^3d-9c^2d^2+3d^4=3d(2c+d)(c-d)^2$$

显然非负，当且仅当 $c=d$，或 $d=0$，或 $c=d=0$ 时，上式为零. 这一最后的选择的结果是 $ab+bc+cd+da+ac+bd=0$，这不可能. 另外，$d=0$ 的结果是 $ab+bc+cd+da+ac+bd=3c^2=6$，此时 $a=b=c=\sqrt{2}$，$d=0$，然而，当 $c=d$ 时的结果是 $ab+bc+cd+da+ac+bd=6c^2=6$，此时 $a=b=c=d=1$. 将这两组值代入后，结果的确使题目中的等式成立. 推出的结论是当且仅当 $a=b=c=d=1$ 或 (a,b,c,d) 是 $(\sqrt{2},\sqrt{2},\sqrt{2},0)$ 的一个排列时，等式成立.

O396　求一切具有以下性质的正整数系数的多项式 $P(X)$ 对于任何正整数 n 和每一个质数 p，使 n 是模 p 的二次剩余.

解　我们将证明解是 $P(X)=Q(X)^2$ 或 $XQ(X)^2$，这里 $Q(X)\in\mathbf{Z}[X]$，$Q(X)^2$ 是正整数系数的多项式.

首先，如果 n 是模 p 的二次剩余，那么 $n\equiv m^2 \pmod p$，所以 $Q(n)^2$ 和 $nQ(n)^2\equiv m^2Q(n)^2$ 都是模 p 的二次剩余.

为了证明这些多项式是仅有的解，我们利用两个已知的定理

定理 1　如果 a 不是完全平方数，那么存在无穷多质数 p，使 a 是二次非剩余.

（见 K. Ireland and M. Rosen，*A Classical Intro. to Modern Number Theory*，2nd ed.，Springer，1990，p. 57）.

定理 2　如果 $f(X)\in\mathbf{Z}[X]$，且对一切正整数 n，有 $\sqrt{f(n)}\in\mathbf{Z}$，那么存在一个多项式 $g(X)\in\mathbf{Z}[X]$，使 $f=g^2$.

（见 T. Andreescu and G. Dospinescu，*Problems from the Book*，2nd ed.，XYZ Press，2010，p. 224）.

现在，假定

$$P(x)=a_dX^d+\cdots+a_1X+a_0$$

有这一性质. 因为任何 $n=m^2$ 是所有质数模 p 的二次剩余，定理 1 表明对一切正整数 m，$f(m)=P(m^2)$ 必是完全平方数. 那么定理 2 表明对某个 $g(X)\in\mathbf{Z}[X]$，有 $P(X^2)=f(X)=g(X)^2$. 写成

$$g(X)=b_dX^d+\cdots+b_1X+b_0$$

比较 $P(X^2)=g(X)^2$ 的系数,我们看到,如果 $d=2k$,那么 $b_{d-1}=b_{d-3}=\cdots=b_1=0$,以及

$$P(X)=g(\sqrt{X})^2=(b_{2k}X^k+b_{2k-2}X^{k-1}+\cdots+b_2X+b_0)^2$$

类似地,如果 $d=2k+1$,那么 $b_{d-1}=b_{d-3}=\cdots=b_0=0$,以及

$$P(X)=X(b_{2k+1}X^k+b_{2k-1}X^{k-1}+\cdots+b_3X+b_1)^2$$

证毕.

O397 求方程

$$(x^3-1)(y^3-1)=3(x^2y^2+2)$$

的整数解.

第一种解法 原方程可写为

$$x^3y^3-(x^3+y^3)-3x^2y^2=5$$

设 $s=x+y,t=xy$. 观察到

$$x^3+y^3=(x+y)^3-3xy(x+y)=s^3-3st$$

所以原方程变为

$$t^3-s^3-3t(t-s)=5$$

即

$$(t-s)(t^2+st+s^2-3t)=5$$

我们得到方程的四组解

$$t-s=\pm 1,t-s=\pm 5$$

$$t^2+st+s^2-3t=\pm 5,t^2+st+s^2-3t=\pm 1$$

如果 $t-s=\pm 1$,那么 $t^2-2st+s^2=1$. 将第二个方程减去该方程得到 $3ts-3t=4$ 或 $3ts-3t=-6$. 第一个方程不可能,第二个方程给出 $t(s-1)=-2$. 所以

$$(s,t)\in\{(-1,1),(0,2),(2,-2),(3,-1)\}$$

容易看出,这些数组中没有一个满足 $t-s=\pm 1$,所以这种情况下无解. 如果 $t-s=\pm 5$,那么 $t^2-2st+s^2=25$. 将第二个方程减去该方程得到 $3ts-3t=-24$ 或 $3ts-3t=-26$. 第二个方程不可能,第一个方程给出 $t(s-1)=-8$. 所以

$$(s,t)\in\{(-7,1),(-3,2),(-1,4),(0,8),(2,-8),(3,-4),(5,-2),(9,-1)\}$$

因为 $t-s=\pm 5$,所以得到

$$(s,t)\in\{(-3,2),(-1,4)\}$$

因为对某个 $n\in\mathbf{Z}$,s,t 也满足 $s^2-4t=n^2$,我们得到 $(s,t)=(-3,2)$. 所以 $x+y=-3,xy=2$,给出 $(x,y)\in\{(-1,-2),(-2,-1)\}$.

第二种解法 原方程等价于

$$x^3y^3-(x^3+y^3)-3x^2y^2=5 \tag{1}$$

然后,将熟知的恒等式

$$a^3+b^3+c^3-3abc=(a+b+c)(a^2+b^2+c^2-ab-bc-ca)$$

用于式(1) 的左边的表达式,进一步将原方程改写为

$$(xy-x-y)[(xy)^2+x^2+y^2+x^2y-xy+xy^2]=5$$

因为 5 是质数,所以推得

$$xy-x-y=\pm 1 \text{ 或 } xy-x-y=\pm 5$$

如果 $xy-x-y=1$,那么$(x-1)(y-1)=2$.在这种情况下,数对(x,y)有四种可能:$(x=2,y=3)$,$(x=0,y=-1)$,$(x=3,y=2)$ 和$(x=-1,y=0)$.

如果 $xy-x-y=-1$,那么$(x-1)(y-1)=0$,这使原方程的左边为零.因为 $3(x^2y^2+2)>0$.$(x-1)(y-1)=0$ 没有一组解会导出原方程的解.

如果 $xy-x-y=5$,那么$(x-1)(y-1)=6$.在这种情况下,数对(x,y)有八种可能:$(x=2,y=7)$,$(x=0,y=-5)$,$(x=3,y=4)$,$(x=-1,y=-2)$,$(x=4,y=3)$,$(x=-2,y=-1)$,$(x=7,y=2)$ 和$(x=-5,y=0)$.在这些数对中只有两组满足原方程:$(x=-1,y=-2)$ 和$(x=-2,y=-1)$.

如果 $xy-x-y=-5$,那么$(x-1)(y-1)=-4$.在这种情况下,数对(x,y)有六种可能:$(x=2,y=-3)$,$(x=3,y=-1)$,$(x=5,y=0)$,$(x=0,y=5)$,$(x=-1,y=3)$ 和$(x=-3,y=2)$.我们看到,这六对数组中也没有一组解会导出原方程的解.

上面的分析允许我们推得原方程只有两组解:$(x=-1,y=-2)$ 和$(x=-2,y=-1)$.

O398 设 a,b,c,d 是正实数,且 $abcd\geqslant 1$.证明

$$\frac{1}{a+b^5+c^5+d^5}+\frac{1}{b+c^5+d^5+a^5}+\frac{1}{c+d^5+a^5+b^5}+\frac{1}{d+a^5+b^5+c^5}\leqslant 1$$

证明 因为

$$\frac{3b^5+c^5+d^5}{5}\geqslant b^3cd$$

以及 $bcd\geqslant \frac{1}{a}$,我们有

$$\begin{aligned} a+b^5+c^5+d^5 &\geqslant a+bcd(b^2+c^2+d^2) \\ &\geqslant a+\frac{1}{a}(b^2+c^2+d^2)=\frac{a^2+b^2+c^2+d^2}{a} \end{aligned}$$

$$\sum_{\text{cyc}}\frac{1}{a+b^5+c^5+d^5}\leqslant\sum_{\text{cyc}}\frac{a}{a^2+b^2+c^2+d^2}\leqslant\frac{a+b+c+d}{a^2+b^2+c^2+d^2}$$

此外

$$a^2+b^2+c^2+d^2\geqslant\sqrt[4]{abcd}\,(a+b+c+d)$$

由此得

$$\frac{a+b+c+d}{a^2+b^2+c^2+d^2}\leqslant\frac{a+b+c+d}{\sqrt[4]{abcd}\,(a+b+c+d)}=\frac{1}{\sqrt[4]{abcd}}\leqslant 1$$

O399 设 a,b,c 是正实数.证明

$$\frac{a^5+b^5+c^5}{a^2+b^2+c^2}\geqslant\frac{1}{2}(a^3+b^3+c^3-abc)$$

证明 由 Schur 和 Muirhead 不等式(连续应用),我们有

$$\sum_{\text{cyc}}a^3(a-b)(a-c)\geqslant 0$$

$$\Rightarrow a^5+b^5+c^5+abc(a^2+b^2+c^2)\geqslant\sum_{\text{cyc}}(a^4b+ab^4)\geqslant\sum_{\text{cyc}}(a^3b^2+a^2b^3)$$

$$=(a^2+b^2+c^2)(a^3+b^3+c^3)-(a^5+b^5+c^5)$$

于是我们得到

$$2(a^5+b^5+c^5)\geqslant(a^2+b^2+c^2)(a^3+b^3+c^3-abc)$$

$$\Rightarrow\frac{a^5+b^5+c^5}{a^2+b^2+c^2}\geqslant\frac{1}{2}(a^3+b^3+c^3-abc)$$

推出问题.当且仅当 $a=b=c$ 时,等式成立.

O400 设 BD 是 $\triangle ABC$ 的 $\angle ABC$ 的平分线.$\triangle BCD$ 的外接圆与边 AB 交于点 E,使点 E 在点 A 和点 B 之间.$\triangle ABC$ 的外接圆交直线 CE 于点 F.证明:$\frac{BC}{BD}+\frac{BF}{BA}=\frac{CE}{CD}$.

证明 因为四边形 $EDCB$ 是圆内接四边形(图4),在 $\triangle EDC$ 中,由正弦定理,我们有

$$\frac{CE}{CD}=\frac{\sin\angle EDC}{\sin\angle CED}=\frac{\sin(180^\circ-B)}{\sin\angle CBD}=\frac{\sin B}{\sin\frac{B}{2}}=2\cos\frac{B}{2}\tag{1}$$

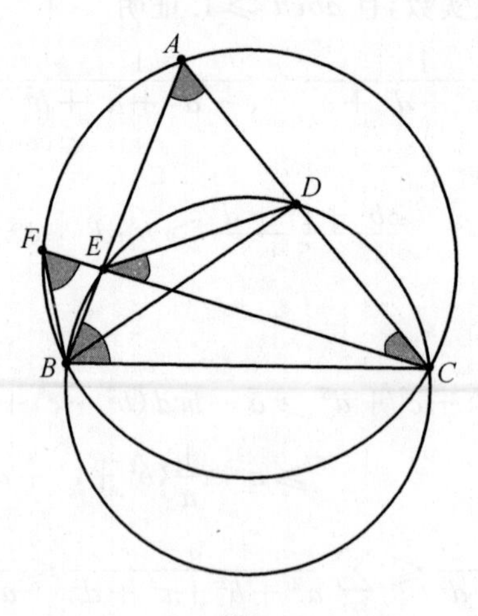

图 4

在 $\triangle DBC$,$\triangle FBC$ 和 $\triangle ABC$ 中,由正弦定理,我们有

$$\frac{BC}{BD}+\frac{BF}{BA}=\frac{\sin\angle BDC}{\sin\angle DCB}+\frac{2R\sin\angle FCB}{2R\sin\angle ACB}$$

$$=\frac{\sin(180^\circ-C-\frac{B}{2})}{\sin C}+\frac{\sin(C-\angle DCE)}{\sin C}$$

$$=\frac{\sin(C+\frac{B}{2})}{\sin C}+\frac{\sin(C-\frac{B}{2})}{\sin C}$$

$$=\frac{2\sin C\cos\frac{B}{2}}{\sin C}=2\cos\frac{B}{2} \tag{2}$$

由式(1)和(2),我们得到

$$\frac{BC}{BD}+\frac{BF}{BA}=\frac{CE}{CD}$$

O401 设 a,b,c 是正实数.证明

$$\sqrt{\frac{9a+b}{9b+a}}+\sqrt{\frac{9b+c}{9c+b}}+\sqrt{\frac{9c+a}{9a+c}}\geqslant 3$$

第一种证法 原不等式可写为

$$\sqrt{\frac{9+\frac{b}{a}}{9\frac{b}{a}+1}}+\sqrt{\frac{9+\frac{c}{b}}{9\frac{c}{b}+1}}+\sqrt{\frac{9+\frac{a}{c}}{9\frac{a}{c}+1}}\geqslant 3$$

现在定义 $x=\frac{b}{a},y=\frac{c}{b},z=\frac{a}{c}$,我们得到

$$\sqrt{\frac{9+x}{9x+1}}+\sqrt{\frac{9+y}{9y+1}}+\sqrt{\frac{9+z}{9z+1}}\geqslant 3,xyz=1$$

然后设 $x=\mathrm{e}^r,y=\mathrm{e}^s,z=\mathrm{e}^t$,我们得到

$$\sqrt{\frac{9+\mathrm{e}^r}{9\mathrm{e}^r+1}}+\sqrt{\frac{9+\mathrm{e}^s}{9\mathrm{e}^s+1}}+\sqrt{\frac{9+\mathrm{e}^t}{9\mathrm{e}^t+1}}\geqslant 3,r+s+t=0$$

$$\left(\sqrt{\frac{9+\mathrm{e}^r}{9\mathrm{e}^r+1}}\right)''=\frac{40(9\mathrm{e}^{2r}+40\mathrm{e}^r-9)\mathrm{e}^r}{(9+\mathrm{e}^r)(9\mathrm{e}^r+1)^3\sqrt{\frac{9+\mathrm{e}^r}{9\mathrm{e}^r+1}}}$$

如果

$$\mathrm{e}^r\geqslant\frac{-20+\sqrt{481}}{9}$$

那么上式非负.推出函数改变凹凸性一次,标准理论说,当 $r=s$(或它的一个循环排列)时,它取到最小值.所以我们设 $r=s$ 或 $y=x$(和 $z=\frac{1}{x^2}$)我们看到只要证明

$$2\sqrt{\frac{9+x}{9x+1}}+\sqrt{\frac{9+\frac{1}{x^2}}{9\frac{1}{x^2}+1}}\geqslant 3$$

$$\Leftrightarrow \sqrt{\frac{9x^2+1}{9+x^2}} \geqslant 3-2\sqrt{\frac{9+x}{9x+1}} \tag{1}$$

$$x \leqslant \frac{27}{77} \Rightarrow 3-2\sqrt{\frac{9+x}{9x+1}} \leqslant 0$$

所以满足式(1).如果 $x > \frac{27}{77} > \frac{1}{3}$,我们将式(1)的两边平方

$$12\sqrt{\frac{9+x}{9x+1}} \geqslant 9+4\frac{9+x}{9x+1}-\frac{9x^2+1}{9+x^2}$$

再两边平方,我们得到

$$640\frac{(2x^4+22x^3+69x^2+358x-91)(x-1)^2}{(9x+1)^2(9+x^2)^2} \geqslant 0$$

分子第一个多项式只有一个正数根,我们计算出 $x \approx 0.242$.因为它小于$\frac{27}{77}$,所以我们推出不等式成立.

第二种证法 设 $x=\frac{b}{a}, y=\frac{c}{b}, z=\frac{a}{c}$,那么原不等式等价于

$$\sqrt{\frac{9+x}{9x+1}}+\sqrt{\frac{9+y}{9y+1}}+\sqrt{\frac{9+z}{9z+1}} \geqslant 3$$

对于一切正实数 x,y,z,有 $xyz=1$.定义

$$f(x)=\sqrt{\frac{9+x}{9x+1}}+\frac{2}{5}\ln x-1$$

我们计算出

$$f'(x)=\frac{2}{5x}-\frac{40}{\sqrt{(9+x)(9x+1)^3}}$$

只有两个正根(即 $(9+x)(9x+1)^3=10\,000x^2$ 的根,其中一个是 $x=1$).那么当 $x>0$ 时,$f(x)$ 恰有两个根.这两个根在 $x=1$ 处是重根,在 $x=x_0 \approx 0.009$ 处是一重根.此外,当 $0<r<x_0$ 时,$f(r)<0$,当 $r \geqslant x_0$ 时,$f(r) \geqslant 0$.所以如果 $x,y,z \in [x_0,\infty)$,我们得到

$$\sum_{\text{cyc}}\sqrt{\frac{9+x}{9x+1}} \geqslant \sum_{\text{cyc}}\left(1-\frac{2}{5}\ln x\right)=3$$

下面,如果 $x<x_0$,那么由 $(9+t)-1(9t+1)>0$ 得到

$$\sum_{\text{cyc}}\sqrt{\frac{9+x}{9x+1}} > \sqrt{\frac{9+x_0}{9x_0+1}}+2\sqrt{\frac{1}{9}} > 3$$

推出问题.当且仅当 $a=b=c$ 时,等式成立.

O402 证明:在任何 $\triangle ABC$ 中,以下不等式成立

$$\sin^2 2A+\sin^2 2B+\sin^2 2C \geqslant 2\sqrt{3}\cdot\sin 2A\cdot\sin 2B\cdot\sin 2C$$

第一种证法

引理

$$\sin^2 2A+\sin^2 2B+\sin^2 2C\geqslant\frac{16}{3}\sin^2 A\sin^2 B\sin^2 C$$

证明：$(\sin 2A-\sin 2B)^2+(\sin 2B-\sin 2C)^2+(\sin 2C-\sin 2A)^2\geqslant 0$

$$\Leftrightarrow 3(\sin^2 2A+\sin^2 2B+\sin^2 2C)\geqslant(\sin 2A+\sin 2B+\sin 2C)^2$$

$$\Leftrightarrow\sin^2 2A+\sin^2 2B+\sin^2 2C\geqslant\frac{16}{3}\sin^2 A\sin^2 B\sin^2 C$$

这是由著名的恒等式

$$\sin 2A+\sin 2B+\sin 2C\geqslant 4\sin A\sin B\sin C$$

得到的.

现在我们将证明

$$\frac{16}{3}\sin^2 A\sin^2 B\sin^2 C\geqslant 2\sqrt{3}\sin 2A\sin 2B\sin 2C$$

显然，$\sin A$，$\sin B$，$\sin C$ 为正，由正弦的两倍角公式，该不等式等价于

$$\sin A\sin B\sin C\geqslant 3\sqrt{3}\cos A\cos B\cos C$$

同理，左边永远为正，但是当三角形是钝角三角形时，右边为负；当三角形是直角三角形时，右边为零；当三角形是锐角三角形时，右边为正. 于是我们只要证明对锐角三角形，有

$$\tan A\tan B\tan C\geqslant 3\sqrt{3}$$

定义 $S=\tan A+\tan B+\tan C$，由著名的恒等式

$$\tan A+\tan B+\tan C=\tan A\tan B\tan C$$

和 AM-GM 不等式得到

$$S\geqslant 3\sqrt[3]{S}$$

两边立方后，得到 $S\geqslant 3\sqrt{3}$.

第二种证法 因为对于非锐角三角形，这一不等式显然成立(左边为正，右边至多是 0). 所以我们可以假定 ABC 是锐角三角形，即 $\angle A,\angle B,\angle C<\frac{\pi}{2}$. 设

$$\alpha:=\pi-2\angle A,\beta:=\pi-2\angle B,\gamma:=\pi-2\angle C$$

那么 $\alpha,\beta,\gamma>0$，$\alpha+\beta+\gamma=\pi$，原不等式可以改写成等价的

$$\sin^2\alpha+\sin^2\beta+\sin^2\gamma\geqslant 2\sqrt{3}\sin\alpha\sin\beta\sin\gamma \tag{1}$$

将式(1)乘以 $4R^2$，结合推广的正弦定理，给出 $a=2R\sin\alpha$，$b=2R\sin\beta$，$c=2R\sin\gamma$，于是其面积 $F=\frac{1}{2}ab\sin\gamma=2R^2\sin\alpha\sin\beta\sin\gamma$，我们看到式(1)变为

$$a^2+b^2+c^2 \geqslant 4\sqrt{3}F$$

最后一个不等式是 Weitzenböck 不等式. 为完整起见,下面是 Weitzenböck 不等式

$$a^2+b^2+c^2 \geqslant 4\sqrt{3}F$$

的一个证明. 因为

$$16F^2=2a^2b^2+2b^2c^2+2c^2a^2-a^4-b^4-c^4$$

于是

$$\begin{aligned}&a^2+b^2+c^2 \geqslant 4\sqrt{3}F\\ \Leftrightarrow&(a^2+b^2+c^2)^2 \geqslant 3(2a^2b^2+2b^2c^2+2c^2a^2-a^4-b^4-c^4)\\ \Leftrightarrow&a^4+b^4+c^4 \geqslant a^2b^2+b^2c^2+c^2a^2\end{aligned}$$

O403 设 a,b,c 是正实数,且 $a+b+c>0$. 证明

$$\frac{a^2+b^2+c^2-2ab-2bc-2ca}{a+b+c}+\frac{6abc}{a^2+b^2+c^2+ab+bc+ca} \geqslant 0$$

证明 我们可以在原不等式的两边乘以分母的积,得到

$$(a^2+b^2+c^2)(a^2+b^2+c^2-ab-bc-ca) \geqslant a^2(b-c)^2+b^2(c-a)^2+c^2(a-b)^2$$

现在

$$a^2+b^2+c^2-ab-bc-ca-(b-c)^2=a^2-ab-ca+bc=(a-b)(a-c)$$

对 a,b,c 循环排列后得到类似的式子.

于是原不等式等价于

$$a^2(a-b)(a-c)+b^2(b-c)(b-a)+c^2(c-a)(c-b) \geqslant 0$$

这就是Schur不等式. 推出结论,当且仅当 $a=b=c$,或 (a,b,c) 是 $(k,k,0)$ 的一个排列时,等式成立,这里 k 是任意正实数.

O404 设 a,b,c 是正实数,且 $abc=1$. 证明

$$(a+b+c)^2\left(\frac{1}{a^2+2}+\frac{1}{b^2+2}+\frac{1}{c^2+2}\right) \geqslant 9$$

证明 由 AM-GM 不等式

$$ab+bc+ca \geqslant 3\sqrt[3]{a^2b^2c^2}=3$$

那么

$$(a+b+c)^2=a^2+b^2+c^2+2(ab+bc+ca) \geqslant a^2+b^2+c^2+6=\sum_{\text{cyc}}(a^2+2)$$

由 Cauchy-Schwarz 不等式

$$\sum_{\text{cyc}}(a^2+2) \cdot \sum_{\text{cyc}}\frac{1}{a^2+2} \geqslant 9$$

于是

$$(a+b+c)^2\sum_{\text{cyc}}\frac{1}{a^2+2} \geqslant \sum_{\text{cyc}}(a^2+2) \cdot \sum_{\text{cyc}}\frac{1}{a^2+2} \geqslant 9$$

O405 证明:对于每一个正整数 n,存在整数 m,使 11^n 整除 3^m+5^m-1.

证明 我们对 n 用归纳法证明.设 $\nu_{11}(x)$ 表示 11 整除 x 的次数.当 $n=1$ 时,只要取 $m=2$,命题确实成立.假定命题对 n 成立,那么对某个正整数 l,我们有

$$3^m+2^m-1=11^n\cdot l$$

因为 $3^5\equiv 1(\bmod 121)$,$2^{10}\equiv 1(\bmod 11)$,我们推得

$$\nu_{11}(3^{5\cdot 11^{n-1}}-1)=\nu_{11}(3^5-1)+\nu_{11}(11^{n-1})=n+1$$

和

$$\nu_{11}(2^{10\cdot 11^{n-1}}-1)=\nu_{11}(2^{10}-1)+\nu_{11}(11^{n-1})=n$$

于是

$$3^{5\cdot 11^{n-1}}\equiv 1(\bmod 11^{n+1})$$

对某个与 11 互质的正整数 s,还可以写出

$$2^{10\cdot 11^{n-1}}\equiv 1+11^n s$$

于是,利用二项式定理,我们容易得到对一切正整数 t,有

$$2^{10t\cdot 11^{n-1}}=1+11^n st(\bmod 11^{n+1})$$

现在,取 $m+10t\cdot 11^{n-1}$ 不取 m

$$3^{m+10t\cdot 11^{n-1}}+2^{m+10t\cdot 11^{n-1}}-2=3^m\cdot 3^{10t\cdot 11^{n-1}}+2^m\cdot 2^{10t\cdot 11^{n-1}}-2$$

取模 11^{n+1},我们可以得到上面的表达式归结为

$$\begin{aligned}3^m+2^m(1+11^n st)-2&\equiv 3^m+2^m-2+2^m\cdot 11^n st\\&\equiv 11^n(l+2^m st)(\bmod 11^{n+1})\end{aligned}$$

因此,问题归结为寻找正整数 t,使

$$l+2^m st\equiv 0(\bmod 11)$$

因为 $\gcd(2^m s,11)=1$,所以这样的数存在.

O406 求方程

$$x^3-y^3-z^3+w^3+\frac{yz}{2}(2xw+1)^2=2\ 017$$

的质数解,这里 $z<4w$.

解 因为 $x^3-y^3-z^3+w^3$ 和 2 017 都是整数,所以 $\frac{yz}{2}(2xw+1)^2$ 必是整数.因为 $(2xw+1)^2$ 是奇数,那么 $2\mid yz$.因为 y 和 z 都是质数,所以 $y=2$ 或 $z=2$.由对称性,假定 $y=2$.我们有

$$x^3-z^3+w^3+z(2xw+1)^2=2\ 025$$

因为 2 025 是奇数,所以左边必定也是奇数,容易看出 x,z,w 不能都是奇数.此外,原方程可写成

$$x^3+w^3+z(2xw-z+1)(2xw+z+1)=2\ 025$$

因为 $z(2xw-z+1)(2xw+z+1)$ 总是偶数，所以 x^3+w^3 必是奇数，这表明 x 和 w 中至少有一个是偶数，即 $x=2$ 或 $w=2$. 由对称性，假定 $x=2$. 我们有

$$w^3+z(4w-z+1)(4w+z+1)=2\ 017$$

如果 $4w-z+1\geqslant 0$，那么 $w^3\leqslant 2\ 017$，所以 $w\leqslant 11$. 容易检验，得到 $w=7, z=2$. 所以

$$(x,y,z,w)\in\{(2,2,2,7),(7,2,2,2)\}$$

O407 设 ABC 是三角形，O 是该平面内一点，ω 是过点 B，C，圆心为 O 的圆. ω 交 AC 于点 D，交 AB 于点 E. 设 H 是 BD 和 CE 的交点，D_1 和 E_1 分别是 ω 的切于点 C，B 的切线与 BD 和 CE 的交点. 证明：AH 和分别过点 B 和点 C 与 OE_1 与 OD_1 垂直的直线共点.

证明 用 P 表示 BC 和 DE 的交点，用 X 表示 ω 的过 B，C 的切线的交点，设 Q 是过点 B 和 C 分别垂直于 OE_1 和 OD_1 的直线的交点.

熟知 HA 是 P 关于 ω 的极线. BC 显然是 X 关于 ω 的极线.

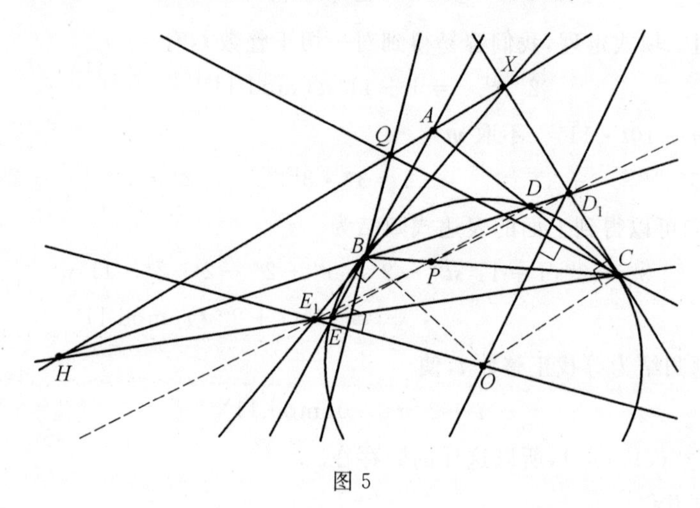

图 5

因此，由 La Hire 定理，X 是 P 的极线上的点，因为 P 是 BC 上的点. 于是，点 H，A，X 共线，只要证明它们与点 Q 属于同一直线. 因为 H，A，X 共线，$\triangle EE_1B$ 和 $\triangle DD_1C$ 透视，结果由 Desargues 定理，ED，E_1D_1 和 BC 共点. 它们的公共点显然是 P.

观察图 5 并由定义知，过点 B 与 OE_1 垂直的直线是 E_1 关于 ω 的极线. 同理过点 C 与 OD_1 垂直的直线是 D_1 关于 ω 的极线. 因为 Q 是这两条垂线的交点. 由 La Hire 定理，我们推得 E_1D_1 是 Q 关于 ω 的极线.

但是，P 是 E_1D_1 上的点，所以由 La Hire 定理，Q 是 P 关于 ω 的极线上的点. 但是我们已经证明过这条极线是过 H，A，X 的直线. 因此，点 A，H，Q 共线，这就是我们要证明的.

O408 证明：在任何 $\triangle ABC$ 中

$$\frac{a}{m_a}+\frac{b}{m_b}+\frac{c}{m_c}\geqslant 2\sqrt{3}$$

证明　由 AM-GM 不等式得到

$$4m_a^2+3a^2\geqslant 4\sqrt{3}\,am_a,4m_b^2+3b^2\geqslant 4\sqrt{3}\,bm_b,4m_c^2+3c^2\geqslant 4\sqrt{3}\,cm_c$$

利用熟知的公式

$$m_a=\sqrt{\frac{2b^2+2c^2-a^2}{4}},m_b=\sqrt{\frac{2c^2+2a^2-b^2}{4}},m_c=\sqrt{\frac{2a^2+2b^2-c^2}{4}}$$

我们有

$$4m_a^2+3a^2\geqslant 4\sqrt{3}\,am_a\Leftrightarrow a^2+b^2+c^2\geqslant 2\sqrt{3}\,am_a \tag{1}$$

$$4m_b^2+3b^2\geqslant 4\sqrt{3}\,bm_b\Leftrightarrow a^2+b^2+c^2\geqslant 2\sqrt{3}\,bm_b \tag{2}$$

$$4m_c^2+3c^2\geqslant 4\sqrt{3}\,cm_c\Leftrightarrow a^2+b^2+c^2\geqslant 2\sqrt{3}\,cm_c \tag{3}$$

利用式(1)(2)(3),我们看到

$$\frac{a}{m_a}+\frac{b}{m_b}+\frac{c}{m_c}=\frac{a^2}{am_a}+\frac{b^2}{bm_b}+\frac{c^2}{cm_c}$$

$$\geqslant\frac{2\sqrt{3}\,a^2}{a^2+b^2+c^2}+\frac{2\sqrt{3}\,b^2}{a^2+b^2+c^2}+\frac{2\sqrt{3}\,c^2}{a^2+b^2+c^2}=2\sqrt{3}$$

O409　求一切正整数 n,存在各位数字不必不同的十进制 $n+1$ 位数,使这些数字的至少 $2n$ 个排列产生 $n+1$ 位的完全平方数,首位数不允许是 0. 注意,由于这些数字有重复,即使两个不同的排列导致同样的数字串,也认为是两个排列不同.

解　当 $n=1$ 时,我们需要一个两位数 ab,使两位数 ba 也是完全平方数. 因为两位的完全平方数是 16,25,36,49,64,81,其中没有一个由两个相同的数字,没有两个有共同的两个不同的数字,因此 $n=1$ 不满足题目的条件.

当 $n=2$ 时,考虑 $144=12^2$, $441=21^2$. 那么(1,4,4)至少有 $4=2n$ 个排列得到 3 位的完全平方数,因此 $n=2$ 满足题目的条件.

当 $n=3$ 时,考虑 $1\ 444=38^2$. 那么(1,4,4,4)的至少 $3!=6=2n$ 个排列得到 4 位的完全平方数,因此 $n=3$ 满足题目的条件.

对于任何正整数 $m\geqslant 2$,设 $n=2m$ 是大于 2 的任意偶数. 选取 $2m$ 个数字等于 0,1 个数字等于 1,考虑 $n!\geqslant 3!\ n=6n$ 个排列,将 1 放在第一位. 所有这些排列得到数 $10^n=10^{2m}$,显然是完全平方数. 那么每一个偶数 $n\geqslant 4$ 满足题目的条件.

对于任何正整数 $m\geqslant 2$,设 $n=2m+1$ 是任何大于 3 的奇数. 选取 m 个数字等于 1, $m+1$ 个数字等于 2,一个数字等于 5,考虑 $m!\,(m+1)!$ 个排列,使所有的 1 放在最前面,接着放所有的 2,最后放 5. 注意这样一个 $2m+2=n+1$ 位数可表示为

$$\frac{10^{2k}-1}{9}+\frac{10^{k+1}-1}{9}+3=\frac{10^{2k}+10^{k+1}+25}{9}=(\frac{10^k+5}{3})^2$$

这的确是完全平方数,因为 $10^k+5\equiv 1+5\equiv 0 \pmod 3$. 因为 $m!\geqslant 2$,所以 $(m+1)!\geqslant 2(m+1)$,数字给出的集合中,形成一个完全平方数的排列数至少是 $4(m+1)=2(n+1)$,每一个奇数 $n\geqslant 5$ 满足题目的条件.

O410 在一张棋盘上的每一个格子上写出棋盘上包含这一格子的矩形的个数.求所有这些数的和.

解 考虑 $n\times n$ 棋盘的一行(或一列),用 1 到 n 编号.该行中包含标有 i 的格子的矩形的个数是 $i(n+1-i)$.

因为对于用行表示的一个格子不影响用列的标号,所以由乘法原理,包含第 i 行和第 j 列的格子的矩形个数是

$$ij(n+1-i)(n+1-j)$$

现在,如果考虑 $n=8$ 的棋盘,所求的和是

$$S=\sum_{i=1}^{8}\sum_{j=1}^{8} ij(9-i)(9-j)=\left[\sum_{i=1}^{8}(9i-i^2)\right]^2=\left(9\cdot\frac{8\cdot 9}{2}-\frac{8\cdot 9\cdot 17}{6}\right)^2=120^2=14\ 400$$

O411 设 n 是正整数,$S(n)$ 表示 n 的所有质因数的和.(例如,$S(1)=0$,$S(2)=2$,$S(45)=8$.)求:使 $S(n)=S(2^n+1)$ 的一切正整数 n.

解 当 $n=1$ 时,我们有

$$S(2^n+1)=S(3)=3>0=S(n)$$

而当 $n=2$ 时,我们有

$$S(2^n+1)=S(5)=5>2=S(n)$$

当 $n=3$ 时,我们得到

$$S(2^n+1)=S(9)=S(3^2)=3=S(3)=S(n)$$

或者说,当 $n\leqslant 3$ 时的唯一解是 $n=3$.

现在设 $n\geqslant 4$,在这种情况下我们可以容易证明 $S(n)\leqslant n$,当且仅当 n 是质数时,等式成立.如果 n 是质数,那么等式显然成立,而如果 $n=p^\alpha$ 是质数的幂,$\alpha>1$,那么

$$S(n)=p<p^\alpha=n$$

对 n 的不同的质因数的个数 u 进行归纳,现在注意到,如果

$$n=p_1^{\alpha_1}p_2^{\alpha_2}\cdots p_u^{\alpha_u}$$

其中 $p_1<p_2<\cdots<p_u$,$\alpha_1,\alpha_2,\cdots,\alpha_u$ 是正整数,那么我们有

$$\begin{aligned}S(n)&=p_1+p_2+\cdots+p_u<2(p_2+\cdots+p_u)\\&<p_1(p_2+\cdots+p_u)<p_1^{\alpha_1}(p_2^{\alpha_2}\cdots p_u^{\alpha_u})=n\end{aligned}$$

在第一个不等式中,我们用了 $p_1<p_2\leqslant p_2+\cdots+p_u$,在最后一个不等式中,我们对 $n=p_2^{\alpha_2}\cdots p_u^{\alpha_u}$ 用了归纳假设,以及 $p_1\leqslant p_1^{\alpha_1}$.现在,作为 Zsigmondy 定理的一种特殊情况,对于一切整数 $n\geqslant 4$,存在一个质数 p_n,对于任何整数 $m(m<2n)$,它整除 $2^{2n}-1$,但不整除 2^m-1.注意,我们在这里避免 Zsigmondy 定理的一些例外的情况.现在,因为 p_n 是奇

数,由 Fermat 小定理,p_n 整除 $2^{p_n-1}-1$,因此我们必有 $p_n-1\geqslant 2n$,因此 $p_n\geqslant n$. 又因为 p_n 不整除 2^n-1,但整除 $2^{2n}-1=(2^n+1)(2^n-1)$,那么 p_n 整除 2^n+1. 于是 $S(2^n+1)\geqslant p_n>n\geqslant S(n)$. 于是当 $n\geqslant 4$ 时不可能有解.

于是唯一解是 $n=3$,有 $S(2^3+1)=S(9)=3$.

O412 设 $ABCDE$ 是凸五边形,且 $AC=AD=AB+AE$ 和 $BC+CD+DE=BD+CE$. 直线 AB 和 AE 分别交 CD 于点 F 和 G. 证明

$$\frac{1}{AF}+\frac{1}{AG}=\frac{1}{AC}$$

证明 首先,用点 Q 表示 CD 的中点. 因为 ACD 是等腰三角形,所以我们有 $AQ\perp CD$(图 6).

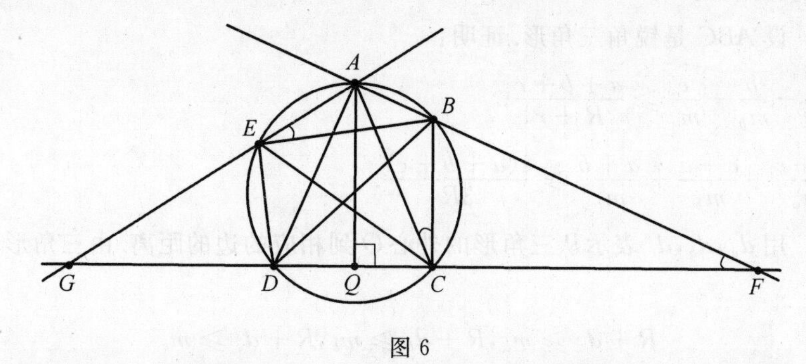

图 6

在凸四边形 $ABCD$ 和 $ACDE$ 中,由 Ptolemy 不等式得到

$$AB\cdot CD+BC\cdot AD\geqslant AC\cdot BD \tag{1}$$

和

$$AC\cdot DE+AE\cdot CD\geqslant AD\cdot CE \tag{2}$$

将以上两个不等式相加,并利用 $AC=AD$,我们得到

$$AC(BC+DE)+CD(AB+AE)\geqslant AC(BD+CE)$$

或由已知条件,等价于

$$AC(BC+DE)+AC\cdot CD\geqslant AC(BD+CE)$$

因为在最后一个不等式中,已知条件中等式成立,式(1)(2) 两式的等式也必须都成立,这意味着 $ABCD$ 和 $ACDE$ 都是圆内接四边形,点 A,B,C,D,E 都在同一个圆上. 那么,推出

$$AG\cdot GE=GC\cdot GD=GQ^2-QC^2$$

和

$$AF\cdot FB=FC\cdot FD=FQ^2-QC^2$$

此外,利用 $AQ\perp CD$ 以及上面的关系,我们有

$$AG^2-GQ^2=AF^2-FQ^2$$

$$\Leftrightarrow AG^2 - AG \cdot GE = AF^2 - AF \cdot FB$$

$$\Leftrightarrow AE \cdot AG = AB \cdot AF$$

结果 $EBFG$ 也是圆内接四边形.

那么,我们有 $\angle BFC = \angle AEB = \angle ACB$,因为 $ABCE$ 也是圆内接四边形.但是这意味着 AC 是 $\triangle BFC$ 的外接圆的切线,结果

$$AC^2 = AF \cdot AB$$

由以上所有的结果,我们有

$$\frac{1}{AF} + \frac{1}{AG} = \frac{AB}{AF \cdot AB} + \frac{AE}{AG \cdot AE} = \frac{AC}{AF \cdot AB} = \frac{AC}{AC^2} = \frac{1}{AC}$$

这就是要证明的.

O413 设 ABC 是锐角三角形.证明:

(a) $\dfrac{a}{m_a} + \dfrac{b}{m_b} + \dfrac{c}{m_c} \geqslant \dfrac{a+b+c}{R+r}$;

(b) $\dfrac{b+c}{m_a} + \dfrac{c+a}{m_b} + \dfrac{a+b}{m_c} \geqslant \dfrac{4(a+b+c)}{3R}$.

证明 用 d_a, d_b, d_c 表示从三角形的外心 O 到相应的边的距离.由三角形不等式,我们有

$$R + d_a \geqslant m_a, R + d_b \geqslant m_b, R + d_c \geqslant m_c$$

(a) 利用上述式子,我们有

$$\frac{a}{m_a} + \frac{b}{m_b} + \frac{c}{m_c} \geqslant \frac{a^2}{aR + ad_a} + \frac{b^2}{bR + bd_b} + \frac{c^2}{cR + cd_c}$$

由 Cauchy-Schwarz 不等式,我们有

$$\frac{a^2}{aR + ad_a} + \frac{b^2}{bR + bd_b} + \frac{c^2}{cR + cd_c} \geqslant \frac{(a+b+c)^2}{(a+b+c)R + ad_a + bd_b + cd_c}$$

观察到

$$ad_a + bd_b + cd_c = (a+b+c)r$$

将此式代入上述不等式,进行一些简单的运算,最后我们得到

$$\frac{a}{m_a} + \frac{b}{m_b} + \frac{c}{m_c} \geqslant \frac{a+b+c}{R+r}$$

当且仅当三角形是等边三角形时,等式成立.

(b) 与(a) 相同,我们有

$$\frac{b+c}{m_a} + \frac{c+a}{m_b} + \frac{a+b}{m_c} \geqslant \frac{(b+c)^2}{(b+c)(R+d_a)} + \frac{(c+a)^2}{(c+a)(R+d_b)} + \frac{(a+b)^2}{(a+b)(R+d_c)}$$

由 Cauchy-Schwarz 不等式,我们得到

$$\frac{b+c}{m_a} + \frac{c+a}{m_b} + \frac{a+b}{m_c} \geqslant \frac{4(a+b+c)^2}{(b+c)d_a + (c+a)d_b + (a+b)d_c + 2R(a+b+c)}$$

观察到

$$ad_a+bd_b+cd_c=2S=(a+b+c)r$$

结果可写成

$$(b+c)d_a+(c+a)d_b+(a+b)d_c=(a+b+c)(d_a+d_b+d_c)-(a+b+c)r$$

由 Carnot 定理,我们有 $d_a+d_b+d_c=R+r$,所以我们有

$$(b+c)d_a+(c+a)d_b+(a+b)d_c=(a+b+c)R$$

进行一些简单的运算后,最后我们得到

$$\frac{b+c}{m_a}+\frac{c+a}{m_b}+\frac{a+b}{m_c}\geqslant\frac{4(a+b+c)}{3R}$$

当且仅当三角形是等边三角形时,等式成立.

O414 求具有以下性质的所有正整数 n:对于 n 的任何两个互质的因子 $a<b$,$b-a+1$ 也是 n 的因子.

解 假定我们有这样一个整数 n. 设 q 是 n 的质因数的最大幂(所以 $\gcd(q,\frac{n}{q})=1$). 于是我们首先证明 $q>n^{\frac{1}{3}}$. 如果这不成立,那么我们将有 $\frac{n}{q}>q$,因此由已知条件,$\frac{n}{q}-q+1$ 整除 n. 但是 $\frac{n}{q}-q+1\leqslant\frac{n}{q}$,因此由于它是 n 的约数,我们实际上有 $\frac{n}{q}-q+1\leqslant\frac{n}{q+1}$. 将该不等式整理后,我们有 $n<q^3-q$,特别有 $q>n^{\frac{1}{3}}$.

因为 n 的每一个质因数的最大幂都大于 $n^{\frac{1}{3}}$,所以推出 n 至多有两个质因数. 于是 n 或者是一个质数的幂或者对于某个质数 $p<q$,形如 $n=p^sq^t(s,t\geqslant1)$.

显然任何质数幂具有给定的性质,因为这样的 n 的任何的一对互质的因数中较小的一个必定等于 1.

假定对于某个质数 $p<q$ 和 $s,t\geqslant1$,$n=p^sq^t$. 因为 $q-p+1$ 必定是 n 的一个小于 q 的一个因数,所以对于某个 $m\leqslant s$,我们必有 $q-p+1=p^m$. 因此 $q=p^m+p-1$.

如果 $t\geqslant2$,那么 q^2-p+1 也整除 n,且与 q 互质(因为 $q>p-1$). 因此它必是 p 的幂. 于是 $q^2-p+1=p^k$,重排后为 $q^2=p^k+p-1$. 但这是说 q 和 q^2 都模 p 同余 -1. 于是我们必须有 $p=2$. 在这种情况下,我们得到 $2^k+1=q^2=(2^m+1)^2=2^{2m}+2^{m+1}+1$,这只有当 $m=1$(和 $k=3$)时可能. 于是 $q=3$. 如果 $(p,q)=(2,3)$,那么可以检验 $n=6,12,24$ 和 72 是解,但 36 不是解(因为 $t\geqslant2$,$9-2+1=8$ 必须整除 n,因此 $s\geqslant3$). 如果 48 或 216 整除 n,那么我们将得到 $16-3+1=14\mid n$ 或 $27-2+1=26\mid n$,这是一个矛盾. 于是只有解 $(p,q)=(2,3)$.

于是我们可以假定 $t=1$. 如果 $m\geqslant2$,那么 $s\geqslant2$,因此 $q-p^2+1$ 必须整除 n,且小于 q. 因此 $q-p^2+1=p^k$,所以 $q=p^m+p-1=p^k+p^2-1$. 看到这是以 p 为底数,显然$k=1$

和 $m=2$. 因此 $q=p^2+p-1$. 注意到如果 $n=p^2(p^2+p-1)$ 和 $q=p^2+p-1$ 是质数，那么我们有一个例子，因为我们已经检验了所有互质的因数对. 如果 $s\geqslant 3$，那么 $p^3-q+1=p^3-p^2-p+2$ 必整除 n，且小于 pq 和 p^3. 因此它必定是 $1,p$ 或 p^2. 这些值给出关于 p 的三次方程，且只有方程 $p^3-2p^2-p+2=(p-2)(p^2-1)=0$ 有一个质数根. 因此我们得到 $q=p^2+p-1=5$. 如果 $s=3$，我们又得到一个解 $n=2^3\cdot 5=40$. 如果 $s>3$，那么我们将得到 $16-5+1=12$ 整除 n，这是一个矛盾.

如果 $m=1$，那么 $q=2p-1$. 因为 $p=2$ 的情况上面已经处理过了，所以我们可以假定 p 是奇数. 如果 $s=1$，那么我们已经检验了这个唯一的互质的因数对，且当 $q=2p-1$ 是质数时，那么 $n=p(2p-1)$ 是解. 如果 $s\geqslant 2$，那么 p^2-q+1 整除 n，且小于 p^2. 因此它必须是 p 或 q. 如果是 p，那么我们得到 $p=2$ 已经排除. 如果是 q，那么我们得到 $p=3$，因此 $q=5$. 如果 $s=2$，那么已经检验了所有互质的因数对，因此 $n=3^2\cdot 5=45$ 是一个解. 如果 $s\geqslant 3$，那么 $27-5+1=23$ 将需要整除 n，这是一个矛盾.

于是我们得到了解是质数的幂，$n=p(2p-1)$(如果 $2p-1$ 是质数)，$n=p^2(p^2+p-1)$(如果 p^2+p-1 是质数)，和解 $n=12,24,40,45$ 和 72.

O415 设 $n>2$ 是整数. 一个 $n\times n$ 的正方形被分割成 n^2 个小正方形. 求能以这样一种方法涂色的单位正方形的最大个数：使每一个 1×3 或 3×1 的长方形至少包含一个未涂色的单位正方形.

解 从 1 到 n 对行和列编号，用 (i,j) 表示第 i 行和第 j 列交叉处的正方形单位. 注意到只要留 $\lfloor \frac{n^2}{3} \rfloor$ 个正方形单位不涂色，特别是不对 $i+j\equiv 1 \pmod 3$ 的正方形涂色. 显然，任何 1×3 的长方形包含三个具有 i(或 j) 和三个连续的 j(或 i) 的值的单位正方形，得到三个连续整数作为 $i+j-1$ 的值，显然其中一个已是 3 的倍数，于是未涂色.

如果 $n=3k$ 是 3 的倍数，那么它包括由 $i+j=n+1$ 确定的对角线，包含 n 个单位正方形，各小对角线关于这一对角线两两对称，这样的对角线中有一个在对角线 $i+j=n+1$ 的每一侧上包含 $3,6,\cdots,n-3$ 个单位正方形，未涂色的单位正方形的总数等于

$$\frac{n(n-3)}{3}+n=\frac{n^2}{3}$$

如果对于某个正整数 k，$n=3k+1$，那么它与对角线 $i+j=n+1$ 包括在同一方向上的各小对角线，分别有 $3,6,\cdots,n-1$ 个单位正方形，在对角线 $i+j=n+1$ 另一侧上有 $n-2,n-5,\cdots,2$ 个单位正方形. 未涂色的单位正方形的总数等于

$$\frac{(n+2)(n-1)}{6}+\frac{n(n-1)}{6}=\frac{n^2-1}{3}=\frac{n^2}{3}-\frac{1}{3}$$

如果对于某个正整数 k，$n=3k+2$，同样的论述推出包含对角线 $i+j=n+1$ 的一侧上的 $3,6,\cdots,n-2$ 个单位正方形，所说的对角线的另一侧上有 $1,4,\cdots,n-1$ 对角线 $i+j=n+1$ 每一侧上有 $n-2,n-5,\cdots,2$ 个单位正方形. 未涂色的单位正方形的总数等于

$$\frac{(n+1)(n-2)}{6}+\frac{n(n+1)}{6}=\frac{n^2-1}{3}=\frac{n^2}{3}-\frac{1}{3}$$

在所有这三种情况中，未涂色的单位正方形的总数显然都是前面提到的$\lfloor \frac{n^2}{3}\rfloor$. 现在注意，当$n=3,4,5$时，未涂色的正方形的这一足够的个数也是最小值. 事实上，在3×3的正方形中，每一条直线上必定至少存在一个未涂色的正方形，4×4的正方形可以用四个1×3的长方形和一个3×1的长方形拼砌而成，有一个正方形未被覆盖，这五块中的每一块都必定至少包含一个未涂色的正方形. 对于5×5的正方形，注意到每一行必定至少包含一个未涂色的正方形，对于恰好包含一个未涂色的正方形的每一行，它必定是在中心的位置上. 如果这种情况在超过两行中发生，那么这两行是包含靠着该正方形的一条边的相邻两行，或者是恰被一行隔开的两行，每一行都有一个未涂色的正方形，两种情况都是中心的正方形. 考虑这些行中包含每一行的另四个正方形的四个3×1的长方形，它们留下在同一直线上的四个单位正方形，必定全部未涂色. 于是，或者至多有两行恰有一个未涂色的正方形，且至少有三行，每行至少有两个未涂色的正方形，或者至少有一行至少有四个未涂色的正方形和另四行中的每一行中至少有一个未涂色的正方形，这样至少有8个未涂色的正方形.

如果这一结果对一个$n\times n$的正方形成立，那么注意到一个$(n+3)\times(n+3)$的正方形可以被分割成一个$n\times n$的正方形，$n+3$个3×1的长方形和n个1×3的长方形. 根据归纳假设，这个$n\times n$的正方形至少有$\lfloor \frac{n^2}{3}\rfloor$个未涂色的正方形. 未涂色的正方形的总数的最小值等于

$$\lfloor \frac{n^2}{3}\rfloor+(n+3)+n=\lfloor \frac{n^2}{3}+2n+3\rfloor=\lfloor \frac{n^2+6n+9}{3}\rfloor=\lfloor \frac{(n+3)^2}{3}\rfloor$$

这一结果对一切$n\geqslant 3$成立. 于是未被涂色的正方形的最大个数是

$$n^2-\lfloor \frac{n^2}{3}\rfloor=\lfloor \frac{2n^2}{3}\rfloor$$

O416　设a,b,c是实数，且$a^2+b^2+c^2-abc=4$. 求：$(ab-c)(bc-a)(ca-b)$的最小值，以及达到最小值的一切三数组(a,b,c).

解　设$a=x+\frac{1}{x}$，$b=y+\frac{1}{y}$（这里如果$|a|$，$|b|\geqslant 2$，那么x,y是实数；如果$|a|$，$|b|\leqslant 2$，那么x,y在复数单位圆上），我们得到$c=xy+\frac{1}{xy}$或$c=\frac{x}{y}+\frac{y}{x}$. 在可能将$y$换成$\frac{1}{y}$的情况下，我们看出可以写成$c=z+\frac{1}{z}$，这里$xyz=1$. 稍加检验表明我们可以假定所有$x,y,z$这三个数都是实数，或者都是模为1的复数. 注意到$ab-c=\frac{x}{y}+\frac{y}{x}=$

$\frac{x^2+y^2}{xy}$. 将这一式子(用到 $xyz=1$)乘以两个类似的循环式子,得到

$$(ab-c)(bc-a)(ca-b)=(x^2+y^2)(y^2+z^2)(z^2+x^2)$$

如果 x,y,z 都是实数,那么上式非负. 如果 x,y,z 都是模为 1 的复数,那么写成 $a=2\cos A$, $b=2\cos B$ 和 $c=2\cos C$(这里我们选取 $A,B,C\in[0,\pi]$,得到 $C=A+B$,或者 $C=|A-B|$,所以我们有 A,B 和 C 的最大的一个是另两个的和,或者 $A+B+C=2\pi$),我们得到

$$(ab-c)(bc-a)(ca-b)=8\cos(A-B)\cos(B-C)\cos(C-A)$$

这可能为负,因此在这种情况下必达到最小值.

于是在观察这两种情况后,我们看到我们已经归结为使 $P=8\cos x\cos y\cos(x+y)$ 最小的问题. 写成

$$P=8\cos x\cos^2\frac{x}{2}-8\cos x\sin^2(y+\frac{x}{2})$$

我们看到随着 y 的变化,当 $\sin^2(y+\frac{x}{2})=0$ 或者 1 时,P 最小. 于是我们得到

$$P=8\cos x\cos^2\frac{x}{2} \text{ 或者 } P=-8\cos x\sin^2\frac{x}{2}$$

设这两种情况下,分别设 $u=\cos\frac{x}{2}$ 或 $\sin\frac{x}{2}$,上式都变为

$$P=8(2u^2-1)u^2$$

进行计算或者由 AM-GM不等式,P 在 $u=\pm\frac{1}{2}$ 处达到最小值 -1,在这种情况下,$\cos x$,$\cos y$, 和 $\cos(x+y)$ 都是 $\pm\frac{1}{2}$,奇数个取负.

对于$(-\frac{1}{2},\frac{1}{2},\frac{1}{2})$,我们得到$(a,b,c)=(-2,-1,-1)$或者其循环排列,对于$(-\frac{1}{2},-\frac{1}{2},-\frac{1}{2})$,我们得到$(a,b,c)=(2,-1,-1)$ 或者其循环排列.

O417 设 $x_1,x_2,\cdots,x_n$ 是实数,且 $x_1^2+x_2^2+\cdots+x_n^2\leqslant 1$. 证明

$$|x_1|+|x_2|+\cdots+|x_n|\leqslant\sqrt{n}(1+\frac{1}{n})+n^{\frac{n-1}{2}}x_1x_2\cdots x_n$$

等式何时成立?

证明 由算术平均 $-$ 平方平均不等式

$$|x_1|+|x_2|+\cdots+|x_n|\leqslant n\sqrt{\frac{x_1^2+x_2^2+\cdots+x_n^2}{n}}\leqslant\sqrt{n}$$

由 AM-GM 不等式

$$n^{\frac{n-1}{2}}\mid x_1x_2\cdots x_n\mid=\frac{1}{\sqrt{n}}(n\sqrt[n]{x_1^2x_2^2\cdots x_n^2})^{\frac{n}{2}}\leqslant\frac{1}{\sqrt{n}}(x_1^2+x_2^2+\cdots+x_n^2)=\frac{1}{\sqrt{n}}$$

于是

$$\begin{aligned}\mid x_1\mid+\mid x_2\mid+\cdots+\mid x_n\mid&\leqslant\sqrt{n}+\frac{1}{\sqrt{n}}-n^{\frac{n-1}{2}}\mid x_1x_2\cdots x_n\mid\\&\leqslant\sqrt{n}+\frac{1}{\sqrt{n}}+n^{\frac{n-1}{2}}x_1x_2\cdots x_n\\&=\sqrt{n}(1+\frac{1}{n})+n^{\frac{n-1}{2}}x_1x_2\cdots x_n\end{aligned}$$

除非 $\mid x_1\mid=\mid x_2\mid=\cdots=\mid x_n\mid$ 和等价的 $x_1^2=x_2^2=\cdots=x_n^2$，在 AM-QM 不等式和 AM-GM 不等式中是严格不等的，于是在所求的不等式中也是严格不等的.

设共同的绝对值是 x. 因为 $nx^2=x_1^2+x_2^2+\cdots+x_n^2\leqslant 1$，所以

$$\mid x_1\mid+\mid x_2\mid+\cdots+\mid x_n\mid+n^{\frac{n-1}{2}}x_1x_2\cdots x_n=nx\pm n^{\frac{n-1}{2}}x^n\leqslant\sqrt{n}+\frac{1}{\sqrt{n}}$$

这是严格不等的，除非 $x=\frac{1}{\sqrt{n}}$. 当 $x=\frac{1}{\sqrt{n}}$ 时，等式表明

$$\frac{n}{\sqrt{n}}=\sqrt{n}+\frac{1}{\sqrt{n}}+n^{\frac{n-1}{2}}x_1x_2\cdots x_n$$

$$x_1x_2\cdots x_n=-(\frac{1}{\sqrt{n}})^n$$

于是 $x_1,x_2,\cdots,x_n$ 中有奇数个为负.

因此 $x_1,x_2,\cdots,x_n$ 中有奇数个是 $-\frac{1}{\sqrt{n}}$，其余的都是 $\frac{1}{\sqrt{n}}$. 反之，$x_1,x_2,\cdots,x_n$ 的任何这样的值得到等式，所以这些恰好是等式成立的条件.

O418 设 a,b,c 是正实数，且 $a^2+b^2+c^2=3$. 证明

$$\frac{a^5}{c^3+1}+\frac{b^5}{a^3+1}+\frac{c^5}{b^3+1}\geqslant\frac{3}{2}$$

第一种证法 由 T2 型的 Cauchy-Schwarz 不等式，我们有

$$\begin{aligned}\frac{a^5}{c^3+1}+\frac{b^5}{a^3+1}+\frac{c^5}{b^3+1}&=\frac{a^6}{ac^3+a}+\frac{b^6}{ba^3+b}+\frac{c^6}{cb^3+c}\\&\geqslant\frac{(a^3+b^3+c^3)^2}{ac^3+ba^3+cb^3+a+b+c}\end{aligned}$$

将这一不等式整理后，我们有

$$a^6+b^6+c^6\geqslant ba^5+cb^5+ac^5$$

和

$$a^{-3}+b^{-3}+c^{-3}\geqslant b^{-1}a^{-2}+c^{-1}b^{-2}+a^{-1}c^{-2}$$

这个最后的不等式可改写为

$$a^3b^3+b^3c^3+c^3a^3\geqslant a^2b^3c+b^2c^3a+c^2a^3b$$

将这三个不等式中的第一个和最后一个相加(两边再加 $a^3b^3+b^3c^3+c^3a^3$),得到

$$(a^3+b^3+c^3)^2\geqslant(a^2+b^2+c^2)(ac^3+ba^3+cb^3)$$

再由幂平均不等式,我们有

$$(a^3+b^3+c^3)^2\geqslant\frac{(a+b+c)(a^2+b^2+c^2)^{\frac{5}{2}}}{3^{\frac{3}{2}}}$$

将最后两个不等式相加,再将已知条件 $a^2+b^2+c^2=3$ 代入,得到

$$2(a^3+b^3+c^3)^2\geqslant 3(ac^3+ba^3+cb^3+a+b+c)$$

因此

$$\frac{(a^3+b^3+c^3)^2}{ac^3+ba^3+cb^3+a+b+c}\geqslant\frac{3}{2}$$

于是推得要证明的不等式.

第二种证法 首先注意到由平方平均和立方平均之间的不等式,有

$$1=\frac{a^2+b^2+c^2}{3}\leqslant\frac{a^3+b^3+c^3}{3}$$

问题中提出的不等式弱于

$$\frac{6a^5}{4c^3+a^3+b^3}+\frac{6b^5}{4a^3+b^3+c^3}+\frac{6c^5}{4b^3+c^3+a^3}\geqslant a^2+b^2+c^2$$

当且仅当 $a=b=c$ 时,二者等价.现在,在两边乘以分母的积后,进行整理,这一新的不等式可以改写为

$$\begin{aligned}
&\sum_{\text{cyc}}a^3(3a^8+b^8-4a^6b^2)+\sum_{\text{cyc}}b^3(3b^8+a^8-4a^2b^6)+\\
&3\sum_{\text{cyc}}a^3b^3(3a^5+2b^5-5a^3b^2)+\\
&\frac{3}{7}\sum_{\text{cyc}}(33a^8b^3+6b^8c^3+10c^8a^3-49a^6b^3c^2)+\\
&\frac{3}{7}\sum_{\text{cyc}}(30a^8b^3+b^8c^3+18c^8a^3-49a^6b^2c^3)+\\
&\sum_{\text{cyc}}(5a^{11}+5b^{11}+29a^8b^3+2a^3b^8+3a^5b^6-44a^7b^4)+\\
&\frac{44}{37}\sum_{\text{cyc}}(19a^7b^4+5b^7c^4+13c^7a^4-37a^5b^3c^3)+\\
&4[a^{11}+b^{11}+c^{11}-a^3b^3c^3(a^2+b^2+c^2)]\geqslant 0
\end{aligned}$$

现在,对左边除了最后一项以外所有项都非负,用加权 AM-GM 不等式,而最后一项非负,用幂平均不等式和 AM-GM 不等式.当且仅当 $a=b=c=1$ 时,最后一项为零,这一条件在所有其他各项中都是充分的,因此当且仅当 $a=b=c=1$ 时,原不等式中的等式成

立.

O419 设 $x_1,x_2,\cdots,x_n$ 是区间 $(0,\frac{\pi}{2})$ 内的实数. 证明

$$\frac{1}{n^2}\left(\frac{\tan x_1}{x_1}+\frac{\tan x_2}{x_2}+\cdots+\frac{\tan x_n}{x_n}\right)^2\leqslant\frac{\tan^2 x_1+\tan^2 x_2+\cdots+\tan^2 x_n}{x_1^2+x_2^2+\cdots+x_n^2}$$

证明 首先注意到 $\frac{\tan x}{x}$ 在 $(0,\frac{\pi}{2})$ 上递增. 事实上

$$\left(\frac{\tan x}{x}\right)'=\frac{x-\sin x\cdot\cos x}{x^2\cos^2 x}=\frac{x-\sin x+\sin x(1-\cos x)}{x^2\cos^2 x}>0$$

那么,因为 n 数组 $(x_1^2,x_2^2,\cdots,x_n^2)$ 和 $\left(\frac{\tan^2 x_1}{x_1^2},\frac{\tan^2 x_2}{x_2^2},\cdots,\frac{\tan^2 x_n}{x_n^2}\right)$ 的排序一致,由 Chebyshev 不等式

$$\sum_{k=1}^{n}\tan^2 x_k=\sum_{k=1}^{n}x_k^2\cdot\frac{\tan^2 x_k}{x_k^2}\geqslant\sum_{k=1}^{n}x_k^2\cdot\left(\frac{1}{n}\sum_{k=1}^{n}\frac{\tan^2 x_k}{x_k^2}\right)$$

还有,用 QM-AM 不等式

$$\frac{1}{n}\sum_{k=1}^{n}\frac{\tan^2 x_k}{x_k^2}\geqslant\left(\frac{1}{n}\sum_{k=1}^{n}\frac{\tan x_k}{x_k}\right)^2$$

于是

$$\frac{\sum_{k=1}^{n}\tan^2 x_k}{\sum_{k=1}^{n}x_k^2}\geqslant\frac{\sum_{k=1}^{n}x_k^2\cdot\left(\frac{1}{n}\sum_{k=1}^{n}\frac{\tan^2 x_k}{x_k^2}\right)}{\sum_{k=1}^{n}x_k^2}\geqslant\frac{1}{n^2}\left(\sum_{k=1}^{n}\frac{\tan x_k}{x_k}\right)^2$$

O420 设 $n\geqslant 2$,设 $A=\{1,4,\cdots,n^2\}$ 是前 n 个非零完全平方数的集合. B 是 A 的一个子集,如果对于 $a,b,c,d\in B,a+b=c+d$,有 $(a,b)=(c,d)$,那么 A 的子集 B 称为 Sidon 子集. 证明:对于某个绝对常数 $C>0$,A 有大小至少为 $Cn^{\frac{1}{2}}$ 的 Sidon 子集. 指数 $\frac{1}{2}$ 能否改进?

第一种证法 为了证明 $A=\{1,4,\cdots,n^2\}$ 包含一个对于某个绝对常数 $C>0$,大小至少为 $Cn^{\frac{1}{2}}$ 的 Sidon 子集,我们援引 V. S. Konyagin 的一个定理,An estimate of L_1-norm of an exponential sum. The Theory of Approximations of Functions and Operators, Abstracts of Papers of the International Conference Dedicated to Stechkin's 80th Anniversary[in Russian],Ekaterinburg(2000),8889.

设 $a,b,c,d\in\{1,2,\cdots,n\}$,如果 E 是方程 $a^2+b^2=c^2+d^2$ 的解的组数,且 $\{a,b\}\neq\{c,d\}$,那么 Konyagin 定理说,对于一个绝对常数 $c>0$,有 $E\leqslant cn^{\frac{5}{2}}$. 利用这一结果,我们可以做以下推断. 设 $p\in[0,1]$,X 是以概率 p(独立)考虑 $\{1,2,\cdots,n\}$ 的每一个元素得到的 $\{1,2,\cdots,n\}$ 的一个随机子集. 这样一个随机集合 X 可以有 $a^2+b^2=c^2+d^2$ 的解,(a,b,c,d) 都在 $\{1,2,\cdots,n\}$ 中,且 $\{a,b\}\neq\{c,d\}$,但是解不可能太多. 特别是,由 Konyagin 定理,X 至多有 $cn^{\frac{5}{2}}$ 个这样的四数组. 一个四数组可以有 a,b,c,d 两两不同的情况,也可以

有 $a=b$ 或 $c=d$ 的情况.不失一般性,设 $a=b$,那么 c,d 必须不同,且满足 $c^2+d^2=2a^2$.由经典的Landau定理,使 $c^2+d^2=2a^2$ 不同的三数组 c,d,a 的组数的上界是 $\frac{n^2}{\sqrt{\log|A|}}$,另一些解的组数至多是 dn,这里 d 是某个常数,这在下面的论述中是无足轻重的.

有了这一信息,我们取随机集合 X,再从满足 $a^2+b^2=c^2+d^2$ 的每一个四数组除去一个元素定义集合 X',根据 X' 的构造,这一集合没有 $a^2+b^2=c^2+d^2$ 的任何解.X' 的期望大小等于

$$E[|X'|]\gg np-cn^{\frac{5}{2}}p^4-\frac{n^2}{\sqrt{\log n}}p^3$$

取 $p=\frac{1}{100c^{\frac{1}{3}}}n^{-\frac{1}{2}}$,我们得到对于某个绝对常数 $C>0$,$E[|X'|]\gg Cn^{\frac{1}{2}}$.由鸽笼原理,这意味着必存在某个大小至少是 $Cn^{\frac{1}{2}}$ 的 Sidon 子集 X'.如果我们对 E 用一个更好的界,那么这个结果还可改进.这样的一些界在目前的文献中是通用的.

注意到如果我们避免使用Konyagin定理,那么由Landau定理,取 E 的界是 $\frac{n^3}{\sqrt{\log n}}$,我们可以证明存在一个大小是 $Cn^{\frac{1}{3}}$ 的 Sidon 子集.n 个实数的任何集合,对于某个绝对常数 $C>0$,都包含一个大小为 $Cn^{\frac{1}{2}}$ 的 Sidon 子集(不恰好是前 n 个完全平方数的集合),这一点也是值得一提的,但是证明有点复杂.

第二种证法 我们从一个随机子集 X 开始,对其进行编辑,直到它是 Sidon 子集为止,将构造一个 $\{1,4,9,\cdots,n^2\}$ 的一个 Sidon 子集.特别是,我们固定一个(小的)概率 $p>0$,随机而独立地以概率 p 取 A 的每一个元素构造 X.那么 X 的期望的大小是 $E[|X|]=np$.设 F_4 是 A 的满足 $a^2+b^2=c^2+d^2$,且 $\{a^2,b^2\}\neq\{c^2,d^2\}$ 的元素的四数组 (a^2,b^2,c^2,d^2) 的集合,并设 $f_4=|F_4|$.我们考察 F_4 中每一个四数组,将编辑 X 产生一个较小的 Sidon 子集 X',如果那个四数组完全包含于 X 中,那么我们就抹去该四数组中的一个元素.这将确保 X' 是一个 Sidon 子集,因为 F_4 中没有一个四数组能完全在 X' 中.我们想说 F_4 中的每一个四数组都有 p^4 的概率在 X 中,因此我们期望抹去 X 的 f_4p^4 个元素构成 X',这就给出

$$E[|X'|]\geqslant np-f_4p^4$$

这里我们要稍微留意一下.我们不能有 $a=c$(因为这将推出 $b^2=d^2$,从而 $b=d$),$a=d$,$b=c$,或 $b=d$(对称性).但是我们可以有 $a=b$,此时有 $c^2+d^2=2a^2$.设 F_3 是这样的三数组 $\{a^2,c^2,d^2\}$,$f_3=|F_3|$.那么这样一个三数组是以 p^3 的概率整个在 X 中(不是我们在上面得到的 p^4).因此实际上我们得到

$$E[|X'|]\geqslant np-f_3p^3-f_4p^4$$

现在要看看集合 X' 有多大我们才有希望得到 f_3 和 f_4 必须有的上界.

对于任何整数 m,设 $G(m)$ 是将 m 写成两个平方和,即 $m=a^2+b^2$ 的方法数,这里 a 和 b 是任意整数. 假定我们将 m 的质因数分解式写成

$$m=2^r p_1^{s_1} p_2^{s_2}\cdots p_k^{s_k} q_1^{t_1} q_2^{t_2}\cdots$$

这里 p_i 是模 4 余 1 的质数,q_i 是模 4 余 3 的质数. 那么由 Fermat 关于两个平方和的定理,利用在 Gaussian 整数 $\mathbf{Z}[i]$ 范围内分解的唯一性,我们看到 $G(m)=0$,除非所有的 t_i 都是偶数. 如果所有的 t_i 都是偶数,那么

$$G(m)=4(s_1+1)(s_2+1)\cdots(s_k+1)$$

对于任何 $\varepsilon>0$ 和任何质数 $p\equiv 1(\bmod 4)$,函数$\frac{s+1}{p^{\varepsilon s}}$有界,因此对于非负整数 $s\geqslant 0$,达到一个有限的最大值. 此外,如果 $p^{\varepsilon}\geqslant 2$(这只是在所有的,但是有限多个质数 p 时才出现),那么当 $s=0$ 时,这个最大值是 1. 于是我们知道,存在一个与 ε 有关,但与 m 无关的 $C(\varepsilon)$,使

$$G(m)\leqslant C(\varepsilon)m^{\varepsilon}$$

显然

$$C(\varepsilon)=4\prod_p \max_{s\geqslant 0}\frac{s+1}{p^{\varepsilon s}}$$

这里乘积取遍一切模 4 余 1 的质数 p,虽然这个积看上去是无穷的,但是我们在上面说过,只存在有限多项最大值不是 1 的项,所以乘积是有意义的. 还要注意 $\sum\limits_{m=0}^{N}G(m)$ 是圆心在原点,半径为 $\sqrt{N}$ 的圆盘内部的格点个数. 对于任何这样的格点,中心是那个格点的单位正方形完全包含在圆心在原点,半径为 $1+\sqrt{N}$ 的圆盘的内部. 因此

$$\sum_{m=0}^{N}G(m)\leqslant \pi(1+\sqrt{N})^2$$

因为满足 $a^2+b^2=c^2+d^2=m$ 的四数组的个数至多是 $G(m)^2$,对某个(虽然我们尽量避免这一记号,但还是与 ε 有关的) 常数 K,我们得到

$$\begin{aligned} f_4 &\leqslant \sum_{m=0}^{2n^2}G(m)^2\leqslant C\left(\frac{\varepsilon}{2}\right)(2n^2)^{\frac{\varepsilon}{2}}\sum_{m=0}^{2n^2}G(m) \\ &\leqslant \pi C\left(\frac{\varepsilon}{2}\right)(2n^2)^{\frac{\varepsilon}{2}}(1+\sqrt{2}\,n)^2\leqslant Kn^{2+\varepsilon} \end{aligned}$$

同理,我们得到对于某个(与 ε 有关的) 常数 K',有

$$f_3\leqslant \sum_{a=1}^{n}G(2a^2)\leqslant C\left(\frac{\varepsilon}{2}\right)(2n^2)^{\frac{\varepsilon}{2}}\sum_{a=1}^{n}1=K'n^{1+\varepsilon}$$

于是我们得到

$$E[\,|X'|\,]\geqslant np-K'n^{1+\varepsilon}p^3-Kn^{2+\varepsilon}p^4$$

现在我们选取 $p=\frac{1}{2K^{\frac{1}{3}}}n^{-\frac{1+\varepsilon}{3}}$,于是得到对于某个与 ε 有关的新的常数 K'',有

$$E[\mid X'\mid]\geqslant K''n^{\frac{2-\varepsilon}{3}}$$

因为选取 X 是随机的,由 X 构成一个 Sidon 子集 X',所以给出这一结果是平均的,由鸽笼原理,存在 X 的某个的特殊选择得到至少这一大小.于是我们可以对任何 $\alpha<\frac{2}{3}$,构建一个大小为 Cn^{α} 的 Sidon 子集.

O421 证明:对于任意实数 a,b,c,d,有

$$a^2+b^2+c^2+d^2+\sqrt{5}\min\{a^2,b^2,c^2,d^2\}\geqslant(\sqrt{5}-1)(ab+bc+cd+da)$$

第一种证法 因为左边关于 a^2,b^2,c^2,d^2 是线性的,所以我们可以假定 $a,b,c,d\geqslant 0$.

因为不等式是循环的,所以我们也可以假定 $d=\min\{a,b,c,d\}$.

第一种情况:$d=0$.

$$a^2+b^2+c^2+\sqrt{5}\min\{a^2,b^2,c^2,0\}\geqslant(\sqrt{5}-1)(ab+bc)$$

$$a^2+b^2+c^2-(\sqrt{5}-1)(ab+bc)=a^2+\frac{b^2}{2}+\frac{b^2}{2}+c^2-(\sqrt{5}-1)(ab+bc)$$

$$\geqslant ab(\sqrt{2}-\sqrt{5}+1)+bc(\sqrt{2}-\sqrt{5}+1)$$

这是成立的,所以原不等式成立.

第二种情况:$d\neq 0$.由于原不等式是齐次的,所以我们可以取 $d=1$,于是不等式变为

$$f(c)\doteq c^2-(\sqrt{5}-1)(b+1)c+a^2+b^2+1-$$

$$(\sqrt{5}-1)(ab+a)\geqslant 0,a,b,c\geqslant 1$$

对于 c 的导数,在

$$c=\frac{\sqrt{5}-1}{2}(1+b)\doteq\bar{c}>1$$

处给出一个最小值,以及

$$2f(\bar{c})=b^2(-1+\sqrt{5})+b(2a+2\sqrt{5}-2\sqrt{5}a-6)+2a^2+2a-2\sqrt{5}a-1+3\sqrt{5}$$

最后一个表达式(我们称为 $g(b)$)在

$$\bar{b}=\frac{a(\sqrt{5}-1)+3-\sqrt{5}}{\sqrt{5}-1}=a+\frac{\sqrt{5}-1}{2}>1$$

处有一个最小值,以及

$$g(\bar{b})=\frac{1}{4}(3-\sqrt{5})(-2a+\sqrt{5}+3)^2\geqslant 0$$

证毕.

第二种证法 只要证明

$$a^2+b^2+c^2+(1+\sqrt{5})d^2\geqslant(\sqrt{5}-1)(ab+bc+cd+da)$$

对变量 a 和 c 配方,得到

$$a^2+b^2+c^2+(1+\sqrt{5})d^2-(\sqrt{5}-1)(ab+bc+cd+da)$$
$$=[a+\frac{(1-\sqrt{5})(b+d)}{2}]^2+[c+\frac{(1-\sqrt{5})(b+d)}{2}]^2+$$
$$b^2+(1+\sqrt{5})d^2-\frac{(1-\sqrt{5})^2(b+d)^2}{2}$$
$$=[a+\frac{(1-\sqrt{5})(b+d)}{2}]^2+[c+\frac{(1-\sqrt{5})(b+d)}{2}]^2+$$
$$(\sqrt{5}-2)[b-(1+\sqrt{5})d]^2\geqslant 0$$

O422 设 $P(x)$ 是有一个非零整数根的整系数多项式.证明:如果 p 和 q 是不同的奇质数,且

$$P(p)=p<2q-1 \text{ 和 } P(q)=q<2p-1$$

那么 p 和 q 是孪生质数.

证明 设 $r\neq 0$ 是该多项式的整数零点.那么该多项式可写成

$$P(x)=(x-r)Q(x)$$

这里 $Q(x)$ 是整系数多项式.于是

$$P(p)=(p-r)Q(p)=p$$
$$P(q)=(q-r)Q(q)=q$$

因为 p 和 q 是质数,我们推得 $p-r\in\{\pm 1,\pm p\}$ 和 $q-r\in\{\pm 1,\pm q\}$.

于是 $r\in\{p-1,p+1,2p\}\cap\{q-1,q+1,2q\}$.因为 $p<2q-1$ 和 $q<2p-1$,所以我们推出 $p-1=q+1$ 或者 $p+1=q-1$.这意味着 p 和 q 是孪生质数.

O423 证明:在高为 h_a,h_b,h_c,旁切圆的半径为 r_a,r_b,r_c 的 $\triangle ABC$ 中

$$\sqrt{\frac{1}{r_b^2}+\frac{1}{r_c}+1}+\sqrt{\frac{1}{r_c^2}+\frac{1}{r_b}+1}\geqslant 2\sqrt{\frac{1}{h_a^2}+\frac{1}{h_a}+1}$$

证明 众所周知

$$S=r_b(s-b)=r_c(s-c)=\frac{1}{2}ah_a$$

利用这一点,原不等式可写成

$$\sqrt{\frac{(s-b)^2}{S^2}+\frac{s-c}{S}+1}+\sqrt{\frac{(s-c)^2}{S^2}+\frac{s-b}{S}+1}\geqslant\sqrt{\frac{a^2}{S^2}+\frac{2a}{S}+4}$$

为方便起见,设 $x=s-b$, $y=s-c$.那么,容易看出 $x+y=a$.因此,在经过一些代数运算后,我们需要证明

$$\sqrt{x^2+Sy+S^2}+\sqrt{y^2+Sx+S^2}\geqslant\sqrt{(x+y)^2+2S(x+y)+4S^2}$$

将最后一个不等式的两边平方后,化简,只要证明

$$2\sqrt{(x^2+Sy+S^2)(y^2+Sx+S^2)}\geqslant 2xy+S(x+y)+2S^2$$

将这一个不等式的两边平方，再进行一些运算后，容易得到，我们需要证明

$$3S^2(x-y)^2+4S[x^3+y^3-xy(x+y)]\geqslant 0$$

但这是成立的，因为

$$x^3+y^3-xy(x+y)=(x+y)(x-y)^2\geqslant 0$$

O424 对于一个正整数 n，我们定义 $f(n)$ 是在写十进制数 $1,2,\cdots,n$ 时，2 出现的次数. 例如，$f(22)=6$，因为 2 在数 2，12，20，21 中各出现 1 次，在数 22 中出现 2 次. 证明：存在无穷多个数 n，使 $f(n)=n$.

证明 如果允许 0 在最左边，那么前 10^k 个数是从 0 到 9 的 k 个数字的所有可能的有序数字串，这里每个数字出现的次数恰好与任何其他数字出现的次数相同. 因为这些数总共包含 $k\cdot 10^k$ 个数字，数字 2 恰好出现 $k\cdot 10^{k-1}$ 次，即对一切 $n\geqslant 10^k$，有 $f(n)\geqslant k\cdot 10^{k-1}$. 于是当 $k\geqslant 100$ 时，如果 $10^k\leqslant n<10^{k+1}$，我们有

$$f(n)\geqslant k\cdot 10^{k-1}\geqslant 10^{k+1}>n$$

使 $f(n)=n$ 的所有的数 n 都必须小于 10^{100}. 推出结论.

O425 设 a,b,c 是正实数，且 $a^2+b^2+c^2+abc=4$. 设 k 是非负实数. 证明

$$a+b+c+\sqrt{k\left(k-1+\frac{a^2+b^2+c^2}{3}\right)}\leqslant k+3$$

证明 如果 $a^2+b^2+c^2<3$，那么 AM-GM 不等式给出 $abc<1$，因此约束条件不成立. 于是 $s=\frac{a^2+b^2+c^2}{3}-1>0$. 因为

$$k-\sqrt{k(k+s)}=\frac{-s}{1+\sqrt{1+\frac{s}{k}}}\geqslant -\frac{s}{2}$$

只要证明当 $k\to\infty$ 时，在极限情况时的不等式，在这种情况下，有

$$3\geqslant a+b+c+\frac{s}{2}$$

或等价的

$$21\geqslant 6(a+b+c)+a^2+b^2+c^2$$

现在我们需要证明的是给定约束条件

$$a^2+b^2+c^2+abc=4$$

和 $a,b,c\geqslant 0$ 的不等式. 如果 a,b,c 中有任何一个是零，比如说 $c=0$，那么约束条件变为 $a^2+b^2=4$，因为这给出 $a+b\leqslant 2\sqrt{2}$，所以原不等式归结为 $17\geqslant 12\sqrt{2}$，这是容易检验的. 否则，我们可以利用 Lagrange 乘子法，求满足约束条件 $g(a,b,c)=a^2+b^2+c^2+abc-4=0$ 的

$$f(a,b,c)=6(a+b+c)+a^2+b^2+c^2$$

的最大值（约束条件迫使 $0\leqslant a,b,c\leqslant 2$，所以最大值存在，我们已经处理了在边界取得最

大值的情况). 关于 a 的导数,我们得到方程

$$2(a+3)=\lambda(2a+bc)$$

因此

$$2a(a+3-\lambda a)=\lambda abc$$

因为这一方程的右边关于 a,b,c 对称,我们看到 a,b,c 都是同一个二次方程

$$2x(x+3-\lambda x)=K$$

的根. 特别是 a,b,c 至多只可以取两个值. 因此不失一般性,我们可以假定 $a=b$. 在这种情况下,约束条件变为 $a=b$ 和 $c=2-a^2$,我们需要求当 $0\leqslant a\leqslant\sqrt{2}$ 时

$$h(a)=f(a,a,2-a^2)=6(2a+2-a^2)+2a^2+(2-a^2)^2=a^4-8a^2+12a+16$$

的最大值. 取导数,我们得到

$$h'(a)=4a^3-16a+12=4(a-1)(a^2+a-3)$$

因此临界点是 $a=1$,这里 $h(1)=21$,在 $a=\dfrac{-1+\sqrt{13}}{2}$ 处,有 $h(a)=\dfrac{13\sqrt{13}-5}{2}=20.936\cdots<21$.

于是当 $a=b=c=1$ 时,所求的最大值达到 21.

O426 设 a,b,c 是正实数,且

$$\frac{1}{a+2}+\frac{1}{b+2}+\frac{1}{c+2}=1$$

证明

$$\frac{1}{a+b}+\frac{1}{b+c}+\frac{1}{c+a}\leqslant\frac{a+b+c}{2}$$

证明 我们用初等对称多项式

$$p=a+b+c>0, q=ab+bc+ca>0, r=abc>0$$

表示对称式来解决这一问题.

于是我们有

$$\frac{1}{a+2}+\frac{1}{b+2}+\frac{1}{c+2}=1\Rightarrow q+r=4$$

利用 AM-GM 不等式,我们有

$$1=\frac{ab+bc+ca+abc}{4}\geqslant\sqrt[4]{a^3b^3c^3}\Rightarrow abc\leqslant 1$$

所以,条件 $q+r=4$ 表明 $0<r\leqslant 1$ 和 $3\leqslant q<4$.

原不等式可化简为

$$2(a^2+b^2+c^2)+6(ab+bc+ca)\leqslant(a+b+c)(a+b)(b+c)(c+a)$$

$$\Leftrightarrow p^2(q-2)+p(q-4)-2q\geqslant 0$$

$$\Leftrightarrow pq(p+2)(1-\frac{2}{q}-\frac{1}{p})\geqslant 0$$

由熟知的不等式

$$p^2=(a+b+c)^2\geqslant 3(ab+bc+ca)=3q$$

给出 $p,q\geqslant 3$,这一最后的不等式显然成立.

O427 设 ABC 是三角形,m_a,m_b,m_c 是中线的长.证明

$$\sqrt{3}(am_a+bm_b+cm_c)\leqslant 2s^2$$

第一种证法 原不等式就是

$$\sqrt{3}(a+b+c)\sum_{\text{cyc}}\frac{a}{a+b+c}\sqrt{\frac{2c^2+2b^2-a^2}{4}}\leqslant\frac{(a+b+c)^2}{2}$$

由 $\sqrt{x}$ 是凹函数,推出

$$\sqrt{3}(a+b+c)\sum_{\text{cyc}}\frac{a}{a+b+c}\sqrt{\frac{2c^2+2b^2-a^2}{4}}$$

$$\leqslant\sqrt{3}(a+b+c)\sqrt{\sum_{\text{cyc}}\frac{a}{a+b+c}\frac{2c^2+2b^2-a^2}{4}}$$

只要证明

$$\sqrt{3}(a+b+c)\sqrt{\sum_{\text{cyc}}\frac{a}{a+b+c}\frac{2c^2+2b^2-a^2}{4}}\leqslant\frac{(a+b+c)^2}{2}$$

或平方后

$$3\sum_{\text{cyc}}a(2c^2+2b^2-a^2)\leqslant(a+b+c)^3$$

现在设 $a=y+z,b=x+z,c=x+y,x,y,z\geqslant 0$,不等式变为

$$3\sum_{\text{sym}}(x^3+3x^2y)\geqslant 24xyz$$

由 AM-GM 不等式,上式显然成立.

第二种证法 首先注意到

$$m_a^2=\frac{b^2+c^2}{2}-\frac{a^2}{4}=\frac{a^2+b^2+c^2}{2}-\frac{3a^2}{4}$$

于是定义

$$f(x)=\sqrt{K-x^2}$$

这里 $x\leqslant\sqrt{K}$.注意到当

$$K=\frac{a^2+b^2+c^2}{2}$$

时,我们有

$$m_a=f(\frac{\sqrt{3}a}{2})$$

对于 b,c 也有类似的式子. 现在, $f(x)$ 的一阶和二阶导数是

$$f'(x)=-\frac{1}{\sqrt{K-x^2}},f''(x)=-\frac{K}{(\sqrt{K-x^2})^3}<0$$

于是 f 是严格凹函数, 由 Jensen 不等式

$$\sqrt{3}(am_a+bm_b+cm_c)\leqslant\sqrt{3}(a+b+c)f\left(\frac{\sqrt{3}(a^2+b^2+c^2)}{2(a+b+c)}\right)$$

$$=\sqrt{12Ks^2-9K^2}$$

当且仅当 $a=b=c$ 时, 等式成立. 于是只要证明

$$\sqrt{12Ks^2-9K^2}\leqslant 2s^2\Leftrightarrow 0\leqslant 4s^4-12Ks^2+9K^2=(2s^2-3K)^2$$

显然成立. 注意到条件 $a=b=c$ 对 Jensen 不等式中的等式是必要的. 结果也是

$$3K=2s^2=\frac{9a^2}{2}$$

推出结论, 当且仅当是 ABC 等边三角形时, 等式成立.

O428 确定一切正整数 n, 使方程

$$x^2+y^2=n(x-y)$$

有正整数解. 并解方程

$$x^2+y^2=2\ 017(x-y)$$

解 设 $n=2\ 017$.

$$x^2+y^2=n(x-y)\Leftrightarrow 4x^2-4nx+n^2+4y^2+4ny+n^2=2n^2$$

因此设 $u=2x-n,v=2y+n$, 则原方程变为方程

$$u^2+v^2=2n^2$$

因为 $n=2\ 017$ 是奇数, 所以 u,v 都是奇数, 特别是 $\frac{u+v}{2}=x+y$ 和 $\frac{|u-v|}{2}=|y+n-x|$ 都是整数. 于是我们有

$$(x+y)^2+|y+n-x|^2=n^2$$

所以 $(x+y,|y+n-x|,n)$ 构成一个 Pythagorean 三数组. 因为 2 017 是质数, 实际上, 这是一组本原 Pythagorean 三数组. 因此存在整数 a 和 b, 使 $n=a^2+b^2$, 其中 $a>b$, $x+y$ 和 $|y+n-x|$ 以某个顺序是 $\{2ab,a^2-b^2\}$. 检验后我们得到 $2\ 017=44^2+9^2$, 且这是唯一解. 因此 $(a,b)=(44,9)$ 和 $x+y$ 和 $|y+2\ 017-x|$ 以某个顺序是 $2\cdot 44\cdot 9=792$ 和 $44^2-9^2=1\ 855$. 在这些绝对值前冠以符号, 我们有四种情况

$$\begin{cases}x+y=1\ 855\\ y-x+2\ 017=792\end{cases}\Rightarrow(x,y)=(1\ 540,315)$$

$$\begin{cases}x+y=1\ 855\\ -y+x-2\ 017=792\end{cases}\Rightarrow(x,y)=(2\ 332,-477)$$

$$\begin{cases}x+y=792\\y-x+2\ 017=1\ 855\end{cases}\Rightarrow(x,y)=(477,315)$$

$$\begin{cases}x+y=792\\-y+x-2\ 017=1\ 855\end{cases}\Rightarrow(x,y)=(2\ 332,-1\ 540)$$

于是正整数解是

$$(x,y)\in\{(1\ 540,315),(477,315)\}$$

O429 设 ABC 是非钝角三角形. 证明

$$m_am_b+m_bm_c+m_cm_a\leqslant(a^2+b^2+c^2)\left(\frac{5}{8}+\frac{r}{4R}\right)$$

证明 因为该三角形不是钝角三角形,所以我们有 $a^2+b^2-c^2\geqslant0$. 于是我们有

$$(a^2+b^2)[(a+b)^2-c^2]-2ab(2a^2+2b^2-c^2)=(a-b)^2(a^2+b^2-c^2)\geqslant0$$

$$\Rightarrow\sqrt{(a^2+b^2)\cdot\frac{(a+b)^2-c^2}{2ab}}\geqslant\sqrt{2a^2+2b^2-c^2}\qquad(1)$$

利用公式

$$m_c=\frac{1}{2}\sqrt{2a^2+2b^2-c^2}$$

$$\frac{r}{R}=\cos A+\cos B+\cos C-1=-1+\frac{1}{2}\sum_{\text{cyc}}\frac{a^2+b^2-c^2}{ab}$$

我们有

$$\begin{aligned}
&m_am_b+m_bm_c+m_cm_a\leqslant(a^2+b^2+c^2)\left(\frac{5}{8}+\frac{r}{4R}\right)\\
&\Leftrightarrow\frac{1}{4}\sum_{\text{cyc}}\sqrt{(2a^2+2b^2-c^2)(2b^2+2c^2-a^2)}\\
&\leqslant(a^2+b^2+c^2)\left(\frac{5}{8}-\frac{1}{4}+\frac{1}{8}\sum_{\text{cyc}}\frac{a^2+b^2-c^2}{ab}\right)\\
&\Leftrightarrow2\sum_{\text{cyc}}\sqrt{(2a^2+2b^2-c^2)(2b^2+2c^2-a^2)}\\
&\leqslant(a^2+b^2+c^2)\left(3+\sum_{\text{cyc}}\frac{a^2+b^2-c^2}{ab}\right)\\
&\Leftrightarrow2\sum_{\text{cyc}}\sqrt{(2a^2+2b^2-c^2)(2b^2+2c^2-a^2)}\\
&\leqslant(a^2+b^2+c^2)\sum_{\text{cyc}}\frac{a^2+b^2+ab-c^2}{ab}\\
&\Leftrightarrow\sum_{\text{cyc}}(2a^2+2b^2-c^2)+2\sum_{\text{cyc}}\sqrt{(2a^2+2b^2-c^2)(2b^2+2c^2-a^2)}\\
&\leqslant(a^2+b^2+c^2)\sum_{\text{cyc}}\frac{a^2+b^2+ab-c^2}{ab}+3\sum_{\text{cyc}}a^2\\
&\Leftrightarrow\left(\sum_{\text{cyc}}\sqrt{2a^2+2b^2-c^2}\right)^2
\end{aligned}$$

$$\leqslant (a^2+b^2+c^2)\left(3+\sum_{\text{cyc}}\frac{a^2+b^2+ab-c^2}{ab}\right)$$

$$\Leftrightarrow \left(\sum_{\text{cyc}}\sqrt{2a^2+2b^2-c^2}\right)^2 \leqslant (a^2+b^2+c^2)\cdot\sum_{\text{cyc}}\frac{(a+b)^2-c^2}{ab}$$

因为 $a+b>c$,利用 Cauchy-Schwarz 不等式我们有

$$\begin{aligned}(a^2+b^2+c^2)\sum_{\text{cyc}}\frac{(a+b)^2-c^2}{ab}&=\frac{1}{2}\sum_{\text{cyc}}(a^2+b^2)\sum_{\text{cyc}}\frac{(a+b)^2-c^2}{ab}\\&=\sum_{\text{cyc}}(a^2+b^2)\sum_{\text{cyc}}\frac{(a+b)^2-c^2}{2ab}\\&\geqslant\left(\sum_{\text{cyc}}\sqrt{(a^2+b^2)\cdot\frac{(a+b)^2-c^2}{2ab}}\right)^2\\&\overset{(1)}{\geqslant}\left(\sum_{\text{cyc}}\sqrt{2a^2+2b^2-c^2}\right)^2\end{aligned}$$

当且仅当 $a=b=c$ 时,等式成立.

O430 求使 5 整除 $\begin{bmatrix}2n\\n\end{bmatrix}$ 的正整数 $n\leqslant 10^6$ 的个数.

解 **引理** 设 $x,y\in\mathbf{R}$,那么我们有

$$\lfloor x\rfloor+\lfloor y\rfloor\leqslant\lfloor x+y\rfloor$$

证明:将 $x\geqslant\lfloor x\rfloor$ 和 $y\geqslant\lfloor y\rfloor$ 相加,得到 $x+y\geqslant\lfloor x\rfloor+\lfloor y\rfloor$. 因此 $\lfloor x\rfloor+\lfloor y\rfloor$ 是小于 $x+y$ 的整数,这就是所要求的. 当且仅当 $\{x\}+\{y\}<1$ 时,等式成立.

作为推论,我们有

$$2\lfloor t\rfloor\leqslant\lfloor 2t\rfloor \tag{1}$$

当且仅当 $0<\{t\}<\frac{1}{2}$ 时,等式成立.

设 $e_p(n)$ 是整除 n 的 p 的最高幂. 那么

$$e_p(n!)=\sum_{k=1}^{\infty}\left\lfloor\frac{n}{p^k}\right\rfloor$$

所以

$$e_5\left(\begin{bmatrix}2n\\n\end{bmatrix}\right)=e_5\left(\frac{(2n)!}{(n!)^2}\right)=\sum_{k=1}^{\infty}\left(\left\lfloor\frac{2n}{5^k}\right\rfloor-2\left\lfloor\frac{n}{5^k}\right\rfloor\right)$$

利用式(1) 我们有

$$\left\lfloor\frac{2n}{5^k}\right\rfloor-2\left\lfloor\frac{n}{5^k}\right\rfloor\geqslant 0\Rightarrow\sum_{k=1}^{\infty}\left(\left\lfloor\frac{2n}{5^k}\right\rfloor-2\left\lfloor\frac{n}{5^k}\right\rfloor\right)\geqslant 0$$

于是 $e_5\left(\begin{bmatrix}2n\\n\end{bmatrix}\right)\geqslant 0$,当且仅当

$$\left\lfloor\frac{2n}{5^k}\right\rfloor-2\left\lfloor\frac{n}{5^k}\right\rfloor=0,\ \forall k\geqslant 1\Leftrightarrow 0<\left\{\frac{n}{5^k}\right\}<\frac{1}{2},\ \forall k\geqslant 1$$

等式成立.

将 n 写成五进制

$$n=\sum_{k=0}^{m} c_k \cdot 5^k, c_k \in \{0,1,2,3,4\}$$

那么我们看到

$$\{\frac{n}{5^k}\}=\sum_{i=0}^{k-1} c_i \cdot 5^{i-k}$$

如果任何五进制数字,比如说,$c_{k-1}=3$ 或 4,那么我们看到

$$\{\frac{n}{5^k}\} \geqslant \frac{3}{5}>\frac{1}{2}$$

因此 $\binom{2n}{n}$ 是 5 的倍数.反之,如果每一个 c_i 在$\{0,1,2\}$ 中,那么我们看到对于一切 k

$$\{\frac{n}{5^k}\} \leqslant \sum_{i=0}^{k-1} 2 \cdot 5^{i-k}=\frac{1}{2}(1-5^{-k})<\frac{1}{2}$$

于是当且仅当 n 是形如

$$n=\sum_{k=0}^{m} c_k \cdot 5^k, c_k \in \{0,1,2\}$$

时,$\binom{2n}{n}$ 不能被 5 整除.

因为

$$10^6=2 \cdot 5^8+2 \cdot 5^7+4 \cdot 5^6+0 \cdot 5^5+0 \cdot 5^4+0 \cdot 5^3+0 \cdot 5^2+0 \cdot 5^1+0 \cdot 5^0$$

所有形如

$$n=\sum_{k=0}^{8} c_k \cdot 5^k, c_k \in \{0,1,2\}$$

的数都包括在内,排除了零,这样的数的总数是 3^9-1.

因此能被 5 整除的 $\binom{2n}{n}$ 的 n 的个数是

$$10^6-3^9+1=980\ 318$$

O431 设 a,b,c,d 是正实数,且 $a+b+c+d=3$.证明

$$a^2+b^2+c^2+d^2+\frac{64}{27}abcd \geqslant 3$$

证明 利用 Schur 不等式,我们有

$$a^3+b^3+c^3+3abc \geqslant a^2(b+c)+b^2(c+a)+c^2(a+b)$$
$$b^3+c^3+d^3+3bcd \geqslant b^2(c+d)+c^2(d+b)+d^2(b+c)$$
$$a^3+c^3+d^3+3acd \geqslant a^2(c+d)+c^2(d+a)+d^2(a+c)$$

$$\Rightarrow \begin{matrix} a^3+b^3+d^3+3abd \geqslant a^2(b+d)+b^2(d+a)+d^2(a+b) \\ a^3d+b^3d+c^3d+3abcd \geqslant a^2d(b+c)+b^2d(c+a)+c^2d(a+b) \\ b^3a+c^3a+d^3a+3abcd \geqslant b^2a(c+d)+c^2a(d+b)+d^2a(b+c) \\ a^3b+c^3b+d^3b+3abcd \geqslant a^2b(c+d)+c^2b(d+a)+d^2b(a+c) \\ a^3c+b^3c+d^3c+3abcd \geqslant a^2c(b+d)+b^2c(d+a)+d^2c(a+b) \end{matrix}$$

$$\Rightarrow \sum_{\text{cyc}} a^3(b+c+d)+12abcd \geqslant 2\sum_{\text{cyc}} a^2(bc+cd+db)$$

$$\Rightarrow 5\sum_{\text{cyc}} a^3(b+c+d)+60abcd \geqslant 10\sum_{\text{cyc}} a^2(bc+cd+db) \tag{1}$$

这里轮换和是在集合$\{a,b,c,d\}$上进行的.

再用 Schur 不等式,我们有

$$a^4+b^4+c^4+abc(a+b+c) \geqslant a^3(b+c)+b^3(c+a)+c^3(a+b)$$

$$b^4+c^4+d^4+bcd(b+c+d) \geqslant b^3(c+d)+c^3(d+b)+d^3(b+c)$$

$$a^4+c^4+d^4+acd(a+c+d) \geqslant a^3(c+d)+c^3(d+a)+d^3(a+c)$$

$$a^4+b^4+d^4+abd(a+b+d) \geqslant a^3(b+d)+b^3(d+a)+d^3(a+b)$$

$$\Rightarrow 3\sum_{\text{cyc}} a^4+\sum_{\text{cyc}} a^2(bc+cd+db) \geqslant 2\sum_{\text{cyc}} a^3(b+c+d) \tag{2}$$

将式(1) 和(2) 相加,我们有

$$3\sum_{\text{cyc}} a^4+3\sum_{\text{cyc}} a^3(b+c+d)+60abcd \geqslant 9\sum_{\text{cyc}} a^2(bc+cd+db)$$

$$\Leftrightarrow 2\sum_{\text{cyc}} a^4+2\sum_{\text{cyc}} a^3(b+c+d)+40abcd \geqslant 6\sum_{\text{cyc}} a^2(bc+cd+db)$$

$$\Leftrightarrow 3\Big[\sum_{\text{cyc}} a^4+2\sum_{\text{cyc}} a^3(b+c+d)+2\sum_{\text{cyc}} a^2(bc+cd+db)+$$

$$\sum_{\text{cyc}} a^2(b^2+c^2+d^2)\Big]+64abcd$$

$$\geqslant \sum_{\text{cyc}} a^4+4\sum_{\text{cyc}} a^3(b+c+d)+12\sum_{\text{cyc}} a^2(bc+cd+db)+$$

$$3\sum_{\text{cyc}} a^2(b^2+c^2+d^2)+24abcd$$

$$\Leftrightarrow 3\sum_{\text{cyc}} a^2\Big(\sum_{\text{cyc}} a\Big)^2+64abcd \geqslant \Big(\sum_{\text{cyc}} a\Big)^4$$

$$\Leftrightarrow 27\sum_{\text{cyc}} a^2+64abcd \geqslant 81 \Leftrightarrow \sum_{\text{cyc}} a^2+\frac{64}{27}abcd \geqslant 3$$

当且仅当 $a=b=c=d=\frac{3}{4}$ 时,等式成立.

O432 设 $ABCDEF$ 是一个包含一个内切圆的圆内接六边形. $\omega_A,\omega_B,\omega_C,\omega_D,\omega_E$ 和 ω_F 分别是 $\triangle FAB,\triangle ABC,\triangle BCD,\triangle CDE,\triangle DEF$ 和 $\triangle EFA$ 的内切圆. 设 l_{AB} 是 ω_A 和

ω_B 的不同于 AB 的外公切线.类似地定义直线 l_{BC},l_{CD},l_{DE},l_{EF} 和 l_{FA}.设 A_1 是直线 l_{FA} 和 l_{AB} 的交点,B_1 是直线 l_{AB} 和 l_{BC} 的交点.类似地定义点 C_1,D_1,E_1 和 F_1.假定 $A_1B_1C_1D_1E_1F_1$ 是凸六边形.证明:它的对角线 A_1D_1,B_1E_1,C_1F_1 共点.

证明 我们将证明六边形 $A_1B_1C_1D_1E_1F_1$ 是中心对称图形,因此主对角线 A_1D_1,B_1E_1,C_1F_1 经过该六边形的对称中心.分别用 I_A,I_B,I_C,I_D,I_E 和 I_F 表示圆 ω_A,ω_B,ω_C,ω_D,ω_E 和 ω_F 的圆心.

断言 1:l_{AB} // CF // l_{DE},l_{BC} // AD // l_{EF} 和 l_{CD} // BE // l_{FA}.

证明:由对称性,只要证明 l_{AB} // CF.设点 M 是外接圆的不包含点 C 和 F 的弧 AB 的中点,m 是外接圆过点 M 的切线,它平行于 AB(图 7).于是,我们有

$$\angle(FM,CF)=\angle(m,\ CM)=\angle(AB,CM) \tag{1}$$

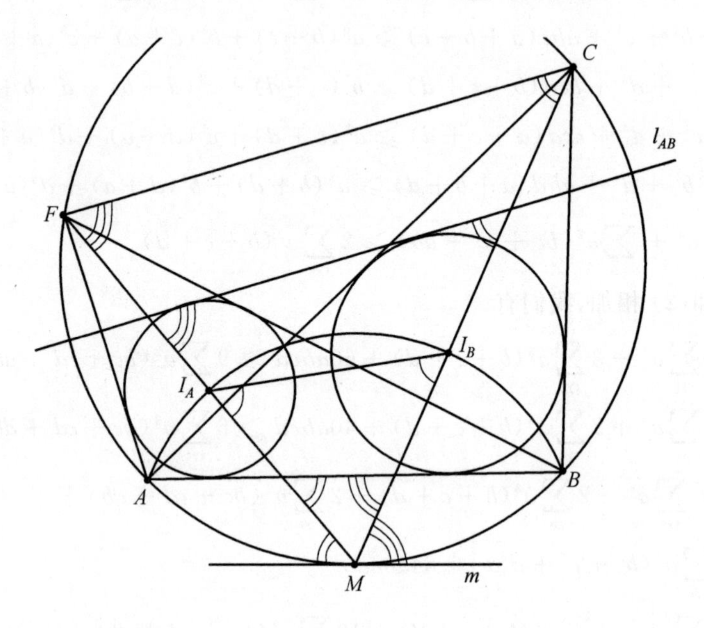

图 7

众所周知,$\triangle FAB$ 的内心 I_A 满足

$$MI_A=MA=MB$$

类似地,$MI_B=MA=MB$,所以 $MI_A=MI_B$,于是

$$\angle(I_AI_B,CM)=\angle(FM,I_AI_B)$$

直线 AB 和 l_{AB} 关于直线 I_AI_B 对称,所以

$$\begin{aligned}\angle(AB,CM)&=\angle(AB,I_AI_B)+\angle(I_AI_B,CM)\\&=\angle(I_AI_B,l_{AB})+\angle(FM,I_AI_B)\\&=\angle(FM,l_{AB})\end{aligned}$$

将这一等式与式(1) 结合,得到 $\angle(FM,CF)=\angle(FM,l_{AB})$,所以的确有 $CF\parallel l_{AB}$.

断言:$A_1B_1+C_1D_1+E_1F_1=B_1C_1+D_1E_1+F_1A_1$.

证明:设 T_A,U_A,V_A 和 W_A 分别是 ω_A 与直线 AB,FA,l_{AB} 和 l_{FA} 的切点,类似的定义 $T_B,\cdots,W_F$(图 8).

因为六边形 $ABCDEF$ 是圆外切多边形,所以我们有

$$AB+CD+EF=BC+DE+FA \tag{2}$$

此外,我们有

$$AT_A=AU_A,\cdots,FT_F=FU_F$$

和

$$A_1V_A=A_1W_A,\cdots,F_1V_F=F_1W_F \tag{3}$$

这是因为这些线段中的每一对线段都与 $\omega_A,\cdots,\omega_F$ 相切.

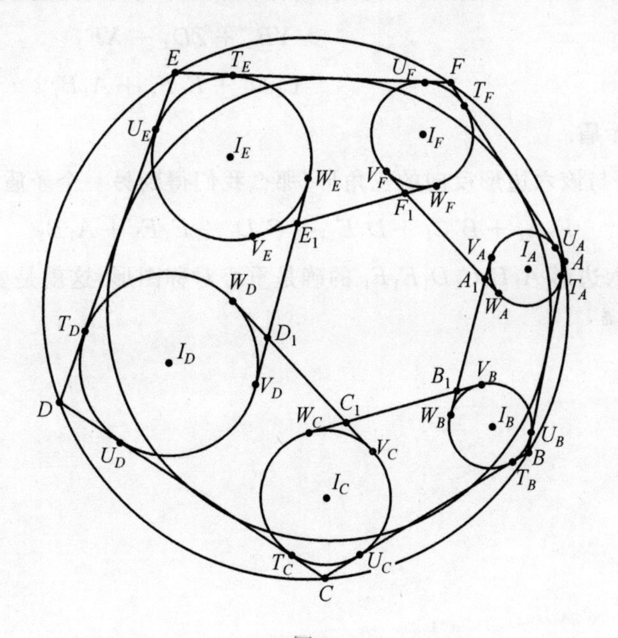

图 8

最后,由关于直线 $I_AI_B,\cdots,I_FI_A$ 的对称性,我们可以看出

$$T_AU_B=V_AW_B,\cdots,T_FU_A=V_FW_A \tag{4}$$

由式(3) 和(4) 结合,得到

$$\begin{aligned}A_1B_1&=V_AW_B-A_1V_A-B_1W_B=T_AU_B-A_1V_A-B_1W_B\\&=AB-AT_A-BU_B-A_1V_A-B_1W_B\\&=AB-AT_A-BT_B-A_1V_A-B_1V_B\end{aligned}$$

类似的

$$B_1C_1 = BC - BT_B - CT_C - B_1V_B - C_1V_C$$

$$\cdots$$

$$F_1A_1 = FA - FT_F - AT_A - F_1V_F - A_1V_A$$

现在将这些公式代入式(2),消去相同的项,得到断言.

断言 3:$\overrightarrow{A_1B_1} = \overrightarrow{E_1D_1}$,$\overrightarrow{B_1C_1} = \overrightarrow{F_1E_1}$ 和$\overrightarrow{C_1D_1} = \overrightarrow{A_1F_1}$.

证明:设点 X,Y,Z 是使四边形 $F_1A_1B_1X$,$B_1C_1D_1Y$,$D_1E_1F_1Z$ 是平行四边形的点.由断言 1,我们有 $F_1X \parallel A_1B_1 \parallel E_1D_1 \parallel F_1Z$,所以点 F_1,Y,Z 共线.类似地,可以看出点 B_1,X,Y 共线,点 D_1,Y,Z 共线.我们将证明点 X,Y,Z 重合.

点 X,Y,Z 重合或者形成一个三角形.假定 XYZ 是与六边形 $A_1B_1C_1D_1E_1F_1$ 同向的三角形.那么

$$\begin{aligned} F_1A_1 + B_1C_1 + D_1E_1 &= XB_1 + YD_1 + ZF_1 \\ &> YB_1 + ZD_1 + XF_1 \\ &= C_1D_1 + E_1F_1 + A_1B_1 \end{aligned}$$

这与断言 2 矛盾.

如果 XYZ 是与该六边形反向的三角形,那么我们得到另一个矛盾

$$F_1A_1 + B_1C_1 + D_1E_1 < C_1D_1 + E_1F_1 + A_1B_1$$

断言 3 表明六边形 $A_1B_1C_1D_1E_1F_1$ 的确是重心对称图形,这就是要证明的.证毕.

3 文　　章

3.1 Tucker图形中的共圆

摘要　在本文中我们将展现由 Tucker 圆一类图形中的某些问题推出的一些定理.

几个定理

1. Conway 圆

在 $\triangle ABC$ 中,设点 I 是内心,点 D,E,F 是内切圆与边的切点.在边 AB 和 AC 上,考虑点 M 和 Q,使 $AM=AQ=BC$ 和 $B-A-M$,$C-A-Q$ 以这一顺序共线.类似地,定义点 N,K 和 L,P.那么点 Q,M,L,P,N,K 在圆心为 I 的 Conway 圆上.

证明　考虑等腰 $\triangle AQM$,$\triangle CQK$,$\triangle BKN$(图 1),不难看出 $\angle MNK+\angle KQM=180°$,所以我们得到点 K,N,M,Q,P 共圆,类似地,于是点 K,N,M,Q 共圆.因为由一点的幂,$AQ\cdot AP=AM\cdot AN$,所以点 Q,M,P,N 共圆.于是我们得到点 Q,M,L,P,N,K 共圆.因为 $BD=p-b$,$CD=p-c$,推出点 D 是 KL 的中点,所以点 I 在 KL 的垂直平分线上.同理,我们得到 I 是 $QMLPNK$ 的中心.此外,由 $\mathrm{Rt}\triangle IFN$,Conway 圆的半径是 $R_C=\sqrt{p^2+r^2}$,这里 p 表示半周长,r 是内切圆的半径.

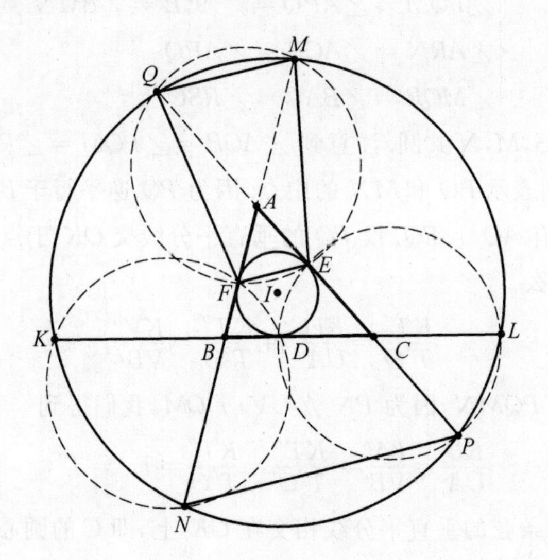

图 1

2. Tucker 圆

内接于$\triangle ABC$的六边形,各边交替平行和逆平行,顶点在圆心为T的圆C上,且点T与O,K共线,这里点O和K分别是$\triangle ABC$的外心和对称中线点.

证明 首先,我们将证明这样的六边形存在,且其顶点共圆(图 2).从AB上的点P开始作一条BC的逆平行线交AC于点Q.再过点Q作直线平行于AB交BC于点M,过点M作边AC的逆平行线交AB于点N.过点N作直线平行于BC交AC于点R,过点R作边AB的逆平行线交BC于点S.我们必须证明$PS \parallel AC$和点P,Q,R,S,M,N共圆.

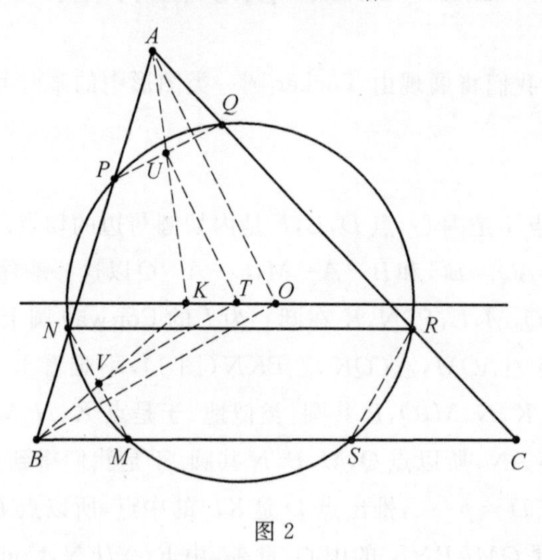

图 2

容易看出

$$\begin{cases}\angle PQM=\angle APQ=\angle ACB=\angle BMN\\ \angle ARN=\angle ACB=\angle APQ\\ \angle MQR=\angle BAC=\angle RSC\end{cases}$$

因此点P,Q,R,S,M,N共圆.注意到$\angle ACB=\angle PQM=\angle PSM$表明$PS \parallel AC$.

用点U和V分别表示PQ和MN的中点.因为PQ逆平行于BC,于是AU是过点K的$A-$对称中线,也有$AO \perp PQ$.设PQ的垂直平分线交OK于点T'.MN的垂直平分线交OK于点T''.那么

$$\frac{KT'}{T'O}=\frac{KU}{UA} \text{ 和 } \frac{KT''}{T''O}=\frac{KV}{VB}.$$

但是由等腰梯形$PQMN$,因为$PN \parallel UV \parallel QM$,我们得到

$$\frac{KU}{UA}=\frac{KV}{VB} \Rightarrow \frac{KT'}{T'O}=\frac{KT''}{T''O} \Rightarrow T'=T''$$

这表明圆C的两条弦的垂直平分线相交在OK上,即C的圆心就在OK上.

3. Lemoine 圆

(i) 第一 Lemoine 圆.过对称中线点K,且与各边平行的直线交各边于一个圆上的六

点,这个圆称为第一 Lemoine 圆. 圆心就是 OK 的中点(图 3).

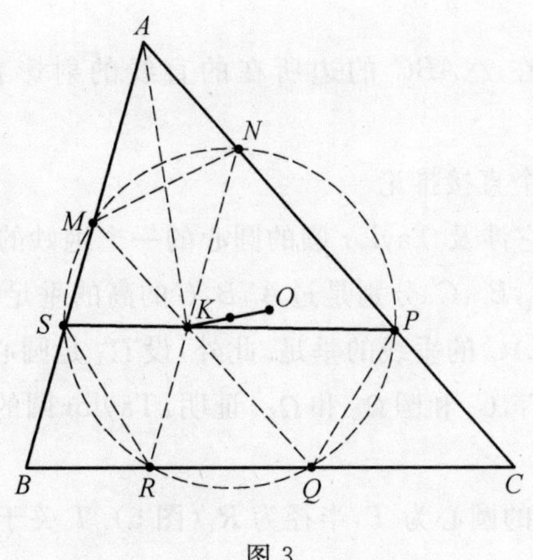

图 3

(ii) 第二 Lemoine 圆. 过对称中线点 K,且与各边逆平行的直线交各边于一个圆上的六点,这个圆称为第二 Lemoine 圆. 圆心是点 K.

(i) 的证明. 因为 $AMKN$ 是平行四边形,AK 过 MN 的中点. 同时 AK 是 A — 对称中线,所以 MN 逆平行于 BC. 同理,SR 和 PQ 逆平行于相应的边. 由一些角之间的关系,直接得到点 M,N,P,Q,R,S 共圆. 如 Tucker 圆的证明那样,容易看出 MN,SR,PQ 的垂直平分线经过 OK 的中点,所以第一 Lemoine 圆的圆心就是 OK 的中点.

注 当所有平行的边,包括逆平行的边都经过点 K 时,这些都是 Tucker 圆的一些应用.

4. Adams 圆

经过 Gergonne 点 G_e,且平行于 $\triangle ABC$ 的切点三角形的边的直线与 $\triangle ABC$ 的边所在的直线交于六点. 这六点所在的一个圆就称为 Adams 圆,其圆心是 ABC 的内心 I(图 4).

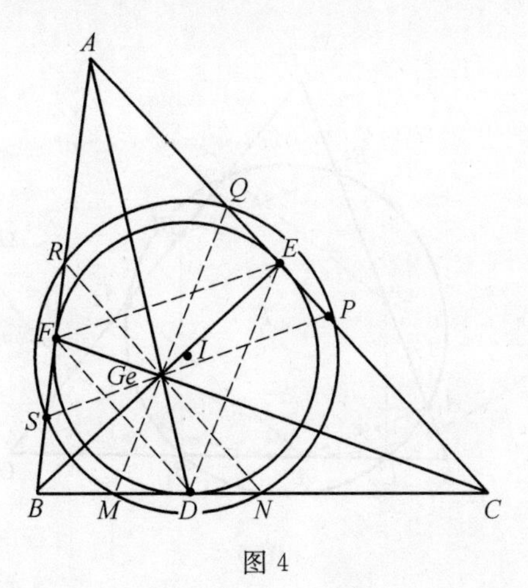

图 4

这是第一 Lemoine 圆的一个推论,因为 G_e 是切点三角形的对称中线点.

5. Taylor 圆

$\triangle ABC$ 的高的垂足在 $\triangle ABC$ 的边所在的直线的射影在一个圆上,这个圆称为 Taylor 圆.

这是 Tucker 圆的一个直接推论.

我们呈现一个问题,它涉及 Taylor 圆的圆心的一个绝妙的性质.

设 ABC 是三角形,A',B',C' 分别是过 A,B,C 的高的垂足. 设 A_1 是过 A' 的 AB 的垂线的垂足. A_2 是过 A' 的 AC 的垂线的垂足. 此外,设 Ω_A 是圆心在顶点 A,半径为 AA' 的圆,类似地,定义 B_1,B_2,C_1,C_2 和圆 Ω_B 和 Ω_C. 证明:Taylor 圆的圆心关于 Ω_A,Ω_B,Ω_C 的幂相等.

证明 设 Taylor 圆的圆心为 T,半径为 R_1(图 5). T 关于 Ω_A 的幂是

$$|A'A^2-AT^2|$$

我们有

$$AT^2-R_1^2=AB_2\cdot AA_1$$

但是

$$AA_1\cdot AB=A'A^2$$

所以

$$AA_1=\frac{A'A^2}{AB} \text{ 和 } AB_2=AB'\cdot\cos A=AB\cdot\cos^2 A$$

所以

$$AB_2\cdot AA_1=A'A^2\cdot\cos^2 A$$

推出

$$AT^2=R_1^2+A'A^2\cdot\cos^2 A$$

于是 T 关于 Ω_A 的幂是

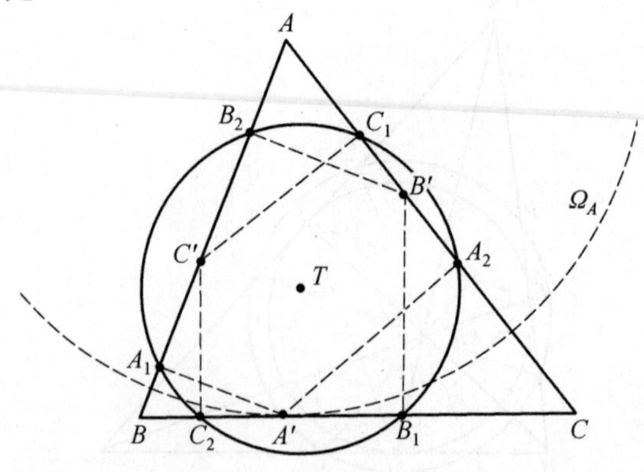

图 5

$$\begin{aligned}|A'A^2-(R_1^2+A'A^2\cdot\cos^2A)|&=|A'A^2\cdot(1-\cos^2A)-R_1^2|\\&=\left|\frac{2^2\cdot S^2\cdot\sin^2A}{BC^2}-R_1^2\right|\\&=\left|\frac{S^2}{R^2}-R_1^2\right|\end{aligned}$$

这里 S 是 $\triangle ABC$ 的面积，R 是其外接圆的半径. 最后一步我们用了正弦定理. 我们看到这一关系与 $\triangle ABC$ 的边无关，所以 T 关于 Ω_A 的幂等于 T 关于 Ω_B 的幂，也等于 T 关于 Ω_C 的幂.

额外的图形

我们呈现前面提到的那种类型的一个引理.

引理　设 P 是 $\triangle ABC$ 内一点. 过点 P 作平行于三角形各边的直线，与三角形各边交于六点. 这六点在同一条圆锥曲线上.

证明　回忆一下著名的 Carnot 定理，该定理说

当且仅当

$$\frac{AC_a}{BC_a}\cdot\frac{AC_b}{BC_b}\cdot\frac{BA_b}{CA_b}\cdot\frac{BA_c}{CA_c}\cdot\frac{CB_c}{AB_c}\cdot\frac{CB_a}{AB_a}=1$$

时，位于三角形的边上的六点 A_b,A_c,B_c,B_a,C_a,C_b 在同一条圆锥曲线上(图 6).

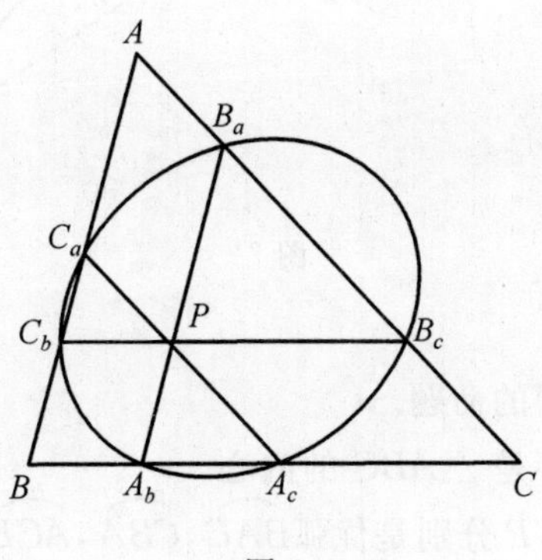

图 6

回到引理的证明，利用平行线，我们得到

$$\frac{AC_b}{BC_b}=\frac{AB_c}{CB_c},\frac{BC_a}{AC_a}=\frac{BA_c}{CA_c},\frac{CA_b}{BA_b}=\frac{CB_a}{AB_a}$$

$$\Rightarrow\frac{AC_a}{BC_a}\cdot\frac{AC_b}{BC_b}\cdot\frac{BA_b}{CA_b}\cdot\frac{BA_c}{CA_c}\cdot\frac{CB_c}{AB_c}\cdot\frac{CB_a}{AB_a}=1$$

由 Carnot 定理推出，点 A_b,A_c,B_c,B_a,C_a,C_b 在同一条圆锥曲线上.

现在我们用这一引理解决 2015 年巴尔干数学奥林匹克(BMO) 的一个问题.

2015 BMO　设 ABC 是斜三角形，内心为 I，外接圆为 ω. 直线 AI,BI,CI 第二次分别交 ω 于点 D,E,F. 过点 I 分别平行于边 BC,AC,AB 的直线交 EF,DF,DE 于点 K,L,M.

证明:点 K,L,M 共线.

证明 设 U,V 分别是 EF 与 AB,AC 的交点(图7).众所周知,EF 是 AI 的垂直平分线,因为 $\triangle AUV$ 是等腰三角形.推出 $AU=AV=IV=IU$,所以 $AUIV$ 是平行四边形.因此 $IV /\!/ AB$ 和 $IU /\!/ AC$.于是 U,V 是过 I 平行于 AC 与 AB 的交点和平行于 AB 与 AC 的交点.类似地,定义 X,Y,Z,T.

由引理,我们得到 U,V,X,Y,Z,T 在同一条圆锥曲线上.现在,我们对 $UVZTXY$ 用 Pascal 定理,就得到所求的结果.

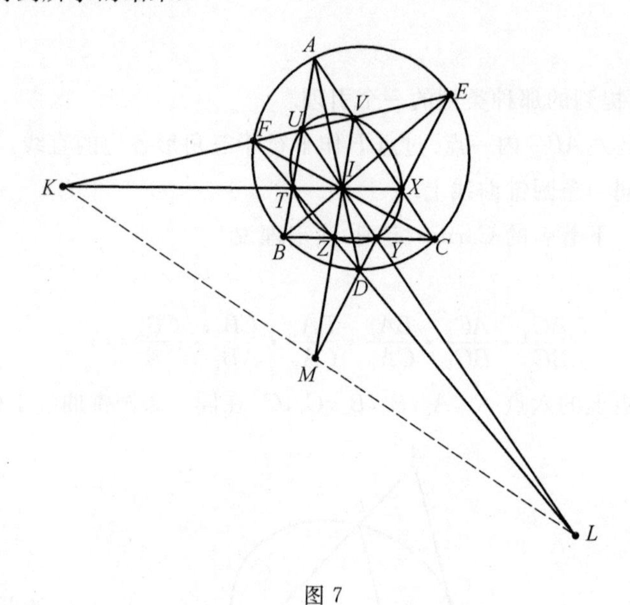

图 7

提出几个问题

1. 证明:第二 Lemoine 圆的命题.

2. 证明:Adams 圆的圆心是 $\triangle ABC$ 的内心.

3. 在 $\triangle ABC$ 中,设 M,N,P 分别是优弧 $\overset{\frown}{BAC}$,$\overset{\frown}{CBA}$,$\overset{\frown}{ACB}$ 的中点.证明:点 M,N,P 关于 $\triangle ABC$ 的 Simson 线共点于旁心三角形的 Taylor 圆的圆心.

4. 在 $\triangle ABC$ 中,设 M,N,P 分别是优弧 $\overset{\frown}{BAC}$,$\overset{\frown}{CBA}$,$\overset{\frown}{ACB}$ 的中点.证明:A,B,C 关于 $\triangle MNP$ 的 Simson 线共点于旁心三角形的 Taylor 圆的圆心.

5. 在 $\triangle ABC$ 中,设 H_a,H_b,H_c 是线段 HA,HB,HC 的中点,这里 H 是 $\triangle ABC$ 的垂心.证明:H_a,H_b,H_c 关于 $\triangle ABC$ 的垂足三角形的 Simson 线形成一个三角形,这个三角形的垂心是 $\triangle ABC$ 的 Taylor 圆的圆心.

参考资料

[1] T. Andreescu, C. Pohoata, 110 Geometry Problems for International Mathematical

Olympiad, XYZ Press, 2014.

[2] http://www.artofproblemsolving.com

[3] http://www.cut-the-knot.org

Ştefan Dominte and Tudor-Dimitrie Popescu

3.2 Szemerédi-Trotter:多项式与关联

1. 一些准备工作

定义 1 我们设 O 表示渐近上界. 例如 $f(n)$ 和 $g(n)$ 是有共同的定义域的两个函数. 断言 $f(n)=O(g(n))$ 就是断言存在一个正的常数 c,对于一切 n,有 $f(n)<c\cdot g(n)$.

定义 2 类似地,我们设 Ω 表示一个渐近下界. 断言 $f(n)=\Omega(g(n))$ 就是断言存在一个正的常数 c,对于一切 n,有 $f(n)>c\cdot g(n)$.

定义 3 对于一点 p 和一条曲线 c,如果 p 在 c 上,我们就说 p"关联"c. 对于点 P 的一个集合和曲线 C 的一个集合,我们定义 $P\times C$ 的关联图是以下的两分图:对于 P 中一侧的每一个点它有一个顶点,对于 C 中另一侧的每一曲线它有一个顶点,如果那一点与该曲线关联,那么一点和一条曲线之间有一条棱.

2. Szemerédi-Trotter 定理及其推广

Szemerédi-Trotter 定理叙述如下:

(Szemerédi-Trotter[1]) 设 P 是 m 个点的集合,设 L 是 n 条直线的集合,二者都在 $\mathbf{R}^2$ 中. 那么,P 中的点和 L 中的直线之间的关联数是 $I(P,L)=O(m^{\frac{2}{3}}n^{\frac{2}{3}}+m+n)$.

原来的证明是 Szemerédi 和 Trotter 提供的,他们用了一个称为格子解体的技巧. 后来,Székely 提出了 Szemerédi-Trotter[2] 的一个简单的组合证明. 他的论述是将点,直线和关联转化为图论中的图形,并用了一个交叉数不等式[3]. 有了借助于 Székely 的较简单的证明,Pach 和 Sharir 利用一个多重图得以将他的论述推广. 他们推导出了一个在一般情况下点和代数曲线之间,而不只是点和直线之间的有界的关联的定理.

(Pach, Sharir[4]) 设 P 是 m 个点的集合,设 C 是 n 条次数为常数的代数曲线的集合,二者都在 $\mathbf{R}^2$ 中,且 $P\times C$ 的关联图不包含 $K_{s,t}$ 的一个复本. 那么

$$I(P,C)=O(m^{\frac{s}{2s-1}}n^{\frac{2s-2}{2s-1}}+m+n)$$

3. 利用有多项式的 Szemerédi-Trotter 定理

设 A 和 B 是实数集. 我们定义集合

$$A+B=\{a+b:a\in A,b\in B\}$$

我们定义集合

$$A*B=\{ab:a\in A,b\in B\}$$

设 $f(x)$ 是多项式. 我们定义集合

$$f(A)=\{f(a):a\in A\}$$

例如,我们要用 $|A|$ 表示 $|A+A|$ 的下界. 遗憾的是,我们有的最接近的下界是 $|A+A|=\Omega(|A|)$,这来自于一个显然的事实:因为对于每一个 $a\in A$,$2a\in A+A$. 为了证明这是我们有的最强的界,我们观察用 $|A|$ 的表达式形成一个等差数列(比如说 $A=\{x,2x,\cdots,nx\}$)的情况. 对于这种形式的一切 A,我们有 $|A+A|=2|A|-1$. 但是,当我们试图在两个不同的集合的元素的个数,如 $\max(|A+A|,|A*A|)$ 同时取到最小值时,我们可以得到一个并不显然的界. Erdös 和 Szemerédi 的一个著名的未证明的猜测如下:

(Erdös-Szemerédi[5]) 对于每一个实数集 A,对于每一个任意接近于 0 的正数 ε

$$\max(|A+A|,|A*A|)=\Omega(|A|^{2-\varepsilon})$$

Elekes[6] 曾利用涉及 Szemerédi-Trotter 的一个论述就能证明界 $\max(|A+A|,|A*A|)=\Omega(|A|^{\frac{5}{4}})$. 以下结果也是服务于同时界定两个集合,但我们考虑由多项式构成的集合除外. 我们利用与 Elekes 的论述类似的 Szemerédi-Trotter 的一个论述.

定理 1① 设 A 是实数集,$f(x)$ 和 $g(x)$ 是多项式,且 $\deg(f)\leqslant\deg(g)$. 那么

$$\max(|A+A|,|f(A)+g(A)|)=\Omega(|A|^{\frac{2d+1}{2d}})$$

证明 设 P 是 $\mathbf{R}^2$ 中的点集:$\{(x,y):x\in A+A,y\in f(A)+g(A)\}$. 于是,$|P|=|A+A|\cdot|f(A)+g(A)|$. 设 C 是 $\mathbf{R}^2$ 中多项式曲线集合:$\{y=f(x-u)+g(v):u,v\in A\}$. 因为对 u,v 有 $|A|^2$ 种选择,所以 $|C|=O(|A|^2)$. 如果 $g(v)$ 在 A 中不同的 v 取同一个的值,那么我们在 C 中可以有重根的多项式. 但是,对于任意实数 r,至多存在 $\deg(g)$ 个实数 v,使 $g(v)=r$. 于是,$\{y=f(x-u)+g(v):u,v\in A\}$ 中的每一个多项式对于 u,v 的 $|A|^2$ 各选择至多有 $\deg(g)$ 次重根. 于是

$$|C|\geqslant\frac{|A|^2}{\deg(g)}\Rightarrow|C|=\Omega(|A|^2)$$

我们要对 P 中的点和 C 中的曲线之间的关联的个数 $I(P,C)$ 作一个界定.

对于 C 中的每一条曲线 $y=f(x-u)+g(v)$,对于每一个 k,点$(k+u,f(k)+g(v))$ 与它关联. 对于每一个 $k\in A$,有点$(k+u,f(k)+g(v))\in P$. 于是,C 中的每一条曲线都必须至少有 P 中的 $|A|$ 个点与它关联:对于取 k 的 $|A|$ 种方法中的每一种,$(k+u,f(k)+g(v))\in y=f(x-u)+g(v)$. 于是,$I(P,C)>|A|\cdot|C|=\Omega(|A|^3)$.

我们用 Pach 和 Sharir 的 Szemerédi-Trotter 对于曲线[4] 的推广版结束本文.

C 中的所有多项式都是 d 次,且首项系数都相同. 于是,C 中任何两条不同的曲线至多相交于 $d-1$ 个点. 因此,$P\times C$ 的关联图不包含 $K_{d,2}$ 的一个复本. 于是

---

① 选自 Titu Andreescu 的 2016 Intel STS submission.

$$I(P,C)=O(|P|^{\frac{d}{2d-1}}\cdot|C|^{\frac{2d-2}{2d-1}}+|P|+|C|)$$
$$=O(|P|^{\frac{d}{2d-1}}\cdot|A|^{\frac{4d-4}{2d-1}}+|P|+|A|^2)$$

因为 $I(P,C)$ 的渐近下界在 $|A|^3$，并且渐近上界在 $|P|^{\frac{d}{2d-1}}\cdot|A|^{\frac{4d-4}{2d-1}}+|P|+|A|^2$，所以我们必有

$$|P|^{\frac{d}{2d-1}}\cdot|A|^{\frac{4d-4}{2d-1}}+|P|+|A|^2=\Omega(|A|^3)$$

于是，$|P|=\Omega(|A|^{\frac{2d+1}{d}})$，因为和中有一项

$$|P|^{\frac{d}{2d-1}}\cdot|A|^{\frac{4d-4}{2d-1}}+|P|+|A|^2$$

必须渐近地大于 $|A|^3$. 更因为

$$|P|=|A+A|\cdot|f(A)+g(A)|=\Omega(|A|^{\frac{2d+1}{d}})$$

所以我们必有

$$\max(|A+A|,|f(A)+g(A)|)=\Omega(\sqrt{|A|^{\frac{2d+1}{d}}})=\Omega(|A|^{\frac{2d+1}{2d}})$$

注 界 $\Omega(|A|^{\frac{2d+1}{2d}})$ 似乎相对较弱，因为它接近于 $\Omega(|A|)$. 但是，我们认识到 d 只是由两个多项式中较小次数确定，这表明我们可以从这个推广中得到相当好的界，只要这两个多项式中的一个的次数相对较小.

参考资料

[1] E. Szemerédi, W. Trotter. Extremal problems in discrete geometry, Combinatorica, 3(1983), 381-392.

[2] L. Székely. Crossing numbers and hard Erdös problems in discrete geometry, Combinat. Probab. Comput., 6(1997), 353-358.

[3] M. Ajtai, V. Chvátal, M. Newborn, E. Szemerédi. Crossing-free subgraphs, Annals Discrete Mathematics, 12(1982), 9-12.

[4] J. Pach, M. Sharir, On the number of incidences between points and curves, Combinat. Probab. Comput., 7(1998), 121-127.

[5] J. Zahl, An improved bound on the number of point-surface incidences in three dimmensions, Contrib. Discrete Math., 8(2013), 100-121.

[6] G. Elekes, On the number of sums and products, Acta Arithmetica LXXXI, 4(1997), 365-367.

Maxwell Fishelson

3.3 多项式的系数和根

在本文中，我们研究多项式的根的形态，这些根作为其系数的函数. 我们的关键工具

是以下形式的 Cauchy 剩余公式

$$\oint_{S_R} f(z)\mathrm{d}z = 2\pi i\sum_{i=1}^{n}\mathrm{Res}f(z)\Big|_{z=x_i}$$

问题 设$P(x)$是实系数n次多项式,有n个不同的实根$x_1,x_2,\cdots,x_n$.证明:对于任何非负整数$k\leqslant n-2$,有

$$\sum_{i=1}^{n}\frac{x_i^k}{P'(x_i)}=0$$

(IMC Longlist 2005)

证明 考虑复变量z的有理函数$r(z)=\frac{z^k}{P(z)}$.因为$\deg P(z)\geqslant k+2$,对某个常数C和足够大的$|z|$,我们有$r(z)\leqslant\frac{C}{|z|^2}$.所以对于圆心在原点,半径为$R$的圆$S_R$上的积分,对于充分大的$R$,我们有

$$\left|\oint_{S_R} r(z)\mathrm{d}z\right|\leqslant\frac{2\pi C}{R}$$

此外,对于充分大的R,Cauchy 剩余定理表明

$$\oint_{S_R} r(z)\mathrm{d}z = 2\pi i\sum_{i=1}^{n}\mathrm{Res}_{x_i}r(z)=2\pi i\sum_{i=1}^{n}\frac{x_i^k}{P'(x_i)}$$

于是,对于大的R,有

$$\left|\sum_{i=1}^{n}\frac{x_i^k}{P'(x_i)}\right|\leqslant\frac{C}{R}$$

让$R\to+\infty$,这表明最后一个表达式的左边是零.

问题 设$P(x)=\sum_{i=0}^{n}a_ix^i$是实系数多项式,假定$P(x)$的一切根$x_1,x_2,\cdots,x_n$都是一重根.证明

$$\sum_{i=1}^{n}\frac{x_i^{n-1}}{P'(x_i)}=\frac{1}{a_n}$$

(IMC Proposals 2007)

证明 我们考虑积分

$$I=\frac{1}{2\pi i}\oint_{S_r}\frac{x^{n-1}}{P(x)}\mathrm{d}x$$

这里S_r是圆心在原点,半径$r>\max\limits_{1\leqslant i\leqslant n}\{|x_i|\}$的圆.利用 Cauchy 积分公式,我们得到

$$I=\frac{1}{2\pi i}\oint_{S_r}\frac{x^{n-1}}{P(x)}\mathrm{d}x=\sum_{i=1}^{n}\mathrm{Res}\left.\frac{x^{n-1}}{P(x)}\right|_{x=x_i}$$

$$=\frac{1}{a_n}\sum_{i=1}^{n}x_i^{n-1}\prod_{j=1,j\neq i}^{n}\frac{1}{x_i-x_j}=\sum_{i=1}^{n}\frac{x_i^{n-1}}{P'(x_i)}$$

此外,在计算等高线S_r外侧积分时,我们得到

$$I=\frac{1}{2\pi i}\oint_{S_r}\frac{x^{n-1}}{P(x)}\mathrm{d}x=-\operatorname{Res}\frac{x^{n-1}}{P(x)}\bigg|_{x=\infty}=\lim_{x\to\infty}\frac{x^n}{P(x)}=\frac{1}{a_n}$$

比较两边就得到结果.

问题　设 $P(x)=\sum_{i=0}^{n}a_ix^i$ 是实系数多项式,假定 $P(x)$ 的非零根 $x_1,x_2,\cdots,x_n$ 都是一重根.证明

$$\sum_{i=1}^{n}\frac{1}{x_iP'(x_i)}=-\frac{1}{a_0}$$

(IMC Proposals 2007)

证明　我们考虑积分

$$I=\frac{1}{2\pi i}\oint_{S_r}\frac{\mathrm{d}x}{xP(x)}$$

这里 S_r 是圆心在原点,半径 $r<\min\limits_{1\leqslant i\leqslant n}\{|x_i|\}$ 的圆.

如果 $n\geqslant 1$,那么 $\lim\limits_{x\to\infty}\frac{x}{xP(x)}=0$,因此在无穷远处的剩余是零.于是由 Cauchy 剩余公式,我们有

$$I=\frac{1}{2\pi i}\oint_{S_r}\frac{\mathrm{d}x}{xP(x)}=-\sum_{i=1}^{n}\operatorname{Res}\frac{1}{xP(x)}\bigg|_{x=x_i}$$

$$=-\frac{1}{a_n}\sum_{i=1}^{n}\frac{1}{x_i}\prod_{j=1,j\neq i}^{n}\frac{1}{x_i-x_j}=-\sum_{i=1}^{n}\frac{1}{x_iP'(x_i)}$$

我们也有

$$I=\frac{1}{2\pi i}\oint_{S_r}\frac{\mathrm{d}x}{xP(x)}=\operatorname{Res}\frac{1}{xP(x)}\bigg|_{x=0}=\frac{1}{P(0)}=\frac{1}{a_0}$$

比较两个 I 的表达式就得到结果.

注意这一问题也可以用在第一个问题中对多项式 $xP(x)$ 取 $k=0$ 解决.

问题　设 $P(z)=\sum_{i=0}^{n}a_iz^i$ 是非常数多项式,对于一切 $0\leqslant i\leqslant n,a_i\neq 0$.证明:$P(z)$ 的一切零点都在环状区域

$$C=\{z\in\mathbf{C}:r_1\leqslant|z|\leqslant r_2\}$$

中,这里 $r_1=\min\limits_{1\leqslant i\leqslant n}\left\{\frac{3^i\binom{n}{i}}{4^n-1}\left|\frac{a_0}{a_i}\right|\right\}^{\frac{1}{i}}$ 和 $r_2=\max\limits_{1\leqslant i\leqslant n}\left\{\frac{4^n-1}{3^i\binom{n}{i}}\left|\frac{a_{n-i}}{a_n}\right|\right\}^{\frac{1}{i}}$.

(IMC Longlist 2005)

证明　假定 $|z|<r_1$.我们有

$$|P(z)|=\left|\sum_{i=0}^{n}a_iz^i\right|\geqslant|a_0|-\sum_{i=1}^{n}|a_i||z|^i>|a_0|-\sum_{i=1}^{n}|a_i|r_1^i$$

$$=|a_0|\left(1-\sum_{i=1}^{n}\left|\frac{a_i}{a_0}\right|r_1^i\right) \tag{1}$$

对 r_1 的定义换一种写法,对一切 $1 \leqslant i \leqslant n$,我们得到

$$\left|\frac{a_i}{a_0}\right| r_1^i \leqslant \frac{3^i \binom{n}{i}}{4^n-1} \tag{2}$$

考虑到恒等式

$$\sum_{i=0}^{n} 3^i \binom{n}{i} = 4^n$$

得到

$$|P(z)| > |a_0| \left(1-\sum_{i=1}^{n}\left|\frac{a_i}{a_0}\right| r_1^i\right) \geqslant |a_0| \left(1-\sum_{i=1}^{n}\frac{3^i\binom{n}{i}}{4^n-1}\right)=0$$

于是,$P(z)$ 在 $\{z \in \mathbf{C}: |z| < r_1\}$ 中没有零点. 为了证明第二个不等式,我们将利用以下著名(容易证明的)的事实:$P(z)$ 的所有零点的模都小于或等于方程

$$G(z)=|a_n|z^n-|a_{n-1}|z^{n-1}-\cdots-|a_1|z-|a_0|=0$$

的唯一的正根.

于是,如果我们证明了 $G(r_2) \geqslant 0$,那么我们的命题的第二部分将得到证明. 由 r_2 的表达式,我们可以立即推出,对于一切 $0 \leqslant i \leqslant n$

$$\left|\frac{a_{n-i}}{a_n}\right| \leqslant \frac{3^i\binom{n}{i}}{4^n-1} r_2^i$$

的这一估计. 此外

$$\begin{aligned} G(r_2) &= |a_n| \left(r_2^n - \sum_{i=1}^{n}\left|\frac{a_{n-i}}{a_n}\right| r_2^{n-i}\right) \\ &\geqslant |a_n| \left(r_2^n - \sum_{i=1}^{n}\left(\frac{3^i\binom{n}{i}}{4^n-1} r_2^i\right) r_2^{n-i}\right) \\ &= |a_n| r_2^n \left(1-\sum_{i=1}^{n}\frac{3^i\binom{n}{i}}{4^n-1}\right)=0 \end{aligned}$$

证毕.

问题 设 $P(z)=\sum_{i=0}^{n} a_i z^i$ 是非零复系数多项式. 证明:$P(z)$ 的所有零点都在区域 $C=\{z \in \mathbf{C}: r_1 \leqslant |z| \leqslant r_2\}$ 中,这里

$$r_1=\frac{5}{2}\min_{1\leqslant i\leqslant n}\sqrt[i]{\frac{2^n\binom{n}{i}P_i}{P_{3n}}\left|\frac{a_0}{a_i}\right|} \tag{3}$$

和

$$r_2=\frac{2}{5}\max_{1\leqslant i\leqslant n}\sqrt[i]{\frac{P_{3n}}{2^n\binom{n}{i}P_i}\left|\frac{a_{n-i}}{a_n}\right|} \tag{4}$$

这里 P_n 是由 $P_0=0,P_1=1$,对一切 $n\geqslant 2,P_n=2P_{n-1}+P_{n-2}$ 定义的第 n 个 Pell 数.

(IMC Proposals 2007)

证明 我们从以下一个有用的引理开始.

引理 设 n 是非负整数.那么

$$\sum_{i=0}^{n}\binom{n}{i}5^i\cdot 2^{n-i}\cdot P_i=P_{3n} \tag{5}$$

这里 P_n 是上面定义的数.

证明:因为 $P_n=2P_{n-1}+P_{n-2},P_0=0,P_1=1$ 的特征方程是

$$x^2-2x-1=0 \tag{6}$$

由此推出

$$P_n=\frac{1}{2\sqrt{2}}(a^n-b^n)$$

这里 $a=1+\sqrt{2},b=1-\sqrt{2}$ 是方程(6)的根.于是,考虑到 $a^3=5a+2$ 和 $b^3=5b+2$,我们有

$$\begin{aligned}P_{3n}&=\frac{1}{2\sqrt{2}}(a^{3n}-b^{3n})=\frac{1}{2\sqrt{2}}[(5a+2)^n-(5b+2)^n]\\&=\frac{1}{2\sqrt{2}}[\sum_{i=0}^{n}\binom{n}{i}5^i\cdot 2^{n-i}\cdot a^i-\sum_{i=0}^{n}\binom{n}{i}5^i\cdot 2^{n-i}\cdot b^i]\\&=\sum_{i=0}^{n}\binom{n}{i}5^i\cdot 2^{n-i}(\frac{a^i-b^i}{2\sqrt{2}})=\sum_{i=0}^{n}\binom{n}{i}5^i\cdot 2^{n-i}\cdot P_i\end{aligned}$$

推出式(5).如果我们假定 $|z|<r_1$,那么我们有

$$\begin{aligned}|P(z)|&=\left|\sum_{i=0}^{n}a_iz^i\right|\geqslant|a_0|-\sum_{i=1}^{n}|a_i||z|^i\\&>|a_0|-\sum_{i=1}^{n}|a_i|r_1^i\\&=|a_0|\left(1-\sum_{i=1}^{n}\left|\frac{a_i}{a_0}\right|r_1^i\right)\end{aligned} \tag{7}$$

由式(3),我们得到对一切 $1\leqslant i\leqslant n$,有

$$\left|\frac{a_i}{a_0}\right| r_1^i \leqslant \left(\frac{5}{2}\right)^i \cdot \frac{2^i \binom{n}{i} P_i}{P_{3n}} \tag{8}$$

将式(8)代入(7),考虑到前面的引理,我们得到

$$|P(z)| > |a_0| \left(1 - \sum_{i=1}^{n} \left|\frac{a_i}{a_0}\right| r_1^i\right) \geqslant |a_0| \left(1 - \sum_{i=1}^{n} \left(\frac{5}{2}\right)^i \cdot \frac{2^i \binom{n}{i} P_i}{P_{3n}}\right) = 0$$

于是,$P(z)$ 在区域$\{z \in \mathbf{C}: |z| < r_1\}$ 中没有零点.现在我们再用上面提到的结果:$P(z)$ 的所有零点的模都小于或等于方程

$$G(z) = |a_n| z^n - |a_{n-1}| z^{n-1} - \cdots - |a_1| z - |a_0| = 0$$

的唯一正根.于是,如果我们证明了 $G(r_2) \geqslant 0$,那么我们的命题的第二部分将得到证明.注意式(5)意味着

$$\sum_{i=1}^{n} \left(\frac{5}{2}\right)^i \cdot \frac{2^i \binom{n}{i} P_i}{P_{3n}} = 1$$

由式(4),对一切 $1 \leqslant i \leqslant n$,我们有

$$\left|\frac{a_{n-i}}{a_n}\right| \leqslant \left(\frac{5}{2}\right)^i \cdot \frac{2^n \binom{n}{i} P_i}{P_{3n}} r_2^i$$

且

$$\begin{aligned} G(r_2) &= |a_n| \left(r_2^n - \sum_{i=1}^{n} \left|\frac{a_{n-i}}{a_n}\right| r_2^{n-i}\right) \\ &\geqslant |a_n| \left(r_2^n - \sum_{i=1}^{n} \left[\left(\frac{5}{2}\right)^i \cdot \frac{2^n \binom{n}{i} P_i}{P_{3n}}\right] r_2^{n-i}\right) \\ &= |a_n| r_2^n \left(1 - \sum_{i=1}^{n} \left(\frac{5}{2}\right)^i \cdot \frac{2^n \binom{n}{i} P_i}{P_{3n}}\right) = 0 \end{aligned}$$

推出结论.

两个问题

1.设 $P(x)$ 是 n 次多项式,首项系数是 a_n.假定 $P(x)$ 有 n 个不同的非零根 $x_1, x_2, \cdots, x_n$.证明

$$\sum_{i=1}^{n} \frac{1}{x_i^2 P'(x_i)} = \frac{(-1)^{n-1}}{a_n \cdot x_1 x_2 \cdots x_n} \sum_{i=1}^{n} \frac{1}{x_i}$$

2.假定 $P(x)$ 和 $Q(x)$ 是给定的多项式,且 $\deg Q < \deg P = n$,$x_1, x_2, \cdots, x_n$ 是多项式 $P(x)$ 的不同的实根.证明

$$\frac{Q(x)}{P(x)}=\sum_{i=1}^{n}\frac{Q(x_i)}{P'(x_i)}\cdot\frac{1}{x-x_i}$$

参考资料

[1] The Mathscope, All the Best from Vietnamese Problem Solving Journals, February 12, 2007.

[2] IMC Proposals, 2007.

[3] IMC Longlist, 2005.

Bekhzod Kurbonboev,
National University of Uzbekistan,
Tashkent, Uzbekistan

3.4 用多项式的根以及算术－几何平均不等式解奥林匹克问题的一种新方法

摘要 本文的目的是呈现一种新的方法(和一些有用的引理),利用一个新的定理的多项式的根解决广泛一类奥林匹克不等式,这一新的定理与算术－几何平均不等式类似.

1. 引言

本文主要由三部分组成:

· 首先,给出一个新的定理的证明,这一定理是该方法的基础.

· 其次,完全理解这一纯粹的方法在国际数学奥林匹克中要回答的一个著名的不等式问题就能解决.然后将会看到具有这一奇妙的想法的方法的一些应用.

· 最后随着例子进一步的出现,将引进一些新的,有用的引理,这些引理的证明的思路与这一方法类似.

2. 主定理

定理 设 a,b,c 是非零实数.如果对于一切实数 t,满足 $t\geqslant\max[a,b,c]$ 或 $t\geqslant\frac{4}{9}(a+b+c)$,那么以下不等式成立

$$(t-a)(t-b)(t-c)\leqslant\left[\frac{3t-(a+b+c)}{3}\right]^3$$

İlker Can Çiçek

证明 (i) 如果 $t\geqslant\max[a,b,c]$,那么左边的所有因子都为正,这就是算术－几何平均不等式.

(ii) 如果 $t \geqslant \frac{4}{9}(a+b+c)$,那么整理后,得到以下一系列等价形式的不等式

$$(t-a)(t-b)(t-c) \leqslant \left[\frac{3t-(a+b+c)}{3}\right]^3 = \left[t-\frac{a+b+c}{3}\right]^3$$

$$\Leftrightarrow t^3 - t^2(a+b+c) + t(ab+bc+ca) - abc$$

$$\leqslant t^3 - t^2(a+b+c) + t\frac{(a+b+c)^2}{3} - \frac{(a+b+c)^3}{27}$$

$$\Leftrightarrow t(ab+bc+ca) - abc \leqslant t\frac{(a+b+c)^2}{3} - \frac{(a+b+c)^3}{27}$$

$$\Leftrightarrow \frac{(a+b+c)^3}{27} - abc \leqslant t\frac{(a+b+c)^2}{3} - t(ab+bc+ca)$$

$$\Leftrightarrow (a+b+c)^3 - 27abc \leqslant 9t[(a+b+c)^2 - 3(ab+bc+ca)]$$

在最后一式中容易看出不等式的两边都为正.我们断言:因为

$$t \geqslant \frac{4}{9}(a+b+c)$$

所以只要证明

$$4(a+b+c)[(a+b+c)^2 - 3(ab+bc+ca)] \geqslant (a+b+c)^3 - 27abc$$

$$\Leftrightarrow 4(a+b+c)^3 - 12(a+b+c)(ab+bc+ca) \geqslant (a+b+c)^3 - 27abc$$

$$\Leftrightarrow 3(a+b+c)^3 + 27abc \geqslant 12(a+b+c)(ab+bc+ca)$$

$$\Leftrightarrow (a+b+c)^3 + 9abc \geqslant 4(a+b+c)(ab+bc+ca)$$

$$\Leftrightarrow (a^3+b^3+c^3) + 3(a^2b+a^2c+b^2a+b^2c+c^2a+c^2b) + 6abc + 9abc$$

$$\geqslant 4(a^2b+a^2c+b^2a+b^2c+c^2a+c^2b) + 12abc$$

$$\Leftrightarrow a^3+b^3+c^3+3abc \geqslant a^2b+a^2c+b^2a+b^2c+c^2a+c^2b$$

因为这就是 Schur 不等式,所以成立.

当 $a=b=c$ 或 $a=b>c=0$ 时,Schur 不等式中的等式成立.因此无论是 $a=b=c$ 还是 $t=\frac{4}{9}(a+b+c)$ 和 $a=b>c=0$,定理中的等式都成立.

虽然对于变量个数不同,我们都没有这么好的结果,但以下一些结果很有用.

定理(2 个变量的情况) 对于一切实数 a,b 和 t,以下不等式成立

$$(t-a)(t-b) \leqslant \left[\frac{2t-(a+b)}{2}\right]^2$$

证明 实际上这一不等式的等价于 $(a-b)^2 \geqslant 0$,这显然成立.

定理(4 个或更多个变量的情况) 设 $n(n \geqslant 4)$ 是整数,$a_1,a_2,\cdots,a_n$ 是任意非负实数.那么对于一切实数 t,使 $t \geqslant \frac{a_1+a_2+\cdots+a_n}{2}$,以下不等式成立

$$(t-a_1)(t-a_2)\cdots(t-a_n) \leqslant \left[\frac{nt-(a_1+a_2+\cdots+a_n)}{n}\right]^n$$

证明　容易看出不等式的右边永远为正，因为 $nt \geqslant 2(a_1 + a_2 + \cdots + a_n) > a_1 + a_2 + \cdots + a_n$. 所以只要看使不等式的左边为正的情况，否则不等式显然成立.

(i) 如果不等式的左边的所有因子都为正，那么不等式就是算术－几何平均不等式.

(ii) 如果不等式的左边存在一个负的因子，那么至少还有一个负的因子才能使左边为正. 不失一般性，我们可以假定因子 $t - a_1$ 和 $t - a_2$ 为负. 因为 $t \geqslant \frac{a_1 + a_2 + \cdots + a_n}{2}$，所以我们有

$$(t - a_1) + (t - a_2) < 0 \Rightarrow a_1 + a_2 > 2t \geqslant a_1 + a_2 + \cdots + a_n$$
$$\Rightarrow 0 > a_3 + \cdots + a_n$$

这是一个矛盾，因为 $a_3, a_4, \cdots, a_n$ 都是非负实数.

因此证明完毕.

3. 几个样本问题

如何使用这一方法

1. 将不等式改写为用 $a + b + c$, $ab + bc + ca$ 和 abc 表示(如果已经是这一形式，那就不必改写). 当不等式关于 $ab + bc + ca$ 和 abc 是线性的，但不等式能以更为复杂的方式依赖于 $a + b + c$ 时，当前的方法最为有效.

2. 确定一个首项系数为 1 的多项式，其根为问题中的变量.

3. 在"主定理"(或这一定理的其他版本之一)用于这一多项式之后. 我们通常可以由此得到许多不同的不等式.

4. 最后，在表达式中设实数 t 的一个适当的值. 这通常给出我们要证明的不等式.

问题 1　证明：$0 \leqslant xy + yz + zx - 2xyz \leqslant \frac{7}{27}$，这里 x, y 和 z 是非负实数，且满足 $x + y + z = 1$.

(IMO 1984)

证明　我们将只证明不等式的右边，左边留下作为练习.

设 f 是首项系数为 1，实根为 x, y, z 的三次多项式.

$$f(t) = (t - x)(t - y)(t - z) = t^3 - t^2(x + y + z) + t(xy + yz + zx) - xyz$$
$$= t^3 - t^2 + t(xy + yz + zx) - xyz$$

由"主定理"，对于一切实数 t, $t \geqslant \frac{4}{9}(x + y + z) = \frac{4}{9}$，我们有

$$t^3 - t^2 + t(xy + yz + zx) - xyz = (t - x)(t - y)(t - z)$$
$$\leqslant \left[\frac{3t - (x + y + z)}{3}\right]^3 = \left(\frac{3t - 1}{3}\right)^3$$

在这一不等式中设 $t = \frac{1}{2}$，得到

$$\frac{1}{8}-\frac{1}{4}+\frac{1}{2}(xy+yz+zx)-xyz\leqslant\frac{1}{216}$$

$$\Rightarrow\frac{1}{2}(xy+yz+zx)-xyz\leqslant\frac{1}{216}-\frac{1}{8}+\frac{1}{4}=\frac{28}{216}=\frac{7}{54}$$

$$\Rightarrow xy+yz+zx-2xyz\leqslant\frac{7}{27}$$

因此证明完毕.当 $x=y=z=\frac{1}{3}$ 时,等式成立.

问题 2 证明:$7(ab+bc+ca)\leqslant 2+9abc$,这里 a,b,c 是正实数,且 $a+b+c=1$.

证明 设 f 是首项系数为 1,实根为 a,b,c 的三次多项式.

$$f(t)=(t-a)(t-b)(t-c)=t^3-t^2(a+b+c)+t(ab+bc+ca)-abc$$
$$=t^3-t^2+t(ab+bc+ca)-abc$$

由"主定理",对于一切实数 t,$t\geqslant\frac{4}{9}(a+b+c)=\frac{4}{9}$,我们有

$$t^3-t^2+t(ab+bc+ca)-abc=(t-a)(t-b)(t-c)$$
$$\leqslant\left[\frac{3t-(a+b+c)}{3}\right]^3=\left(\frac{3t-1}{3}\right)^3$$

在这一不等式中设 $t=\frac{7}{9}$,得到

$$\frac{343}{729}-\frac{49}{81}+\frac{7}{9}(ab+bc+ca)-abc\leqslant\frac{64}{729}$$

$$\Rightarrow\frac{7}{9}(ab+bc+ca)-abc\leqslant\frac{64}{729}-\frac{343}{729}+\frac{441}{729}=\frac{162}{729}=\frac{2}{9}$$

$$\Rightarrow 7(ab+bc+ca)-9abc\leqslant 2$$

因此证明完毕.当 $a=b=c=\frac{1}{3}$ 时,等式成立.

问题 3 设 a,b,c 是正实数,且 $a+b+c=1$.证明:不等式

$$a^2+b^2+c^2+3abc\geqslant\frac{4}{9}$$

(Serbia Mathematical Olympiads 2008)

证明 因为

$$a^2+b^2+c^2=(a+b+c)^2-2(ab+bc+ca)$$

所以只要证明

$$\frac{5}{9}\geqslant 2(ab+bc+ca)-3abc\Leftrightarrow\frac{5}{27}\geqslant\frac{2}{3}(ab+bc+ca)-abc$$

设 f 是首项系数为 1,实根为 a,b,c 的三次多项式.

由"主定理",对于一切实数 t,$t\geqslant\frac{4}{9}(a+b+c)=\frac{4}{9}$,我们有

$$t^3-t^2+t(ab+bc+ca)-abc=(t-a)(t-b)(t-c)$$
$$\leqslant\left[\frac{3t-(a+b+c)}{3}\right]^3$$
$$=\left(\frac{3t-1}{3}\right)^3$$

在这一不等式中,设 $t=\frac{2}{3}$,得到

$$\frac{8}{27}-\frac{4}{9}+\frac{2}{3}(ab+bc+ca)-abc\leqslant\frac{1}{27}$$
$$\Rightarrow\frac{2}{3}(ab+bc+ca)-abc\leqslant\frac{1}{27}-\frac{8}{27}+\frac{4}{9}=\frac{5}{27}$$

因此证明完毕.当 $a=b=c=\frac{1}{3}$ 时,等式成立.

问题4 设 a,b,c 是非负实数,且 $a+b+c=2$.证明:不等式

$$a^3+b^3+c^3+\frac{15abc}{4}\geqslant 2$$

证明 因为

$$a^3+b^3+c^3=(a+b+c)^3-3(a+b+c)(ab+bc+ca)+3abc$$
$$=8-6(ab+bc+ca)+3abc$$

所以只要证明

$$6\geqslant 6(ab+bc+ca)-\frac{27}{4}abc\Leftrightarrow\frac{8}{9}\geqslant\frac{8}{9}(ab+bc+ca)-abc$$

设 f 是首项系数为1,实根为 a,b,c 的三次多项式,有

$$f(t)=(t-a)(t-b)(t-c)$$
$$=t^3-t^2(a+b+c)+t(ab+bc+ca)-abc$$
$$=t^3-2t^2+t(ab+bc+ca)-abc$$

由"主定理",对一切正实数 $t,t\geqslant\frac{4}{9}(a+b+c)-\frac{8}{9}$,我们有

$$t^3-2t^2+t(ab+bc+ca)-abc=(t-a)(t-b)(t-c)$$
$$\leqslant\left[\frac{3t-(a+b+c)}{3}\right]^3$$
$$=\left(\frac{3t-2}{3}\right)^3$$

在这一不等式中设 $t=\frac{8}{9}$,我们得到

$$\frac{512}{729}-\frac{128}{81}+\frac{8}{9}(ab+bc+ca)-abc\leqslant\frac{8}{729}$$

$$\Rightarrow \frac{8}{9}(ab+bc+ca)-abc \leqslant \frac{8}{729}-\frac{512}{729}+\frac{128}{81}=\frac{8}{9}$$

因此证明完毕. 当 $a=b=c=\frac{2}{3}$ 和 $a=0,b=c=1$ 或其排列时,等式成立.

问题 5 设 a,b,c 是正实数,且 $ab+bc+ca=1$. 证明

$$abc+a+b+c \geqslant \frac{10\sqrt{3}}{9}$$

证明 注意到 a,b,c 中至多有一个大于或等于 1. 我们考虑两种情况:

(i) 如果 a,b,c 中恰有一个数大于或等于 1,那么

$$\begin{aligned} abc+a+b+c &= (a-1)(b-1)(c-1)+ab+bc+ca+1 \\ &= (a-1)(b-1)(c-1)+2 \geqslant 2 > \frac{10\sqrt{3}}{9} \end{aligned}$$

(ii) 如果 a,b,c 都小于 1.

设 f 是首项系数是 1,实根为 a,b,c 的三次多项式,有

$$\begin{aligned} f(t) &= (t-a)(t-b)(t-c) \\ &= t^3-t^2(a+b+c)+t(ab+bc+ca)-abc \\ &= t^3-t^2(a+b+c)+t-abc \end{aligned}$$

由“主定理”,我们有

$$t^3-t^2(a+b+c)+t-abc=(t-a)(t-b)(t-c) \leqslant \left[\frac{3t-(a+b+c)}{3}\right]^3$$

在这一不等式中设 $t=1$(因为 a,b,c 都小于 1,且 $1=t>\max[a,b,c]$,这没有问题),结合

$$(a+b+c)^2 \geqslant 3(ab+bc+ca)=3$$

结果给出

$$(a+b+c)+abc \geqslant 2-\left[\frac{3-(a+b+c)}{3}\right]^3 \geqslant 2-\left(\frac{3-\sqrt{3}}{3}\right)^3=\frac{10\sqrt{3}}{9}$$

因此证明完毕. 当 $a=b=c=\frac{\sqrt{3}}{3}$ 时,等式成立.

问题 6 证明

$$\left(\frac{x}{y}+\frac{y}{z}+\frac{z}{x}\right)\left(\frac{x}{y}+\frac{y}{z}+\frac{z}{x}-3\right) \geqslant \frac{9}{4}\left(\frac{x}{z}+\frac{y}{x}+\frac{z}{y}-3\right)$$

这里 x,y,z 是任意正实数.

证明 设代换 $\frac{x}{y}=a,\frac{y}{z}=b,\frac{z}{x}=c$,这里 a,b,c 是满足 $abc=1$ 的正实数. 只要证明

$$(a+b+c)(a+b+c-3) \geqslant \frac{9}{4}(ab+bc+ca-3)$$

$$\Leftrightarrow 4(a+b+c)^2+27 \geqslant 12(a+b+c)+9(ab+bc+ca)$$

设 f 是首项系数是 1,实根为 a,b,c 的三次多项式,有

$$f(t)=(t-a)(t-b)(t-c)=t^3-t^2(a+b+c)+t(ab+bc+ca)-abc$$
$$=t^3-t^2(a+b+c)+t(ab+bc+ca)-1$$

由"主定理",$a+b+c \geqslant 3\sqrt[3]{abc}=3$.得到对一切正实数 t,$t \geqslant \frac{4}{9}(a+b+c)$,我们有

$$t^3-t^2(a+b+c)+t(ab+bc+ca)-1 \leqslant \left[\frac{3t-(a+b+c)}{3}\right]^3 \leqslant \left(\frac{3t-3}{3}\right)^3$$
$$=(t-1)^3=t^3-3t^2+3t-1$$
$$\Rightarrow 3t+(ab+bc+ca) \leqslant t(a+b+c)+3$$

在这一不等式中,设 $t=\frac{4}{9}(a+b+c)$,得到

$$\frac{4}{3}(a+b+c)+ab+bc+ca \leqslant \frac{4}{9}(a+b+c)^2+3$$
$$\Rightarrow 12(a+b+c)+9(ab+bc+ca)$$
$$\leqslant 4(a+b+c)^2+27$$

因此证明完毕.当 $x=y=z$ 时,等式成立.

问题 7 设 x,y,z 是正实数,且 $x^2+y^2+z^2+2xyz=1$.证明

$$x+y+z \leqslant \frac{3}{2}$$

Marian Tetiva

证明 设 f 是首项系数为 1,实根为 x,y,z 的三次多项式,有

$$f(t)=(t-x)(t-y)(t-z)=t^3-t^2(x+y+z)+t(xy+yz+zx)-xyz$$

用

$$2xyz=1-(x^2+y^2+z^2)$$

重新安排这一等式后,得到

$$2(t-x)(t-y)(t-z)=2t^3-2t^2(x+y+z)+2t(xy+yz+zx)-1+x^2+y^2+z^2$$

由"主定理",我们有

$$2t^3-2t^2(x+y+z)+2t(xy+yz+zx)-1+x^2+y^2+z^2$$
$$=2(t-x)(t-y)(t-z)$$
$$\leqslant \frac{2}{27}[3t-(x+y+z)]^3$$

在这一不等式中,设 $t=1$(因为由已知条件得 $x,y,z<1$,所以 $1=t>\max[x,y,z]$,这是没有问题的)给我们

$$1-2(x+y+z)+(x+y+z)^2\leqslant\frac{2}{27}[3-(x+y+z)]^3$$

$$27-54(x+y+z)+27(x+y+z)^2$$
$$\leqslant 54-54(x+y+z)+18(x+y+z)^2-2(x+y+z)^3$$
$$\Rightarrow 2(x+y+z)^3+9(x+y+z)^2-27\leqslant 0$$
$$\Rightarrow [2(x+y+z)-3][x+y+z+3]^2\leqslant 0$$

推出 $x+y+z\leqslant\frac{3}{2}$. 因此证明完毕.

当且仅当 $x=y=z=\frac{1}{2}$ 时,等式成立.

问题 8 设 a,b,c,d 是正实数,且 $a+b+c+d=1$. 证明

$$(ab+ac+ad+bc+bd+cd)+4abcd\leqslant 2(abc+bcd+cda+dab)+\frac{17}{64}$$

.

Ilker Can Çiçek

证明 设 f 是首项系数是1,实根为 a,b,c,d 的四次多项式,有

$$\begin{aligned}f(t)&=(t-a)(t-b)(t-c)(t-d)\\&=t^4-t^3(a+b+c+d)+t^2(ab+ac+ad+bc+bd+cd)-\\&\quad t(abc+bcd+cda+dab)+abcd\\&=t^4-t^3+t^2(ab+ac+ad+bc+bd+cd)-t(abc+bcd+cda+dab)+abcd\end{aligned}$$

由"主定理",我们有

$$t^4-t^3+t^2(ab+ac+ad+bc+bd+cd)-t(abc+bcd+cda+dab)+abcd$$
$$=(t-a)(t-b)(t-c)(t-d)\leqslant\left[\frac{4t-(a+b+c+d)}{4}\right]^4=\left(\frac{4t-1}{4}\right)^4$$

这里 t 是满足 $t\geqslant\frac{1}{2}(a+b+c+d)=\frac{1}{2}$ 的实数. 在这一不等式中,设 $t=\frac{1}{2}$,得到

$$\frac{1}{16}-\frac{1}{8}+\frac{1}{4}(ab+ac+ad+bc+bd+cd)-\frac{1}{2}(abc+bcd+cda+dab)+abcd\leqslant\frac{1}{256}$$

$$\Rightarrow(ab+ac+ad+bc+bd+cd)+4abcd\leqslant 2(abc+bcd+cda+dab)+\frac{17}{64}$$

因此证明完毕. 当 $a=b=c=\frac{1}{4}$ 时,等式成立.

评 因为这一方法的应用十分广泛,上面要解决的每一个问题可以选择 t 的不同的值一般化. 这提供了类似的不等式的丰富来源,这些不等式已经或者可能在国际或国内的数学竞赛中出现.

4. 几个有用的引理

引理 1 对于一切实数 a,b,c 和任意正整数 k,以下不等式成立

$$[k(a+b+c)-abc]^2 \leqslant (a^2+k)(b^2+k)(c^2+k)$$

证明　设 f 首项系数是1,实根为 a,b,c 的三次多项式,有

$$f(t)=(t-a)(t-b)(t-c)=t^3-t^2(a+b+c)+t(ab+bc+ca)-abc$$

因为

$$|A+B\mathrm{i}|^2=(A+B\mathrm{i})(A-B\mathrm{i})=A^2+B^2 \geqslant A^2$$

所以我们有

$$\begin{aligned}|f(\mathrm{i}t)|^2 &= |\mathrm{i}^3t^3-\mathrm{i}^2t^2(a+b+c)+\mathrm{i}t(ab+bc+ca)-abc|^2\\ &= |-\mathrm{i}t^3+t^2(a+b+c)+\mathrm{i}t(ab+bc+ca)-abc|^2\\ &\geqslant [t^2(a+b+c)-abc]^2\end{aligned}$$

和

$$\begin{aligned}|f(\mathrm{i}t)|^2 &= |(\mathrm{i}t-a)(\mathrm{i}t-b)(\mathrm{i}t-c)|^2\\ &= |\mathrm{i}t-a|^2\,|\mathrm{i}t-b|^2\,|\mathrm{i}t-c|^2\\ &= (\mathrm{i}t-a)(-\mathrm{i}t-a)(\mathrm{i}t-b)(-\mathrm{i}t-b)(\mathrm{i}t-c)(-\mathrm{i}t-c)\\ &= (a^2-\mathrm{i}^2t^2)(b^2-\mathrm{i}^2t^2)(c^2-\mathrm{i}^2t^2)\\ &= (a^2+t^2)(b^2+t^2)(c^2+t^2)\end{aligned}$$

这里 $\mathrm{i}^2=-1$.将以上各结果相结合,我们得到

$$[t^2(a+b+c)-abc]^2 \leqslant (a^2+t^2)(b^2+t^2)(c^2+t^2)$$

这里 t 是任意实数.用 k 代替 t^2 的位置,就得到要证明的结果.

问题9　设 a,b,c 是正实数,且 $a^2+b^2+c^2 \leqslant 3$.证明

$$abc+8 \geqslant 3(a+b+c)$$

İker Can Çiçek

证明　设该引理中的 $k=3$,然后应用算术－几何平均不等式得到

$$[3(a+b+c)-abc]^2 \leqslant (a^2+3)(b^2+3)(c^2+3) \leqslant \left[\frac{a^2+b^2+c^2+9}{3}\right]^3 \leqslant 64$$

$$\Rightarrow 3(a+b+c) \leqslant abc+8$$

因此证明完毕.当 $a=b=c=1$ 时,等式成立.

引理2　对于一切实数 a,b,c,d 和任意正实数 k,以下不等式成立

$$[k^2-k(ab+ac+ad+bc+bd+cd)+abcd]^2 \leqslant (a^2+k)(b^2+k)(c^2+k)(d^2+k)$$

证明:设 f 是首项系数是1,实根为 a,b,c,d 的四次多项式,则有

$$\begin{aligned}f(t) &= (t-a)(t-b)(t-c)(t-d)\\ &= t^4-t^3(a+b+c+d)+t^2(ab+ac+ad+bc+bd+cd)-\\ &\quad t(abc+bcd+cda+dab)+abcd\end{aligned}$$

因为

$$|A+B\mathrm{i}|^2=(A+B\mathrm{i})(A-B\mathrm{i})=A^2+B^2 \geqslant A^2$$

我们有

$$[t^4 - t^2(ab + ac + ad + bc + bd + cd) + abcd]^2$$
$$\leqslant |t^4 + \mathrm{i}t^3(a+b+c+d) - t^2(ab + ac + ad + bc + bd + cd) -$$
$$\mathrm{i}t(abc + bcd + cda + dab) + abcd|^2$$
$$= |\mathrm{i}^4t^4 - \mathrm{i}^3t^3(a+b+c+d) + \mathrm{i}^2t^2(ab + ac + ad + bc + bd + cd) -$$
$$\mathrm{i}t(abc + bcd + cda + dab) + abcd|^2$$
$$= |f(\mathrm{i}t)|^2 = |(\mathrm{i}t - a)(\mathrm{i}t - b)(\mathrm{i}t - c)(\mathrm{i}t - d)|^2$$
$$= |\mathrm{i}t - a|^2 |\mathrm{i}t - b|^2 |\mathrm{i}t - c|^2 |\mathrm{i}t - d|^2$$
$$= (a^2 + t^2)(b^2 + t^2)(c^2 + t^2)(d^2 + t^2)$$

这里 $\mathrm{i}^2 = -1$. 将以上结果相结合,用 k 代替 t^2 的位置,就得到要证明的结果.

问题 10 设 a,b,c,d 是正实数,且 $a^2 + b^2 + c^2 + d^2 = 1$. 证明

$$ab + ac + ad + bc + bd + cd \leqslant \frac{5}{4} + 4abcd$$

Romanian Mathematical Olympiads 2003, Shortlist

证明 在给定的引理中,设 $k = \frac{1}{4}$,得到

$$[\frac{1}{16} - \frac{1}{4}(ab + ac + ad + bc + bd + cd) + abcd]^2$$
$$\leqslant (\frac{1}{4} + a^2)(\frac{1}{4} + b^2)(\frac{1}{4} + c^2)(\frac{1}{4} + d^2)$$

由算术-几何平均不等式,我们还有

$$(\frac{1}{4} + a^2)(\frac{1}{4} + b^2)(\frac{1}{4} + c^2)(\frac{1}{4} + d^2) \leqslant [\frac{1 + a^2 + b^2 + c^2 + d^2}{4}]^4 = \frac{1}{16}$$

于是我们得到

$$[\frac{1}{16} - \frac{1}{4}(ab + ac + ad + bc + bd + cd) + abcd]^2 \leqslant \frac{1}{16}$$
$$\Rightarrow \frac{1}{16} - \frac{1}{4}(ab + ac + ad + bc + bd + cd) + abcd \geqslant -\frac{1}{4}$$
$$\Rightarrow \frac{5}{4} + 4abcd \geqslant ab + ac + ad + bc + bd + cd$$

因此证明完毕. 当 $a = b = c = d = \frac{1}{2}$ 时,等式成立.

问题 11 设 a,b,c,d 是正实数,且 $(a^2 + 1)(b^2 + 1)(c^2 + 1)(d^2 + 1) = 16$. 证明

$$-3 \leqslant ab + ac + ad + bc + bd + cd - abcd \leqslant 5$$

Titu Andreescu, Gabriel Dospinescu

证明　在这一引理中,设 $k=1$,得到

$$[1-(ab+ac+ad+bc+bd+cd)+abcd]^2$$
$$\leqslant (a^2+1)(b^2+1)(c^2+1)(d^2+1)=16$$

于是

$$-4\leqslant (ab+ac+ad+bc+bd+cd)-abcd-1\leqslant 4$$
$$\Rightarrow -3\leqslant ab+ac+ad+bc+bd+cd-abcd\leqslant 5$$

因此证明完毕. 当 $a=b=c=d=1$ 时,上界中的等式成立. 当 $a=b=1,c=d=-1$ 及其排列时,下界中的等式成立.

问题 12　设 a,b,c,d 是实数,且 $b-d\geqslant 5$,多项式

$$P(x)=x^4+ax^3+bx^2+cx+d$$

的所有的零点 x_1,x_2,x_3,x_4 都是实数. 求 $(x_1^2+1)(x_2^2+1)(x_3^2+1)(x_4^2+1)$ 的最小值.

USA Mathematical Olympiads 2014

解　答案是 16. 例如,当 $P(x)=(x-1)^4$ 时,等式成立. 由 Viète 定理,我们有

$$b=x_1x_2+x_1x_3+x_1x_4+x_2x_3+x_2x_4+x_3x_4$$

和

$$d=x_1x_2x_3x_4$$

于是

$$b-d\geqslant 5\Rightarrow (x_1x_2+x_1x_3+x_1x_4+x_2x_3+x_2x_4+x_3x_4)-x_1x_2x_3x_4\geqslant 5$$

在给定的引理中也设 $k=1$,得到

$$[1-(x_1x_2+x_1x_3+x_1x_4+x_2x_3+x_2x_4+x_3x_4)-x_1x_2x_3x_4]^2$$
$$\leqslant (1+x_1^2)(1+x_2^2)(1+x_3^2)(1+x_4)^2$$

推出

$$16\leqslant [1-(x_1x_2+x_1x_3+x_1x_4+x_2x_3+x_2x_4+x_3x_4)-x_1x_2x_3x_4]^2$$
$$\leqslant (x_1^2+1)(x_2^2+1)(x_3^2+1)(x_4^2+1)$$

因此证明完毕.

参考资料

[1] T. Andreescu, V. Cirtoaje, G. Dospinescu, M. Lascu. Old and New Inequalities,GIL Publishing House,2000.

[2] Ho Joo Lee,Topics in Inequalities－Theorems and Techniques, 2006.

[3] M. Chirită, A Method for Solving Symmetric Inequalities,Mathematics Magazine.

[4]www. artofproblemsolving. com

ilker Can Çiçek,Istanbul

3.5 平行四边形的特征

摘要 本文中我们讨论经过一个定点的直线截平行四边形的一个简单的特性.

1. 一个特殊的性质

平行四边形 $ABCD$ 有一个对称中心,它与对角线的交点 O 重合. 过点 O 的每一条直线将平行四边形分割成两个关于点 O 对称的四边形或三角形,因此,它们的面积相等(图 1)

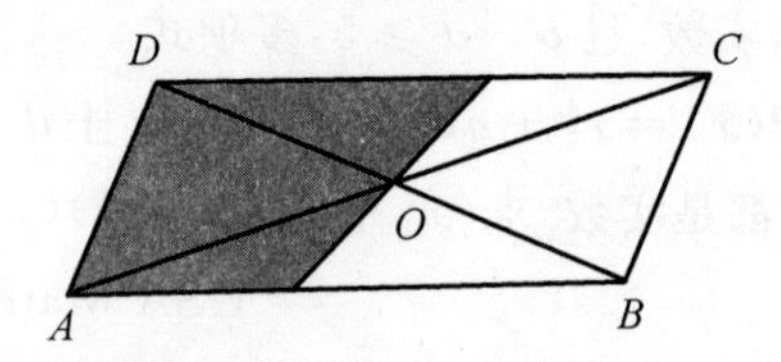

图 1 平行四边形的对称性

反之,我们可以问是否存在具有同样性质的另一类凸四边形. 回答是否定的,这就是下面的定理的研究内容.

定理 1 当且仅当存在一点 O,使过点 O 的每一条直线将凸四边形 $ABCD$ 分割成两个全等的多边形时,凸四边形 $ABCD$ 是平行四边形.

在我们进行定理证明之前,我们要讨论一个简单的引理,这一引理是我们论述的关键点.

2. 三角形的一个性质

考虑 $\triangle ABC$ 和边 BC 上的一点 D. 过点 D 的直线与另两边 AB,AC 分别相交于点 B',C'. 对于过点 D 的直线的多个方向,$\triangle BB'D$,$\triangle CC'D$ 不可能都有同样的面积(图 2). 通过下面的引理,这一点可以看得很清楚.

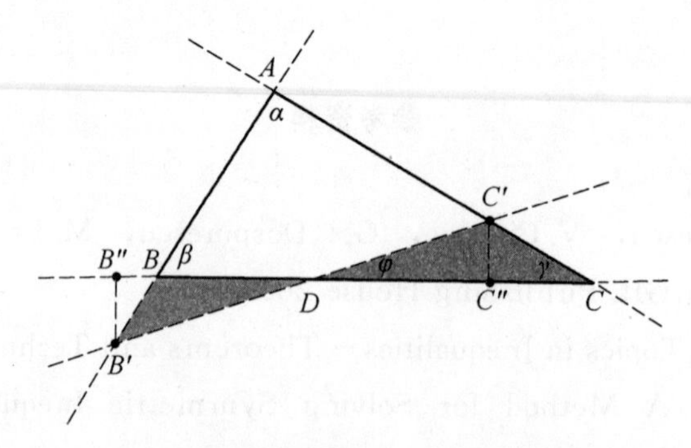

图 2 两个面积相同的三角形的情况

引理 1 根据上面的惯例,在三角形的边 BC 上不存在点 D,对于过点 D 的三条或更多条直线,使 $\triangle BB'D$,$\triangle CC'D$ 有同样的面积.

证明　分别用点 B'',C'' 表示点 B',C' 在 BC 上的射影.这两个三角形的面积是

$$\varepsilon(DCC')=\frac{1}{2}\mid DC\mid\cdot\mid DC''\mid\tan\varphi \text{ 和 } \varepsilon(DBB')=\frac{1}{2}\mid DB\mid\cdot\mid DB''\mid\tan\varphi$$

不失一般性,这里我们假定角 γ 是锐角,截三角形的直线向点 C 转的方向的角 φ 是锐角.这表明点 C'' 在 CD 的内部,点 B 在 BD 的内部还是外部取决于角 β 是锐角还是钝角.在下面的公式中做一些小小的变动,结果对所有的情况都成立.我们也排除是(在点 B 处或点 C 处)直角三角形的情况.因此,下面的计算变得更简单.

实际上,以两种方法计算 $\mid B'B''\mid$,$\mid C'C''\mid$ 的长,我们看到

$$\begin{aligned}
\mid C'C''\mid&=\mid DC''\mid\tan\varphi=(\mid DC\mid-\mid DC''\mid)\tan\gamma\\
\Rightarrow\mid DC''\mid&=\frac{\mid DC\mid\tan\gamma}{\tan\varphi+\tan\gamma}\\
\mid B'B''\mid&=\mid DB''\mid\tan\varphi=(\mid DB\mid-\mid DB''\mid)\tan\beta\\
\Rightarrow\mid DB''\mid&=\frac{\mid DB\mid\tan\beta}{\tan\beta-\tan\varphi}
\end{aligned}$$

于是,如果这两个三角形的面积相等,下面的等式必须成立

$$\frac{\mid DC\mid^2\tan\gamma}{\tan\varphi+\tan\gamma}=\frac{\mid DB\mid^2\tan\beta}{\tan\beta-\tan\varphi}$$

$$\begin{aligned}
&\Leftrightarrow\tan\varphi(\mid DB\mid^2\tan\beta+\mid DC\mid^2\tan\gamma)\\
&=(\mid DC\mid^2-\mid DB\mid^2)\tan\beta\tan\gamma
\end{aligned}$$

对于固定的点 D,我们将最后的等式看作是 $x=\tan\varphi$ 的线性方程.那么根据已知条件,对于过点 D 的三条不同的直线,这两个三角形的面积相等,我们容易看出上面的等式(同号或异号)对 φ 的两个的值都必须成立.这表明该线性方程的两个相应的系数必须为零.研究各种不同的可能,我们发现这是不可能的.

例如,最后的等式的右边为零表明 $\mid DC\mid=\mid DB\mid$,所以点 D 是 BC 的中点,再看左边,这表明 $\tan\beta+\tan\gamma=0$,这是不可能的,因为这将会使 AB 和 AC 平行.如果考虑点 B'',C'' 与线段 BD,DC 的相对位置,类似的论断也可以用于其他可能的情况.具体的细节留给读者作为练习.

3. 定理的证明

现在假定 $ABCD$ 是凸四边形,点 O 是它所在平面内一点,过点 O 的每一条直线将该四边形分成两个等面积的多边形.这一假定显然表明点 O 在四边形的内部.但是按照以下想法,我们能够进一步限制它的位置.假定四边形的对角线的交点 P 与一条对角线,比如说 BD 的中点不重合,假定 $\mid BP\mid<\mid PD\mid$(图 3).

于是,我们容易看出这两个三角形的面积的比

$$\frac{\varepsilon(ABC)}{\varepsilon(ACD)}=\frac{|BP|}{|PD|}\Rightarrow\varepsilon(ABC)<\varepsilon(ACD)$$

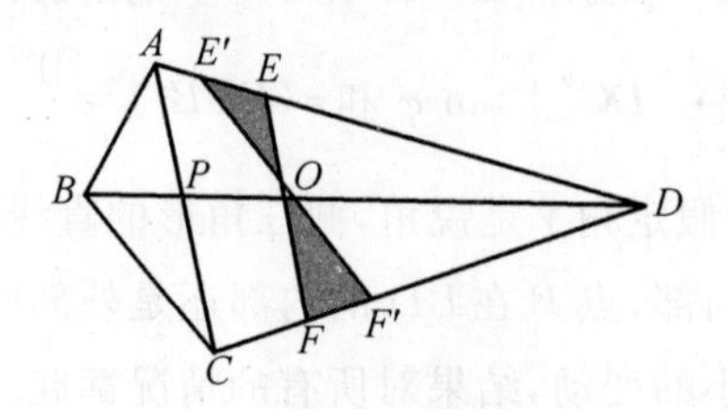

图 3 O 的位置

于是,我们可以得到 AC 的一条在 AC 和点 D 之间的平行线 EF,使 $\triangle EFD$ 的面积是该四边形的面积的一半. 那么容易看出点 O 具有这样的性质,即过点 O 的每一条直线都将该四边形分成面积相等的两部分,如果存在,那么必在 EF 上. 但是,此时过点 O 的直线 $E'F'$,我们可以找到无穷多对面积相等的 $\triangle OEE'$,$\triangle OFF'$. 这与前面的引理矛盾,这表明 EF 与 AC 必须重合,即表明点 O 必定在 AC 上,BD 必定平分 AC. 因此点 O 必定与对角线的交点 P 重合,必定是两条对角线的交点,这就证明了定理.

Paris Pamfilos, University of Crete, Greece

3.6 关于伪内切圆的一个美妙的定理

摘要 任意三角形中有三个伪内切圆和三个伪旁切圆. 本文中,我们将呈现由一个涉及共圆点的著名定理及其证明而随之出现的伪内切圆的许多性质.

三角形的伪切圆是与两边以及外接圆都相切的圆. 如果这个圆与外接圆内切,那么这个圆称为这个三角形的伪内切圆,否则就称为这个三角形的伪旁切圆.

定理 给定一个 $\triangle ABC$,设 ω,Ω,Ω_A 分别是内切圆,外接圆和点 A 所对的伪内切圆. 设 Ω_A 切 Ω 于点 T_A. 假定点 P 是 Ω 上的点,且过点 P 的 ω 的切线交 BC 于点 X,Y,那么点 P,T_A,X,Y 共圆.

在证明这一定理之前,我们需要由[1][2][3]的关于三角形的伪内切圆的一些定理和性质. 我们将随着证明呈现这些定理和性质. 假定 ω,Ω,Ω_A 分别是 $\triangle ABC$ 的内切圆,外接圆和点 A 所对的伪内切圆,T_A 是点 A 所对的伪内切点. 点 I,O 分别是 $\triangle ABC$ 的内心和外心,AI 交 Ω 于点 A 和 A_1. A_2 是 Ω 上点 A_1 的对径点. 类似地定义点 T_B,T_C,Ω_B,Ω_C 和点 B_1,B_2,C_1,C_2.

定理 1 设 Ω_A 分别切边 AB,AC 于点 M,N. 那么

(i) 点 M,I,N 共线;

(ii) 点 A_2,I,T_A 共线.

证明 存在一个以点 T_A 为中心,将 Ω 变为 Ω_A 的位似(图 1).

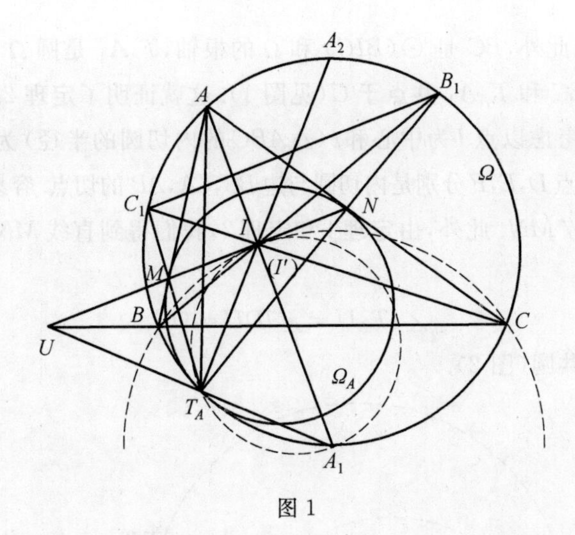

图 1

过点 B_1 平行于 AC 的直线切 Ω，AC 切 Ω_A 于点 N，因此点 B_1 在这一位似下变为点 N. 类似地，C 变为 M. 于是点 B_1, N, T_A 和点 C_1, M, T_A 共线，且 $MN /\!/ B_1C_1$. 因为 AM, AN 过点 A 切 Ω_A，所以我们得到 T_AA 是 $\triangle MT_AN$ 的对称中线. 我们有

$$\angle C_1T_AA=\frac{\angle ACB}{2}=\angle B_1T_AA_2$$

和

$$\angle B_1T_AA=\frac{\angle ABC}{2}=\angle C_1T_AA_2$$

这表明直线 T_AA_2 是直线 T_AA 关于 $\angle MT_AN$ 的等角共轭.

设点 I' 是 MN 的中点. 那么

$$\angle BT_AI'=\angle CT_AI'=90^\circ-\frac{\angle BAC}{2}=\angle MAN=\angle ANM$$

于是四边形 $BT_AI'M$ 和 $CT_AI'N$ 是圆内接四边形. 所以

$$\angle MBI'=\angle MT_AI'=\angle C_1T_AA_2=\frac{\angle ABC}{2}$$

$$\angle NCI'=\angle NT_AI'=\angle B_1T_AA_2=\frac{\angle ACB}{2}$$

于是 $I\equiv I'$. 因此点 M, I, N 共线. 因为点 T_A, I', A_2 共线，所以得到点 T_A, I, A_2 也共线. 这就证明了定理 1.

定理 2 假定像前面的问题那样的方法定义点 M, N（Ω_A 与 AB, AC 的切点），那么直线 MN, BC 和 T_AA_1 共点.

证明 我们有三个 $\odot(BIC)$，$\odot(T_AIA_1)$ 和 Ω. 由定理 1 的证明，我们得到点 I 是 MN 的中点，$IA_1\perp MN$ 和 $IT_A\perp T_AA_1$. 我们可以看出 $\triangle BIC$ 的外心是点 A_1，$\triangle T_AIA_1$ 的外心是 IA_1 的中点. 所以，$\odot(BIC)$ 和 $\odot(T_AIA_1)$ 相切于点 I. 于是，MN 是 $\odot(BIC)$ 和

$\odot(T_AIA_1)$ 的根轴.此外,BC 是 $\odot(BIC)$ 和 Ω 的根轴,T_AA_1 是圆 Ω 和 $\odot(T_AIA_1)$ 的根轴.因此直线 MN,BC 和 T_AA_1 共点于 U(见图 1).这就证明了定理 2.

定理的证明 考虑以点 I 为中心和 r($\triangle ABC$ 的内切圆的半径)为半径的反演.假定点 T_A 反演为点 K.再设点 D,E,F 分别是内切圆与边 BC,CA,AB 的切点.容易得到 $B_1C_1 \parallel EF$ 和 $AI \perp EF$,所以 $EF \parallel MN$.此外,由定理 1 和定理 2,我们得到直线 MN,BC,T_AA_1 共点于 U,使

$$\angle IT_AU = \angle IDU = 90^\circ$$

于是点 U,D,I,T_A 共圆(图 2).

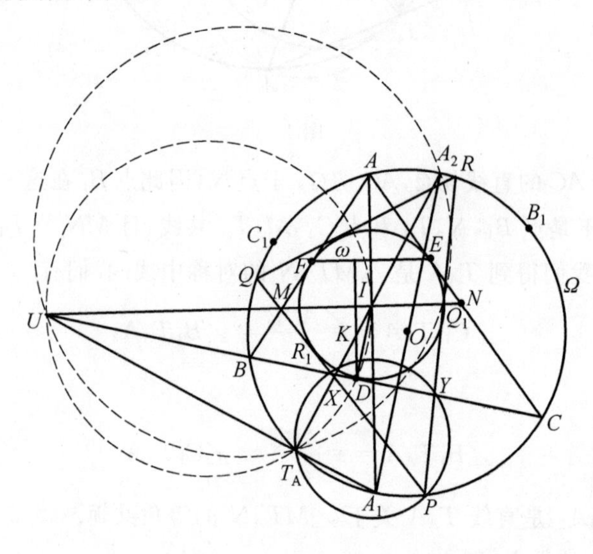

图 2

现在设点 H' 是 $\triangle DEF$ 的垂心.那么 $DH' \perp MN$,因为 $UIDT_A$ 是圆内接四边形.所以我们得到

$$\angle IDK = \angle IDH' = 90^\circ - \angle DIU = \angle DUI = \angle IT_AD$$

又因为 $IK \cdot IT_A = ID^2 = r^2$,这表明直线 DH' 和 IT_A 相交于点 K.

现在,因为 $\triangle IKD \backsim \triangle IDT_A$,我们有

$$KD = \frac{ID}{IT_A} \cdot DT_A = r \cdot \frac{DT_A}{IT_A} \quad (*)$$

直线 A_1A_2 经过 O,且垂直于 BC.所以,由 $UIDT_A$ 是圆内接四边形,有

$$\angle IA_2A_1 = \angle T_AA_2A_1 = \angle T_AUD = \angle T_AID$$

又因为 $\angle A_1IU = \angle IT_AU = 90^\circ$,我们得到

$$\angle A_2IA_1 = 180^\circ - \angle T_AIA_1 = 180^\circ - \angle T_AUI = \angle T_ADI$$

因此 $\triangle IDT_A \backsim \triangle A_2IA_1$.

由式($*$)我们有

$$KD = r \cdot \frac{DT_A}{IT_A} = r \cdot \frac{IA_1}{A_1A_2} = r \cdot \sin \frac{\angle BAC}{2}$$

$$= r \cdot \cos\left(90° - \frac{\angle BAC}{2}\right) = \frac{DH'}{2}$$

于是，点 K 是 DH' 的中点.

引理 1 ABC 是任意三角形，点 H 是其垂心. 设点 O 是 $\triangle ABC$ 的外心，点 O' 是 $\triangle ABC$ 的九点圆的圆心(线段 OH 的中点). 假定一点 S 在 $\triangle ABC$ 的九点圆上，l 是经过点 S，且 $OS \perp l$ 的直线. 如果 l 交 $\triangle ABC$ 的外接圆于点 L，J，那么 $\triangle ALJ$ 的九点圆经过 AH 的中点.

证明：设射线 HS 交 $\triangle ABC$ 的外接圆于点 T. 显然，$HS = ST$，$LHJT$ 是平行四边形. 所以

$$\angle LHJ = \angle LTJ = 180° - \angle LAJ$$

设点 A'，J_1 和 L_1 分别是线段 AH，AL 和 AJ 的中点. 那么 $J_1A' \parallel LH$，$L_1A' \parallel JH$，和

$$\angle J_1A'L_1 = \angle LHJ = 180° - \angle LAJ = 180° - \angle J_1SL_1$$

因此点 J_1，A'，L_1 和 P 共圆. 于是，AH 的中点在 $\triangle ALJ$ 的九点圆上，这就是要证明的(图 3). 这就证明了引理 1.

现在，我们将利用引理 1 证明该定理. 设 $PQ \cap (I) = R_1$，$PR \cap (I) = Q_1$(图 2). 假定在关于(I) 反演后

$$P \to P', X \to X', Y \to Y', A \to A'$$

那么点 P'，X'，Y'，A' 分别是线段 Q_1R_1，DR_1，DQ_1 和 EF 的中点.

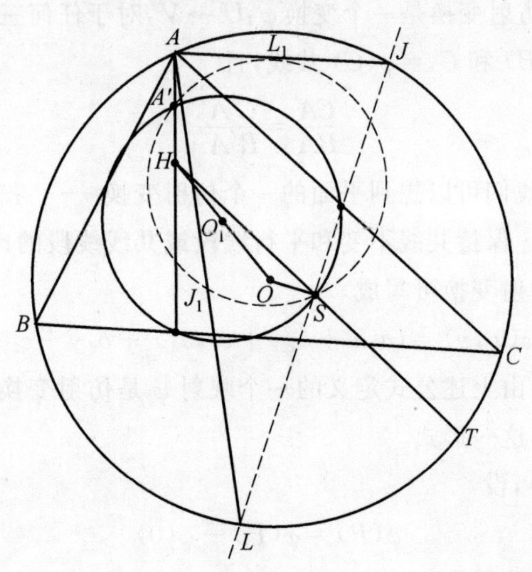

图 3

我们有 $T_A \to K$,$(O) \to (DEF)^{\frac{1}{2}}$,这里 K 是 DH' 的中点,$(DEF)^{\frac{1}{2}}$ 是 $\triangle DEF$ 的九点圆的圆心.显然,$(DEF)^{\frac{1}{2}}$ 经过点 K 和 P'.并且,直线 Q_1R_1 经过 P',满足 $IP' \perp Q_1R_1$.于是由引理1,点 K 在 $\triangle DQ_1R_1$ 的九点圆上.所以点 K,X',Y' 和 P' 共圆.

因此点 P,T_A,X 和 Y 也共圆.定理证明完毕.

参考资料

[1] P. Yiu, Mixtilinear incircles, American Mathematical Monthly, 106(1999), No. 10, 952-955.

[2] K. L. Nguyen, J. C. Salazar, On Mixtilinear Incircles and excircles, Forum Geometricorum 6(2006).

[3] C. Pohoata, V. Zajic, On a Mixtilinear Coaxality, Mathematical Reflections, 1(2012).

[4] http://www.artofproblemsolving.com/comunity/c2335h1043724

Khakimboy Egamberganov, Tashkent, Uzbekistan

3.7 变换的巧妙应用

1.引言

在本文中,我们讨论几何中的一个十分基本的,但是尚未广为人知的思想.两个仿射空间 U,V 之间的一个仿射变换是一个变换 $\varphi: U \to V$,对于任何三个共线点 A,B,C,那么点 $A'=\varphi(A)$,$B'=\varphi(B)$ 和 $C'=\varphi(C)$ 共线,且

$$\frac{CA}{BA}=\frac{C'A'}{B'A'}$$

在本文的范围内,我们可以想到平面的一个仿射变换——我们将只处理在 $\mathbf{R}^2$ 和本身之间的仿射变换——保持共线不变和平行线段或共线线段的比不变的任意变换.

定理 1.1 所有仿射变换可写成

$$\varphi(x,y)=(a_1x+b_1y+c_1, a_2x+b_2y+c_2)$$

证明 容易检验,由上述公式定义的一个映射 φ 是仿射变换,所以我们将注重于证明任何仿射变换都具有这一形式.

假定 φ 是仿射变换,设

$$\psi(P)=\varphi(P)-\varphi(0)$$

那么 $0,A$ 和 αA 被映射为 $\varphi(0)$,$\varphi(A)$ 和

$$\varphi(\alpha A)=\varphi(0)+\alpha(\varphi(A)-\varphi(0))$$

所以 $\psi(\alpha A)=\alpha\psi(A)$. 如果点 M 是线段 AB 的中点，那么 $\varphi(M)$ 必在直线 $\varphi(A)\varphi(B)$ 上，且与 $\varphi(A)$ 和 $\varphi(B)$ 等距离. 于是 φ(因此 ψ) 保持中点不变. 因此我们有

$$\psi(A+B)=2\psi(\frac{A+B}{2})=2\cdot\frac{\psi(A)+\psi(B)}{2}=\psi(A)+\psi(B)$$

所以 ψ 是线性映射，这就是要证明的.

因为本文中我们感兴趣的是几何，所以我们将讲其中最感兴趣的可逆的仿射变换. 这些都被额外的性质 $a_1b_2-a_2b_1\neq 0$ 所描述了. 许多类标准的几何变换都是可逆的仿射变换：平移，旋转，反射和放缩都是仿射变换. 另一类可逆的仿射变换是剪切变换，这是形如 $(x,y)\to(x+ky,y)$ 的一种变换. 反之，我们可以证明这些变换的组合产生所有可逆的仿射变换.

推论　所有可逆的仿射变换都是旋转，反射，平移，放缩和剪切这些变换的组合.

仿射变换的最重要的性质是保持直线上的线段的长度的比不变，面积不变. 这就常常可以使我们对一个图形作出各种想象的假定，例如，三角形就是等边三角形，平行四边形就是正方形，或者椭圆就是圆.

2. 一些应用

我们从直线的一个问题开始.

例 2.1(Putnam 2001)　$\triangle ABC$ 的面积是1. 点 E,F,G 分别在 BC,AC,AB 上，且 AE 平分 BF 于点 R，BF 平分 CG 于点 S，CG 平分 AE 于点 T. 求 $\triangle RST$ 的面积.

解　当 Samuel Zbarsky 在 Carnergie Mellon Putnam Seminar 提出这一问题的解时，他是这样开始的："我们假定 $\triangle ABC$ 既是等边三角形又是等腰直角三角形". 也就是说，在这一问题中，沿着 BC 的一个剪切变换所有的比都保持不变，所以我们任意前后交换，做出最容易的计算. 考虑以下三张图(图 1).

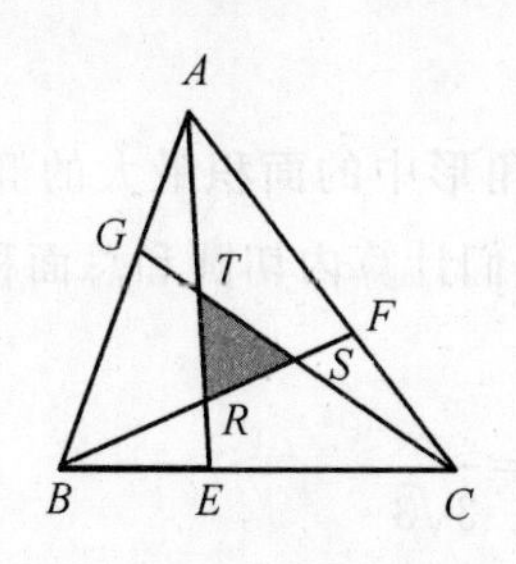

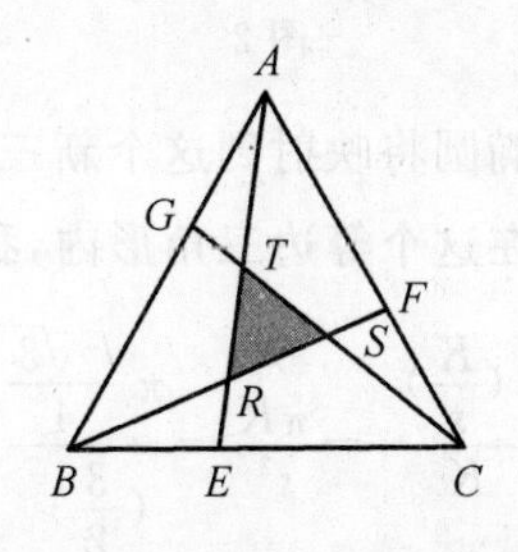

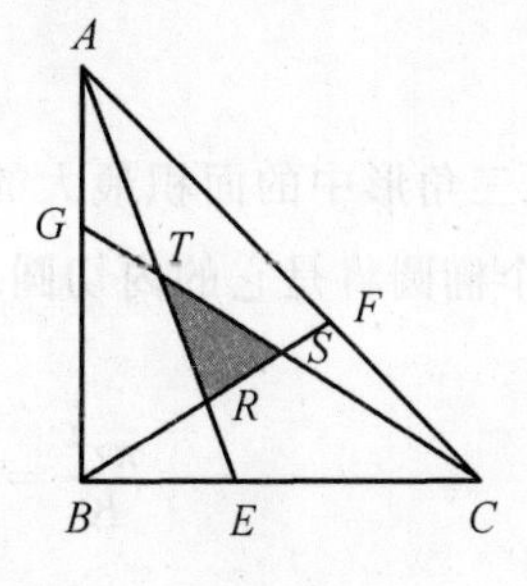

图 1

在等边三角形的情况下，由对称性，我们可以看出

$$\frac{AG}{AB}=\frac{BE}{BC}=\frac{CF}{CA}=r$$

在等腰直角三角形的情况下，我们可以利用 CG 平分 AE 这一事实得到

$$(1-r)(1-\frac{1}{2}r)=\frac{1}{2}\Rightarrow r=\frac{3-\sqrt{5}}{2}$$

现在我们知道

$$\frac{CT}{CG}=\frac{1}{2(1-r)}$$

所以我们算出

$$\frac{ST}{SG}=\frac{r}{1-r}$$

还有,因为 $BS=SG$,我们有

$$\frac{SR}{SB}=\frac{BS-BR}{BS}=1-\frac{BR}{GS}=1-\frac{BF}{CG}=1-\frac{\sqrt{r^2+(1-r)^2}}{\sqrt{1^2+(1-r)^2}}=r$$

最后,我们有

$$[RST]=\frac{ST}{SG}\cdot\frac{SR}{SB}\cdot[BSG]=\frac{1}{2}\cdot\frac{r^2}{1-r}[BCG]=\frac{r^2}{2}\cdot[ABC]=\frac{7-3\sqrt{5}}{4}\cdot[ABC]$$

仿射变换在涉及椭圆的问题时极为突出,因为椭圆在仿射变换下是圆的像.

例 2.2(Lehigh 2015) 能内切于边长为 3,4,5 的三角形的最大的椭圆的面积是多少?

解 我们实施一个仿射变换,将 3,4,5 的三角形变为等边三角形(图 2).

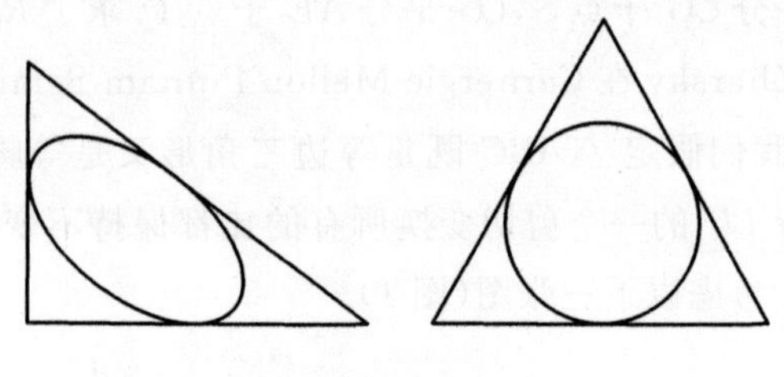

图 2

在原三角形中的面积最大的椭圆将映射到这个新三角形中的面积最大的椭圆,由对称性,这个椭圆将是它的内切圆.在这个等边三角形内,我们计算内切圆和总面积的比

$$\frac{\pi r^2}{K}=\frac{\pi\left(\frac{K}{s}\right)^2}{K}=\frac{\pi K}{s^2}=\frac{\pi\frac{l^2\sqrt{3}}{4}}{\left(\frac{3}{2}\right)^2}=\frac{\pi}{3\sqrt{3}}$$

因为变换保持面积的比不变,所以我们只需要按比例返回,得到所求的椭圆的面积是

$$\frac{\pi}{3\sqrt{3}}\cdot 2\cdot 3\cdot 4=\frac{2\pi}{\sqrt{3}}$$

这一面积最大的椭圆称为 Steiner 内切椭圆,其中心是三角形的重心.

3. 还有一些瑰宝

在下面的问题中利用正仿射变换.

练习 3.1(Putnam 1994) 设 A 是由直线 $y=\frac{1}{2}x$，$x-$轴和椭圆 $\frac{1}{9}x^2+y^2=1$ 在第一象限围成的区域的面积. 求最大正数 m，使 A 等于直线 $y=mx$，$y-$轴和椭圆 $\frac{1}{9}x^2+y^2=1$ 在第一象限围成的区域的面积.

练习 3.2(Morocco 2015) 一条直线经过平行四边形 $ABCD$，分别交线段 AB，AC 和 AD 于点 E，F 和 G. 证明

$$\frac{AB}{AE}+\frac{AD}{AG}=\frac{AC}{AF}$$

练习 3.3 在 $\triangle ABC$ 中，设点 D 是过 A 的 BC 的垂线的垂足，设点 X 是 AD 上任意一点. BX 和 CX 分别交 AC 于点 E 和 F. 证明：$\angle EDX=\angle XDF$.

练习 3.4(AIME 2015) 一块木块是半径为 6，高为 8 的直圆柱形状. 将整个表面涂上蓝色. 在圆柱的圆面的一条棱上选取点 A 和 B 两点，使面上的 $\angle AOB$ 等于 $120°$. 于是木块被经过点 A 和 B 的平面切成两半，圆柱的中心显示出一个平面，每一半表面均未涂色. 这些未涂色的面中一个的面积是 $a\pi+b\sqrt{c}$，其中 a,b,c 是整数，c 不能被任何质数的平方整除. 求 $a+b+c$.

练习 3.5(CMIMC 2016) 设 P 是 $xy-$平面内切 $x-$轴于 $(5,0)$，切 $y-$轴于 $(0,12)$ 的唯一的抛物线. 我们说一条直线 l 是"$P-$友好的"，如果 $x-$轴，$y-$轴，P 将 l 分成三条线段，每一条线段的长都相等. 如果所有"$P-$友好的"直线的斜率的和能写成 $-\frac{m}{n}$ 的形式，这里 m 和 n 是互质的正整数，求 $m+n$.

4. 解答

练习 3.1(Putnam 1994) 设 A 是由直线 $y=\frac{1}{2}x$，$x-$轴和椭圆 $\frac{1}{9}x^2+y^2=1$ 在第一象限围成的区域的面积. 求最大正数 m，使 A 等于直线 $y=mx$，$y-$轴和椭圆 $\frac{1}{9}x^2+y^2=1$ 在第一象限围成的区域的面积.

解 我们可以用麻烦的积分来解. 反而是沿着 $x-$轴放缩，将椭圆变换成圆(图 3). 直线 $y=\frac{1}{2}x$ 变换为直线 $y=\frac{3}{2}x$. 由对称性，直线 $y=mx$ 必定变为直线 $y=\frac{2}{3}x$. 变回后，得到 $m=\frac{2}{9}$.

练习 3.2(Morocco 2015) 一条直线经过平行四边形 $ABCD$，分别交线段 AB，AC 和 AD 于点 E，F 和 G. 证明

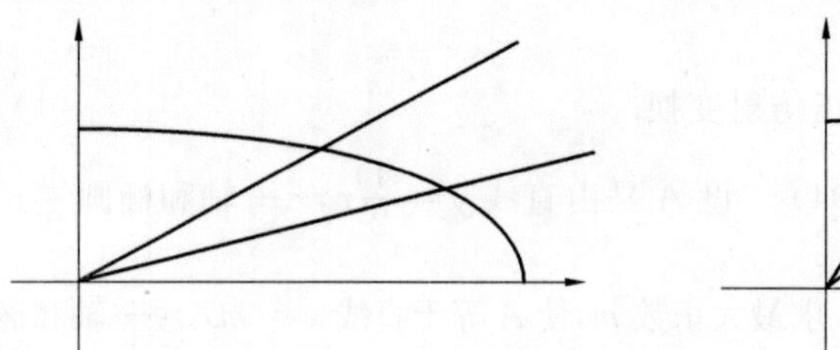
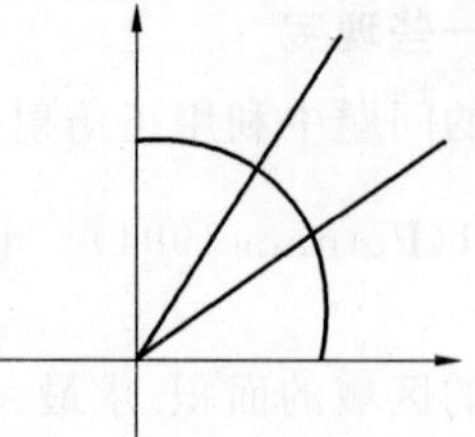

图 3

$$\frac{AB}{AE}+\frac{AD}{AG}=\frac{AC}{AF}$$

解 实施仿射变换将平行四边形变为正方形$[0,1]^2$(图 4).

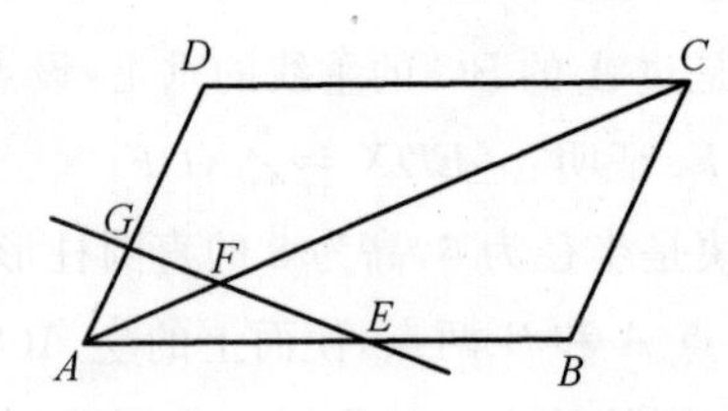

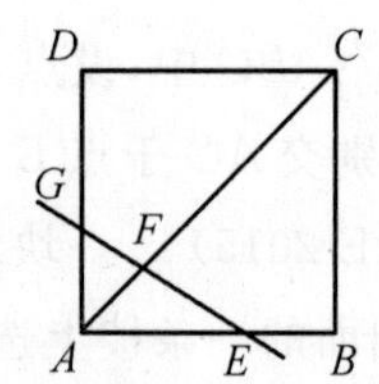

图 4

现在我们可以设 $E=(u,0)$,$G=(0,v)$,得到 $F=\left(\frac{uv}{u+v},\frac{uv}{u+v}\right)$. 由关系

$$\frac{1}{u}+\frac{1}{v}=\sqrt{2}\cdot\frac{u+v}{uv\sqrt{2}}$$

练习 3.3 在 $\triangle ABC$ 中,设点 D 是过点 A 的 BC 的垂线的垂足. 设点 X 是 AD 上任意一点. BX 和 CX 分别交 AC 于交点 E 和 F. 证明:$\angle EDX=\angle XDF$.

证明 实施一个中心在点 D,沿着 AD 轴的放缩变换,使点 X 是 $\triangle ABC$ 的垂心. 注意放缩变换保持使 DE 和 DF 关于 AD 的反射不变这一事实(图 5).

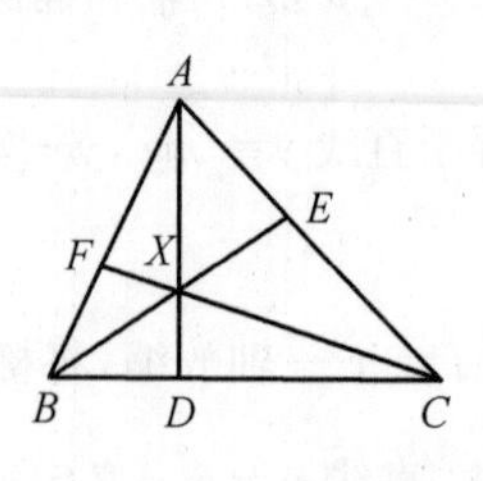

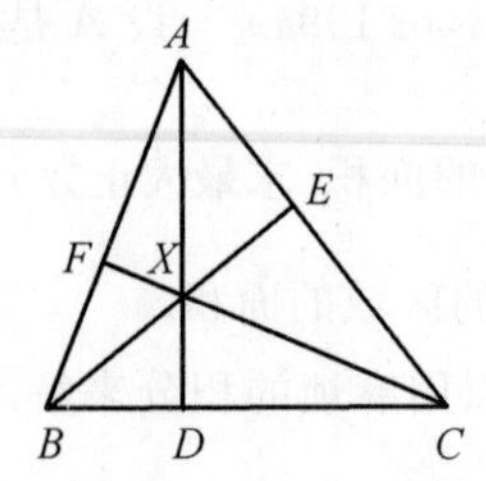

图 5

因为 $BDXF$ 和 $CDXE$ 是圆内接四边形,所以

$$\angle EDX=\angle ECX=90^{\circ}-\angle A=\angle XBF=\angle XDF$$

练习 3.4(AIME 2015) 一块木块是半径为 6,高为 8 的直圆柱形状. 将整个表面涂

上蓝色. 在圆柱的圆面的一条棱上选取 A 和 B 两点，使面上的 $\angle AOB$ 等于 $120°$. 于是木块被经过 A 和 B 的平面切成两半，圆柱的中心显示出一个平面，每一半表面均未涂色. 这些未涂色的面中一个的面积是 $a\pi+b\sqrt{c}$，其中 a,b,c 是整数，c 不能被任何质数的平方整除. 求 $a+b+c$.

解　切割的痕迹是椭圆截面(图 6).

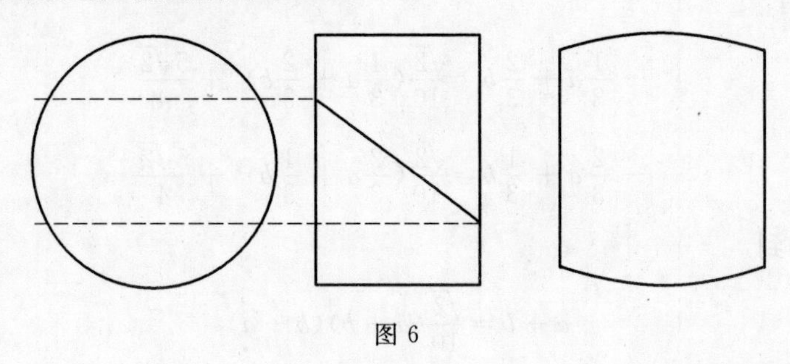

图 6

一条轴的长是圆的直径 12. 我们可以由相似三角形算得另一条轴的长是 20. 此外，这是到中心的距离是 5 处截得的. 余下的是用这一信息计算这个椭圆截面的面积.

我们实施一个仿射变换将该椭圆变为半径为 6 的圆截面. 这个圆是到中心的距离是 $\frac{6}{10}\cdot 5=3$ 处截得的，所以圆截面的两条弧的每一条都是 $60°$. 这意味着圆截面的面积是

$$2\cdot 6^2\cdot\pi\cdot\frac{60°}{360°}+2\cdot\frac{1}{2}\cdot 6^2\cdot\frac{\sqrt{3}}{2}=12\pi+18\sqrt{3}$$

变回后，椭圆截面的面积是

$$\frac{10}{6}(12\pi+18\sqrt{3})=20\pi+30\sqrt{3}$$

所以，$a+b+c=53$.

练习 3.5(CMIMC 2016)　设 P 是 xy－平面内切 x－轴于(5,0)，切 y－轴于(0,12)的唯一的抛物线. 我们说一条直线 l 是"P－友好的"，如果 x－轴，y－轴，P 将 l 分成三条线段，每一条线段的长都相等. 如果所有"P－友好的"直线的斜率的和能写成 $-\frac{m}{n}$ 的形式，这里 m 和 n 是互质的正整数，求 $m+n$.

解　沿着 y－轴放缩，使(0,12)用(0,5)代替. 答案将这一新问题的答案的 $\frac{12}{5}$ 倍. 将抛物线旋转 $45°$，再利用角的加法公式，我们得到对于新坐标系的每一个斜率 m，在原坐标系中的斜率是 $\frac{m-1}{m+1}$.

现在我们看到抛物线与直线 $y=\pm x$ 相切于 $(\pm\frac{5}{\sqrt{2}},\frac{5}{\sqrt{2}})$. 简单的计算表明这必是抛物线

$$P':y=\frac{\sqrt{2}}{10}x^2+\frac{5\sqrt{2}}{4}$$

设 $A=(a,-a)$，$B=(b,b)$，我们要

$$\left(\frac{1}{3}a+\frac{2}{3}b,-\frac{1}{3}a+\frac{2}{3}b\right) \text{和} \left(\frac{2}{3}a+\frac{1}{3}b,-\frac{2}{3}a+\frac{1}{3}b\right)$$

在 P' 上有

$$\begin{cases}-\frac{1}{3}a+\frac{2}{3}b=\frac{\sqrt{2}}{10}\left(\frac{1}{3}a+\frac{2}{3}b\right)^2+\frac{5\sqrt{2}}{4}\\-\frac{2}{3}a+\frac{1}{3}b=\frac{\sqrt{2}}{10}\left(\frac{2}{3}a+\frac{1}{3}b\right)^2+\frac{5\sqrt{2}}{4}\end{cases}$$

相减后，我们得到

$$a+b=\frac{\sqrt{2}}{10}(a+b)(b-a)$$

$a+b=0$ 表示直线是水平方向的，给出两个解，可以由中值定理容易验证. 否则

$$b-a=5\sqrt{2}\Rightarrow m=\frac{b+a}{b-a}=\frac{\sqrt{2}}{5}b-1$$

于是，在原坐标系中的斜率是 $\frac{a}{b}=1-\frac{5\sqrt{2}}{b}$. 我们可以用原方程中的 Viète 公式

$$-\frac{1}{3}(b-5\sqrt{2})+\frac{2}{3}b=\frac{\sqrt{2}}{10}\left[\frac{1}{3}(b-5\sqrt{2})+\frac{2}{3}b\right]^2+\frac{5\sqrt{2}}{4}$$

展开后化简，变为

$$\frac{\sqrt{2}}{10}b^2-b+\frac{5\sqrt{2}}{36}=0$$

推出两根的倒数的和是 $\frac{36}{5\sqrt{2}}$. 因此我们算出这两个斜率的和是 $2-36$. 将每一条直线都向和提供 -1，这两条水平方向的直线相加，我们得到所有斜率的和是 -36，放缩后回到

$$-36\cdot\frac{12}{5}=-\frac{432}{5}$$

Rithvik Pasumarty, Plymouth, Minnesota, USA

3.8 论 Fibonacci 问题

在数学史上，众所周知最早的算术问题之一是由 Fibonacci 提出的：求一个(有理)数 x，使 x^2+x 和 x^2-x(在 $\mathbf{Q}$ 内)都是完全平方数. 他提出了解 $x=\frac{25}{24}$，对此有

$$x^2-x=\frac{5^2}{24^2} \text{ 和 } x^2+x=\frac{35^2}{24^2}$$

我们不知道他求出这个解的过程是如何的.也不了解 Fibonacci 是否知道其他解的任何信息.我们提出求这一问题的解的一切数的一般方法.

在代数上,这个 Fibonacci 问题是要我们求出方程组

$$\begin{aligned} x^2-x&=y^2 \\ x^2+x&=z^2 \end{aligned} \tag{1}$$

的一切有理数解.

方程组(1) 显然等价于以下的方程组

$$\begin{aligned} 2x^2&=y^2+z^2 \\ x^2-x&=y^2 \end{aligned} \tag{2}$$

因为方程组(1) 和(2) 等价,所以我们可以同时处理这两个方程组.显然,我们可以将这一问题局限于只求正数解 $x,y,z>0$.假定

$$x=\frac{a}{d},y=\frac{b}{d},z=\frac{c}{d}$$

这里 a,b,c,d 是正整数.由方程组(2),我们得到方程组

$$\begin{aligned} 2a^2&=b^2+c^2 \\ a^2-ad&=b^2 \end{aligned} \tag{3}$$

我们也可以考虑附加的方程

$$a^2+ad=c^2 \tag{4}$$

首先,我们证明可以假定 $\gcd(a,d)=1$.

事实上,如果 $\gcd(a,d)=\delta,\delta>1$,那么我们得到 $\delta^2\mid b^2$ 和 $\delta^2\mid c^2$,于是 $\delta\mid b$ 和 $\delta\mid c$,分数 $\frac{b}{d},\frac{c}{d}$ 可以简化.现在由 $\gcd(a,d)=1$,我们有 $\gcd(a,a-d)=1$.由 $a^2-ad=b^2$,我们得到 a 和 $a-d$ 都是完全平方数.设

$$\begin{aligned} a&=A^2 \\ a-d&=B^2 \end{aligned} \tag{5}$$

这里 $\gcd(A,B)=1$ 和 $b=AB$.又从 $\gcd(a,d)=1$,我们有 $\gcd(a,a+d)=1$,利用同样的论述,只对于方程(4),得到

$$\begin{aligned} a+d&=C^2 \\ c&=AC \end{aligned} \tag{6}$$

这里 $\gcd(A,C)=1$.由这些方程,我们得到 A,B,C 满足不定方程

$$B^2+C^2=2A^2 \tag{7}$$

引理 方程

$$u^2+v^2=2t^2$$

的有 $\gcd(u,t)=\gcd(v,t)=1$ 的一般解由

$$u=-m^2+2mn+n^2, v=m^2+2mn-n^2, t=m^2+n^2$$

给出,这里 m,n 是奇偶性不同的互质的整数.

证明 将方程除以 t^2,并设 $\frac{u}{t}=x,\frac{v}{t}=y$. 那么,问题归结为在满足

$$x^2+y^2=2$$

求圆上的有理点 (x,y).

我们按照标准的方法进行. 点 $A(-1,-1)$ 在这个圆上. 取经过点 A 的直线族

$$L_\lambda: y+1=\lambda(x+1)$$

我们观察到当且仅当 λ 是有理数时,每一条直线 L_λ 与圆再相交于有理点. 反之,如果直线族中的一条直线与圆相交于一个有理点,那么 λ 是有理数. 那么,圆与直线 L_λ 相交,第二个交点的坐标是

$$x=\frac{-\lambda^2+2\lambda+1}{\lambda^2+1}, y=\frac{\lambda^2+2\lambda-1}{\lambda^2+1}$$

如果我们设 $\lambda=\frac{m}{n}$,这里 m,n 是互质的整数,我们得到

$$x=\frac{-m^2+2mn+n^2}{m^2+n^2}, y=\frac{m^2+2mn-n^2}{m^2+n^2}$$

这就证明了引理.

现在回到原来的问题,引理表明方程(7)有一般解

$$\begin{aligned} A&=m^2+n^2 \\ B&=-m^2+2mn+n^2 \\ C&=m^2+2mn-n^2 \end{aligned} \tag{8}$$

这里 m,n 是奇偶性不同的互质的整数. 此外,因为 $C>B$,我们有 $m>n$. 回到原来的问题,我们有

$$\begin{aligned} a&=A^2=(m^2+n^2)^2 \\ d&=A^2-B^2=4mn(m^2-n^2) \\ b&=AB=(m^2+n^2)(-m^2+2mn+n^2) \\ c&=AC=(m^2+n^2)(m^2+2mn-n^2) \end{aligned} \tag{9}$$

最后,Fibonacci 问题的一般解是

$$x=\frac{(m^2+n^2)^2}{4mn(m^2-n^2)}$$

$$y=\frac{(m^2+n^2)(-m^2+2mn+n^2)}{4mn(m^2-n^2)}$$

$$z=\frac{(m^2+n^2)(m^2+2mn-n^2)}{4mn(m^2-n^2)}$$

当 $m=2,n=1$ 时,我们得到

$$x=\frac{25}{24},y=\frac{5}{24},z=\frac{35}{24}$$

这是 Fibonacci 问题的一组解.例如,当 $m=3,n=2$ 时,我们有

$$x=\frac{169}{120},y=\frac{91}{120},z=\frac{221}{120}$$

Mircea Becheanu

3.9 钩长公式初步

摘要 USAMO 2016 的问题 2 关于钩长公式(HLF)的本质以及这是不是"初等的问题"引起了争议.Bandlow[1] 在考虑 HLF 时,在附注给出了一些不同的证明,并已得到简化,所以仅仅要求两个极限,并提供一种可能的途径,使参赛者甚至在竞赛当天可能已经证明这一公式(虽然这要比解决竞赛本身的所有问题更有价值,但在这一点上是有争议的).

1.引言

为简洁起见,我们将只是简单地定义证明所必要的术语.杨氏矩阵(Young Tableau)是一种左对齐的方格组成的网格,各行的格子数往下稍有减少.假定在一个杨氏矩阵中有 n 个方格,那么钩长公式计算从 1 到 n 在网格中的排列数,使在行上的数由左到右增加,在列上的由上到下增加(这些也称为标准的杨氏矩阵).

1	2	4	7	8
3	5	6	9	
10				

图 1 杨氏矩阵(取自 https:// www.wikipedia.org/)

最后,杨氏矩阵的形状是每一行中的方格个数的清单.上面这一张图的形状是(5,4,1).注意该形状直接相应于 n 的一个分割,我们用 λ 表示形状.要注意的关键是在任何标准的杨氏矩阵中,n 在一行的末端,下面的行严格短于以 n 结尾的行.最后,"钩长公式"中的钩长是 1 加上一个给定的方格严格下面或者向右的方格数的和.特别是,在上面的图中填 2 的方格有一个钩长是 5,而填 6 的方格有一个钩长是 2.

2.钩长公式的初等证明

Bandlow[1] 给出了钩长公式的一个初等证明,这一注释用显示较少的技巧模仿了那个证明.

定理 1 设有 n 个方格,形状为 λ 的标准的杨氏矩阵的个数是 Q_λ,那么

$$Q_\lambda=\frac{n!}{\prod_{t\in\lambda}L(t)}$$

其中 $L(t)$ 表示在形状为 λ 中方格 t 的钩长.

证明 证明是对 n 归纳进行的.当 $n=1$ 时,命题显然成立.

假定对一切 $n<k$,定理成立,现在我们对 k 证明定理.假定 λ 有形状

$$(b_1+\cdots+b_l,\cdots,b_1+\cdots+b_l,b_1+\cdots+b_{l-1},\cdots,b_1+\cdots+b_{l-1},\cdots,b_1,\cdots,b_1)$$

这里有 a_i 行的长为 $b_1+\cdots+b_i$.设第 s 块是长为 $b_1+\cdots+b_s$ 的 a_s 行.k 的唯一可能的位置是这几块之一的右下角.注意到在将这些角之一除去 h 后,那么余下的方格也形成一个标准的杨氏矩阵.最后设 λ_s 是没有第 s 块的右下角的 λ.注意到作为除去的方格,在同一行或列中的仅有的方格的长受到影响.那么直接计算可推出

$$R_s=\frac{\prod_{t\in\lambda}L(t)}{\prod_{t\in\lambda_s}L(t)}=\left(\frac{a_1+\cdots+a_{s-1}+b_1+\cdots+b_s}{a_1+\cdots+a_{s-1}+b_2+\cdots+b_s}\right)\left(\frac{a_2+\cdots+a_{s-1}+b_2+\cdots+b_s}{a_2+\cdots+a_{s-1}+b_3+\cdots+b_s}\right)\cdots\times$$

$$\left(\frac{a_{s-1}+b_{s-1}+b_s}{a_{s-1}+b_s}\right)b_sa_s\left(\frac{a_s+a_{s+1}+b_{s+1}}{a_s+b_{s+1}}\right)\times$$

$$\left(\frac{a_s+a_{s+1}+a_{s+2}+b_{s+1}+b_{s+2}}{a_s+a_{s+1}+b_{s+1}+b_{s+2}}\right)\cdots\left(\frac{a_s+\cdots+a_l+b_{s+1}+\cdots+b_l}{a_s+\cdots+a_{l-1}+b_{s+1}+\cdots+b_l}\right)$$

归纳步骤等价于

$$X_{(\{a_i,b_i\},l)}=\sum_{s=1}^{l}R_s=k=\sum_{i=1}^{l}a_i(b_1+\cdots+b_i)$$

现在将对 l 归纳进行证明这一恒等式.注意到 $l=1$ 显然成立,那么关键是当 $s\geqslant 2$ 时,用

$$\frac{a_1+\cdots+a_{s-1}+b_1+\cdots+b_s}{a_1+\cdots+a_{s-1}+b_2+\cdots+b_s}=1+\frac{b_1}{a_1+\cdots+a_{s-1}+b_2+\cdots+b_s}$$

现在推出

$$\begin{aligned}&X_{(\{a_i,b_i\},l)}-X_{(\{a_i,b_i\}/\{a_1,b_1\},l-1)}\\&=b_1a_1\left(\frac{a_1+a_2+b_2}{a_1+b_2}\right)\cdots\left(\frac{a_1+\cdots+a_l+b_2+\cdots+b_l}{a_1+\cdots+a_{l-1}+b_2+\cdots+b_l}\right)+\\&\quad b_1a_2\left(\frac{b_2}{a_1+b_2}\right)\left(\frac{a_2+a_3+b_3}{a_2+b_3}\right)\cdots\left(\frac{a_2+\cdots+a_l+b_3+\cdots+b_l}{a_2+\cdots+a_{l-1}+b_3+\cdots+b_l}\right)+\cdots+\\&\quad b_1a_l\left(\frac{a_2+\cdots+a_{l-1}+b_2+\cdots+b_l}{a_1+\cdots+a_{l-1}+b_2+\cdots+b_l}\right)\cdots\left(\frac{b_l}{a_{l-1}+b_l}\right)\end{aligned}$$

于是要用归纳法证明这一恒等式,只要证明

$$X_{(\{a_i,b_i\},l)}-X_{(\{a_i,b_i\}/\{a_1,b_1\},l-1)}=b_1(a_1+\cdots+a_l)$$

现在设 $s_1=0$,当 $t\geqslant 2$ 时,$s_t=a_1+\cdots+a_{t-1}+b_2+\cdots+b_t$.

归纳步骤等价于

$$\sum_{i=1}^{l} a_i = \sum_{i=1}^{l} a_i \prod_{1 \leqslant j \neq i \leqslant n}^{l} \left(1 + \frac{a_i}{s_j - s_i}\right)$$

由[2],这是一个恒等式,下面的证明几乎与本文给出的证明相同.

引理1　对于 $c \notin \{b_1, \cdots, b_n\}$,那么

$$\prod_{k=1}^{n} \frac{x + a_k - b_k}{x - b_k} = \prod_{k=1}^{n} \frac{c + a_k - b_k}{c - b_k} + \prod_{k=1}^{n} \frac{a_k(x-c)}{(b_k - c)(x - b_k)} \prod_{1 \leqslant j \neq k \leqslant n}^{l} \frac{b_k + a_j - b_j}{b_k - b_j}$$

证明　两边乘以 $\prod_{k=1}^{n}(x - b_k)$,要证明的不等式等价于

$$\prod_{k=1}^{n}(x + a_k - b_k) = \prod_{k=1}^{n} \frac{c + a_k - b_k}{c - b_k} \prod_{k=1}^{n}(x - b_k) +$$

$$\prod_{k=1}^{n} \frac{a_k(x-c)}{b_k - c} \prod_{1 \leqslant j \neq k \leqslant n}^{l} \frac{(b_k + a_j - b_j)(x - b_j)}{b_k - b_j}$$

两边的表达式都是变量 x 的至多是 n 次的多项式.我们就证明当 $x = c, b_1, \cdots, b_n$ 时,两边相等,于是我们有两个次数至多是 n 的多项式在 $n+1$ 个点处相等,因此到处相等.但是,这只是容易计算的.在 $x = c$ 处右边的第二项变为零,恒等式只是多余的了

$$\prod_{k=1}^{n}(c + a_k - b_k) = \prod_{k=1}^{n}(c + a_k - b_k)$$

在 $x = b_i$ 处右边的第一项变为零,在第二项中除了 $k = i$ 这一个加数外,每一个加数都是零.于是恒等式变为

$$\prod_{k=1}^{n}(b_i + a_k - b_k) = \frac{a_i(b_i - c)}{b_i - c} \prod_{1 \leqslant j \neq i \leqslant n} \frac{(b_i + a_j - b_j)(b_i - b_j)}{b_i - b_j}$$

显然可以约分,这是容易检验的.

参考资料

[1] J. Bandlow, An elementary proof of the hook formula, Electron. J. Combin, 15(2008), No. 1.

[2] R. William Gosper, Mourad E. H. Ismail, Ruiming Zhang et al. On some strange summation formulas, Illinois Journal of Mathematics, 37(1993), No. 2, 240-227.

Mehtaab Sawhney, Pennsylvania, USA

3.10　点关于给定的反射直线多次反射的图形的性质

摘要　我们探讨一些点关于给定直线反射后的点组成的图形,并揭示这一图形的一些性质.

1. 引言

反射在基本的几何教材中有一些简单的性质，但是在逐次迭代后就可能变得复杂．本文探讨一个具有十分有趣的反射的图形．图形的定义如下：

设点 P_0 在离点 O 的距离为 r，直线 j 离点 O 的距离为 d，d 大于 r．(点 A 是 O 到 j 的垂线的垂足)点 P'_0 是 P_0 关于 j 的反射，点 P_1 是 P_0 关于直线 $\overleftrightarrow{OP'_0}$ 的反射．类似地，P'_1 是 P_1 关于 j 的反射，P_2 是 P_1 关于直线 $\overleftrightarrow{OP'_1}$ 的反射．将此无限次迭代得到点 P_3，P_4，P_5，…．图 1 表示前两次迭代的情况．注意所有的点 P_k(对 $k\in\mathbf{Z}_{\geqslant 0}$)在半径为 r 的 $\odot O$ 上(图 2)．

在本文中，假定角在$[0,\pi]$内，且不考虑方向．

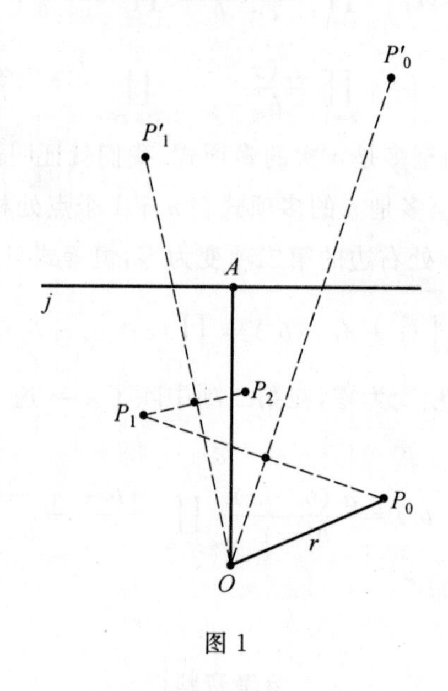

图 1

2. 性质

为探讨这一问题，我模拟了一个动力几何软件 Geometer's Sketchpad(GSP)．我开始将点关于直线反射，在这些反射的基础上创建了一些直线，然后再对这些点关于这些直线反射，此时我看到一件有趣的事情发生了．序列 $\{P_k\}_{k=0}^{\infty}$ 出现收敛，收敛的速率似乎与 r 和 OA 的比有关．

我从 GSP 的构造形成的第一个假设是当 $k\to\infty$ 时，P_k 收敛于圆 ω 与 $\overline{OA}$ 的交点．为方便证明这一点，引进几个引理．

2.1 单调递减的角

引理 1 对于一切非负整数 k，和 $m\angle AOP_k>0$，有

$$m\angle AOP_{k+1}<m\angle P_{k+1}OP'_k$$

证明 注意到

$$\angle P_kOP'_k\cong\angle P_{k+1}OP'_k$$

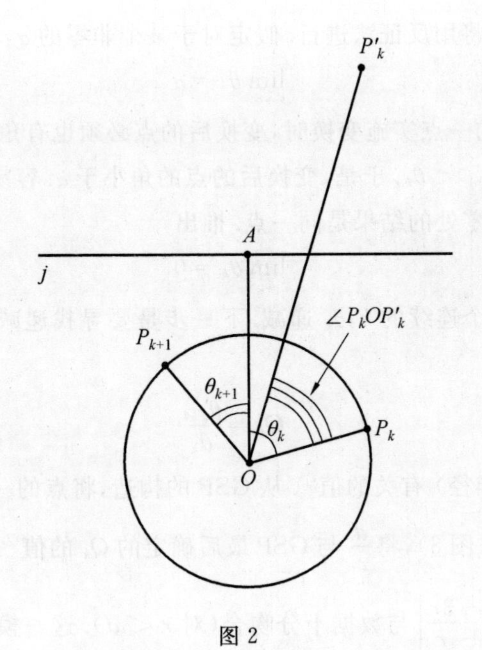

图 2

$$\theta_k = m\angle AOP'_k + m\angle P'_kOP_k$$

和

$$\theta_{k+1} = m\angle P_{k+1}OP'_k - m\angle AOP'_k = m\angle P'_kOP_k - m\angle AOP'_k$$

但是,前面定义的角位于$[0,\pi]$内,因为不接受负角,所以我们必须取其绝对值,整理后看到

$$\theta_k - \theta_{k+1} = m\angle AOP'_k + m\angle P'_kO\ P_k - |\ m\angle P'_kOP_k - m\angle AOP'_k|$$

对于绝对值的符号有两种情况(相应于 P_{k+1} 是否与 P_k 在$\overleftrightarrow{OA}$ 的同一侧;两种情况都发生),或者

$$\begin{aligned}\theta_k - \theta_{k+1} &= m\angle AOP'_k + m\angle P'_kOP_k - (m\angle P'_kOP_k - m\angle AOP'_k)\\ &= 2m\angle AOP'_k\end{aligned}$$

或者

$$\begin{aligned}\theta_k - \theta_{k+1} &= m\angle AOP'_k + m\angle P'_kOP_k + (m\angle P'_kOP_k - m\angle AOP'_k)\\ &= 2m\angle P'_kOP_k\end{aligned}$$

因为这两个角都是正的,所以在这两种情况下

$$\theta_k > \theta_{k+1}$$

都成立. 我们已经证明了$\{\theta_k\}_{k=1}^{\infty}$是单调递减的正数序列. 因此,它必收敛. 但是,我们还必须证明它收敛于零.

2.2 收敛于角零

引理 2 $\lim\limits_{k\to\infty}\theta_k = 0$.

证明 这一证明将用反证法进行.假定对于某个非零的 α,有

$$\lim_{k\to\infty}\theta_k=\alpha$$

当我们对角 α 处的一点实施变换时,变换后的点必须也有角 α.但是引理1证明了对于某个非零的 θ_k,有 $\theta_{k+1}<\theta_k$.于是,变换后的点的角小于 α.容易看出当我们对角零处的一点实施变换时,在角零处的结果是同一点.推出

$$\lim_{k\to\infty}\theta_k=0$$

现在,显然对每一个连续的 k,θ_k 递减.下一步是要寻找递减的速率.当 k 增加时,似乎比

$$Q_k=\frac{\theta_{k+1}}{\theta_k}$$

收敛于一个与 r(ω 的半径)有关的值[①].从GSP的构造,将点的一些数据收集起来进行回归分析,得到一个模型(图3),将 $\frac{d}{r}$ 与GSP最后确定的 Q_k 的值[②]进行比较.这一回归分析提出了曲线 $Q_\infty=\left|\frac{2d-3r}{2d-r}\right|$ 与数据十分吻合(对 $r<d$).这一模型提供了收敛的速率的一个假设,所以下一步是用证明验证这一假设.

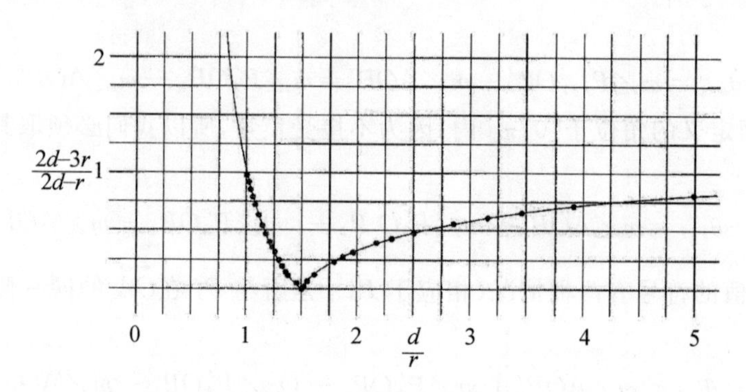

图 3

2.3 收敛的速率

定理1 当 k 趋向于无穷大时,Q_k 趋近于 $\left|\frac{2d-3r}{2d-r}\right|$;即

$$Q_\infty=\left|\frac{2d-3r}{2d-r}\right|$$

---

① 注意GSP受到取值的困扰,大约从 $k=10$ 开始,显示出 $Q_k=\frac{0}{0}$ 的情况.

② 比率通常收敛得足够快,以至于最后几个定义的值之间的差异小于GSP的显示分辨率的万分之一,所以一般地说,最后定义的比率通常值 Q_k 与 $\lim_{k\to\infty}Q_k$(记作 Q_∞)难以区分.

证明 如同在引理1中的证明那样，将图放入原点是O的(x,y)坐标平面内，设j作为直线$y=d$(图4). 这就给出P_k的坐标是

$$(r\sin\theta_k, r\cos\theta_k)$$

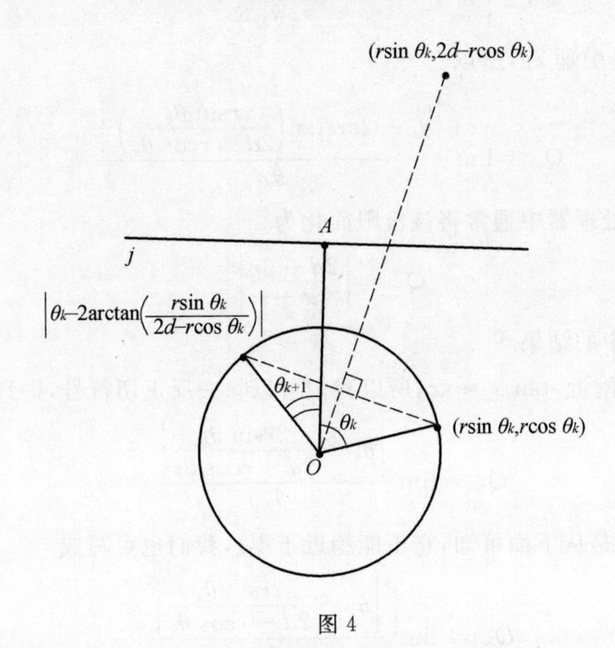

图 4

那么我们得到P_k关于j的反射P'_k的坐标是

$$(r\sin\theta_k, 2d-r\cos\theta_k)$$

如上所证

$$\theta_{k+1}=|m\angle P'_kOP_k-m\angle AOP'_k|$$

$$m\angle P'_kOP_k=\theta_k-m\angle AOP'_k$$

于是

$$\theta_{k+1}=|\theta_k-2m\angle AOP'_k|$$

因为P'_k的坐标是$(r\sin\theta_k, 2d-r\cos\theta_k)$，所以我们看到

$$\tan(m\angle AOP'_k)=\frac{r\sin\theta_k}{2d-r\cos\theta_k}$$

所以

$$m\angle AOP'_k=\arctan\left(\frac{r\sin\theta_k}{2d-r\cos\theta_k}\right)$$

$$\theta_{k+1}=\left|\theta_k-2\arctan\left(\frac{r\sin\theta_k}{2d-r\cos\theta_k}\right)\right|$$

$$Q_k=\frac{\left|\theta_k-2\arctan\left(\frac{r\sin\theta_k}{2d-r\cos\theta_k}\right)\right|}{\theta_k}$$

因为 $Q_\infty=\lim\limits_{k\to\infty}Q_k$,我们知道

$$Q_\infty=\lim_{k\to\infty}\frac{\left|\theta_k-2\arctan\left(\dfrac{r\sin\theta_k}{2d-r\cos\theta_k}\right)\right|}{\theta_k}$$

但是,$\sin\lim\limits_{k\to\infty}\theta_k=0$(引理 2),所以

$$Q_\infty=\lim_{\theta_k\to0}\frac{\left|\theta_k-2\arctan\left(\dfrac{r\sin\theta_k}{2d-r\cos\theta_k}\right)\right|}{\theta_k}$$

在数学的符号处理器中通常将该极限简化为

$$Q_\infty=\left|\frac{2d-3r}{2d-r}\right|$$

这等价于回归分析中的结果.[①]

另外,在 $x=0$ 附近,$\tan x\approx x$,所以我们可以除去反正切符号,得到

$$Q_\infty=\lim_{\theta_k\to0}\frac{\left|\theta_k-\dfrac{2r\sin\theta_k}{2d-r\cos\theta_k}\right|}{\theta_k}$$

因为角非负(于是从下面可知,它不能趋近于零),我们也可写成

$$\begin{aligned}Q_\infty&=\lim_{\theta_k\to0^+}\frac{\left|\theta_k-\dfrac{2r\sin\theta_k}{2d-r\cos\theta_k}\right|}{\theta_k}\\&=\left|\lim_{\theta_k\to0^+}\left[1-\frac{2r\sin\theta_k}{\theta_k(2d-r\cos\theta_k)}\right]\right|\\&=\left|1-\lim_{\theta_k\to0^+}\left[\frac{2r\sin\theta_k}{\theta_k}\cdot\frac{1}{2d-r\cos\theta_k}\right]\right|\\&=\left|1-2r\lim_{\theta_k\to0^+}\frac{\sin\theta_k}{\theta_k}\cdot\lim_{\theta_k\to0^+}\frac{1}{2d-r\cos\theta_k}\right|\\&=\left|1-2r\cdot1\cdot\frac{1}{2d-r}\right|\\&=\left|\frac{2d-3r}{2d-r}\right|\end{aligned}$$

注意到这一模型(图 3)推测,如果 $\frac{d}{r}=\frac{3}{2}$,那么 $Q_\infty=0$. 确实是这种情况,但是我们可以作出一个更强的命题. 当 $\frac{d}{r}=\frac{3}{2}$ 时,论述十分类似于上面的证明,实际上当 k 趋向于无穷大时,$\frac{\theta_{k+1}}{\theta_k^3}$ 收敛于 $\frac{1}{2}$. 这表明收敛的速率快得多. 当 $\frac{d}{r}\neq\frac{3}{2}$ 时,收敛是指数型的,这意味

① 这可以用 L'Hôpital 法则对分子和分母微分,然后用 1 代替 $\cos\theta_k$,用 0 代替 $\sin\theta_k$.(因为 θ_k 趋近于 0)

着在 m 步以后，θ_k 的小数点的个数大约线性接近于 m（与 Q_∞ 有关的斜率）. 当 $\frac{d}{r}=\frac{3}{2}$ 时，小数点的数大约与每次迭代的三倍极限接近.

3. 结论

我们已经证明了当 k 增加时，θ_k 单调递减，且

$$\lim_{k\to\infty} Q_k = 0$$

我们也证明了

$$\lim_{k\to\infty}\frac{\theta_{k+1}}{\theta_k}=\left|\frac{2d-3r}{2d-r}\right|$$

为了做出这些猜测，我们使用了直观的动力几何软件，以及代数计算的符号处理器.

4. 鸣谢

我十分感谢 Thomas Jefferson 高等科技学校校长 Evan Glazer 博士，我写这篇文章时，他给予我一些建议. 我也十分感谢 Jonathan Osborne 博士，他查阅了好多手稿，并提供了反馈的信息.

5. 作者简况

Matthew J. Cox 是 Thomas Jefferson 高等科技学校的新生. 他喜爱竞赛和奥林匹克数学，是学校的数学和物理代表队的成员. 他也是学校打击乐和军乐队的成员.

Matthew J. Cox

3.11 对数函数的有理数界及其应用

摘要 我们寻求对数函数的有理数界，并显示其在解题中的应用.

1. 引言

设

$$a_n=\left(1+\frac{1}{n}\right)^n$$

在解数学反思杂志问题 U385 时，我认识到我需要与 n 有关的 a_n 的下界和上界. 经典的界 $a_n<\mathrm{e}$ 是不够的. 问题 U385 是由西班牙的拉斯帕尔马省大加那利岛大学（Universidad de Las Palmas de Gran Canaria）的 Ángel Plaza 提出的. 题目是求

$$\lim_{n\to\infty}\sqrt{n}\left(\sqrt{\frac{(n+1)^n}{n^{n-1}}}-\sqrt{\frac{n^{n-1}}{(n-1)^{n-2}}}\right)$$

的值.

在解这一问题时，我猜想

$$\sqrt{\frac{a_n}{a_{n-1}}}\leqslant 1+\frac{1}{n^2}$$

为了证明这一猜想,我使用了我在[1] 中发现的两个不等号的不等式

$$\frac{2n}{2n+1}\cdot \mathrm{e}<a_n<\frac{2n+1}{2n+2}\cdot \mathrm{e} \tag{1}$$

更精确地说,这是38页上的问题170,解答在216页上.这一问题的由来很早,来自于1872年的 Nouvelles Annales de Mathématiques,[2],不知道谁是提出的,问题是由 C. Moreau 在[3] 中解决的.现在我们提出一个新的证明.后面我们将证明这一结果是如何有助于寻求 U385 中的极限的.我们对式(1) 的证明的基础是对数函数的非标准的界,这些界是有理函数(两个多项式的商).产生的子不等式(证明是迭代的) 是著名的不等式

$$\mathrm{e}^x \geqslant x+1,\text{对 } x\in \mathbf{R} \tag{2}$$

$$\ln x>1-\frac{1}{x},\text{对 } x>1 \tag{3}$$

2. 主定理

我们从式(2) 和(3) 的证明开始.

(1) 对一切实数 x,有 $\mathrm{e}^x \geqslant x+1$.当且仅当 $x=0$ 时,等式成立.

证明 设 $f(x)=\mathrm{e}^x-x-1$.注意到当 $x>0$ 时,$f'(x)=\mathrm{e}^x-1$ 为正,当 $x<0$ 时,$f'(x)$ 为负.推出 f 在$[0,\infty)$ 上递增,在$(-\infty,0]$ 上递减.于是 f 在 $x=0$ 处有最小值.因此 $\mathrm{e}^x-x-1\geqslant f(0)=0$,或等价的 $\mathrm{e}^x\geqslant x+1$.

(2) 对 $x>1$,有 $\ln x>1-\frac{1}{x}$.

证明

$$\int_1^x \frac{1}{t}\mathrm{d}t>\int_1^x \frac{1}{t^2}\mathrm{d}t$$

现在我们准备求有理数界.

定理:

$I_1:\ln(1+x)\leqslant x,x>-1$;

$I_2:\ln(1+x)\leqslant \frac{x(x+2)}{2(x+1)},x\geqslant 0$;

$I_3:\ln(1+x)\leqslant \frac{x(x+6)}{2(2x+3)},x\geqslant 0$;

$I_4:\ln x>\frac{2(x-1)}{x+1},x>1$.

证明 I_1 是式(2) 的直接推论.现在我们对积分 I_1 得到

$$(1+x)\ln(1+x)-x=\int_0^x \ln(1+t)\mathrm{d}t>\int_0^x t\mathrm{d}t=\frac{1}{2}x^2$$

整理后得到 I_2.对 I_2 积分,结果是

$$(1+x)\ln(1+x)-x=\int_0^x \ln(1+t)\mathrm{d}t\leqslant \int_0^x \frac{t(t+2)}{2(t+1)}\mathrm{d}t=\frac{x^2+2x}{4}-\frac{1}{2}\ln(1+x)$$

整理后得到 I_3. 最后 I_4 由对式(3) 积分推得

$$x\ln x-x+1=\int_1^x \ln t\mathrm{d}t>\int_1^x(1-\frac{1}{t})\mathrm{d}t=x-1-\ln x$$

整理后得到 I_4. 注意每一步中新的不等式都是前面的不等式的改进. 这是因为当 $x\geqslant 0$ 时,有

$$\frac{x(x+6)}{2(2x+3)}\leqslant\frac{x(x+2)}{2(x+1)}\leqslant x$$

以及当 $x>1$ 时,有

$$\frac{2(x-1)}{x+1}\leqslant\frac{x-1}{x}$$

进一步对这一算法迭代的结果不是有理数界.

要想看到如何得到有理数界的新的改进,请看[4].

3. 一些应用

(1) 我们呈现将不等式(2) 用于算术 - 几何平均不等式的一个证明.

设 $\alpha=\frac{x_1+x_2+\cdots+x_n}{n}$. 由式(2) 知

$$1=\mathrm{e}^{(\frac{x_1}{\alpha}-1)}\cdot\mathrm{e}^{(\frac{x_2}{\alpha}-1)}\cdot\cdots\cdot\mathrm{e}^{(\frac{x_n}{\alpha}-1)}\geqslant\frac{x_1}{\alpha}\cdot\frac{x_2}{\alpha}\cdot\cdots\cdot\frac{x_n}{\alpha}$$

经过简单的变形后,这一不等式等价于 AM-GM 不等式

$$\alpha^n\geqslant x_1x_2\cdots x_n$$

(2) 我们来看有两个不等号的不等式(1). 两边取对数,我们需要证明

$$\ln(\frac{2n}{2n+1})+1<n\ln(1+\frac{1}{n})<\ln(\frac{2n+1}{2n+2})+1$$

左边的不等式是

$$n\ln(1+\frac{1}{n})+\ln(\frac{2n+1}{2n})>1$$

式(3) 提供的下界在这里无效,但可利用 I_4,得到

$$\frac{2n}{2n+1}+\frac{2}{4n+1}>1\Leftrightarrow 2>1$$

右边的不等式变为

$$n\ln(1+\frac{1}{n})+\ln(1+\frac{1}{2n+1})<1$$

I_1 和 I_2 不够好,但可利用 I_3,得到

$$\frac{6n+1}{2(3n+2)}+\frac{12n+7}{2(6n+5)(2n+1)}<1\Leftrightarrow 3n+1>0$$

有两个不等号的不等式(1) 的一个很好的推论是

$$\lim_{n\to\infty} a_n = \mathrm{e}$$

(3) 数学反思的问题 U373 是:

对一切正整数 $n \geqslant 2$,证明以下不等式

$$\left(1+\frac{1}{1+2}\right)\left(1+\frac{1}{1+2+3}\right)\cdots\left(1+\frac{1}{1+2+\cdots+n}\right) < 3$$

Proposed by Nguyen Viet Hung, Hanoi University of Science, Vietnam

公开发表的解答由瑞士人 Albert Stadler 给出,他利用不等式

$$\prod_{k=2}^{n}\left(1+\frac{1}{1+2+\cdots+k}\right) = \prod_{k=2}^{n}\left[1+\frac{2}{k(k+1)}\right]$$

$$= \exp\left(\sum_{k=2}^{n}\ln\left(1+\frac{2}{k(k+1)}\right)\right)$$

$$\leqslant \exp\left(2\sum_{k=2}^{n}\frac{1}{k(k+1)}\right)$$

$$= \exp\left(2\sum_{k=2}^{n}\left[\frac{1}{k}-\frac{1}{k+1}\right]\right)$$

$$= \exp\left(1-\frac{2}{n+1}\right) \leqslant \mathrm{e} < 3$$

现在,我们要显示如何利用 I_2 得到一个改良的结果.

我们需要证明

$$\prod_{k=1}^{n}\left[1+\frac{2}{k(k+1)}\right] < 6$$

或等价的

$$\prod_{k=1}^{n}\ln\left[1+\frac{2}{k(k+1)}\right] < \ln 6$$

由 I_2,只要证明

$$\sum_{k=1}^{\infty}\frac{1}{k(k+1)} + \sum_{k=1}^{\infty}\frac{1}{k^2+k+2} \leqslant \ln 6$$

第一个级数用缩减法得到 1,第二个级数可以对适当的 z,由级数 $z\cot \pi z$ 得到. 利用 Wolfram Alpha 软件,值是

$$\sum_{k=1}^{\infty}\frac{1}{k^2+k+2} = \frac{\pi\tanh\left(\frac{\sqrt{7}\pi}{2}\right)}{\sqrt{7}} - \frac{1}{2} \approx 0.686\ 827$$

最后 $1.686\ 827 < 1.791\ 759 = \ln 6$.

注意到 $\mathrm{e}^{1.686\ 827} \approx 5.402\ 3 < 5.436\ 5 \approx 2\mathrm{e}$.

(4) 最后,让我们来看问题 U385 的解答,即前面提到的极限.

这个极限值是$\frac{\sqrt{\mathrm{e}}}{2}$. 记

$$a_n=(1+\frac{1}{n})^n \to \mathrm{e}$$

我们要求的极限的表达式是

$$\sqrt{a_{n-1}}\left(\sqrt{\frac{a_n}{a_{n-1}}}n-\sqrt{n(n-1)}\right)$$

余下来的只是要证明括号内的表达式趋向于$\frac{1}{2}$. 我们将用有两个不等号的不等式

$$1\leqslant\sqrt{\frac{a_n}{a_{n-1}}}\leqslant 1+\frac{1}{n^2}$$

因为该数列 a_n 递增,所以下界是 1. 上界较难,因为有两个不等号的不等式

$$\frac{2n}{2n+1}\cdot \mathrm{e}<a_n<\frac{2n+1}{2n+2}\cdot \mathrm{e}$$

这是成立的. 我们得到

$$\sqrt{\frac{a_n}{a_{n-1}}}<\sqrt{\frac{4n^2-1}{4n^2-4}}<1+\frac{1}{n^2}$$

最后,注意到

$$\lim_{n\to\infty}[n-\sqrt{n(n-1)}]=\lim_{n\to\infty}\frac{1-\sqrt{1-\frac{1}{n}}}{\frac{1}{n}}$$

设 $x=\frac{1}{n}$,用 L'Hôpital 法则,我们得到

$$\lim_{x\to 0}\frac{1-\sqrt{1-x}}{x}=\lim_{x\to 0}\frac{1}{2\sqrt{1-x}}=\frac{1}{2}$$

参考资料

[1] G. Pólya, G. Szegö, Problems and Theorems in Analysis, Vol. I, Springer, 1998.

[2] Problem 1098, Nouv. Annals. Math. Ser. 2, Vol. 11(1872), p. 480.

[3] C. Moreau, Nouv. Annals. Math. Ser. 2, Vol. 13(1874), p. 61.

[4] F. Topsoe, Some bounds for the logarithmic function, University of Copenhagen (available on the Internet).

Robert Bosch USA,

E-mail: bobbydrg@gmail.com

3.12 中线上的一个特殊点

摘要 我们讨论 HM 点(至今尚未命名)的一个性质,似乎已流传很广.此外,我们还提供一些问题来证明这一性质对于寻求这些问题的解是有用的.

1.点的幂

重要的是注意到 HM 点关于给定的三角形的所有三个顶点都不是对称的;倒不如说,给定每一个顶点,存在一个相应的 HM 点.因为我们的点存在许多定义,所以我们将仅仅展现一些特征,而不是给出一个直接的定义.选择最喜欢的定义就留给读者了.

特征 1.1 在垂心为 H 的 $\triangle ABC$ 中,直径为 AH 的圆与 $\odot(BHC)$ 再相交于 A - 中线上的一点 X_A.

证明 1 设 A' 是使 $ABA'C$ 是平行四边形的点(图 1).因为 $\angle BAC=\angle BA'C=\pi-\angle BHC$,所以点 A' 在 $\odot(HBC)$ 上.那么

$$\angle HBA'=\angle HBC+\angle CBA'=\frac{\pi}{2}-\angle ACB+\angle ACB=\frac{\pi}{2}$$

所以 A' 是 H 的对径点.现在我们有

$$\angle AX_AH=\frac{\pi}{2}=\pi-\angle HX_AA'$$

表明 X_A 在 A - 中线上.

另外,考虑以下用反演的证明.

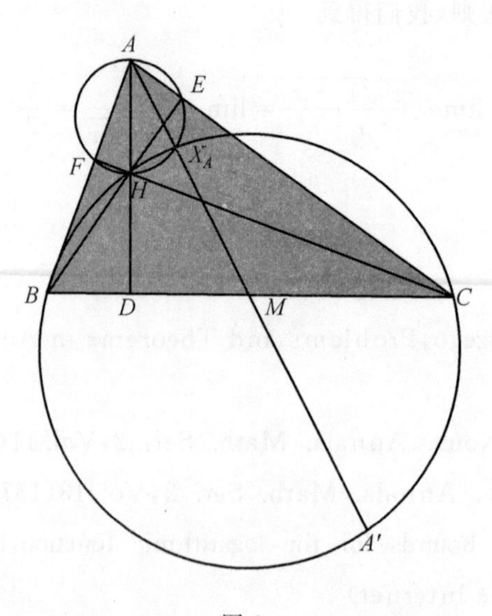

图 1

证明 2 实施幂为 $r^2=AH\cdot AD$ 的在点 A 处的反演.将点的幂用于 A 关于 $BFHD$ 和 $DHEC$ 的外接圆,有

$$AH\cdot AD=AF\cdot AB=AE\cdot AC$$

这表明$\{F,B\}$,$\{H,D\}$ 和$\{E,C\}$ 在这一反演下交换. 因此将以 AH 为直径的圆映射到直线 BC,将 $\odot(HBC)$ 映射到 ABC 的九点圆.这两个对象相交于点 M,所以点 M 的象也在 $A-$ 中线上.

这里,X_A 是我们关于顶点 A 的 HM 点.特征 1.1 是 HM 点最常见的特征,现在我们将展现另一些特征.

特征 1.2 设 ω_B 是经过点 A 和 B,且与直线 BC 相切的圆,类似地定义 ω_C. 那么 ω_B 和 ω_C 又相交于点 X_A(图 2).

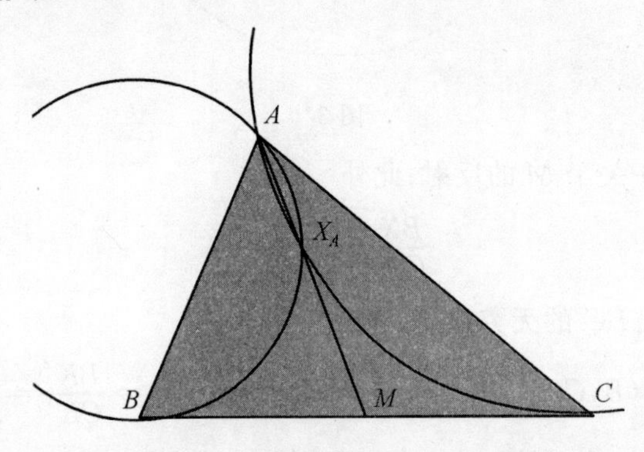

图 2

证明 定义 X'_A是这两个圆的交点.因为

$$\angle AX'_AB=\pi-\angle CBA \text{ 和 } \angle AX'_AC=\pi-\angle ACB$$

我们得到

$$\angle BX'_AC=2\pi-\angle AX'_AB-\angle AX'_AC=\angle ACB+\angle CBA=\pi-\angle BAC$$

这里点 X'_A在 $\odot(HBC)$ 上.因此点 X'_A在 $A-$ 中线上,由根轴定理,$X'_A\equiv X_A$.

特征 1.3 点 X_A 是 $\odot(ABC)$ 中 $A-$ 对称中线弦的中点的等角共轭.

证明 设点 P 是 $A-$ 对称中线弦的中点;熟知点 P 是将线段 BA 变为线段 AC 的螺旋中心.那么

$$\angle PBA=\angle PAC=\angle BAX_A=\angle CBX_A$$

这里最后一个角相等的式子是由特征 1.2 推得的.因为显然有 $\angle BAP=\angle CAX_A$,我们已经证明了 P 和 X_A 是等角共轭.

特征 1.4 假定 $A-$对称中线交 $\odot(ABC)$ 于另一点 K. 那么点 X_A 是 K 关于直线 BC 的反射.

证明 设点 K' 是 X_A 关于$\overline{BC}$ 的中点的反射(图 3). 注意到 $K'\in\odot(ABC)$,因为

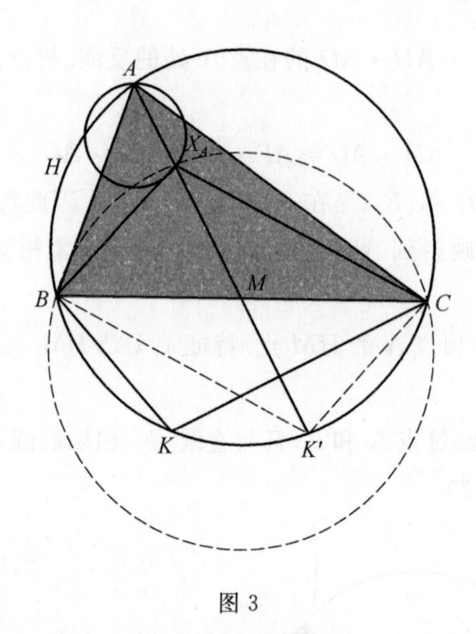

图 3

$\odot(HBC)$ 是 $\odot(ABC)$ 关于 M 的反射;此外

$$\frac{BX_A}{CX_A}=\frac{CK'}{BK'}$$

设 $P_{\infty,BC}$ 表示直线 BC 的无穷远点,那么

$$-1=(B,C;M,P_{\infty,BC})\stackrel{A}{=\!=}(B,C;K',A)\Rightarrow\frac{BK'}{CK'}=\frac{AC}{AB}$$

这表明 X_A 关于 BC 的反射与 A,B,C 形成调和点列束,所以这一点正好是 K.

推论 1.0.1 X_A 在 A-Apollonius 圆上.

特征 1.5(ELMO SL 2013 G3) 在 $\triangle ABC$ 中,点 D 在直线 BC 上,ABD 的外接圆交 AC 于 E(不是 A),ADC 的外接圆交 AB 于 F(不是 A),证明:随着 D 的变化,AEF 的外接圆永远经过一个不是 A 的定点,且这一点在 A 到 BC 的中线上.

证明 考虑关于 A 的幂为 $r^2=AB\cdot AC$ 的反演,这是由关于角 A 的平分线上的反射推出的.那么 B 和 C 交换,D 映射到 $\triangle ABC$ 的外接圆上的 D'.现在,$E'=B'D'\cap AC'$,$F'=C'D'\cap AB'$.此外,由特征 1.2,对 A 的 HM 点映射到与 $\triangle ABC$ 的外接圆切于 $B'=C$ 和 $C'=B$ 的两切线的交点,所以将 Pascal 定理用于圆内接六边形 $AB'B'D'C'C'$,我们得到 E,F 的象和 HM 点共线,这表明原来的 $\odot(AEF)$ 经过前面提到的点.这就证明了这个特征.

特征 1.6 假定 $A-$对称中线交 BC 于 D,过 D 与直线 BC 垂直的直线分别交 $A-$中线于 S,过 S 且平行于 BC 的直线分别交 AB 和 AC 于 F 和 E.那么 $X_A\equiv BE\cap CF$.

证明 我们将证明这一问题的反面,从 X_A 开始到 $A-$对称中线结束(图 4).首先,注意到

$$\angle FX_AE=\angle BX_AC=\pi-\angle A=\pi-\angle FAE$$

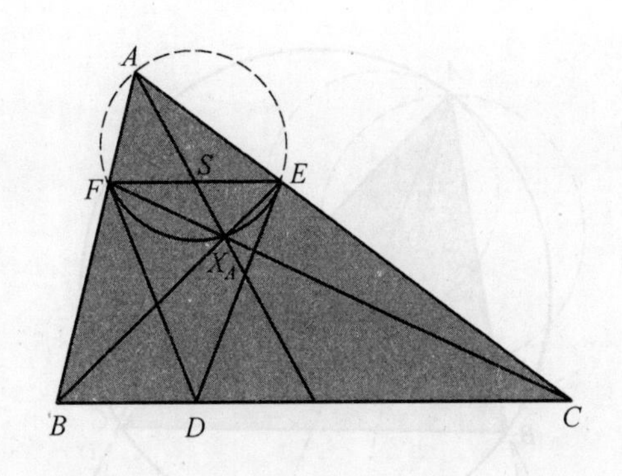

图 4

所以四边形 AFX_AE 是圆内接四边形. 于是由特征 1.2 知

$$\angle FEX_A = \angle FAX_A = \angle BAX_A = \angle CBX_A$$

所以 $FE \parallel BC$，于是 S 在 $A-$ 中线上. 对 $\odot(AFX_AE)$ 用 Brocard 定理，推出直线 BC 是 S 关于这个圆的极线. 于是，与这个圆相切与点 F 和 E 的两切线相交于 BC 上的点 D，因为 AD 是 $\triangle AEF$ 中的一条 $A-$ 对称中线，推出 AD 也是 $\triangle ABC$ 中的一条 $A-$ 对称中线，证明完毕.

推论 1.0.2 $\triangle DEF$ 的垂心，X_A 和 $\triangle ABC$ 的外心共线.

证明 设与 $\odot(BX_AC)$ 相切于 B 和 C 的两切线相交于 D'. 推论等价于证明点 O 是 $\triangle BD'C$ 的垂心. 因为显然 D' 在 $\overline{BC}$ 的垂直平分线上，我们只要证明

$$\angle BOC = \pi - \angle BD'C$$

显然上式的两边都等于角 A 的两倍，所以推出推论.

2. 例题

在这一节中我们将看到 HM 点广泛出现在各种问题中. 注意到 HM 点可能不是问题的中心，但是却是寻求所求问题的结论的重要步骤.

例 1(ELMO 2014/5) 设 O 和 H 分别是 $\triangle ABC$ 的外心和垂心. 设 ω_1 和 ω_2 分别是 $\triangle BOC$ 和 $\triangle BHC$ 的外接圆. 假定以 $\overline{AO}$ 为直径的圆再交 ω_1 于点 M，直线 AM 再交 ω_1 于点 X. 类似地，假定以 AH 为直径的圆再交 ω_2 于点 N，直线 AN 再交 ω_2 于点 Y. 证明：直线 MN 和 XY 平行.

证明 显然由各个角之间的关系，推得 M 是过 A 的对称中线弦的中点，N 是 $\triangle ABC$ 中对 A 的 HM 点，X 是 $\odot(ABC)$ 切于 B，C 的两切线的交点，Y 是使 $ABYC$ 是平行四边形的点. 实施关于 A 的以 $r^2 = AB \cdot AC$ 为幂的反演以及关于角 A 的平分线的反射. 我们看到 $\{M,Y\}$ 和 $\{N,X\}$ 交换(图 5).

于是

$$AB \cdot AC = AM \cdot AY = AX \cdot AN$$

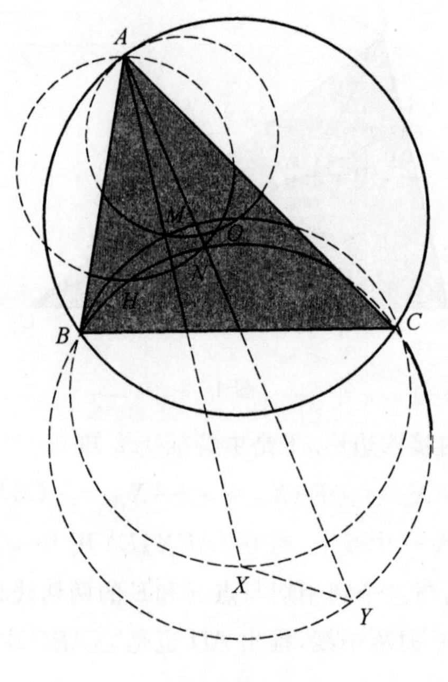

图 5

这就给出了结论.

例 2 (USA TST 2005/6) 设 ABC 是锐角斜三角形,外心是 O. 点 P 在 $\triangle ABC$ 内,且 $\angle PAB=\angle PBC$ 和 $\angle PAC=\angle PCB$. 点 Q 在直线 BC 上,且 $QA=QP$. 证明:$\angle AQP=2\angle OQB$.

证明 不失一般性,设 $AB<AC$. 设 M 是 BC 的中点(图 6). 由角的条件,显然 P 是 $\triangle ABC$ 中对 A 的 HM 点. 于是,我们推得 P 在 A-Apollonius 圆上(这个圆的直径是 $\overline{DK}$),这里点 D,K 分别是 $\angle BAC$ 的内角平分线和外角平分线的端点. 于是,QA 是圆 $\odot(ABC)$ 的切线.

我们有 $\angle AQP=2\angle AKP$,因为 Q 是 $\odot(ADK)$ 的圆心. 设 $\odot(ABC)$ 切于点 B,点 C 的两切线相交于点 X,AK 再交 $\odot(ABC)$ 于 Y. 设 F 是 A — 对称弦中线的中点. 那么点 F 在 OQ 上,且 $\angle AFO=\frac{\pi}{2}$.

由关于 $\angle A$ 的平分线的反射组成,幂 $r^2=AB\cdot AC$ 的关于 A 的反演,将 P 变到 X,将 K 变到 Y. 我们有

$$\angle AKP=\angle AXY=\angle FXM$$

因为 $\angle QFX=\angle QMX=90^\circ$,所以点 Q,F,M,X 共圆. 我们有

$$\angle OQB=\angle OQM=\angle FQM=\angle FXM=\angle AKP$$

所求的结果成立.

例 3(Brazil National Olympiad 2015/6) 设 $\triangle ABC$ 是斜三角形,X,Y 和 Z 分别是

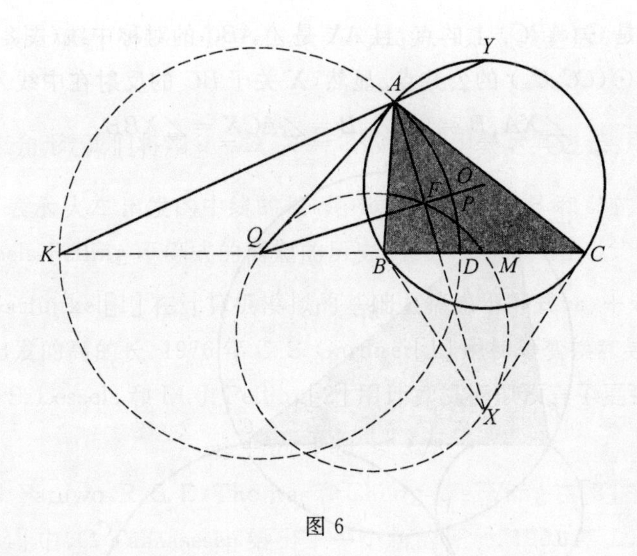

图 6

BC,AC 和 AB 上的点,且 $\angle AXB=\angle BYC=\angle CZA$. $\triangle BXZ$ 和 $\triangle CXY$ 的外接圆相交于点 P. 证明:点 P 在以 HG 为直径的圆上,这里 H 和 G 分别是 $\triangle ABC$ 的垂心和重心.

证明 注意到 $\angle BXA+\angle BZC=\pi$(图 7). 推出直线 AX 和 CZ 的交点在 $\odot(BXZ)$ 上. 我们推得 $\odot(BXZ)$ 经过对 B 的 HM 点 X_B. 类似地,$\odot(CXY)$ 经过对 C 的 HM 点 X_C. 在 $\triangle BGC$ 中,$\odot(BXX_B)$ 和 $\odot(CXX_C)$ 相交于 $P\neq X$,这里 X_B 和 X_C 分别在 BG 和 CG 上. 由 Miquel 定理,推出 P 在 $\triangle GX_BX_C$ 的外接圆上. 因为 $\angle HX_AG=\angle HX_CG=\frac{\pi}{2}$,我们推出 $\angle HPG=\frac{\pi}{2}$.

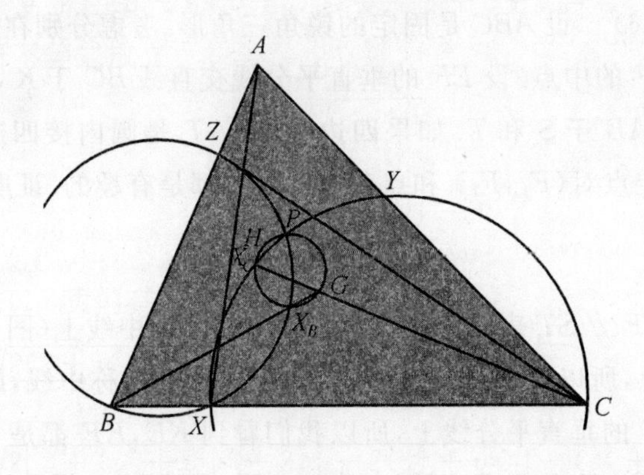

图 7

例 4(Sharygin Geometry Olympiad 2015) 设 A_1,B_1,C_1 分别是 $\triangle ABC$ 的 A,B,C 的对边的中点. 设 B_2 和 C_2 分别表示线段 BA_1 和 CA_1 的中点. 设 B_3 和 C_3 分别表示 C_1 关于 B 和 B_1 关于 C 的反射. 证明:$\triangle BB_2B_3$ 和 $\triangle CC_2C_3$ 的外接圆相交于 $\triangle ABC$ 的外接圆上.

证明 设 X 是 $\odot(ABC)$ 上的点,且 AX 是 $\triangle ABC$ 的对称中线(图 8). 我们将证明 X 是 $\odot(BB_2B_3)$ 和 $\odot(CC_2C_3)$ 的公共点. 显然,X 关于 BC 的反射在中线 AA_1 上. 于是

$$\angle XA_1B=\angle AA_1B=\angle ACX=\angle XBB_3$$

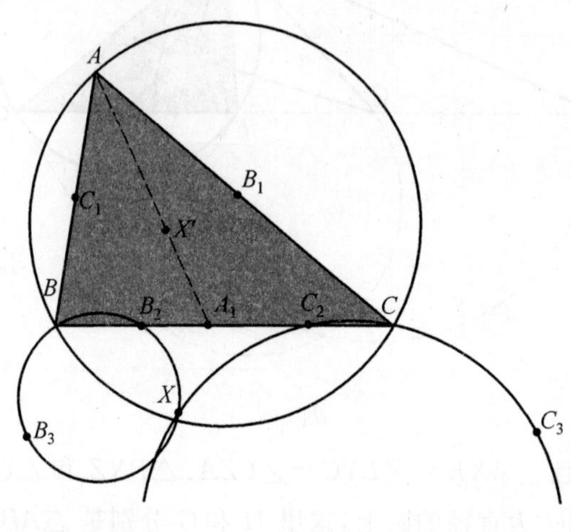

图 8

这表明直线 AB 是 $\odot(BXA_1)$ 的切线. 将 CA_1 变为 AB 的以 X 为中心螺旋相似,将 B_2 变为 B_3,因为它们将 CA_1 和 AB 分成的比都是 $-\frac{1}{2}$. 因此,X 在 $\odot(BB_2B_3)$ 上,重复对 $\odot(CC_2C_3)$ 的论述得到结果.

我们以最近一次 IOM Shortlist 的一个极好的问题结束我们的讨论. 这是我们讨论过的 HM 点的性质的最完美的例子.

例 5(ISL 2014/G6) 设 ABC 是固定的锐角三角形. 考虑分别在边 AC 和 AB 上的某点 E 和 F,设 M 是 EF 的中点. 设 EF 的垂直平分线交直线 BC 于 K,设 MK 的垂直平分线分别交直线 AC 和 AB 于 S 和 T. 如果四边形 $KSAT$ 是圆内接四边形,我们就称点对 (E,F) 为有趣的. 假定点对 (E_1,F_1) 和点对 (E_2,F_2) 都是有趣的. 证明

$$\frac{E_1E_2}{AB}=\frac{F_1F_2}{AC}$$

证明 注意到 $EF /\!/ ST$ 表明 M 在 $\triangle AST$ 的过 A 的中线上(图 9). 因为 M 关于 ST 的反射在 $\odot(AST)$ 上,所以我们推得 AK 是 $\triangle AST$ 中的对称中线,因此在 $\triangle AEF$ 中也是如此. 因为 K 在 EF 的垂直平分线上,所以我们看到 KE,KF 都是 $\odot(AEF)$ 的切线.

设 BE 交 $\odot(AEF)$ 于 $P\neq E$. 对圆内接六边形 $AEEPFF$ 用 Pascal 定理,我们看到 $AE\cap PF$,K 和 B 共线. 这表明 P 在直线 CF 上. 于是,因为 A,E,F 和 BE 和 CF 的交点在一个圆上,所以 $\odot(AEF)$ 经过点 X_A.

设 B_1 和 C_1 分别是过 B,C 到边 AC,AB 的高的垂足. 显然,X_A 在 $\odot(AB_1C_1)$ 上. 于是,X_A 是将 B_1C_1 变为 EF 的螺旋相似的中心. 所以,对于任何有趣的点对 (E_1,F_1) 和

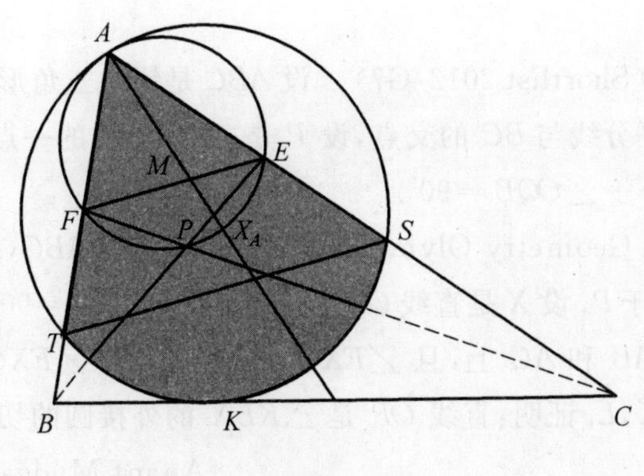

图 9

(E_2,F_2)，我们有

$$\frac{E_1E_2}{F_1F_2}=\frac{B_1E_2-B_1E_1}{C_1F_2-C_1F_1}=\frac{B_1E}{C_1F}=\frac{X_AB_1}{X_AC_1}=\frac{B_1A}{C_1A}=\frac{AB}{AC}$$

这就是要证明的.

3. 练习

注意，在下面的问题中，也许不直接涉及 HM 点，但是它对解决问题提供了适当的动力和直觉.

练习 3.1(USA TSTST 2015/2)　设 ABC 是斜三角形，K_a，L_a 和 M_a 分别是从 A 出发的内角平分线，外角平分线和中线与 BC 的交点. AK_aL_a 的外接圆与 AM_a 第二次交于不同于 A 的点 X_a. 类似地定义 X_b 和 X_c. 证明：$\triangle X_aX_bX_c$ 的外心在 $\triangle ABC$ 的 Euler 线上.

练习 3.2(WOOT 2013 Practice Olympiad 3/5)　半圆的圆心为 O，直径为 AB. 设 M 是 AB 的过 B 的延长线上的点. 过 M 的直线交半圆于 C，D，使 D 离 M 较 C 近. $\triangle AOC$ 和 $\triangle DOB$ 的外接圆交于 O 和 K. 证明：$\angle MKO=90°$.

练习 3.3(IMO 2010/4，Modified)　在 $\triangle ABC$ 中，H 是垂心，假定 P 是 H 在 C－中线上的射影. 设 AP，BP，CP 与 $\odot(ABC)$ 的第二个交点分别是 K，L，M. 证明：$MK=ML$.

练习 3.4(EGMO 2016/4)　半径相等的两圆 ω_1 和 ω_2 相交于不同的两点 X_1 和 X_2. 考虑圆 ω 与 ω_1 外切于 T_1，与 ω_2 内切于 T_2. 证明：直线 X_1T_1 与 T_2X_2 相交于圆 ω 上的一点.

练习 3.5(USA TST 2008)　设 ABC 是三角形，G 是重心. 设 P 是线段 BC 上的动点. 点 Q 和 R 分别在边 AC 和 AB 上，且 $PQ\parallel AB$，$PR\parallel AC$. 证明：当 P 在线段 BC 上移动时，$\triangle AQR$ 的外接圆经过一个定点 X，且 $\angle BAG=\angle CAX$.

练习 3.6(Mathematical Reflections O371)　设 ABC 是三角形，$AB<BC$. 设 D，E 分别是 B，C 出发边 AC，AB 的高的垂足. 设 M，N，P 分别是线段 BC，MD，ME 的中点. 设 NP 再与 BC 交于点 S，设过 A，且平行于 BC 的直线再交 DE 于点 T. 证明：ST 是 $\triangle ADE$

的外接圆的切线.

练习 3.7(ELMO Shortlist 2012/G7) 设 ABC 是锐角三角形,外心为 O,$AB < AC$,设 Q 是 $\angle A$ 的外角平分线与 BC 的交点,设 P 是 $\triangle ABC$ 内的一点,且使 $\triangle BPA$ 相似于 $\triangle APC$. 证明:$\angle QPA + \angle OQB = 90°$.

练习 3.8(Iranian Geometry Olympiad 2014) 锐角 $\triangle ABC(AB < AC)$ 的外接圆的过点 A 的切线交 BC 于 P. 设 X 是直线 OP 上一点,且 $\angle AXP = 90°$. 点 E 和 F 在直线 OP 的同一侧,分别在边 AB 和 AC 上,且 $\angle EXP = \angle ACX$ 和 $\angle FXO = \angle ABX$. 设 EF 交 $\triangle ABC$ 的外接圆于 K,L. 证明:直线 OP 是 $\triangle KLX$ 的外接圆的切线.

Anant Mudgal and Gunmay Handa

3.13 Napoleon 定理的一个推广

摘要 在本文中我们展现 Napoleon 定理的一个推广. 经典的 Napoleon 定理是说在任何三角形的边上构成的等边三角形的中心是一个等边三角形的顶点. 我们将以经典的几何的奥林匹克类型的问题和一些例子的解答来结束本文. 你可以用许多方法解题,但是本文阐述 Napoleon 定理的一个推广,你将会意识到这一事实是十分管用的.

1. Napoleon 定理

众所周知 Napoleon 也算是一个小数学家,他对几何特别感兴趣. 几何中有一些定理,点,和一些事实以法国皇帝 Napoleon Bonaparte(拿破仑·波拿巴)(拿破仑一世)的名字有关. 例如,Napoleon 定理,Napoleon 点,著名的 Napoleon 问题,等等.

首先我们回忆一下 Napoleon 定理和 Napoleon 三角形.

定理 1(Napoleon) 给定任意 $\triangle ABC$,在 $\triangle ABC$ 边上作等边 $\triangle BA_1C$,$\triangle CB_1A$,$\triangle AC_1B$,这三个三角形都在三角形内或都在三角形外. 如果 M_1,M_2,M_3 分别是 $\triangle BA_1C$,$\triangle CB_1A$,$\triangle AC_1B$ 的中心,那么 $\triangle M_1M_2M_3$ 也是等边三角形(图 1).

于是这样形成的三角形称为内 Napoleon 三角形和外 Napoleon 三角形. 这两个三角形的面积之差等于原三角形的面积.

实际上这一定理有许多证明方法,包括三角方法,以对称为基础的处理方法,复数方法. 在 H. S. M. Coxter,S. L. Greitzer[1],I. Sharygin[3] 等人的书籍和文章[2] 中给出了许多证明. 现在我们着手将这一定理推广.

2. Napoleon 定理的推广

定理 2(Napoleon 定理的推广) 给定一个 $\triangle ABC$. $\triangle BA_1C$,$\triangle CB_1A$,$\triangle AC_1B$(可能是退化的)都作在 $\triangle ABC$ 的边上,使这三个三角形都在三角形内或都在三角形外. 以下条件成立:

(i)$\angle BA_1C + \angle CB_1A + \angle AC_1B = 360°$;

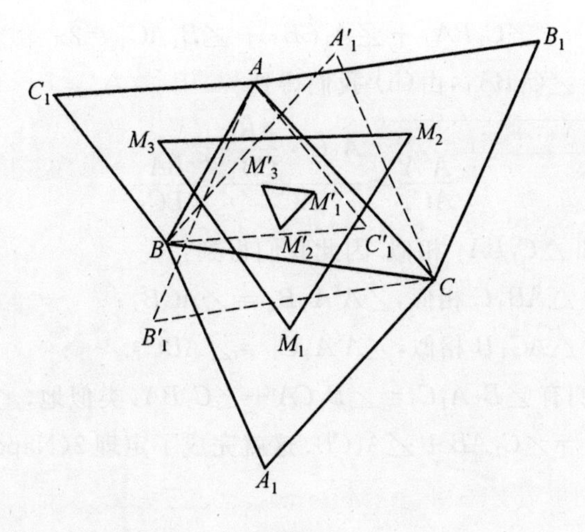

图 1

(ii) $AB_1 \cdot BC_1 \cdot CA_1 = BA_1 \cdot CB_1 \cdot AC_1$.

那么 $\triangle A_1B_1C_1$ 的角等于

$$\angle B_1A_1C_1 = \angle B_1CA + \angle C_1BA$$

$$\angle A_1C_1B_1 = \angle A_1BC + \angle B_1AC$$

$$\angle C_1B_1A_1 = \angle C_1AB + \angle A_1CB$$

于是，该定理说如果条件(i)和(ii)成立，那么 $\triangle A_1B_1C_1$ 的角与在 $\triangle ABC$ 的边上构成的三角形的角有关，但与 $\triangle ABC$ 的角无关. 如果 $\angle BA_1C = \angle CB_1A = \angle AC_1B = 120°$，$A_1B = A_1C$，$B_1C = B_1A$，$C_1A = C_1B$，那么定理归结为原来的 Napoleon 定理.

证明 假定这些三角形都作在外面. 在 $\angle B_1A_1C_1$，$\angle A_1C_1B_1$，$\angle C_1B_1A_1$ 中存在一个角不等于 0 或 π.

作一点 A'，使 $\angle A'B_1A_1 = \angle AB_1C$(图 2)，且

$$\frac{A'B_1}{A_1B_1} = \frac{AB_1}{CB_1}$$

因此 $\triangle AB_1C$ 和 $\triangle A'B_1A_1$ 相似，$\angle A'AB_1 = \angle A_1CB_1$. 由(i)，我们有

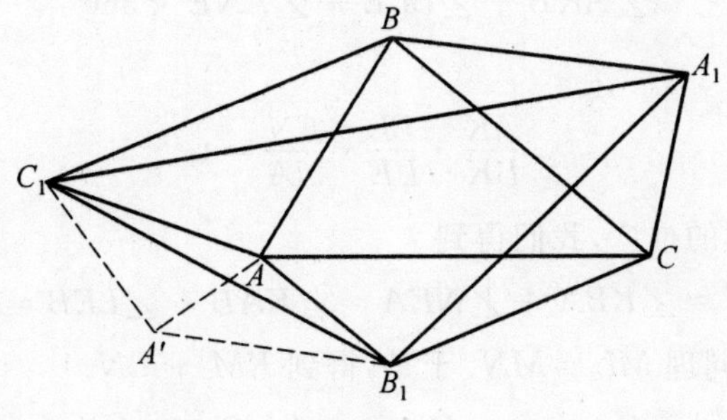

图 2

$$\angle C_1BA_1+\angle A_1CB_1+\angle B_1AC_1=2\pi$$

所以 $\angle C_1AA'=\angle C_1BA_1$,由(ii) 我们得到

$$\frac{A'A}{AC_1}=\frac{A_1C\cdot\dfrac{AB_1}{CB_1}}{AC_1}=\frac{BA_1}{BC_1}$$

于是 $\triangle C_1AA'$ 和 $\triangle C_1BA_1$ 相似. 因此我们得到:

(1)$\triangle A'B_1A_1$ 和 $\triangle AB_1C$ 相似,$\angle A'A_1B_1=\angle ACB_1$;

(2)$\triangle A'C_1A_1$ 和 $\triangle AC_1B$ 相似,$\angle A'A_1C_1=\angle ABC_1$.

由(1) 和(2),我们有 $\angle B_1A_1C_1=\angle B_1CA+\angle C_1BA$. 类似地,$\angle A_1C_1B_1=\angle A_1BC+\angle B_1AC$ 和 $\angle C_1B_1A_1=\angle C_1AB+\angle A_1CB$. 这就完成了定理 2(Napoleon 定理的推广) 的证明.

3. 例题和问题

问题 1 给定 $\triangle ABC$. 假定在边 AB,BC,AC 上分别作等腰 $\triangle AKB,\triangle BLC,\triangle CMA$,使这三个三角形都在三角形外或都在三角形内. 设 $\angle AKB=\gamma,\angle BLC=\alpha,\angle CMA=\beta,\alpha+\beta+\gamma=2\pi$. 证明:$\triangle KLM$ 的内角是$\frac{\alpha}{2},\frac{\beta}{2}$ 和$\frac{\gamma}{2}$.

证明 这是 Napoleon 定理的推广的一个特殊情况

$$\angle KLM=\angle KBA+\angle MCA=90^\circ-\frac{\gamma}{2}+90^\circ-\frac{\beta}{2}=\frac{\alpha}{2}$$

$$\angle LMK=\angle LCB+\angle KAB=90^\circ-\frac{\alpha}{2}+90^\circ-\frac{\gamma}{2}=\frac{\beta}{2}$$

$$\angle MKL=\angle MAC+\angle LBC=90^\circ-\frac{\beta}{2}+90^\circ-\frac{\alpha}{2}=\frac{\gamma}{2}$$

问题 2 在圆内接四边形 $ABCD$ 中,对角线 AC,BD 相交于点 E,点 K 和 M 分别是边 AB 和 CD 的中点,L 和 N 是 E 在边 BC 和 AD 上的射影. 证明:$KM\perp LN$.

证明 这是一个美妙而有用的引理. 我们将证明 $ML=MN,KL=KN$(图 3).

我们有 $\angle EBC=\angle EAD$,于是 $\triangle EBL$ 相似于 $\triangle EAN$. 所以

$$\angle AKB+\angle BLE+\angle ANE=360^\circ$$

和

$$\frac{AK}{BK}\cdot\frac{BL}{LE}\cdot\frac{EN}{NA}=1$$

由 Napoleon 定理的推广,我们得到

$$\angle KLN=\angle KBA+\angle NEA=\angle KAB+\angle LEB=\angle KNL$$

因此 $KL=KN$,同理 $ML=MN$. 于是,得到 $KM\perp LN$.

问题 3(A. Zaslavsky,Geometry Olympiad I. Sharygin) 点 A_1,B_1,C_1 在 $\triangle ABC$ 的外接圆上,且 AA_1,BB_1 和 CC_1 相交于同一点. A_1,B_1,C_1 关于边 BC,CA,AB 的反射分

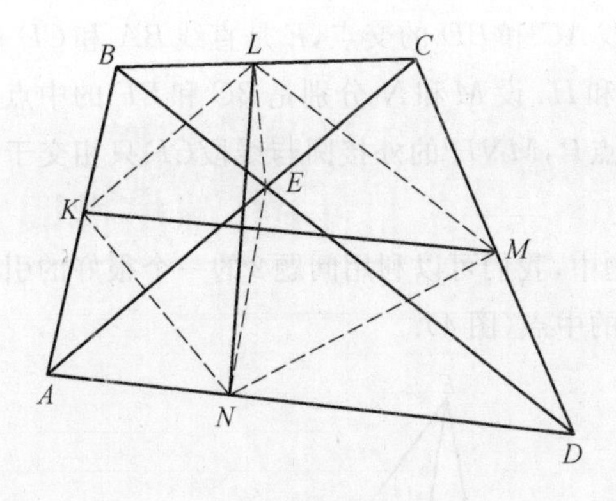

图 3

别是点 A_2, B_2, C_2. 证明：$\triangle A_1B_1C_1$ 和 $\triangle A_2B_2C_2$ 相似.

证明　由角的关系容易得到

$$\angle BA_1C + \angle CB_1A + \angle AC_1B = 360^\circ$$

和

$$AB_1 \cdot BC_1 \cdot CA_1 = BA_1 \cdot CB_1 \cdot AC_1$$

因为这等价于条件 AA_1, BB_1 和 CC_1 共点. 由反射，我们也有

$$\angle BA_2C + \angle CB_2A + \angle AC_2B = 360^\circ$$

和

$$AB_2 \cdot BC_2 \cdot CA_2 = BA_2 \cdot CB_2 \cdot AC_2$$

显然 $\triangle BA_1C, \triangle CB_1A, \triangle AC_1B$ 是在 $\triangle ABC$ 的边的外侧作的，于是 $\triangle BA_2C$, $\triangle CB_2A, \triangle AC_2B$ 是在 $\triangle ABC$ 的边的内侧作的. 由 Napoleon 定理的推广，我们得到

$$\angle B_2A_2C_2 = \angle B_2CA + \angle C_2BA$$
$$\angle A_2C_2B_2 = \angle A_2BC + \angle B_2AC$$
$$\angle C_2B_2A_2 = \angle C_2AB + \angle A_2CB$$

和

$$\angle B_1A_1C_1 = \angle B_1CA + \angle C_1BA$$
$$\angle A_1C_1B_1 = \angle A_1BC + \angle B_1AC$$
$$\angle C_1B_1A_1 = \angle C_1AB + \angle A_1CB$$

因此

$$\angle B_1A_1C_1 = \angle B_2A_2C_2$$
$$\angle A_1C_1B_1 = \angle A_2C_2B_2$$
$$\angle C_1B_1A_1 = \angle C_2B_2A_2$$

$\triangle A_1B_1C_1, \triangle A_2B_2C_2$ 相似.

问题 4(China Team Selection Test－2013, day 1, problem 1)　四边形 $ABCD$ 内接

于圆 ω. 假定 F 是对角线 AC 和 BD 的交点，E 是直线 BA 和 CD 的交点. F 在直线 AB 和 CD 上的射影分别是 G 和 H. 设 M 和 N 分别是 BC 和 EF 的中点. 如果 $\triangle MNG$ 的外接圆与线段 BF 只相交于一点 P，MNH 的外接圆与线段 CF 只相交于一点 Q，那么证明：PQ 平行于 BC.

证明 在这一问题中，我们可以利用问题2的一个很好的引理. 我们将证明点 P 和 Q 分别是线段 BF 和 CF 的中点(图 4).

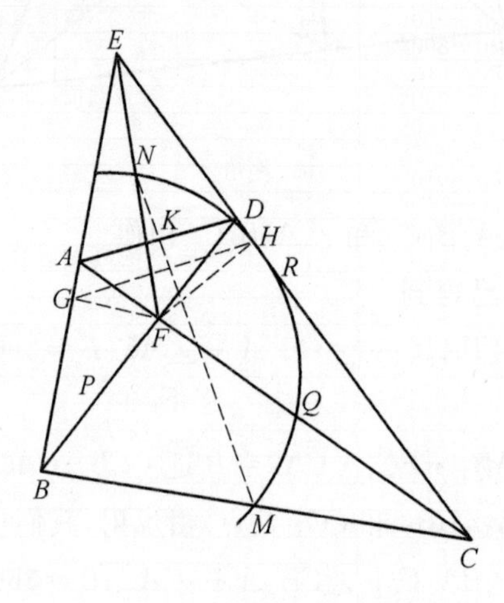

图 4

设线段 AD 的中点是 K，线段 EC 的中点是 R. 由问题2的证明，我们有 KM 平分线段 GH，直线 KM 垂直于直线 GH. 因为 $\angle FGE=\angle FHE=90^\circ$，我们有 N 是 $EGFH$ 的外接圆的圆心，因此

$$NG=NF=NH=NE$$

所以我们得到直线 KM 经过点 N.

此外

$$\angle GNH=2\angle GEH=2\angle BEC=2\angle MRC \text{ 和 } \angle MNH=\angle MRC$$

因此 $MNHR$ 是圆内接四边形. 在 $\triangle CFE$ 中，我们有 $\triangle MNH$ 的外接圆经过点 N，R 和 H，分别是边 FE，EC 的中点，和过 F 到边 EC 的高的垂足. 所以，$\triangle MNH$ 的外接圆是 $\triangle CFE$ 的 Euler 圆(九点圆)，于是这个圆经过线段 CF 的中点. 于是，点 Q 是线段 CF 的中点. 同理，P 是线段 BF 的中点. 因此 $PQ /\!/ BC$.

现在，我们将看到两个著名而类似的问题.

问题 5(Mathematical Reflections Issue 4(2012)，J240) 设 ABC 是锐角三角形，垂心是 H. 点 H_a，H_b，H_c 是内点，定义为满足

$$\angle BH_aC=180^\circ-\angle A,\angle CH_aA=180^\circ-\angle C,\angle AH_aB=180^\circ-\angle B$$

$$\angle CH_bA=180^\circ-\angle B,\angle AH_bB=180^\circ-\angle A,\angle BH_bC=180^\circ-\angle C$$

$$\angle AH_cB=180^\circ-\angle C,\angle BH_cC=180^\circ-\angle B,\angle CH_cA=180^\circ-\angle A$$

证明：H,H_a,H_b,H_c 共圆.

证明 因为 BHH_aC,CH_bHA,AH_cHB 是圆内接四边形. 由角的关系证得 $\angle H_aBC=\angle H_aAB$，所以 H_a 在经过 A，切 BC 于 B 的圆上. 同理，H_a 在经过 A 切 BC 于 C 的圆上. 于是 AH_a 是这两个圆的根轴，因此平分 BC. 于是我们得到直线 AH_a,BH_b,CH_c 是 $\triangle ABC$ 的中线所在的直线，以及

$$\frac{BH_a}{CH_a}=\frac{\sin C}{\sin B},\frac{CH_b}{AH_b}=\frac{\sin A}{\sin C},\frac{AH_c}{BH_c}=\frac{\sin B}{\sin A}$$

因此

$$AH_c\cdot BH_a\cdot CH_b=BH_c\cdot CH_a\cdot AH_b$$

还有

$$\angle BH_aC+\angle CH_bA+\angle AH_cB=360^\circ$$

于是 $\triangle H_aH_bH_c$ 是对 $\triangle ABC$ 的推广的 Napoleon 定理(见图 5)

因此，我们有

$$\angle H_aH_bH_c=\angle H_aCB+\angle H_cAB=\angle(H_aH\cap H_cH)$$
$$\angle H_bH_cH_a=\angle H_bAC+\angle H_aBC=\angle(H_bH\cap H_aH)$$
$$\angle H_cH_aH_b=\angle H_cBA+\angle H_bCA=\angle(H_cH\cap H_bH)$$

于是点 H,H_a,H_b,H_c 共圆. 问题 5 证明完毕.

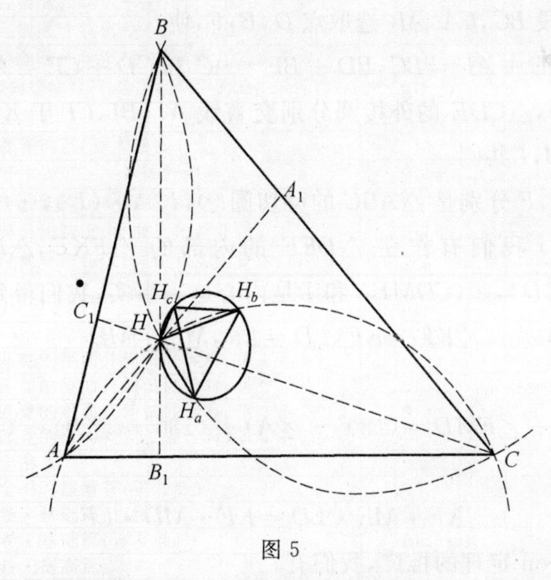

图 5

问题 6(Mathematical Reflections Issue 6(2012), J252) 设 ABC 是锐角三角形，O_a 是 $\triangle ABC$ 所在平面内一点，且

$$\angle BO_aC=2\angle A,\angle CO_aA=180^\circ-\angle A,\angle AO_aB=180^\circ-\angle A$$

类似地定义 O_b,O_c. 证明:$\triangle O_aO_bO_c$ 的外接圆经过 $\triangle ABC$ 的外心.

证明 设 O 是 $\triangle ABC$ 的外心. 由已知条件 O_a,O_b,O_c 在 $\triangle ABC$ 内,BO_aOC,CO_bOA,AO_cOB 是圆内接四边形. 与问题 5 一样,我们也有直线 AO_a,BO_b,CO_c 在 $\triangle ABC$ 的对称中线所在的直线上,我们得到

$$\frac{BO_a}{CO_a}=\frac{\sin^2 C}{\sin^2 B},\frac{CO_b}{AO_b}=\frac{\sin^2 A}{\sin^2 C},\frac{AO_c}{BO_c}=\frac{\sin^2 B}{\sin^2 A}$$

所以

$$\angle BO_aC+\angle CO_bA+\angle AO_cB=360^\circ$$

和

$$AO_c\cdot BO_a\cdot CO_b=BO_c\cdot CO_a\cdot AO_b$$

于是 $O_aO_bO_c$ 是对 $\triangle ABC$ 的推广的 Napoleon 定理. 因此

$$\angle O_aO_bO_c=\angle O_aCB+\angle O_cAB=\angle(O_aO\cap O_cO)$$
$$\angle O_bO_cO_a=\angle O_bAC+\angle O_aBC=\angle(O_bO\cap O_aO)$$
$$\angle O_cO_aO_b=\angle O_cBA+\angle O_bCA=\angle(O_cO\cap O_bO)$$

$\triangle O_aO_bO_c$ 的外接圆经过 $\triangle ABC$ 的外心. 问题 6 证明完毕.

下面又是一个漂亮的问题,我们将看到利用 Napoleon 定理的推广的一个美妙的解法.

问题 7(Indian IMOTC 2013,Team Selection Test 3,Problem 2) 在 $\triangle ABC$ 中,设 I 是内心,分别在线段 BC,CA,AB 选取点 D,E,F,使

$$AE+AF=BC,BD+BF=AC \text{ 和 } CD+CE=AB$$

$\triangle AEF$,$\triangle BFD$,$\triangle CDE$ 的外接圆分别交直线 AI,BI,CI 于 K,L,M(不同于 A,B,C). 证明:点 K,L,M,I 共圆.

证明 点 D,E,F 分别是 $\triangle ABC$ 的旁切圆 $\odot(I_a)$,$\odot(I_b)$,$\odot(I_c)$ 与边 BC,CA,AB 的切点. 看 $\triangle DEF$,我们有作在 $\triangle DEF$ 的内部的 $\triangle FKE$,$\triangle DLF$ 和 $\triangle EMD$,由 $\odot(AEKF)$,$\odot(BFLD)$,$\odot(CDME)$ 和 I 是内心这一事实,我们得到

$$KF=KE,LD=LF,ME=MD$$

我们也有

$$\angle FKE+\angle DLF+\angle EMD=(180^\circ-\angle A)+(180^\circ-\angle B)+(180^\circ-\angle C)=360^\circ$$

和

$$KF\cdot ME\cdot LD=KE\cdot MD\cdot LF$$

所以,由 Napoleon 定理的推广,我们有

$$\angle LKM=\frac{\angle B+\angle C}{2}=\angle(LI\cap MI)$$

$$\angle KLM=\frac{\angle A+\angle C}{2}=\angle(KI\cap MI)$$

$$\angle KML=\frac{\angle B+\angle A}{2}=\angle(LI\cap KI)$$

于是点 K,L,M,I 共圆.

参考资料

[1] H. S. M. Coxeter, S. L. Greitzer, Geometry Revisited (Russian translation), Moscow (1978), pp. 76-82.

[2] A. Anderson, A New Proof of Napoleon's Theorem, Mathematical Reflections 3(2007).

[3] I. Sharygin, Problems in Plane Geometry (Russian translation), Moscow 1996.

[4] Mathematical Reflections, Issue 6(2012).

[5] Mathematical Reflections, Issue 4(2012).

[6] https://en.wikipedia.org/wiki/Napoleonstheorem

Khakimboy Egamberganov,
Student, National University of Uzbekistan,
Tashkent, Uzbekistan
Email: kh.egamberganov@gmail.com

3.14 排序不等式的一个推广

摘要 在本文中我们展现排序不等式的一个推广,并显示其在解 USAJMO 问题中的应用. 经典的排序不等式涉及两个数列 $a_i,b_i,i=1,2,\cdots,n$,二者都以递增的顺序排列. 排序不等式叙述如下:对于数 $1,2,\cdots,n$ 的任何一个排列 σ,有

$$\sum_{i=1}^{n}b_ia_{n-i+1}\leqslant\sum_{i=1}^{n}b_ia_{\sigma(i)}\leqslant\sum_{i=1}^{n}b_ia_i$$

在排序不等式的推广中,用 $f_i(a_j)$ 替代各项 b_ia_j.

1. 主要结果

我们以证明两边都只有两个加数的情况作为开始.

引理 1 设 $a_1\leqslant a_2$ 是实数,$f_i:[a_1,a_2]\to\mathbf{R},i=1,2$ 是函数,且对一切 $x\in[a_1,a_2]$,有 $f_1'(x)\leqslant f_2'(x)$. 我们有

$$f_1(a_2)+f_2(a_1)\leqslant f_1(a_1)+f_2(a_2)\tag{1}$$

证明 我们有

$$f_1'(x)\leqslant f_2'(x)$$

$$\Rightarrow\int_{a_1}^{a_2} f_1'(x)\mathrm{d}x \leqslant \int_{a_1}^{a_2} f_2'(x)\mathrm{d}x$$

$$\Leftrightarrow f_1(a_2)-f_1(a_1)\leqslant f_2(a_2)-f_2(a_1)$$

$$\Leftrightarrow f_1(a_2)+f_2(a_1)\leqslant f_1(a_1)+f_2(a_2)$$

我们来看这一引理在前几个例子中的作用.

例 1 设 a,b 是实数,且 $a\leqslant b$. 证明

$$(a+1)^2+2\mathrm{e}^b\geqslant(b+1)^2+2\mathrm{e}^a$$

证明 定义 $f_1(x)=(x+1)^2$ 和 $f_2(x)=2\mathrm{e}^x$. 注意到

$$f_1'(x)=2(x+1)\leqslant 2\mathrm{e}^x=f_2'(x)$$

于是我们推得

$$f_1(a)+f_2(b)\geqslant f_1(b)+f_2(a)$$

这恰是我们要证明的不等式.

例 2(AM-GM) 设 a,b 是非负实数. 证明

$$\frac{a+b}{2}\geqslant\sqrt{ab}$$

证明 设 $a\leqslant b$, $f_1(x)=\frac{x+b}{2}$, $f_2(x)=\sqrt{xb}$. 当 $x\in[a,b]$ 时,我们有

$$f_1'(x)=\frac{1}{2}\leqslant\frac{\sqrt{\frac{b}{x}}}{2}=f_2'(x)$$

于是,引理断言

$$\frac{a+b}{2}-\sqrt{ab}\geqslant f_1(a)-f_2(a)\geqslant f_1(b)-f_2(b)=b-b=0$$

这就结束了证明.

现在,我们准备攻克主要的结果.

定义 1 σ 和 π 是数 $1,2,\cdots,n$ 的排列. 如果对于任何 $k\in\{1,2,\cdots,n\}$,以下条件成立:对于任何 $i\in\{1,2,\cdots,n-k+1\}$, $\sigma(k),\sigma(k+1),\cdots,\sigma(n)$ 的第 i 大的项小于或等于 $\pi(k)$, $\pi(k+1),\cdots,\pi(n)$ 的第 i 大的项,那么我们就说 σ 强势小于 π.

定理 1 设 $a_1\leqslant a_2\leqslant\cdots\leqslant a_n$ 是实数, $f_i:[a_1,a_n]\rightarrow\mathbf{R}$, $i=1,2,\cdots,n$ 是函数,且对一切 $x\in[a_1,a_n]$,有 $f_1'(x)\leqslant f_2'(x)\leqslant\cdots\leqslant f_n'(x)$. 对于数 $1,2,\cdots,n$ 的排列 σ 和 π, σ 强势小于 π,我们有

$$\sum_{i=1}^{n} f_i(a_{\sigma(i)})\leqslant\sum_{i=1}^{n} f_i(a_{\pi(i)}) \tag{2}$$

证明 设 $d_i(j)=f_i(a_j)-f_{i-1}(a_j)$. 我们的引理转化为对任何 $j\leqslant k$,有 $d_i(j)\leqslant d_i(k)$. 于是,我们有

$$\begin{aligned}\sum_{i=1}^{n} f_i(a_{\sigma(i)}) &= \sum_{i=1}^{n}[f_1(a_{\sigma(i)}) + d_2(\sigma(i)) + d_3(\sigma(i)) + \cdots + d_i(\sigma(i))] \\ &= \sum_{i=1}^{n} f_1(a_{\sigma(i)}) + \sum_{j=2}^{n}[d_j(\sigma(j)) + d_j(\sigma(j+1)) + \cdots + d_j(\sigma(n))] \\ &\leqslant \sum_{i=1}^{n} f_1(a_{\pi(i)}) + \sum_{j=2}^{n}[d_j(\pi(j)) + d_j(\pi(j+1)) + \cdots + d_j(\pi(n))] \\ &= \sum_{i=1}^{n} f_i(a_{\pi(i)})\end{aligned}$$

推论 1 设 $a_1 \leqslant a_2 \leqslant \cdots \leqslant a_n$ 是实数，$f_i:[a_1, a_n] \to \mathbf{R}, i=1,2,\cdots,n$ 是函数，且对一切 $x \in [a_1, a_n]$，有 $f_1{}'(x) \leqslant f_2{}'(x) \leqslant \cdots \leqslant f_n{}'(x)$. 对于数 $1,2,\cdots,n$ 的任何排列 σ，我们有

$$\sum_{i=1}^{n} f_i(a_{n-i+1}) \leqslant \sum_{i=1}^{n} f_i(a_{\sigma(i)}) \leqslant \sum_{i=1}^{n} f_i(a_i) \tag{3}$$

证明 对于上界，设 $\pi(x) = x$.

对于下界，设 $\sigma(x) = n - x + 1$.

注 设 $f_i(x) = b_i x$，我们得到经典的排序不等式. 让我们来做一个常见的问题.

例 3(USAJMO 2012) 设 a,b,c 是正实数. 证明

$$\frac{a^3+3b^3}{5a+b} + \frac{b^3+3c^3}{5b+c} + \frac{c^3+3a^3}{5c+a} \geqslant \frac{2}{3}(a^2+b^2+c^2)$$

证明 不失一般性，设 $a = \min\{a,b,c\}$. 考虑 $b \leqslant c$ 的情况. 定义

$$f_t(x) = \frac{t^3+3x^3}{5t+x}$$

注意到

$$\frac{\partial}{\partial t} \cdot \frac{\partial}{\partial x} \cdot \frac{t^3+3x^3}{5t+x} = -\frac{5t^3+3t^2x+225tx^2+15x^3}{(5t+x)^3} \leqslant 0$$

我们推得 $f_t{}'(x)$ 对于 t 单调递减，所以

$$f_a{}'(x) \geqslant f_b{}'(x) \geqslant f_c{}'(x)$$

于是，我们有

$$\begin{aligned}& f_a{}'(b) + f_b{}'(c) + f_c{}'(a) \geqslant f_a{}'(a) + f_b{}'(b) + f_c{}'(c) \\ \Leftrightarrow & \frac{a^3+3b^3}{5a+b} + \frac{b^3+3c^3}{5b+c} + \frac{c^3+3a^3}{5c+a} \geqslant \frac{a^3+3a^3}{5a+a} + \frac{b^3+3b^3}{5b+b} + \frac{c^3+3c^3}{5c+c} \\ & = \frac{2}{3}(a^2+b^2+c^2)\end{aligned}$$

其他情况类似.

例 4(Special Case of Karamata) 设 f 是可微的凸函数，a,b,d 是实数，且 $0 \leqslant d \leqslant \frac{b-a}{2}$. 我们有

$$f(a)+f(b)\geqslant f(a+d)+f(b-d) \tag{4}$$

证明 定义

$$f_1(x)=f(a+\frac{d}{2}+x) \text{ 和 } f_2(x)=f(b-\frac{d}{2}+x)$$

因为 f 是凸函数,所以其导数单调递增.因为

$$a+\frac{d}{2}\leqslant b-\frac{d}{2}$$

所以我们推出

$$f'(a+\frac{d}{2}+x)\leqslant f'(b-\frac{d}{2}+x)\Leftrightarrow f_1'(x)\leqslant f_2'(x)$$

于是,我们有

$$f_1(-\frac{d}{2})+f_2(\frac{d}{2})\geqslant f_1(\frac{d}{2})+f_2(-\frac{d}{2})$$

$$\Leftrightarrow f(a)+f(b)\geqslant f(a+d)+f(b-d)$$

2.练习

声明:虽然这些问题可用排序不等式证明,但是还有其他方法可处理这些问题.

问题1 设 a,b,c 是正实数,m,n 是非负实数.证明

$$\frac{a^{m+2}}{na+b}+\frac{b^{m+2}}{nb+c}+\frac{c^{m+2}}{nc+a}\geqslant\frac{a^{m+1}+b^{m+1}+c^{m+1}}{n+1}$$

问题2(Turkey JBMO TST 2013) 设 a,b,c 是正实数,且 $a+b+c=1$.证明

$$\frac{a^4+5b^4}{a(a+2b)}+\frac{b^4+5c^4}{b(a+2c)}+\frac{c^4+5a^4}{c(c+2a)}\geqslant 1-ab-bc-ca$$

问题3(Korea National Olympiad 2013) 设 a,b,c 是正实数,且 $ab+bc+ca=3$.证明

$$\frac{(a+b)^3}{\sqrt[3]{2(a+b)(a^2+b^2)}}+\frac{(b+c)^3}{\sqrt[3]{2(b+c)(b^2+c^2)}}+\frac{(c+a)^3}{\sqrt[3]{2(c+a)(c^2+a^2)}}\geqslant 12$$

问题4 设 $f:\mathbf{R}\to\mathbf{R}$ 是可微的凸函数,且 $f(t)\geqslant t,\forall t\in\mathbf{R}$.证明:对于一切实数 x,我们有

$$f(x)+f(f(f(x)))\geqslant 2\,f(f(x))$$

Jan Holstermann

3.15 Lessels-Pelling 加权幂不等式

摘要 Lessels-Pelling 不等式指的是在三角形中,两条角平分线与一条中线的和小于或等于半周长的$\sqrt{3}$ 倍.本文的目的是寻求这一不等式的加权的幂的版本(出现一些补

充条件),并证明表示加幂的 Lessels-Pelling 不等式的一系列改进后的不等式.

1. 引言

设 ABC 是三角形. 我们将用 $a=BC, b=CA, c=AB$ 表示其边长,用 $s=\frac{a+b+c}{2}$ 表示半周长. 用 m_a 表示从 A 出发的中线的长,用 w_b 和 w_c 表示 B 和 C 的角平分线的长.

下面是 Lessels-Pelling 不等式的简短的历史.

1974 年 J. Garfunkel[1] 在计算机模拟的基础上猜想不等式 $m_a+w_b+h_c\leqslant\sqrt{3}s$,这里 h_c 表示从 C 出发的高的长. 1976 年 C. S. Gardner[1] 用初等变换和导数证明了这一不等式. 1977 年 G. S. Lessels 和 M. J. Pelling[2] 用计算机模拟预言了更强的不等式

$$m_a+w_b+w_c\leqslant s\sqrt{3}$$

1980 年 B. E. Patuwo, R. S. D. Thomas 和 Chung-Lie Wang 在[3] 中给出了该不等式的一个证明. 在[4] 中, C. Tănăasescu 给出了一个新的证明. 1981 年 L. Panaitopol[5] 找出了 Lessels-Pelling 不等式的一个初等证明. M. Drăgan 在[6] 和[7] 中给出了 Lessels-Pelling 不等式的一个简单的证明,并做了一些改进.

2. 主要结果

接下来,我们采用记号

$$x=\frac{a}{s}, y=\frac{b}{s}, z=\frac{c}{s}, u=\sqrt{1-y}, v=\sqrt{1-z}, s_1=u+v, p=u\cdot v$$

$$E=\sqrt{\frac{2(y^2+z^2)-x^2}{4}}, s_2=\beta u+\gamma v, t=\frac{3\alpha^2-2\alpha+1}{2} \tag{1}$$

这里数 $\alpha,\beta,\gamma>0$ 满足 $(\beta-\gamma)(b-c)\geqslant 0$ 和 $\alpha+\beta+\gamma=1$.

引理 2.1　以下不等式成立

(i)
$$E\leqslant\sqrt{1-\frac{s_1^2}{2}} \tag{2}$$

(ii)
$$s_2\leqslant\frac{(1-\alpha)s_1}{2} \tag{3}$$

证明　(i) 由式(1) 我们有

$$\begin{aligned}
E&=\sqrt{\frac{2(2+u^4+v^4-2u^2-2v^2)-(u^2+v^2)^2}{4}}\\
&=\sqrt{\frac{2[2+(u^2+v^2)^2-2p_1^2-2(u^2+v^2)]-(u^2+v^2)^2}{4}}\\
&=\sqrt{\frac{4+2(s_1^2-2p_1)^2-4p_1^2-4(s_1^2-2p_1)-(s_1^2-2p_1)^2}{4}}\\
&=\sqrt{\frac{4+s_1^4-4s_1^2+4p_1(2-s_1^2)}{4}}
\end{aligned}$$

$$\leqslant\sqrt{\frac{4-4s_1^2+2s_1^2}{4}}=\sqrt{1-\frac{s_1^2}{2}}$$

(ii) 我们有

$$s_2=\beta u+\gamma v\leqslant\frac{1}{2}(\gamma+\beta)(u+v)=\frac{(1-\alpha)s_1}{2}$$

因为由$(\beta-\gamma)(b-c)\geqslant 0$,所以推出$(\beta-\gamma)(u-v)\leqslant 0$.

定理 2.1(Lessels-Pelling 加权幂不等式)　在每一个$\triangle ABC$中,以下不等式成立

$$\alpha m_a+\beta w_b+\gamma w_c\leqslant s\sqrt{t}\tag{4}$$

这里数$\alpha,\beta,\gamma>0$满足$(\beta-\gamma)(b-c)\geqslant 0$和$\alpha+\beta+\gamma=1$.

证明　因为$w_b\leqslant\sqrt{s(s-b)}$,$w_c\leqslant\sqrt{s(s-c)}$,要证明式(4),只要证明

$$\alpha m_a+\beta\sqrt{s(s-b)}+\gamma\sqrt{s(s-c)}\leqslant s\sqrt{t}\tag{5}$$

由式(1),不等式(5)可写成

$$\alpha\sqrt{\frac{2(y^2+z^2)-x^2}{4}}+\beta\sqrt{1-y}+\gamma\sqrt{1-z}\leqslant\sqrt{t}$$

或

$$\alpha E+s_2\leqslant\sqrt{t}\tag{6}$$

由式(2)和(3),我们有

$$\alpha E+s_2\leqslant\alpha\sqrt{\frac{2-s_1^2}{2}}+\frac{1-\alpha}{2}s_1$$

由 Cauchy-Schwarz 不等式,我们有

$$\alpha\sqrt{\frac{2-s_1^2}{2}}+\frac{1-\alpha}{2}s_1\leqslant\left(\alpha^2+\frac{(1-\alpha)^2}{2}\right)^{\frac{1}{2}}\left(\frac{2-s_1^2}{2}+\frac{s_1^2}{2}\right)^{\frac{1}{2}}=\sqrt{t}$$

证明了式(6).

以下结论是定理 2.1 的直接推论.

推论 2.1　在每一个$\triangle ABC$中,以下不等式成立

$$\alpha m_a+\beta w_b+\gamma w_c\leqslant s\sqrt{\frac{2\alpha^2+(\beta+\gamma)^2}{2}}\tag{7}$$

这里α,β,γ是正实数,且$(b-c)(\beta-\gamma)\geqslant 0$.

证明　在式(4)中取$\alpha\to\frac{\alpha}{\alpha+\beta+\gamma}$,$\beta\to\frac{\beta}{\alpha+\beta+\gamma}$,$\gamma\to\frac{\gamma}{\alpha+\beta+\gamma}$.

推论 2.2　在每一个$\triangle ABC$中,以下不等式成立

$$m_a w_a+m_c w_b+m_b w_c\leqslant s\sqrt{\frac{2w_a^2+(m_b+m_c)^2}{2}}$$

证明　因为$(b-c)(m_c-m_b)\geqslant 0$,如果在式(7)中,取$\alpha=w_a$,$\beta=m_c$,$\gamma=m_b$,那么

我们由定理 2.1 得到该不等式.

推论 2.3　在每一个 $\triangle ABC$ 中,以下不等式成立

$$m_a m_b m_c + w_a w_b m_c + w_a m_b w_c \leqslant s\sqrt{m_b^2 m_c^2 + \frac{w_a^2 (m_b + m_c)^2}{2}} \tag{8}$$

证明　因为$(b-c)(\frac{1}{m_b}-\frac{1}{m_c})\geqslant 0$,在式(7)中取 $\alpha=\frac{1}{w_a},\beta=\frac{1}{m_b},\gamma=\frac{1}{m_c}$,那么我们由定理 2.1 得到该不等式.

参考资料

[1] J. Garfunkel, Problem E2504, Amer. Math. Monthly, 81(1974), 1111 solution (by C. S. Garden), Amer. Math. Monthly, 83(1976), 289-290.

[2] G. S. Lessels, M. J. Pelling, An inequality for the sum of two angle bisectors and a median, Univ. Beograd, Publ. Electrotehn. Fak. Ser. Mat. Fiz. No. 577, No. 598(1977), 59-62.

[3] B. E. Patuwo, R. S. D. Thomas, Chung-Lie Wang, The triangle inequality of Lessels and Pelling, Univ. Beograd, Publ. Electrotehn. Fak. Ser. Mat. Fiz. No. 678, No. 715.

[4] D. S. Mitrinović, J. E. Pečarić, V. Volonec, Recent Advances in Geometric inequalities, 222-223.

[5] L. Panaitopol, About some geometric inequalities, G. M.-B, No. 8(1981), 296-298(Romanian).

[6] M. Drăgan, Some geometric inequalities, Rev. Arhimede No. 7-12(2008), 6-8(Romanian).

[7] M. Drăgan, Some extensions and refinements of Lessels-Pelling inequality, G. M.-B, No. 6-7-8(2013), 281-284(Romanian).

[8] Octogon Mathematical Magarzine(1997-2014).

Mihály Bencze, Braşov, Romania,

E-mail: benczemihaly@yahoo.com

and

Marius Drăgan, Bucharest, Romania

E-mail: marius.dragan2005@yahoo.com

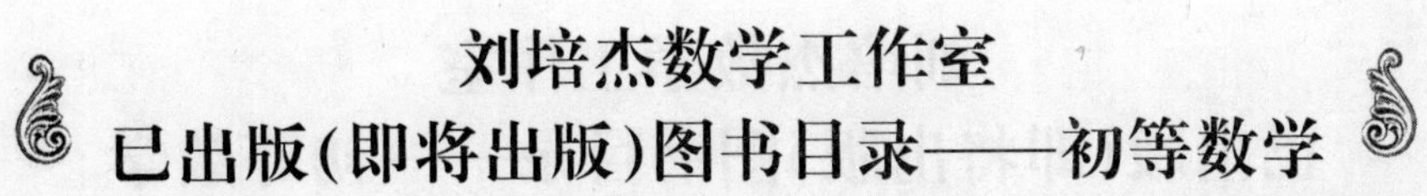

刘培杰数学工作室
已出版(即将出版)图书目录——初等数学

书　　名	出版时间	定　价	编号
新编中学数学解题方法全书(高中版)上卷(第2版)	2018－08	58.00	951
新编中学数学解题方法全书(高中版)中卷(第2版)	2018－08	68.00	952
新编中学数学解题方法全书(高中版)下卷(一)(第2版)	2018－08	58.00	953
新编中学数学解题方法全书(高中版)下卷(二)(第2版)	2018－08	58.00	954
新编中学数学解题方法全书(高中版)下卷(三)(第2版)	2018－08	68.00	955
新编中学数学解题方法全书(初中版)上卷	2008－01	28.00	29
新编中学数学解题方法全书(初中版)中卷	2010－07	38.00	75
新编中学数学解题方法全书(高考复习卷)	2010－01	48.00	67
新编中学数学解题方法全书(高考真题卷)	2010－01	38.00	62
新编中学数学解题方法全书(高考精华卷)	2011－03	68.00	118
新编平面解析几何解题方法全书(专题讲座卷)	2010－01	18.00	61
新编中学数学解题方法全书(自主招生卷)	2013－08	88.00	261
数学奥林匹克与数学文化(第一辑)	2006－05	48.00	4
数学奥林匹克与数学文化(第二辑)(竞赛卷)	2008－01	48.00	19
数学奥林匹克与数学文化(第二辑)(文化卷)	2008－07	58.00	36
数学奥林匹克与数学文化(第三辑)(竞赛卷)	2010－01	48.00	59
数学奥林匹克与数学文化(第四辑)(竞赛卷)	2011－08	58.00	87
数学奥林匹克与数学文化(第五辑)	2015－06	98.00	370
世界著名平面几何经典著作钩沉——几何作图专题卷(上)	2009－06	48.00	49
世界著名平面几何经典著作钩沉——几何作图专题卷(下)	2011－01	88.00	80
世界著名平面几何经典著作钩沉(民国平面几何老课本)	2011－03	38.00	113
世界著名平面几何经典著作钩沉(建国初期平面三角老课本)	2015－08	38.00	507
世界著名解析几何经典著作钩沉——平面解析几何卷	2014－01	38.00	264
世界著名数论经典著作钩沉(算术卷)	2012－01	28.00	125
世界著名数学经典著作钩沉——立体几何卷	2011－02	28.00	88
世界著名三角学经典著作钩沉(平面三角卷Ⅰ)	2010－06	28.00	69
世界著名三角学经典著作钩沉(平面三角卷Ⅱ)	2011－01	38.00	78
世界著名初等数论经典著作钩沉(理论和实用算术卷)	2011－07	38.00	126
发展你的空间想象力(第2版)	2019－11	68.00	1117
空间想象力进阶	2019－05	68.00	1062
走向国际数学奥林匹克的平面几何试题诠释.第1卷	2019－07	88.00	1043
走向国际数学奥林匹克的平面几何试题诠释.第2卷	2019－09	78.00	1044
走向国际数学奥林匹克的平面几何试题诠释.第3卷	2019－03	78.00	1045
走向国际数学奥林匹克的平面几何试题诠释.第4卷	2019－09	98.00	1046
平面几何证明方法全书	2007－08	35.00	1
平面几何证明方法全书习题解答(第2版)	2006－12	18.00	10
平面几何天天练上卷・基础篇(直线型)	2013－01	58.00	208
平面几何天天练中卷・基础篇(涉及圆)	2013－01	28.00	234
平面几何天天练下卷・提高篇	2013－01	58.00	237
平面几何专题研究	2013－07	98.00	258
几何学习题集	2020－10	48.00	1217

刘培杰数学工作室

已出版(即将出版)图书目录——初等数学

书　名	出版时间	定　价	编号

刘培杰数学工作室
已出版(即将出版)图书目录——初等数学

书　名	出版时间	定　价	编号
俄罗斯平面几何问题集	2009－08	88.00	55
俄罗斯立体几何问题集	2014－03	58.00	283
俄罗斯几何大师——沙雷金论数学及其他	2014－01	48.00	271
来自俄罗斯的5000道几何习题及解答	2011－03	58.00	89
俄罗斯初等数学问题集	2012－05	38.00	177
俄罗斯函数问题集	2011－03	38.00	103
俄罗斯组合分析问题集	2011－01	48.00	79
俄罗斯初等数学万题选——三角卷	2012－11	38.00	222
俄罗斯初等数学万题选——代数卷	2013－08	68.00	225
俄罗斯初等数学万题选——几何卷	2014－01	68.00	226
俄罗斯《量子》杂志数学征解问题100题选	2018－08	48.00	969
俄罗斯《量子》杂志数学征解问题又100题选	2018－08	48.00	970
俄罗斯《量子》杂志数学征解问题	2020－05	48.00	1138
463个俄罗斯几何老问题	2012－01	28.00	152
《量子》数学短文精粹	2018－09	38.00	972
用三角、解析几何等计算解来自俄罗斯的几何题	2019－11	88.00	1119
谈谈素数	2011－03	18.00	91
平方和	2011－03	18.00	92
整数论	2011－05	38.00	120
从整数谈起	2015－10	28.00	538
数与多项式	2016－01	38.00	558
谈谈不定方程	2011－05	28.00	119
解析不等式新论	2009－06	68.00	48
建立不等式的方法	2011－03	98.00	104
数学奥林匹克不等式研究(第2版)	2020－07	68.00	1181
不等式研究(第二辑)	2012－02	68.00	153
不等式的秘密(第一卷)(第2版)	2014－02	38.00	286
不等式的秘密(第二卷)	2014－01	38.00	268
初等不等式的证明方法	2010－06	38.00	123
初等不等式的证明方法(第二版)	2014－11	38.00	407
不等式・理论・方法(基础卷)	2015－07	38.00	496
不等式・理论・方法(经典不等式卷)	2015－07	38.00	497
不等式・理论・方法(特殊类型不等式卷)	2015－07	48.00	498
不等式探究	2016－03	38.00	582
不等式探秘	2017－01	88.00	689
四面体不等式	2017－01	68.00	715
数学奥林匹克中常见重要不等式	2017－09	38.00	845
三正弦不等式	2018－09	98.00	974
函数方程与不等式:解法与稳定性结果	2019－04	68.00	1058
同余理论	2012－05	38.00	163
[x]与{x}	2015－04	48.00	476
极值与最值.上卷	2015－06	28.00	486
极值与最值.中卷	2015－06	38.00	487
极值与最值.下卷	2015－06	28.00	488
整数的性质	2012－11	38.00	192
完全平方数及其应用	2015－08	78.00	506
多项式理论	2015－10	88.00	541
奇数、偶数、奇偶分析法	2018－01	98.00	876
不定方程及其应用.上	2018－12	58.00	992
不定方程及其应用.中	2019－01	78.00	993
不定方程及其应用.下	2019－02	98.00	994

刘培杰数学工作室 已出版(即将出版)图书目录——初等数学

书 名	出版时间	定 价	编号
历届美国中学生数学竞赛试题及解答(第一卷)1950—1954	2014—07	18.00	277
历届美国中学生数学竞赛试题及解答(第二卷)1955—1959	2014—04	18.00	278
历届美国中学生数学竞赛试题及解答(第三卷)1960—1964	2014—06	18.00	279
历届美国中学生数学竞赛试题及解答(第四卷)1965—1969	2014—04	28.00	280
历届美国中学生数学竞赛试题及解答(第五卷)1970—1972	2014—06	18.00	281
历届美国中学生数学竞赛试题及解答(第六卷)1973—1980	2017—07	18.00	768
历届美国中学生数学竞赛试题及解答(第七卷)1981—1986	2015—01	18.00	424
历届美国中学生数学竞赛试题及解答(第八卷)1987—1990	2017—05	18.00	769
历届中国数学奥林匹克试题集(第2版)	2017—03	38.00	757
历届加拿大数学奥林匹克试题集	2012—08	38.00	215
历届美国数学奥林匹克试题集:1972～2019	2020—04	88.00	1135
历届波兰数学竞赛试题集.第1卷,1949～1963	2015—03	18.00	453
历届波兰数学竞赛试题集.第2卷,1964～1976	2015—03	18.00	454
历届巴尔干数学奥林匹克试题集	2015—05	38.00	466
保加利亚数学奥林匹克	2014—10	38.00	393
圣彼得堡数学奥林匹克试题集	2015—01	38.00	429
匈牙利奥林匹克数学竞赛题解.第1卷	2016—05	28.00	593
匈牙利奥林匹克数学竞赛题解.第2卷	2016—05	28.00	594
历届美国数学邀请赛试题集(第2版)	2017—10	78.00	851
全国高中数学竞赛试题及解答.第1卷	2014—07	38.00	331
普林斯顿大学数学竞赛	2016—06	38.00	669
亚太地区数学奥林匹克竞赛题	2015—07	18.00	492
日本历届(初级)广中杯数学竞赛试题及解答.第1卷(2000～2007)	2016—05	28.00	641
日本历届(初级)广中杯数学竞赛试题及解答.第2卷(2008～2015)	2016—05	38.00	642
360个数学竞赛问题	2016—08	58.00	677
奥数最佳实战题.上卷	2017—06	38.00	760
奥数最佳实战题.下卷	2017—05	58.00	761
哈尔滨市早期中学数学竞赛试题汇编	2016—07	28.00	672
全国高中数学联赛试题及解答:1981—2019(第4版)	2020—07	138.00	1176
20世纪50年代全国部分城市数学竞赛试题汇编	2017—07	28.00	797
国内外数学竞赛题及精解:2018～2019	2020—08	45.00	1192
许康华竞赛优学精选集.第一辑	2018—08	68.00	949
天问叶班数学问题征解100题.Ⅰ,2016—2018	2019—05	88.00	1075
天问叶班数学问题征解100题.Ⅱ,2017—2019	2020—07	98.00	1177
美国初中数学竞赛:AMC8准备(共6卷)	2019—07	138.00	1089
美国高中数学竞赛:AMC10准备(共6卷)	2019—08	158.00	1105
高考数学临门一脚(含密押三套卷)(理科版)	2017—01	45.00	743
高考数学临门一脚(含密押三套卷)(文科版)	2017—01	45.00	744
高考数学题型全归纳:文科版.上	2016—05	53.00	663
高考数学题型全归纳:文科版.下	2016—05	53.00	664
高考数学题型全归纳:理科版.上	2016—05	58.00	665
高考数学题型全归纳:理科版.下	2016—05	58.00	666

刘培杰数学工作室

已出版(即将出版)图书目录——初等数学

书　　名	出版时间	定　价	编号
王连笑教你怎样学数学:高考选择题解题策略与客观题实用训练	2014－01	48.00	262
王连笑教你怎样学数学:高考数学高层次讲座	2015－02	48.00	432
高考数学的理论与实践	2009－08	38.00	53
高考数学核心题型解题方法与技巧	2010－01	28.00	86
高考思维新平台	2014－03	38.00	259
30分钟拿下高考数学选择题、填空题(理科版)	2016－10	39.80	720
30分钟拿下高考数学选择题、填空题(文科版)	2016－10	39.80	721
高考数学压轴题解题诀窍(上)(第2版)	2018－01	58.00	874
高考数学压轴题解题诀窍(下)(第2版)	2018－01	48.00	875
北京市五区文科数学三年高考模拟题详解:2013～2015	2015－08	48.00	500
北京市五区理科数学三年高考模拟题详解:2013～2015	2015－09	68.00	505
向量法巧解数学高考题	2009－08	28.00	54
高考数学解题金典(第2版)	2017－01	78.00	716
高考物理解题金典(第2版)	2019－05	68.00	717
高考化学解题金典(第2版)	2019－05	58.00	718
数学高考参考	2016－01	78.00	589
新课程标准高考数学解答题各种题型解法指导	2020－08	78.00	1196
全国及各省市高考数学试题审题要津与解法研究	2015－02	48.00	450
高中数学章节起始课的教学研究与案例设计	2019－05	28.00	1064
新课标高考数学——五年试题分章详解(2007～2011)(上、下)	2011－10	78.00	140,141
全国中考数学压轴题审题要津与解法研究	2013－04	78.00	248
新编全国及各省市中考数学压轴题审题要津与解法研究	2014－05	58.00	342
全国及各省市5年中考数学压轴题审题要津与解法研究(2015版)	2015－04	58.00	462
中考数学专题总复习	2007－04	28.00	6
中考数学较难题常考题型解题方法与技巧	2016－09	48.00	681
中考数学难题常考题型解题方法与技巧	2016－09	48.00	682
中考数学中档题常考题型解题方法与技巧	2017－08	68.00	835
中考数学选择填空压轴好题妙解365	2017－05	38.00	759
中考数学:三类重点考题的解法例析与习题	2020－04	48.00	1140
中小学数学的历史文化	2019－11	48.00	1124
初中平面几何百题多思创新解	2020－01	58.00	1125
初中数学中考备考	2020－01	58.00	1126
高考数学之九章演义	2019－08	68.00	1044
化学可以这样学:高中化学知识方法智慧感悟疑难辨析	2019－07	58.00	1103
如何成为学习高手	2019－09	58.00	1107
高考数学:经典真题分类解析	2020－04	78.00	1134
高考数学解答题破解策略	2020－11	58.00	1221
从分析解题过程学解题:高考压轴题与竞赛题之关系探究	2020－08	88.00	1179
教学新思考:单元整体视角下的初中数学教学设计	2021－03	58.00	1278
思维再拓展:2020年经典几何题的多解探究与思考	即将出版		1279

刘培杰数学工作室
已出版(即将出版)图书目录——初等数学

书　　名	出版时间	定　价	编号
中考数学小压轴汇编初讲	2017－07	48.00	788
中考数学大压轴专题微言	2017－09	48.00	846
怎么解中考平面几何探索题	2019－06	48.00	1093
北京中考数学压轴题解题方法突破(第6版)	2020－11	58.00	1120
助你高考成功的数学解题智慧:知识是智慧的基础	2016－01	58.00	596
助你高考成功的数学解题智慧:错误是智慧的试金石	2016－04	58.00	643
助你高考成功的数学解题智慧:方法是智慧的推手	2016－04	68.00	657
高考数学奇思妙解	2016－04	38.00	610
高考数学解题策略	2016－05	48.00	670
数学解题泄天机(第2版)	2017－10	48.00	850
高考物理压轴题全解	2017－04	48.00	746
高中物理经典问题25讲	2017－05	28.00	764
高中物理教学讲义	2018－01	48.00	871
中学物理基础问题解析	2020－08	48.00	1183
2016年高考文科数学真题研究	2017－04	58.00	754
2016年高考理科数学真题研究	2017－04	78.00	755
2017年高考理科数学真题研究	2018－01	58.00	867
2017年高考文科数学真题研究	2018－01	48.00	868
初中数学、高中数学脱节知识补缺教材	2017－06	48.00	766
高考数学小题抢分必练	2017－10	48.00	834
高考数学核心素养解读	2017－09	38.00	839
高考数学客观题解题方法和技巧	2017－10	38.00	847
十年高考数学精品试题审题要津与解法研究.上卷	2018－01	68.00	872
十年高考数学精品试题审题要津与解法研究.下卷	2018－01	58.00	873
中国历届高考数学试题及解答.1949－1979	2018－01	38.00	877
历届中国高考数学试题及解答.第二卷,1980—1989	2018－10	28.00	975
历届中国高考数学试题及解答.第三卷,1990—1999	2018－10	48.00	976
数学文化与高考研究	2018－03	48.00	882
跟我学解高中数学题	2018－07	58.00	926
中学数学研究的方法及案例	2018－05	58.00	869
高考数学抢分技能	2018－07	68.00	934
高一新生常用数学方法和重要数学思想提升教材	2018－06	38.00	921
2018年高考数学真题研究	2019－01	68.00	1000
2019年高考数学真题研究	2020－05	88.00	1137
高考数学全国卷16道选择、填空题常考题型解题诀窍.理科	2018－09	88.00	971
高考数学全国卷16道选择、填空题常考题型解题诀窍.文科	2020－01	88.00	1123
高中数学一题多解	2019－06	58.00	1087
新编640个世界著名数学智力趣题	2014－01	88.00	242
500个最新世界著名数学智力趣题	2008－06	48.00	3
400个最新世界著名数学最值问题	2008－09	48.00	36
500个世界著名数学征解问题	2009－06	48.00	52
400个中国最佳初等数学征解老问题	2010－01	48.00	60
500个俄罗斯数学经典老题	2011－01	28.00	81
1000个国外中学物理好题	2012－04	48.00	174
300个日本高考数学题	2012－05	38.00	142
700个早期日本高考数学试题	2017－02	88.00	752
500个前苏联早期高考数学试题及解答	2012－05	28.00	185
546个早期俄罗斯大学生数学竞赛题	2014－03	38.00	285
548个来自美苏的数学好问题	2014－11	28.00	396
20所苏联著名大学早期入学试题	2015－02	18.00	452
161道德国工科大学生必做的微分方程习题	2015－05	28.00	469
500个德国工科大学生必做的高数习题	2015－06	28.00	478
360个数学竞赛问题	2016－08	58.00	677
200个趣味数学故事	2018－02	48.00	857
470个数学奥林匹克中的最值问题	2018－10	88.00	985
德国讲义日本考题.微积分卷	2015－04	48.00	456
德国讲义日本考题.微分方程卷	2015－04	38.00	457
二十世纪中叶中、英、美、日、法、俄高考数学试题精选	2017－06	38.00	783

刘培杰数学工作室
已出版(即将出版)图书目录——初等数学 

书　名	出版时间	定　价	编号
中国初等数学研究　2009 卷(第 1 辑)	2009－05	20.00	45
中国初等数学研究　2010 卷(第 2 辑)	2010－05	30.00	68
中国初等数学研究　2011 卷(第 3 辑)	2011－07	60.00	127
中国初等数学研究　2012 卷(第 4 辑)	2012－07	48.00	190
中国初等数学研究　2014 卷(第 5 辑)	2014－02	48.00	288
中国初等数学研究　2015 卷(第 6 辑)	2015－06	68.00	493
中国初等数学研究　2016 卷(第 7 辑)	2016－04	68.00	609
中国初等数学研究　2017 卷(第 8 辑)	2017－01	98.00	712
初等数学研究在中国.第 1 辑	2019－03	158.00	1024
初等数学研究在中国.第 2 辑	2019－10	158.00	1116
几何变换(Ⅰ)	2014－07	28.00	353
几何变换(Ⅱ)	2015－06	28.00	354
几何变换(Ⅲ)	2015－01	38.00	355
几何变换(Ⅳ)	2015－12	38.00	356
初等数论难题集(第一卷)	2009－05	68.00	44
初等数论难题集(第二卷)(上、下)	2011－02	128.00	82,83
数论概貌	2011－03	18.00	93
代数数论(第二版)	2013－08	58.00	94
代数多项式	2014－06	38.00	289
初等数论的知识与问题	2011－02	28.00	95
超越数论基础	2011－03	28.00	96
数论初等教程	2011－03	28.00	97
数论基础	2011－03	18.00	98
数论基础与维诺格拉多夫	2014－03	18.00	292
解析数论基础	2012－08	28.00	216
解析数论基础(第二版)	2014－01	48.00	287
解析数论问题集(第二版)(原版引进)	2014－05	88.00	343
解析数论问题集(第二版)(中译本)	2016－04	88.00	607
解析数论基础(潘承洞,潘承彪著)	2016－07	98.00	673
解析数论导引	2016－07	58.00	674
数论入门	2011－03	38.00	99
代数数论入门	2015－03	38.00	448
数论开篇	2012－07	28.00	194
解析数论引论	2011－03	48.00	100
Barban Davenport Halberstam 均值和	2009－01	40.00	33
基础数论	2011－03	28.00	101
初等数论 100 例	2011－05	18.00	122
初等数论经典例题	2012－07	18.00	204
最新世界各国数学奥林匹克中的初等数论试题(上、下)	2012－01	138.00	144,145
初等数论(Ⅰ)	2012－01	18.00	156
初等数论(Ⅱ)	2012－01	18.00	157
初等数论(Ⅲ)	2012－01	28.00	158

刘培杰数学工作室
已出版(即将出版)图书目录——初等数学

书　名	出版时间	定　价	编号
平面几何与数论中未解决的新老问题	2013－01	68.00	229
代数数论简史	2014－11	28.00	408
代数数论	2015－09	88.00	532
代数、数论及分析习题集	2016－11	98.00	695
数论导引提要及习题解答	2016－01	48.00	559
素数定理的初等证明.第2版	2016－09	48.00	686
数论中的模函数与狄利克雷级数(第二版)	2017－11	78.00	837
数论:数学导引	2018－01	68.00	849
范氏大代数	2019－02	98.00	1016
解析数学讲义.第一卷,导来式及微分、积分、级数	2019－04	88.00	1021
解析数学讲义.第二卷,关于几何的应用	2019－04	68.00	1022
解析数学讲义.第三卷,解析函数论	2019－04	78.00	1023
分析・组合・数论纵横谈	2019－04	58.00	1039
Hall代数:民国时期的中学数学课本:英文	2019－08	88.00	1106
数学精神巡礼	2019－01	58.00	731
数学眼光透视(第2版)	2017－06	78.00	732
数学思想领悟(第2版)	2018－01	68.00	733
数学方法溯源(第2版)	2018－08	68.00	734
数学解题引论	2017－05	58.00	735
数学史话览胜(第2版)	2017－01	48.00	736
数学应用展观(第2版)	2017－08	68.00	737
数学建模尝试	2018－04	48.00	738
数学竞赛采风	2018－01	68.00	739
数学测评探营	2019－05	58.00	740
数学技能操握	2018－03	48.00	741
数学欣赏拾趣	2018－02	48.00	742
从毕达哥拉斯到怀尔斯	2007－10	48.00	9
从迪利克雷到维斯卡尔迪	2008－01	48.00	21
从哥德巴赫到陈景润	2008－05	98.00	35
从庞加莱到佩雷尔曼	2011－08	138.00	136
博弈论精粹	2008－03	58.00	30
博弈论精粹.第二版(精装)	2015－01	88.00	461
数学 我爱你	2008－01	28.00	20
精神的圣徒　别样的人生——60位中国数学家成长的历程	2008－09	48.00	39
数学史概论	2009－06	78.00	50
数学史概论(精装)	2013－03	158.00	272
数学史选讲	2016－01	48.00	544
斐波那契数列	2010－02	28.00	65
数学拼盘和斐波那契魔方	2010－07	38.00	72
斐波那契数列欣赏(第2版)	2018－08	58.00	948
Fibonacci数列中的明珠	2018－06	58.00	928
数学的创造	2011－02	48.00	85
数学美与创造力	2016－01	48.00	595
数海拾贝	2016－01	48.00	590
数学中的美(第2版)	2019－04	68.00	1057
数论中的美学	2014－12	38.00	351

刘培杰数学工作室

已出版(即将出版)图书目录——初等数学

书　　名	出版时间	定　价	编号
数学王者　科学巨人——高斯	2015－01	28.00	428
振兴祖国数学的圆梦之旅:中国初等数学研究史话	2015－06	98.00	490
二十世纪中国数学史料研究	2015－10	48.00	536
数字谜、数阵图与棋盘覆盖	2016－01	58.00	298
时间的形状	2016－01	38.00	556
数学发现的艺术:数学探索中的合情推理	2016－07	58.00	671
活跃在数学中的参数	2016－07	48.00	675
数学解题——靠数学思想给力(上)	2011－07	38.00	131
数学解题——靠数学思想给力(中)	2011－07	48.00	132
数学解题——靠数学思想给力(下)	2011－07	38.00	133
我怎样解题	2013－01	48.00	227
数学解题中的物理方法	2011－06	28.00	114
数学解题的特殊方法	2011－06	48.00	115
中学数学计算技巧(第2版)	2020－10	48.00	1220
中学数学证明方法	2012－01	58.00	117
数学趣题巧解	2012－03	28.00	128
高中数学教学通鉴	2015－05	58.00	479
和高中生漫谈:数学与哲学的故事	2014－08	28.00	369
算术问题集	2017－03	38.00	789
张教授讲数学	2018－07	38.00	933
陈永明实话实说数学教学	2020－04	68.00	1132
中学数学学科知识与教学能力	2020－06	58.00	1155
自主招生考试中的参数方程问题	2015－01	28.00	435
自主招生考试中的极坐标问题	2015－04	28.00	463
近年全国重点大学自主招生数学试题全解及研究.华约卷	2015－02	38.00	441
近年全国重点大学自主招生数学试题全解及研究.北约卷	2016－05	38.00	619
自主招生数学解证宝典	2015－09	48.00	535
格点和面积	2012－07	18.00	191
射影几何趣谈	2012－04	28.00	175
斯潘纳尔引理——从一道加拿大数学奥林匹克试题谈起	2014－01	28.00	228
李普希兹条件——从几道近年高考数学试题谈起	2012－10	18.00	221
拉格朗日中值定理——从一道北京高考试题的解法谈起	2015－10	18.00	197
闵科夫斯基定理——从一道清华大学自主招生试题谈起	2014－01	28.00	198
哈尔测度——从一道冬令营试题的背景谈起	2012－08	28.00	202
切比雪夫逼近问题——从一道中国台北数学奥林匹克试题谈起	2013－04	38.00	238
伯恩斯坦多项式与贝齐尔曲面——从一道全国高中数学联赛试题谈起	2013－03	38.00	236
卡塔兰猜想——从一道普特南竞赛试题谈起	2013－06	18.00	256
麦卡锡函数和阿克曼函数——从一道前南斯拉夫数学奥林匹克试题谈起	2012－08	18.00	201
贝蒂定理与拉姆贝克莫斯尔定理——从一个拣石子游戏谈起	2012－08	18.00	217
皮亚诺曲线和豪斯道夫分球定理——从无限集谈起	2012－08	18.00	211
平面凸图形与凸多面体	2012－10	28.00	218
斯坦因豪斯问题——从一道二十五省市自治区中学数学竞赛试题谈起	2012－07	18.00	196

刘培杰数学工作室

已出版(即将出版)图书目录——初等数学 

书 名	出版时间	定 价	编号
纽结理论中的亚历山大多项式与琼斯多项式——从一道北京市高一数学竞赛试题谈起	2012-07	28.00	195
原则与策略——从波利亚"解题表"谈起	2013-04	38.00	244
转化与化归——从三大尺规作图不能问题谈起	2012-08	28.00	214
代数几何中的贝祖定理(第一版)——从一道 IMO 试题的解法谈起	2013-08	18.00	193
成功连贯理论与约当块理论——从一道比利时数学竞赛试题谈起	2012-04	18.00	180
素数判定与大数分解	2014-08	18.00	199
置换多项式及其应用	2012-10	18.00	220
椭圆函数与模函数——从一道美国加州大学洛杉矶分校(UCLA)博士资格考题谈起	2012-10	28.00	219
差分方程的拉格朗日方法——从一道 2011 年全国高考理科试题的解法谈起	2012-08	28.00	200
力学在几何中的一些应用	2013-01	38.00	240
从根式解到伽罗华理论	2020-01	48.00	1121
康托洛维奇不等式——从一道全国高中联赛试题谈起	2013-03	28.00	337
西格尔引理——从一道第 18 届 IMO 试题的解法谈起	即将出版		
罗斯定理——从一道前苏联数学竞赛试题谈起	即将出版		
拉克斯定理和阿廷定理——从一道 IMO 试题的解法谈起	2014-01	58.00	246
毕卡大定理——从一道美国大学数学竞赛试题谈起	2014-07	18.00	350
贝齐尔曲线——从一道全国高中联赛试题谈起	即将出版		
拉格朗日乘子定理——从一道 2005 年全国高中联赛试题的高等数学解法谈起	2015-05	28.00	480
雅可比定理——从一道日本数学奥林匹克试题谈起	2013-04	48.00	249
李天岩-约克定理——从一道波兰数学竞赛试题谈起	2014-06	28.00	349
整系数多项式因式分解的一般方法——从克朗耐克算法谈起	即将出版		
布劳维不动点定理——从一道前苏联数学奥林匹克试题谈起	2014-01	38.00	273
伯恩赛德定理——从一道英国数学奥林匹克试题谈起	即将出版		
布查特-莫斯特定理——从一道上海市初中竞赛试题谈起	即将出版		
数论中的同余数问题——从一道普特南竞赛试题谈起	即将出版		
范·德蒙行列式——从一道美国数学奥林匹克试题谈起	即将出版		
中国剩余定理:总数法构建中国历史年表	2015-01	28.00	430
牛顿程序与方程求根——从一道全国高考试题解法谈起	即将出版		
库默尔定理——从一道 IMO 预选试题谈起	即将出版		
卢丁定理——从一道冬令营试题的解法谈起	即将出版		
沃斯滕霍姆定理——从一道 IMO 预选试题谈起	即将出版		
卡尔松不等式——从一道莫斯科数学奥林匹克试题谈起	即将出版		
信息论中的香农熵——从一道近年高考压轴题谈起	即将出版		
约当不等式——从一道希望杯竞赛试题谈起	即将出版		
拉比诺维奇定理	即将出版		
刘维尔定理——从一道《美国数学月刊》征解问题的解法谈起	即将出版		
卡塔兰恒等式与级数求和——从一道 IMO 试题的解法谈起	即将出版		
勒让德猜想与素数分布——从一道爱尔兰竞赛试题谈起	即将出版		
天平称重与信息论——从一道基辅市数学奥林匹克试题谈起	即将出版		
哈密尔顿-凯莱定理:从一道高中数学联赛试题的解法谈起	2014-09	18.00	376
艾思特曼定理——从一道 CMO 试题的解法谈起	即将出版		

刘培杰数学工作室

已出版(即将出版)图书目录——初等数学

书　　名	出版时间	定　价	编号
阿贝尔恒等式与经典不等式及应用	2018－06	98.00	923
迪利克雷除数问题	2018－07	48.00	930
幻方、幻立方与拉丁方	2019－08	48.00	1092
帕斯卡三角形	2014－03	18.00	294
蒲丰投针问题——从2009年清华大学的一道自主招生试题谈起	2014－01	38.00	295
斯图姆定理——从一道“华约”自主招生试题的解法谈起	2014－01	18.00	296
许瓦兹引理——从一道加利福尼亚大学伯克利分校数学系博士生试题谈起	2014－08	18.00	297
拉姆塞定理——从王诗宬院士的一个问题谈起	2016－04	48.00	299
坐标法	2013－12	28.00	332
数论三角形	2014－04	38.00	341
毕克定理	2014－07	18.00	352
数林掠影	2014－09	48.00	389
我们周围的概率	2014－10	38.00	390
凸函数最值定理:从一道华约自主招生题的解法谈起	2014－10	28.00	391
易学与数学奥林匹克	2014－10	38.00	392
生物数学趣谈	2015－01	18.00	409
反演	2015－01	28.00	420
因式分解与圆锥曲线	2015－01	18.00	426
轨迹	2015－01	28.00	427
面积原理:从常庚哲命的一道CMO试题的积分解法谈起	2015－01	48.00	431
形形色色的不动点定理:从一道28届IMO试题谈起	2015－01	38.00	439
柯西函数方程:从一道上海交大自主招生的试题谈起	2015－02	28.00	440
三角恒等式	2015－02	28.00	442
无理性判定:从一道2014年“北约”自主招生试题谈起	2015－01	38.00	443
数学归纳法	2015－03	18.00	451
极端原理与解题	2015－04	28.00	464
法雷级数	2014－08	18.00	367
摆线族	2015－01	38.00	438
函数方程及其解法	2015－05	38.00	470
含参数的方程和不等式	2012－09	28.00	213
希尔伯特第十问题	2016－01	38.00	543
无穷小量的求和	2016－01	28.00	545
切比雪夫多项式:从一道清华大学金秋营试题谈起	2016－01	38.00	583
泽肯多夫定理	2016－03	38.00	599
代数等式证题法	2016－01	28.00	600
三角等式证题法	2016－01	28.00	601
吴大任教授藏书中的一个因式分解公式:从一道美国数学邀请赛试题的解法谈起	2016－06	28.00	656
易卦——类万物的数学模型	2017－08	68.00	838
“不可思议”的数与数系可持续发展	2018－01	38.00	878
最短线	2018－01	38.00	879
幻方和魔方(第一卷)	2012－05	68.00	173
尘封的经典——初等数学经典文献选读(第一卷)	2012－07	48.00	205
尘封的经典——初等数学经典文献选读(第二卷)	2012－07	38.00	206
初级方程式论	2011－03	28.00	106
初等数学研究(Ⅰ)	2008－09	68.00	37
初等数学研究(Ⅱ)(上、下)	2009－05	118.00	46,47

刘培杰数学工作室

已出版(即将出版)图书目录——初等数学

书　名	出版时间	定　价	编号
趣味初等方程妙题集锦	2014－09	48.00	388
趣味初等数论选美与欣赏	2015－02	48.00	445
耕读笔记(上卷):一位农民数学爱好者的初数探索	2015－04	28.00	459
耕读笔记(中卷):一位农民数学爱好者的初数探索	2015－05	28.00	483
耕读笔记(下卷):一位农民数学爱好者的初数探索	2015－05	28.00	484
几何不等式研究与欣赏.上卷	2016－01	88.00	547
几何不等式研究与欣赏.下卷	2016－01	48.00	552
初等数列研究与欣赏·上	2016－01	48.00	570
初等数列研究与欣赏·下	2016－01	48.00	571
趣味初等函数研究与欣赏.上	2016－09	48.00	684
趣味初等函数研究与欣赏.下	2018－09	48.00	685
三角不等式研究与欣赏	2020－10	68.00	1197
火柴游戏	2016－05	38.00	612
智力解谜.第1卷	2017－07	38.00	613
智力解谜.第2卷	2017－07	38.00	614
故事智力	2016－07	48.00	615
名人们喜欢的智力问题	2020－01	48.00	616
数学大师的发现、创造与失误	2018－01	48.00	617
异曲同工	2018－09	48.00	618
数学的味道	2018－01	58.00	798
数学千字文	2018－10	68.00	977
数贝偶拾——高考数学题研究	2014－04	28.00	274
数贝偶拾——初等数学研究	2014－04	38.00	275
数贝偶拾——奥数题研究	2014－04	48.00	276
钱昌本教你快乐学数学(上)	2011－12	48.00	155
钱昌本教你快乐学数学(下)	2012－03	58.00	171
集合、函数与方程	2014－01	28.00	300
数列与不等式	2014－01	38.00	301
三角与平面向量	2014－01	28.00	302
平面解析几何	2014－01	38.00	303
立体几何与组合	2014－01	28.00	304
极限与导数、数学归纳法	2014－01	38.00	305
趣味数学	2014－03	28.00	306
教材教法	2014－04	68.00	307
自主招生	2014－05	58.00	308
高考压轴题(上)	2015－01	48.00	309
高考压轴题(下)	2014－10	68.00	310
从费马到怀尔斯——费马大定理的历史	2013－10	198.00	Ⅰ
从庞加莱到佩雷尔曼——庞加莱猜想的历史	2013－10	298.00	Ⅱ
从切比雪夫到爱尔特希(上)——素数定理的初等证明	2013－07	48.00	Ⅲ
从切比雪夫到爱尔特希(下)——素数定理100年	2012－12	98.00	Ⅲ
从高斯到盖尔方特——二次域的高斯猜想	2013－10	198.00	Ⅳ
从库默尔到朗兰兹——朗兰兹猜想的历史	2014－01	98.00	Ⅴ
从比勃巴赫到德布朗斯——比勃巴赫猜想的历史	2014－02	298.00	Ⅵ
从麦比乌斯到陈省身——麦比乌斯变换与麦比乌斯带	2014－02	298.00	Ⅶ
从布尔到豪斯道夫——布尔方程与格论漫谈	2013－10	198.00	Ⅷ
从开普勒到阿诺德——三体问题的历史	2014－05	298.00	Ⅸ
从华林到华罗庚——华林问题的历史	2013－10	298.00	Ⅹ

刘培杰数学工作室

已出版(即将出版)图书目录——初等数学

书　　名	出版时间	定　价	编号
美国高中数学竞赛五十讲. 第 1 卷(英文)	2014－08	28.00	357
美国高中数学竞赛五十讲. 第 2 卷(英文)	2014－08	28.00	358
美国高中数学竞赛五十讲. 第 3 卷(英文)	2014－09	28.00	359
美国高中数学竞赛五十讲. 第 4 卷(英文)	2014－09	28.00	360
美国高中数学竞赛五十讲. 第 5 卷(英文)	2014－10	28.00	361
美国高中数学竞赛五十讲. 第 6 卷(英文)	2014－11	28.00	362
美国高中数学竞赛五十讲. 第 7 卷(英文)	2014－12	28.00	363
美国高中数学竞赛五十讲. 第 8 卷(英文)	2015－01	28.00	364
美国高中数学竞赛五十讲. 第 9 卷(英文)	2015－01	28.00	365
美国高中数学竞赛五十讲. 第 10 卷(英文)	2015－02	38.00	366
三角函数(第 2 版)	2017－04	38.00	626
不等式	2014－01	38.00	312
数列	2014－01	38.00	313
方程(第 2 版)	2017－04	38.00	624
排列和组合	2014－01	28.00	315
极限与导数(第 2 版)	2016－04	38.00	635
向量(第 2 版)	2018－08	58.00	627
复数及其应用	2014－08	28.00	318
函数	2014－01	38.00	319
集合	2020－01	48.00	320
直线与平面	2014－01	28.00	321
立体几何(第 2 版)	2016－04	38.00	629
解三角形	即将出版		323
直线与圆(第 2 版)	2016－11	38.00	631
圆锥曲线(第 2 版)	2016－09	48.00	632
解题通法(一)	2014－07	38.00	326
解题通法(二)	2014－07	38.00	327
解题通法(三)	2014－05	38.00	328
概率与统计	2014－01	28.00	329
信息迁移与算法	即将出版		330
IMO 50 年. 第 1 卷(1959－1963)	2014－11	28.00	377
IMO 50 年. 第 2 卷(1964－1968)	2014－11	28.00	378
IMO 50 年. 第 3 卷(1969－1973)	2014－09	28.00	379
IMO 50 年. 第 4 卷(1974－1978)	2016－04	38.00	380
IMO 50 年. 第 5 卷(1979－1984)	2015－04	38.00	381
IMO 50 年. 第 6 卷(1985－1989)	2015－04	58.00	382
IMO 50 年. 第 7 卷(1990－1994)	2016－01	48.00	383
IMO 50 年. 第 8 卷(1995－1999)	2016－06	38.00	384
IMO 50 年. 第 9 卷(2000－2004)	2015－04	58.00	385
IMO 50 年. 第 10 卷(2005－2009)	2016－01	48.00	386
IMO 50 年. 第 11 卷(2010－2015)	2017－03	48.00	646

刘培杰数学工作室

已出版(即将出版)图书目录——初等数学

书　　名	出版时间	定　价	编号
数学反思(2006—2007)	2020—09	88.00	915
数学反思(2008—2009)	2019—01	68.00	917
数学反思(2010—2011)	2018—05	58.00	916
数学反思(2012—2013)	2019—01	58.00	918
数学反思(2014—2015)	2019—03	78.00	919
数学反思(2016—2017)	2021—03	58.00	1286
历届美国大学生数学竞赛试题集.第一卷(1938—1949)	2015—01	28.00	397
历届美国大学生数学竞赛试题集.第二卷(1950—1959)	2015—01	28.00	398
历届美国大学生数学竞赛试题集.第三卷(1960—1969)	2015—01	28.00	399
历届美国大学生数学竞赛试题集.第四卷(1970—1979)	2015—01	18.00	400
历届美国大学生数学竞赛试题集.第五卷(1980—1989)	2015—01	28.00	401
历届美国大学生数学竞赛试题集.第六卷(1990—1999)	2015—01	28.00	402
历届美国大学生数学竞赛试题集.第七卷(2000—2009)	2015—08	18.00	403
历届美国大学生数学竞赛试题集.第八卷(2010—2012)	2015—01	18.00	404
新课标高考数学创新题解题诀窍:总论	2014—09	28.00	372
新课标高考数学创新题解题诀窍:必修1～5分册	2014—08	38.00	373
新课标高考数学创新题解题诀窍:选修2—1,2—2,1—1,1—2分册	2014—09	38.00	374
新课标高考数学创新题解题诀窍:选修2—3,4—4,4—5分册	2014—09	18.00	375
全国重点大学自主招生英文数学试题全攻略:词汇卷	2015—07	48.00	410
全国重点大学自主招生英文数学试题全攻略:概念卷	2015—01	28.00	411
全国重点大学自主招生英文数学试题全攻略:文章选读卷(上)	2016—09	38.00	412
全国重点大学自主招生英文数学试题全攻略:文章选读卷(下)	2017—01	58.00	413
全国重点大学自主招生英文数学试题全攻略:试题卷	2015—07	38.00	414
全国重点大学自主招生英文数学试题全攻略:名著欣赏卷	2017—03	48.00	415
劳埃德数学趣题大全.题目卷.1:英文	2016—01	18.00	516
劳埃德数学趣题大全.题目卷.2:英文	2016—01	18.00	517
劳埃德数学趣题大全.题目卷.3:英文	2016—01	18.00	518
劳埃德数学趣题大全.题目卷.4:英文	2016—01	18.00	519
劳埃德数学趣题大全.题目卷.5:英文	2016—01	18.00	520
劳埃德数学趣题大全.答案卷:英文	2016—01	18.00	521
李成章教练奥数笔记.第1卷	2016—01	48.00	522
李成章教练奥数笔记.第2卷	2016—01	48.00	523
李成章教练奥数笔记.第3卷	2016—01	38.00	524
李成章教练奥数笔记.第4卷	2016—01	38.00	525
李成章教练奥数笔记.第5卷	2016—01	38.00	526
李成章教练奥数笔记.第6卷	2016—01	38.00	527
李成章教练奥数笔记.第7卷	2016—01	38.00	528
李成章教练奥数笔记.第8卷	2016—01	48.00	529
李成章教练奥数笔记.第9卷	2016—01	28.00	530

刘培杰数学工作室
已出版(即将出版)图书目录——初等数学

书　名	出版时间	定　价	编号
第19～23届"希望杯"全国数学邀请赛试题审题要津详细评注(初一版)	2014－03	28.00	333
第19～23届"希望杯"全国数学邀请赛试题审题要津详细评注(初二、初三版)	2014－03	38.00	334
第19～23届"希望杯"全国数学邀请赛试题审题要津详细评注(高一版)	2014－03	28.00	335
第19～23届"希望杯"全国数学邀请赛试题审题要津详细评注(高二版)	2014－03	38.00	336
第19～25届"希望杯"全国数学邀请赛试题审题要津详细评注(初一版)	2015－01	38.00	416
第19～25届"希望杯"全国数学邀请赛试题审题要津详细评注(初二、初三版)	2015－01	58.00	417
第19～25届"希望杯"全国数学邀请赛试题审题要津详细评注(高一版)	2015－01	48.00	418
第19～25届"希望杯"全国数学邀请赛试题审题要津详细评注(高二版)	2015－01	48.00	419
物理奥林匹克竞赛大题典——力学卷	2014－11	48.00	405
物理奥林匹克竞赛大题典——热学卷	2014－04	28.00	339
物理奥林匹克竞赛大题典——电磁学卷	2015－07	48.00	406
物理奥林匹克竞赛大题典——光学与近代物理卷	2014－06	28.00	345
历届中国东南地区数学奥林匹克试题集(2004～2012)	2014－06	18.00	346
历届中国西部地区数学奥林匹克试题集(2001～2012)	2014－07	18.00	347
历届中国女子数学奥林匹克试题集(2002～2012)	2014－08	18.00	348
数学奥林匹克在中国	2014－06	98.00	344
数学奥林匹克问题集	2014－01	38.00	267
数学奥林匹克不等式散论	2010－06	38.00	124
数学奥林匹克不等式欣赏	2011－09	38.00	138
数学奥林匹克超级题库(初中卷上)	2010－01	58.00	66
数学奥林匹克不等式证明方法和技巧(上、下)	2011－08	158.00	134,135
他们学什么:原民主德国中学数学课本	2016－09	38.00	658
他们学什么:英国中学数学课本	2016－09	38.00	659
他们学什么:法国中学数学课本.1	2016－09	38.00	660
他们学什么:法国中学数学课本.2	2016－09	28.00	661
他们学什么:法国中学数学课本.3	2016－09	38.00	662
他们学什么:苏联中学数学课本	2016－09	28.00	679
高中数学题典——集合与简易逻辑·函数	2016－07	48.00	647
高中数学题典——导数	2016－07	48.00	648
高中数学题典——三角函数·平面向量	2016－07	48.00	649
高中数学题典——数列	2016－07	58.00	650
高中数学题典——不等式·推理与证明	2016－07	38.00	651
高中数学题典——立体几何	2016－07	48.00	652
高中数学题典——平面解析几何	2016－07	78.00	653
高中数学题典——计数原理·统计·概率·复数	2016－07	48.00	654
高中数学题典——算法·平面几何·初等数论·组合数学·其他	2016－07	68.00	655

刘培杰数学工作室

已出版(即将出版)图书目录——初等数学

书　　名	出版时间	定　价	编号
台湾地区奥林匹克数学竞赛试题.小学一年级	2017－03	38.00	722
台湾地区奥林匹克数学竞赛试题.小学二年级	2017－03	38.00	723
台湾地区奥林匹克数学竞赛试题.小学三年级	2017－03	38.00	724
台湾地区奥林匹克数学竞赛试题.小学四年级	2017－03	38.00	725
台湾地区奥林匹克数学竞赛试题.小学五年级	2017－03	38.00	726
台湾地区奥林匹克数学竞赛试题.小学六年级	2017－03	38.00	727
台湾地区奥林匹克数学竞赛试题.初中一年级	2017－03	38.00	728
台湾地区奥林匹克数学竞赛试题.初中二年级	2017－03	38.00	729
台湾地区奥林匹克数学竞赛试题.初中三年级	2017－03	28.00	730
不等式证题法	2017－04	28.00	747
平面几何培优教程	2019－08	88.00	748
奥数鼎级培优教程.高一分册	2018－09	88.00	749
奥数鼎级培优教程.高二分册.上	2018－04	68.00	750
奥数鼎级培优教程.高二分册.下	2018－04	68.00	751
高中数学竞赛冲刺宝典	2019－04	68.00	883
初中尖子生数学超级题典.实数	2017－07	58.00	792
初中尖子生数学超级题典.式、方程与不等式	2017－08	58.00	793
初中尖子生数学超级题典.圆、面积	2017－08	38.00	794
初中尖子生数学超级题典.函数、逻辑推理	2017－08	48.00	795
初中尖子生数学超级题典.角、线段、三角形与多边形	2017－07	58.00	796
数学王子——高斯	2018－01	48.00	858
坎坷奇星——阿贝尔	2018－01	48.00	859
闪烁奇星——伽罗瓦	2018－01	58.00	860
无穷统帅——康托尔	2018－01	48.00	861
科学公主——柯瓦列夫斯卡娅	2018－01	48.00	862
抽象代数之母——埃米·诺特	2018－01	48.00	863
电脑先驱——图灵	2018－01	58.00	864
昔日神童——维纳	2018－01	48.00	865
数坛怪侠——爱尔特希	2018－01	68.00	866
传奇数学家徐利治	2019－09	88.00	1110
当代世界中的数学.数学思想与数学基础	2019－01	38.00	892
当代世界中的数学.数学问题	2019－01	38.00	893
当代世界中的数学.应用数学与数学应用	2019－01	38.00	894
当代世界中的数学.数学王国的新疆域(一)	2019－01	38.00	895
当代世界中的数学.数学王国的新疆域(二)	2019－01	38.00	896
当代世界中的数学.数林撷英(一)	2019－01	38.00	897
当代世界中的数学.数林撷英(二)	2019－01	48.00	898
当代世界中的数学.数学之路	2019－01	38.00	899

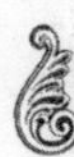

刘培杰数学工作室
已出版(即将出版)图书目录——初等数学

书　　名	出版时间	定　价	编号
105 个代数问题:来自 AwesomeMath 夏季课程	2019－02	58.00	956
106 个几何问题:来自 AwesomeMath 夏季课程	2020－07	58.00	957
107 个几何问题:来自 AwesomeMath 全年课程	2020－07	58.00	958
108 个代数问题:来自 AwesomeMath 全年课程	2019－01	68.00	959
109 个不等式:来自 AwesomeMath 夏季课程	2019－04	58.00	960
国际数学奥林匹克中的 110 个几何问题	即将出版		961
111 个代数和数论问题	2019－05	58.00	962
112 个组合问题:来自 AwesomeMath 夏季课程	2019－05	58.00	963
113 个几何不等式:来自 AwesomeMath 夏季课程	2020－08	58.00	964
114 个指数和对数问题:来自 AwesomeMath 夏季课程	2019－09	48.00	965
115 个三角问题:来自 AwesomeMath 夏季课程	2019－09	58.00	966
116 个代数不等式:来自 AwesomeMath 全年课程	2019－04	58.00	967
紫色彗星国际数学竞赛试题	2019－02	58.00	999
数学竞赛中的数学:为数学爱好者、父母、教师和教练准备的丰富资源.第一部	2020－04	58.00	1141
数学竞赛中的数学:为数学爱好者、父母、教师和教练准备的丰富资源.第二部	2020－07	48.00	1142
和与积	2020－10	38.00	1219
数论:概念和问题	2020－12	68.00	1257
初等数学问题研究	2021－03	48.00	1270
澳大利亚中学数学竞赛试题及解答(初级卷)1978～1984	2019－02	28.00	1002
澳大利亚中学数学竞赛试题及解答(初级卷)1985～1991	2019－02	28.00	1003
澳大利亚中学数学竞赛试题及解答(初级卷)1992～1998	2019－02	28.00	1004
澳大利亚中学数学竞赛试题及解答(初级卷)1999～2005	2019－02	28.00	1005
澳大利亚中学数学竞赛试题及解答(中级卷)1978～1984	2019－03	28.00	1006
澳大利亚中学数学竞赛试题及解答(中级卷)1985～1991	2019－03	28.00	1007
澳大利亚中学数学竞赛试题及解答(中级卷)1992～1998	2019－03	28.00	1008
澳大利亚中学数学竞赛试题及解答(中级卷)1999～2005	2019－03	28.00	1009
澳大利亚中学数学竞赛试题及解答(高级卷)1978～1984	2019－05	28.00	1010
澳大利亚中学数学竞赛试题及解答(高级卷)1985～1991	2019－05	28.00	1011
澳大利亚中学数学竞赛试题及解答(高级卷)1992～1998	2019－05	28.00	1012
澳大利亚中学数学竞赛试题及解答(高级卷)1999～2005	2019－05	28.00	1013
天才中小学生智力测验题.第一卷	2019－03	38.00	1026
天才中小学生智力测验题.第二卷	2019－03	38.00	1027
天才中小学生智力测验题.第三卷	2019－03	38.00	1028
天才中小学生智力测验题.第四卷	2019－03	38.00	1029
天才中小学生智力测验题.第五卷	2019－03	38.00	1030
天才中小学生智力测验题.第六卷	2019－03	38.00	1031
天才中小学生智力测验题.第七卷	2019－03	38.00	1032
天才中小学生智力测验题.第八卷	2019－03	38.00	1033
天才中小学生智力测验题.第九卷	2019－03	38.00	1034
天才中小学生智力测验题.第十卷	2019－03	38.00	1035
天才中小学生智力测验题.第十一卷	2019－03	38.00	1036
天才中小学生智力测验题.第十二卷	2019－03	38.00	1037
天才中小学生智力测验题.第十三卷	2019－03	38.00	1038

刘培杰数学工作室
已出版(即将出版)图书目录——初等数学

书　　名	出版时间	定　价	编号
重点大学自主招生数学备考全书:函数	2020—05	48.00	1047
重点大学自主招生数学备考全书:导数	2020—08	48.00	1048
重点大学自主招生数学备考全书:数列与不等式	2019—10	78.00	1049
重点大学自主招生数学备考全书:三角函数与平面向量	2020—08	68.00	1050
重点大学自主招生数学备考全书:平面解析几何	2020—07	58.00	1051
重点大学自主招生数学备考全书:立体几何与平面几何	2019—08	48.00	1052
重点大学自主招生数学备考全书:排列组合·概率统计·复数	2019—09	48.00	1053
重点大学自主招生数学备考全书:初等数论与组合数学	2019—08	48.00	1054
重点大学自主招生数学备考全书:重点大学自主招生真题.上	2019—04	68.00	1055
重点大学自主招生数学备考全书:重点大学自主招生真题.下	2019—04	58.00	1056
高中数学竞赛培训教程:平面几何问题的求解方法与策略.上	2018—05	68.00	906
高中数学竞赛培训教程:平面几何问题的求解方法与策略.下	2018—06	78.00	907
高中数学竞赛培训教程:整除与同余以及不定方程	2018—01	88.00	908
高中数学竞赛培训教程:组合计数与组合极值	2018—04	48.00	909
高中数学竞赛培训教程:初等代数	2019—04	78.00	1042
高中数学讲座:数学竞赛基础教程(第一册)	2019—06	48.00	1094
高中数学讲座:数学竞赛基础教程(第二册)	即将出版		1095
高中数学讲座:数学竞赛基础教程(第三册)	即将出版		1096
高中数学讲座:数学竞赛基础教程(第四册)	即将出版		1097

联系地址:哈尔滨市南岗区复华四道街10号　哈尔滨工业大学出版社刘培杰数学工作室
网　　址:http://lpj.hit.edu.cn/
邮　　编:150006
联系电话:0451—86281378　　13904613167
E-mail:lpj1378@163.com